高职高专规划教材

电路与电子技术
基础项目化教程

主 编 宗 云 康丽杰

副主编 贾艳梅 张丽凤
　　　　康 迪 崔爱红

中国电力出版社
CHINA ELECTRIC POWER PRESS

内 容 提 要

本教材根据高职高专教育的特点，按照高职高专人才培养目标，坚持"以就业为导向、以能力为本位、以学生为主体"的教学改革思路，以培养学生实践能力为中心，理论内容坚持"必需、够用"的原则，力求突出知识的实用性。

本教材采用项目化教学模式，基于工作过程的工学结合、任务引领与实践为导向的课程设计思想。将项目分解为若干个任务，以任务驱动的方式，由浅入深地把知识和技能渗透到项目的实施过程中。融"教、学、做"为一体，充分体现了高职课程改革的新理念。

在每个项目中包括项目要求、项目导入、工作任务、技能实训、项目实施、项目考核、知识拓展、项目小结和思考与练习等内容，在教学过程中培养学生的专业知识、专业技能和社会适应能力。

本教材可作为职业院校电子信息专业、通信技术、应用电子等专业电路与电子技术课程教学用书，也可作为从事电路与电子专业技术人员的参考书。

图书在版编目(CIP)数据

电路与电子技术基础项目化教程/宗云，康丽杰主编. —北京：中国电力出版社，2014.8（2020.8 重印）
ISBN 978-7-5123-6156-0/01

Ⅰ.①电… Ⅱ.①宗… ②康… Ⅲ.①电路理论-高等学校-教材②电子技术-高等学校-教材 Ⅳ.①TM13 ②TN01

中国版本图书馆 CIP 数据核字(2014)第 145602 号

中国电力出版社出版、发行
（北京市东城区北京站西街 19 号 100005 http://www.cepp.sgcc.com.cn）
河北华商印刷有限公司印刷
各地新华书店经售

*

2014 年 8 月第一版 2020 年 8 月北京第二次印刷
787 毫米×1092 毫米 16 开本 18 印张 442 千字
印数 3001—4500 册 定价 68.00 元

前　言

　　根据"国务院关于大力推进职业教育改革与发展的决定"，本着"以服务为宗旨，以就业为导向，以能力为本位"的指导思想，我们在深入开展以项目教学为主体的专业课程教学改革过程中，编写了本教材。

　　本教材的编写以电子信息技术、通信技术、应用电子等电子类专业学生的就业为导向，在编写教材的过程中，我们联合校内实习企业方圆测控技术有限公司，根据行业专家及企业技术人员对专业所涵盖的岗位群进行的工作任务和职业能力的分析，以电子信息技术专业岗位具备的能力为依据，紧密结合职业资格证书中对电子技能的要求，确定项目模块和课程内容。项目的编排采取循序渐进、由浅入深的原则，符合高职学生的认知规律。

　　本教材的内容包括：家庭室内照明电路制作、简易万用表的制作、日光灯照明电路的制作、直流稳压电源的制作、扩音器的制作、小型家用空调温度控制器的制作、声光控节能开关电路的制作、八路抢答器的制作、定时器电路的制作、变音警笛电路的制作共10个项目，每个项目又分为若干个任务。以完成工作任务为主线，链接相应的理论知识和技能实训。本教材在项目编写中设计了项目要求、项目导入、工作任务与技能实训、项目实施、项目考核、知识拓展等模块，力求突出知识的实用性。

　　本课程以应用为目的，将理论与技能训练相结合，采用任务驱动的项目化教学方法。教师在教学过程中，要充分考虑任务驱动，理论和实践一体，引导学生自主思维，激发学生学习的积极性，加强学生应用能力的培养。

　　本书由宗云、康丽杰任主编，并负责全书的组织统稿。其中宗云编写了项目三、项目四、项目七、项目十和附录；康丽杰编写了项目一、项目六和项目九；贾艳梅、张丽凤编写了项目二、项目五和项目八；此外，崔爱红也给予了大力支持。本书在编写过程中，与校内实习企业河北方圆测控技术有限公司合作，聘请行业专家和企业技术人员共同研究开发，确定了本书的编写思路。在此向所有关心、支持和帮助过本书的同行表示衷心感谢！

　　由于编者水平有限，时间仓促，书中难免有不妥和疏漏之处，敬请各位读者提出宝贵意见。

编　者

目　录

项目一　家庭室内照明电路制作

在日常生活中，电随处可见，手机、计算机、家用电器等都是用电设备，这些电器都是通过它们的电路来发挥作用的。可见电在我们的生活和工作中是必不可少的。电的一个最普遍的用途就是家庭照明，本项目通过家庭照明电路的设计与制作，了解电路的一些基本知识，激发学生的学习兴趣。

项目要求

知识要求 ‑‑‑‑‑‑‑‑‑‑‑‑‑‑‑‑‑‑‑‑‑‑‑‑‑‑‑‑‑‑‑‑‑

了解电路及电路模型的概念；

理解电压、电流参考方向的意义；

熟悉电路常用的元器件的符号、特性及其相关公式；

能根据要求设计家庭室内照明电路。

技能要求 ‑‑‑‑‑‑‑‑‑‑‑‑‑‑‑‑‑‑‑‑‑‑‑‑‑‑‑‑‑‑‑‑‑

能测量电路中的电压、电流等物理量；

会计算电路中的电流、电压及功率；

能用元器件制作家庭室内照明电路。

项目导入

图 1-1 所示为家庭照明电路模型，家庭入户电压为 220V 交流电，用小灯泡分别代替客厅、卧室、厨房和厕所的照明灯。

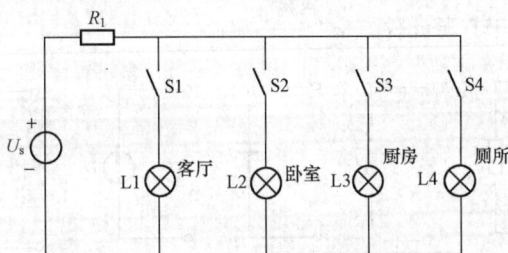

图 1-1　家庭室内照明电路图

工作任务及技能实训

任务 1　电 路 与 电 路 模 型

一、电路

在科技发达的今天，无论是人们的日常生活还是各种生产实践，都广泛地应用着种类繁多的电路，如照明电路、通信电路、放大电路、自动控制电路等。

电路是电流的流通通路，是为实现某种功能，由各种电器元器件按照一定方式连接而成的。

现代工程技术领域中存在着许多种类繁多、形式和结构不同的电路，但就其作用来看，有两种：一种是进行能量的转换、传输和分配，如电力系统电路，发电机组将其他形式的能量转换成电能，经变压器、输电线传输到各用电部门，在那里又把电能转换成其他形式的能加以利用；另一种是对电信号的处理和传递，如电视机就是把电信号经过调谐、滤波、放大等环节的处理，转换成人们所需要的其他信号。电路的这种作用也广泛应用在自动控制、通信、计算机技术等领域。

不管是简单的还是复杂的电路，通常都可以分为三部分：一是提供电能的部分称为电源；二是消耗或转换电能的部分，称为负载；三是连接及控制电路的部分，如开关、导线等，称为中间环节。

二、电路模型

组成实际电路的元器件种类繁多，电路元器件在工作时的电磁性质比较复杂，为了便于探讨电路的普遍规律，在这里我们将实际电路进行理想化，得到实际电路的电路模型。电路模型，实际上就是由一些理想电路元器件构成的、与实际电路相对应的电路图。

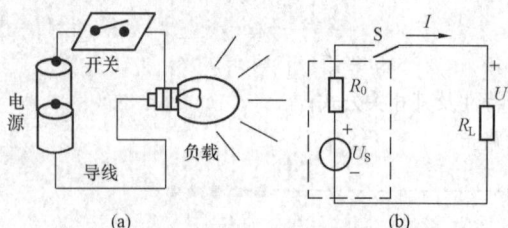

图 1-2　手电筒照明电路与电路模型
(a) 照明电路；(b) 电路模型

图 1-2（a）所示是一个手电筒照明电路，图 1-2（b）所示为手电筒照明电路的电路模型。

理想电路元件是电路中最基本的组成单元。理想电路元件是具有某种确定的电磁性能的理想元件。例如，理想电阻元件只消耗电能（既不储存电能，也不储存磁能）；理想电容元件只储存电能（既不消耗电能，也不储存磁能）；理想电感元件只储存磁能（既不消耗电能，也不储存电能）。理想电路元件是一种理想的模型并具有精确的数学定义，在电路图模型中，各种电路元件用规定的图形符号表示，图 1-2 所示为 5 种常见的理想电路元器件。图 1-3（a）为电阻元件，图 1-3（b）为电感元件，图 1-3（c）为电容元件，它们都属于无源元件；而图 1-3（d）为电压源元件，图 1-3（e）为电流源元件，它们都属于有源元件。

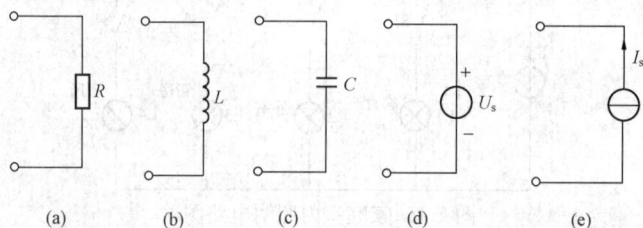

图 1-3　理想电路元件
(a) 电阻；(b) 电感；(c) 电容；(d) 电压源；(e) 电流源

本书只讨论在给定的电路模型情况下的电路分析的问题。

三、电路的三种状态

1. 开路

如图 1-4 所示，当把电路的一对端子断开时，这两个端子就叫做开路，也就是电源和负载未构成闭合回路，使电路处于开路状态。这时外电路的电阻可视为无穷大，电路中的电流为零，因此电路中电源的输出功率和负载的吸收功率均为零。

2. 负载

如果把图 1-4 中开关闭合，电路形成闭合回路，电源就向负载电阻 R 输出电流，此时电路就处于负载状态，如图 1-5 所示。

3. 短路

如果把图 1-5 中的负载电阻用导线连接起来，即电阻的两端电压为零，那么此时电阻就处于短路状态，电压源也处于短路状态，如图 1-6 所示。要注意，电压源是不允许短路的，因为短路将导致外电路的电阻为零，这样会损坏电压源，因此，短路是一种电路故障，应该避免。

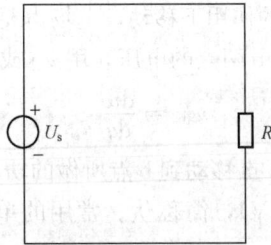

图 1-4 开路   图 1-5 负载   图 1-6 短路

任务 2 电路的基本物理量

电流、电压和功率是电路分析中常用的物理量。虽然在中学物理已经接触过电流、电压和功率这些物理量，但在本书中，我们要从工程应用的角度重新理解电流、电压和功率的概念，在此不仅要研究这些量的大小，还要考虑它们的方向。

一、电流

1. 电流的定义

电荷在电场力作用下的定向移动形成电流。单位时间内通过导体横截面的电荷量定义为电流强度，并用它来衡量电流的大小。电流强度简称电流，用 i 表示，根据定义有

$$i = \frac{dq}{dt} \tag{1-1}$$

式中：dq 为导体横截面在 dt 时间内通过的电荷量。在国际单位制中，电荷量的单位为库仑（C）；时间的单位为秒（s）；电流的单位为安培（A），简称安。常用的还有千安（kA）、毫安（mA）、微安（μA）。它们之间的转换关系为

$$1kA = 10^3 A$$
$$1A = 10^3 mA = 10^6 \mu A$$

当电流 i 的大小和方向均不变时，称为直流电流，简称直流（DC）。常用大写的 I 表示，相应地有

$$I = \frac{Q}{t} \tag{1-2}$$

2. 电流的方向

电流不但有大小，而且有方向，习惯规定正电荷运动的方向为电流的实际方向。但在电路分

析中，某段电路的实际方向往往不能确定，特别是电流随时间变化时，电流的实际方向便无法确定，因此引入参考方向的概念。在电路图中，任意选定一个方向作为某支路电流的参考方向，用箭头表示。参考方向为任意假定的方向，若计算结果中电流为正值，则说明参考方向与实际方向一致；若电流为负值，则说明参考方向和实际方向相反。根据电流的参考方向和电流计算值的正负，就能确定电路电流的实际方向。电流实际方向和参考方向的关系如图1-7所示。

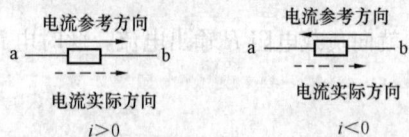

图1-7　电流的参考方向和实际方向的关系

二、电压与电位

1. 电压

（1）电压的定义。电荷在电场力的作用下移动，电场力要做功。在电路中，电场力把单位正电荷从a点移动到b点所做的功称为ab两点的电压，用u_{ab}或U_{ab}表示

$$u_{ab} = \frac{dw}{dq} \tag{1-3}$$

式中：dw为电场力对dq电荷从a点移动到b点所做的功，单位是焦耳（J）；电荷量dq的单位是库仑（C），电压的单位是伏特（V），简称伏。常用的单位还有千伏（kV）、毫伏（mV）、微伏（μV），它们之间的转换关系为

$$1kV = 10^3 V$$

$$1V = 10^3 mV = 10^6 \mu V$$

当电压大小和方向均不变化时，称为直流电压，用大写的U表示，则电压公式写为

$$U_{ab} = \frac{W}{Q} \tag{1-4}$$

（2）电压的方向。和电流一样，电压不仅有大小，还有方向。电压的实际方向规定为正电荷在电场中受电场力作用而移动的方向。在不能确定电压实际方向时，可以假定一个参考方向。

在电路中，任意选定电压的参考方向，一般用实线箭头表示，箭头方向即为电压的参考方向，也可以用双下标表示，如u_{ab}，其参考方向表示由a指向b。除此以外，电压参考方向还可以用"＋""－"符号表示，"＋"号表示假设的高电位端，"－"号表示假设的低电位端。由"＋"指向"－"的方向就是电压的参考方向。在选定参考方向后，若计算出的电压$u_{ab}>0$，表明电压的实际方向与参考方向一致；若$u_{ab}<0$，则表示电压的实际方向与参考方向相反，如图1-8所示。同电流一样，两点间电压数值的正负在设定参考方向的条件下才有意义。

（3）关联参考方向。电流与电压的参考方向是任意假定的，二者彼此独立、相互无关。但为了分析电路的方便，习惯上总是把某段电路电压参考方向和电流参考方向选得一致，即电流参考方向与电压"＋"极到"－"极的参考方向一致，并称为关联参考方向。为简单明了，一般情况下，只需标出电压或电流中某一个的参考方向，这就意味着另一个选定的是与之相关联的参考方向，如图1-9所示。

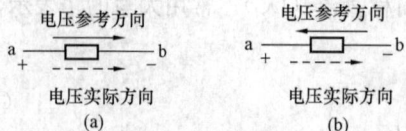

图1-8　电压的参考方向和实际方向的关系
　　（a）$u>0$；（b）$u<0$

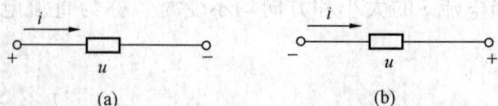

图1-9　电压、电流的参考方向
（a）关联参考方向；（b）非关联参考方向

2. 电位

在电路分析中，经常会用到"电位"这个物理量，那么"电位"是什么呢？在电路中任选一点为参考点，则从电路中某点 a 到参考点之间的电压称为 a 点的电位，用 V_a 或 φ_a 表示。电位的参考点可以任意选取，通常规定参考点电位为零。电位的单位也是伏特（V）。

电压与电位的关系是：电路中 a、b 两点之间的电压等于这两点之间的电位之差，即

$$u_{ab} = V_a - V_b \tag{1-5}$$

参考点选得不同，各点电位会有所不同，但两点间的电位差不会改变，即两点之间的电压不变。在电路分析中，参考点一旦选定，则不再改变，电路中各点电位也随之确定。在电路中不指定参考点而谈论各点的电位是没有意义的。工程上常选大地、设备外壳或接地点作为参考点，参考点在电路图中常用符号"⊥"表示。

三、电能与功率

1. 电能

电流通过电路元件时，电场力要做功。例如，电流通过电灯时，电能转换为光能；电流通过电风扇时，风扇电动机转动起来，电能转化为机械能。电流做功的过程，实际上就是电能转化为其他形式的能量的过程。

研究表明，电能与电流、电压和通电时间成正比。设在 dt 时间内，有正电荷 dq 从元件的高电位端移到低电位端，若元件两端的电压为 u，则电场力移动电荷做的功为

$$dw = udq = uidt$$

即在 dt 时间内，元件消耗了电能 dw。电能的单位是焦耳（J），工程上也常用千瓦·时（kW·h），俗称"度"。换算关系为

$$1\,度 = 1kW \cdot h = 3.6 \times 10^6 J$$

在直流电路中，电压 U 和电流 I 都是常量，则电场力做的功为

$$W = UIt$$

电场力做正功，元件消耗电能，即将电能转化为其他形式的能量；电场力做负功，元件提供电能，即将其他形式的能量转换成电能。元件是消耗电能还是提供电能，则要视电压与电流的实际方向而定，在电压和电流取关联参考方向时，若计算得 $W > 0$，说明 U、I 的方向一致，说明元件消耗电能；若 $W < 0$，说明 U、I 的实际方向相反，说明元件向外提供电能。

2. 功率

在相同的时间内，电流通过不同元件所做的功一般并不相同。为了表示元件消耗或者提供电能的快慢，引入电功率这一物理量，电流在单位时间内所做的功叫做电功率，简称功率，用字母 p 表示。计算公式为

$$p = \frac{dw}{dt} = ui \tag{1-6}$$

即电功率等于电流和电压的乘积。

在直流情况下，电流和电压是常量，则功率计算式为

$$P = \frac{W}{t} = UI \tag{1-7}$$

若电压的单位是伏（V），电流的单位是安（A），则功率的单位是瓦特（W）。在实际使用中还会用到千瓦（kW）和毫瓦（mW），换算关系为

$$1kW = 1000W$$

$$1W = 1000mW$$

在电流和电压关联方向下，计算功率用公式 $p=ui$，若计算出的 $p>0$，则表示元件实际为吸收（消耗）功率；若计算出的 $p<0$，则表示元件实际发出（提供）功率。

在电流和电压非关联方向下，计算功率要采用 $p=-ui$。这样规定后，若计算出 $p>0$，仍表示元件吸收（消耗）功率；$p<0$，表示元件发出（提供）功率。

【例 1-1】 试求图 1-10 中元件的功率。

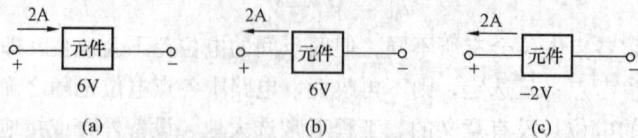

图 1-10　［例 1-1］图

解　图 1-10（a）中，电压、电流为关联参考方向，$P=UI=6V\times2A=12W$（$P>0$，元件消耗电能）；该元件实际上是一个负载。

图 1-10（b）中，电压、电流为非关联参考方向，$P=-UI=-6V\times2A=-12W$（$P<0$，元件提供电能）；该元件实际上是一个电源。

图 1-10（c）中，电压、电流为非关联参考方向，$P=-UI=-(-2)V\times2A=4W$（$P>0$，元件消耗电能）；该元件实际上是一个负载。

总之，根据电压、电流参考方向是否关联，可选用相应的公式进行计算；但不论是用哪一个公式，都是按吸收功率计算，若计算得功率为正值，则表示实际为吸收功率，若计算得功率为负值，则表示实际为发出功率。

【技能实训 1】　电位、电压的测定及电路电位图的绘制

一、实验目的

（1）验证电路中电位的相对性、电压的绝对性。

（2）掌握电路电位图的绘制方法。

二、原理说明

在一个闭合电路中，各点电位的高低视所选的电位参考点的不同而改变，但任意两点间的电位差（即电压）是绝对的，它不因参考点的变动而改变。

电位图是一种平面坐标一、四两象限内的折线图。其纵坐标为电位值，横坐标为各被测点。要制作某一电路的电位图，先以一定的顺序对电路中各被测点编号。以图 1-11 所示的电路为例，如图中的 A～F，并在横坐标轴上按顺序、均匀间隔标上 A、B、C、D、E、F、A。再根据测得的各点电位值，在各点所在的垂直线上描点。用直线依次连接相邻两个电位点，即得该电路的电位图。

在电位图中，任意两个被测点的纵坐标值之差即为该两点之间的电压值。

在电路中电位参考点可任意选定。对于不同的参考点，所绘出的电位图形是不同的，但其各点电位变化的规律却是一样的。

三、实验设备

实验设备见表 1-1。

序号	名称	型号与规格	数量	备注
1	直流可调稳压电源	0～30V	两路	DG04
2	万用表		1	自备
3	直流数字电压表	0～200V	1	D31
4	电位、电压测定实验电路板		1	DG05

表 1-1　　　　　　　　　　　实验设备明细表

四、实验内容

利用 DG05 实验挂箱上的"基尔霍夫定律/叠加定理"线路，按图 1-11 接线。

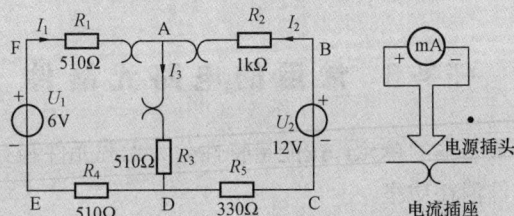

图 1-11　接线图

（1）分别将两路直流稳压电源接入电路，令 $U_1 = 6V$，$U_2 = 12V$（先调准输出电压，再接入实验线路中）。

（2）以图 1-11 中的 A 点作为电位的参考点，分别测量 B、C、D、E、F 各点的电位值 φ 及相邻两点之间的电压值 U_{AB}、U_{BC}、U_{CD}、U_{DE}、U_{EF} 及 U_{FA}，数据列于表中。

（3）以 D 点作为参考点，重复实验内容（2）的测量，测得数据列于表 1-2 中。

表 1-2　　　　　　　　　　以 D 为参考点各点实测数据表

电位参考点	φ 与 U	φ_A	φ_B	φ_C	φ_D	φ_E	φ_F	U_{AB}	U_{BC}	U_{CD}	U_{DE}	U_{EF}	U_{FA}
A	计算值												
	测量值												
	相对误差												
D	计算值												
	测量值												
	相对误差												

五、实验注意事项

（1）本实验线路板系多个实验通用，本次实验中不使用电流插头。DG05 上的 K3 应拨向 330Ω 侧，三个故障按键均不得按下。

（2）测量电位时，用指针式万用表的直流电压挡或用数字直流电压表测量时，用黑表笔接参考电位点，用红表笔接被测各点。若指针正向偏转或数显表显示正值，则表明该点电位为正（即高于参考点电位）；若指针反向偏转或数显表显示负值，此时应调换万用表的表笔，然后读出数值，此时在电位值之前应加一负号（表明该点电位低于参考点电位）。数显表也可不调换表笔，直接读出负值。

7

六、思考题

若以 F 点为参考电位点，实验测得各点的电位值；现令 E 点作为参考电位点，试问此时各点的电位值应有何变化？

七、实验报告

（1）根据实验数据，绘制两个电位图形，并对照观察各对应两点间的电压情况。两个电位图的参考点不同，但各点的相对顺序应一致，以便对照。

（2）完成数据表格中的计算，对误差做必要的分析。

（3）总结电位相对性和电压绝对性的结论。

（4）心得体会及其他。

任务 3 常 用 的 电 路 元 器 件

电路元件是组成电路最基本的单元，按能量特性分为无源元件和有源元件。有源元件在电路中对外提供能量，无源元件消耗功率。

电路元件按其端钮还可以分为二端元件和多端元件。二端元件具有两个端钮，如电阻、电容、电感和电源等。多端元件具有三个或三个以上端钮，如三极管、变压器和运算放大器等。

本节主要介绍电路中常用的基本模型元件。

一、电阻元件

1. 电阻的欧姆定律及伏安特性

电流通过导体时会受到一种阻碍作用，这种阻碍作用最明显的特征是导体要消耗电能而发热。我们把物体对电流的阻碍作用称为电阻。电阻元件是最常见的电路元件之一，它是从实际电阻器抽象出来的理想化电路元件。实际电阻器由电阻材料制成，如碳膜电阻、金属膜电阻等。电阻用符号 R 表示，其电路符号如图 1-12 所示。

欧姆定律是电路分析中重要的基本定律之一，在电压和电流取关联参考方向时，任何时刻电阻两端的电压和电流都满足欧姆定律，即

$$u=Ri \tag{1-8}$$

若电压和电流取非关联参考方向，则欧姆定律应写为

$$u=-Ri \tag{1-9}$$

如果取电流为横坐标，电压为纵坐标，可绘出 $u-i$ 平面上的一条曲线，称为电阻的伏安特性曲线。若伏安特性曲线是过原点的一条直线，则称电阻为线性电阻，其伏安特性曲线如图 1-13 所示。

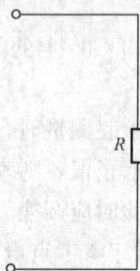

图 1-12 电阻的电路符号　　　　　　　　图 1-13 电阻的伏安特性曲线

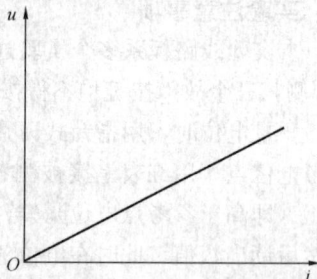

若电压单位为伏特（V），电流的单位为安培（A），则电阻的单位为欧姆（Ω）。常用的还有单位千欧（kΩ）、兆欧（MΩ）。

电阻的倒数叫电导，用符号 G 表示，即

$$G=\frac{1}{R} \tag{1-10}$$

电导的单位为西门子（S）。

用电导表示电压和电流关系时，欧姆定律写为

$$i=Gu（u、i 为关联参考方向） \tag{1-11}$$

$$i=-Gu（u、i 为非关联参考方向） \tag{1-12}$$

2. 电阻元件吸收的功率

电阻元件具有把电能转化为热能的作用，是一个耗能元件。电阻上消耗的功率为

$$p=ui=Ri^2=\frac{u^2}{R}=Gu^2 \tag{1-13}$$

由公式可以看出，R 是正实数，所以功率是非负值，电阻元件是耗能元件，也是一种无源元件。

【例 1-2】 试求图 1-14 所示电路的未知量，$R=10\Omega$。

解 在图 1-14（a）中，电压和电流为非关联参考方向，所以

$$I=\frac{U}{R}=\frac{10V}{10\Omega}=1A$$

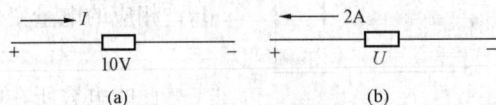

在图 1-14（b）中，电压和电流为关联参考方向，所以

$$U=-IR=-2A\times10\Omega=-20V$$

图 1-14 ［例 1-2］图

二、电容元件

1. 电容元件

电容器是电气设备中的一种重要元件，在两个平行金属板中间夹上一层绝缘物质（也称介质），就组成一个最简单的电容器，叫平行板电容器。这两个金属板叫做电容器的两个极。

如果将电容器的两极板与一直流电压源接通，由于介质是不导电的，最后电容器的两个极板将分别聚集起等量的异种电荷，这个过程叫做充电。电容器一个极板上所带电量的绝对值，叫做电容器所带的电量。充了电的电容器的两极板之间有电场。将充了电的电容器从电源上拆下，电荷仍然保持在极板上，极板之间的电场能量也将继续存在，所以电容器是一种能够储存电荷（或电场能量）的实际电路元件。

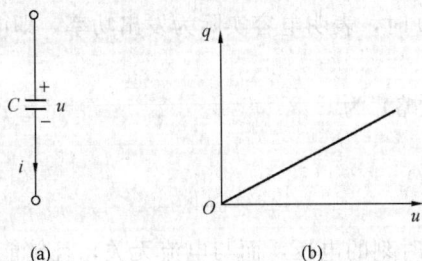

如果用一根导线将充了电的电容器的两极接通，两极上的电荷互相中和，电容器不再带电，两极之间也不再存在电场，这个过程叫电容器的放电。

实际电容器在使用时会有少量的漏电流和损耗，如果忽略不计，只考虑电容器具有电场能量的特性，就可抽象出一种理想的电路元件——电容元件，它是所有实际电容器的理想化模型。电容元件的电路符号及其库伏特性如图 1-15 所示。

图 1-15 电容的电路符号及其库伏特性

（a）电容电路符号；（b）电容库伏特性

电容器带电时，它的两极之间产生电压，那么电

容两端的电压和电容电极上储存的电荷有什么关系呢？经过试验证明，其极间的电压 u 越大，极板上携带的电荷量 q 越多，我们把 q 与 u 的比值称为电容元件的电容量（简称电容），用符号 C 表示，即

$$C = \frac{q}{u} \tag{1-14}$$

电容 C 是元件本身的一个固有参数，其大小取决于极板间的相对面积、距离以及中间的介质材料。如果元件 C 是一个常数，则称其为线性电容元件，否则称为非线性元件。电容 C 是一个表示电容元件储存电荷能力大小的物理量。

本书所讨论的电容元件均为线性电容元件。

当电压和电荷的单位分别用伏特（V）和库仑（C）表示时，电容的单位是法拉（F）。常用的单位还有微法（μF）、皮法（pF），它们的换算关系为

$$1F = 10^6 \mu F = 10^{12} pF$$

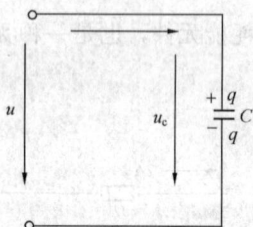

图 1-16   电容元件上的
电压和电流

2. 电容元件的伏安特性

当电容两端的电压 u 发生变化时，聚集在极板上的电荷 q 也将发生变化，电容所在的电路就会形成电流。选定 u 和 i 为关联参考方向（图 1-16），设在极短的时间 dt 内，电容 C 的极板上的电压变化了 du，相应的电量变化了 dq，则

$$dq = Cdu$$

此时电容所在电路的电流为

$$i = \frac{dq}{dt} = C\frac{du}{dt}$$

此式即为电容元件的伏安特性。如果 $i > 0$，表示电容在充电，电压升高，电流的实际方向与参考方向一致；如果 $i < 0$，表示电容在放电，电压降低，电流的实际方向和参考方向不一致。

由公式可知，电容上的电流与电容上的电压变化率成正比，而与该时刻电压值的大小无关。电压变化率为零（即电压无变化，相当于直流的情况），电路中就无电流，所以电容元件有"隔直通交"的作用。

3. 电容元件的储能

在电压和电流取关联参考方向时，任一时刻电容元件吸收的瞬时功率为

$$p = ui = cu\frac{du}{dt} \tag{1-15}$$

可见，电容上电压、电流的实际方向可能相同，也可能不同，因此瞬时功率可正可负。当 $p > 0$ 时，表明电容实际为吸收功率，即电容充电；$p < 0$ 时，表明电容实际为发出功率，即电容放电。

在 $0 \sim t$ 时间内，电容元件吸收的能量（推导过程从略）为

$$w_c(t) = \frac{1}{2}Cu^2(t) \tag{1-16}$$

由上式可知，电容在某一时刻 t 的储能仅取决于该时刻的电压，而与电流无关，且储能 w_c(t) $\geqslant 0$。电容在充电时吸收的能量全部转换为电场能量，放电时又将储存的电场能量释放回电路，它本身不消耗能量，也不会释放多于它吸收的能量，所以电容是储能元件。

三、电感元件

1. 电感元件

电感元件是理想化的电路元件。把金属导体绕在一骨架上，就构成一个实际的电感器。如果线圈通以电流，线圈周围就建立了磁场，并储存了磁场能量。若忽略电感器的导线电阻，电感器就称为理想化的电感元件，简称电感。电感用符号 L 来表示，在电路中的符号如图 1-17 所示。

通过电感元件的电流 i 发生变化，则由该电流引起的磁场也要相应地发生变化，这个变化会在元件内产生一个感应电动势。由于感应电动势的存在，使电感元件两端具有电压 u。如选择 u 和 i 参考方向关联，则它们的关系可写成（推导过程从略）

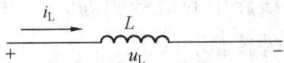

图 1-17　电感的电路符号

$$u = L \frac{\mathrm{d}i}{\mathrm{d}t} \qquad (1\text{-}17)$$

电感 L 是元件本身的一个固有参数，其大小取决于线圈的几何形状、匝数及其中间的磁介质。如果 L 是一个常数，则称电感元件为线性电感元件，否则称为非线性电感元件。

本书讨论的电感元件均为线性电感元件。

当电流和时间的单位分别取 A 和 s 时，电感的单位就是 H（亨）。常用的单位还有毫亨（mH）和微亨（μH）。它们的换算关系为

$$1\mathrm{H} = 10^3 \mathrm{mH}$$
$$1\mathrm{mH} = 10^3 \mu\mathrm{H}$$

2. 电感的伏安特性

电感元件的电压、电流取关联参考方向时，其伏安关系为

$$u_\mathrm{L} = L \frac{\mathrm{d}i_\mathrm{L}}{\mathrm{d}t} \qquad (1\text{-}18)$$

由式（1-18）可知：

（1）电感元件上任一时刻的电压与该时刻电感电流的变化率成正比，而与该时刻电流值的大小无关，电流变化越快$\left(\frac{\mathrm{d}i}{\mathrm{d}t}越大\right)$，电压 u 也越大，即使某时刻 $i=0$，也可能有电压。

（2）对于直流电，电流不随时间变化，则 $u=0$，电感相当于短路，所以电感元件具有"通直"的作用。

（3）如果某一时刻电感电压为有限值，则 $\frac{\mathrm{d}i}{\mathrm{d}t}$ 为有限值，电感上的电流不能发生跃变。

3. 电感元件的储能

在电感元件电压、电流的关联参考方向下，任一时刻电感元件吸收的瞬时功率为

$$p(t) = u(t)i(t) = Li(t) \frac{\mathrm{d}i(t)}{\mathrm{d}t} \qquad (1\text{-}19)$$

在 $0 \sim t$ 时间内，电感元件吸收的能量（推导过程从略）为

$$w_\mathrm{L}(t) = \frac{1}{2}Li^2(t) \qquad (1\text{-}20)$$

由上式可知，电感在任一时刻的储能仅与该时刻的电流值有关，只要电流存在，电感就储存磁场能，并且 $w_\mathrm{L} \geqslant 0$。

任务4 理 想 电 源

电源是一种将其他形式的能量转换成电能的装置或设备。任何一个实际电路在工作时都必须有电源提供能量，实际中使用的电源种类繁多，如干电池、蓄电池、光电池、交直流发电机、电子线路中的信号源等。理想电压源和理想电流源是在一定条件下从实际电源抽象出来的理想电路元件模型。

一、理想电压源

端电压为恒定值或按照某种给定的规律变化而与其电流无关的电源，称为理想电压源，简称直流电压源或恒压源。其电路符号如图1-18（a）所示，图中U_s表示直流电压源所产生的电压数值，"+"、"−"符号表示U_s的极性。即"+"端的电位高于"−"端的电位。电压源的伏安特性如图1-18（b）所示，它是一条平行于i轴的直线，表明其端电压的大小和电流大小、方向无关。

理想电压源具有如下两个特点：

（1）它的端电压是恒定的值U_s或一个固定的时间函数$u_s(t)$，与流过它的电流无关；

（2）流过它的电流取决于它所连接的外电路，电流的大小和方向都由外电路决定。

实际上，理想电压源是不存在的，电源内部总存在一定的内阻。例如，电池是一个实际的直流电压源，当接上负载有电流通过时，电池内阻就会有能量损耗，电流越大，损耗也就越大，输出端电压就越低，这样电池就不具有端电压是恒定值的特点。因此，实际电压源可用一个理想电压源u_s串联一个电阻R_s的电路模型来表示。如图1-19（a）所示，其关系式为

$$U = U_s - IR_s \tag{1-21}$$

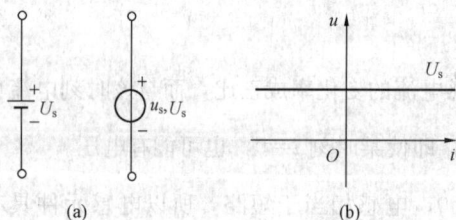

图1-18　电压源的符号及其伏安特性
(a) 电压源的符号；(b) 电压源的伏安特性

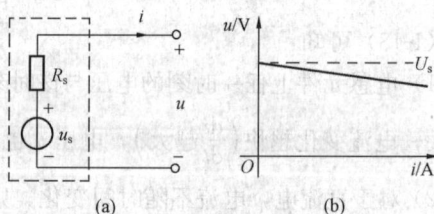

图1-19　实际电压源及其伏安特性
(a) 实际电压源；(b) 实际电压源的伏安特性

式（1-21）说明，实际电压源的端电压U是低于理想电压源的电压u_s的，所低的值就是其内阻的电压降。图1-19（b）所示为实际电压源的伏安特性曲线。可见，实际电压源的内阻越小，其特性越接近理想电压源。

二、理想电流源

输出电流始终保持恒定不变而与其两端的电压大小无关的电源称为直流理想电流源，简称直流电流源或恒流源。其电路符号如图1-20（a）所示。图中i_s表示直流电流源所产生的电流数值，箭头表示i_s的方向。

电流源的伏安特性如图1-20（b）所示，它是一条平行于u轴的直线，表明电流源的输出电流为一恒定的常数，与它两端电压的大小、方向无关。

理想电流源具有的特点如下：

（1）它输出的电流是一个定值 I_s 或是时间的函数 $i_s(t)$，与它两端的电压无关。

（2）电流源两端的电压取决于它所连接的外电路。

实际上也不存在理想的电流源，在实际电路中，由于内电导的存在，电流源内部也有一定的能量损耗，电流源产生的电流不能全部输出，因此实际电流源可以用一个理想电流源并联一个电阻模型来表示，如图 1-21（a）所示，其外特性曲线如图 1-21（b）所示。

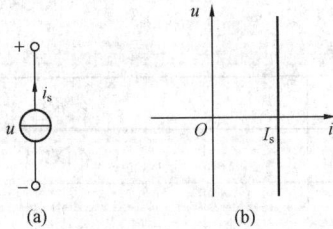

图 1-20　电流源的符号及其伏安特性
（a）电流源的符号；（b）电流源的伏安特性

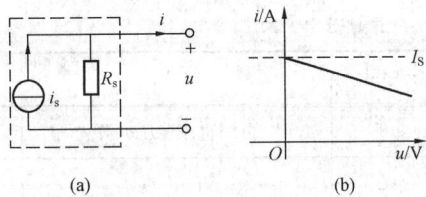

图 1-21　实际电流源及其外特性
（a）实际电流源；（b）实际电流源的外特性

其中，I_s 是电源的短路电流，内阻 R_s 表明了电源内部的分流效应。从图中可以看出，电流源的方向和电压取非关联参考方向，此时电流源发出的功率 $P=UI$，即为外电路吸收的功率。实际电流源的内阻越大，其外特性越接近理想电流源。

在实际应用中，需要注意以下几点：

1）电压源不能直接短路，否则会因电流过大而烧坏。

2）电流源不能开路，否则会因开路电压过高而损坏。

3）端电压不相等的理想电压源不能并联。

4）输出电流不相等的理想电流源不能串联。

以上我们讨论的电压源和电流源都是独立电源，即其外特性由电源本身的参数决定，而不受电源之外的其他参数控制。

【技能实训2】　电路元件伏安特性的测绘

一、实验目的

（1）学会识别常用电路元件的方法。

（2）掌握线性电阻、非线性电阻元件伏安特性的测绘。

（3）掌握实验台上直流电工仪表和设备的使用方法。

二、原理说明

任何一个二端元件的特性可用该元件上的端电压 U 与通过该元件的电流 I 之间的函数关系 $I=f(U)$ 来表示，即用 $I-U$ 平面上的一条曲线来表征，这条曲线称为该元件的伏安特性曲线。

（1）线性电阻器的伏安特性曲线是一条通过坐标原点的直线，如图 1-22 中直线 a 所示，该直线的斜率等于该电阻器的电阻值。

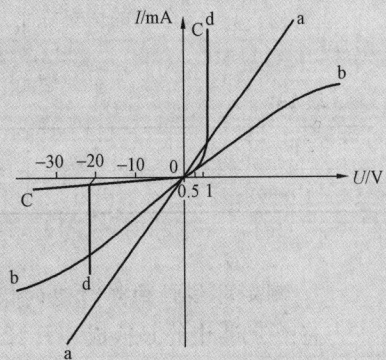

图 1-22　线性电阻的伏安特性

（2）一般的白炽灯在工作时灯丝处于高温状态，其灯丝电阻随着温度的升高而增大，通过白炽灯的电流越大，其温度越高，阻值也越大，一般灯泡的"冷电阻"与"热电阻"的阻值可相差几倍至十几倍，所以它的伏安特性如图 1-22 中曲线 b 所示。

三、实验设备

实验设备见表 1-3。

表 1-3   **实验设备明细表**

序号	名 称	型号与规格	数量	备注
1	可调直流稳压电源	0～30V	1	DG04
2	万 用 表	FM-47 或其他	1	自备
3	直流数字毫安表	0～200mA	1	D31
4	直流数字电压表	0～200V	1	D31
5	稳 压 管	2CW51	1	DG09
6	白 炽 灯	12V，0.1A	1	DG09
7	线性电阻器	200Ω，510Ω/8W	1	DG09

四、实验内容

1. 测定线性电阻器的伏安特性

按图 1-23 接线，调节稳压电源的输出电压 U，从 0V 开始缓慢地增加，一直到 10V，在表 1-4 中记下相应的电压表和电流表的读数 U_R、I。

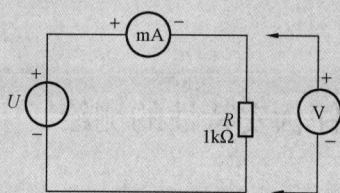

图 1-23　测定线性电阻器
的伏安特性

图 1-24　测定非线性白炽
灯泡的伏安特性

表 1-4   **电流表实测数据表**

U_R/V	0	2	4	6	8	10
I/mA						

2. 测定非线性白炽灯泡的伏安特性

将图 1-24 中的 R 换成一只 12V、0.1A 的灯泡，重复步骤 1。U_L 为灯泡的端电压。实验数据填入表 1-5。

表 1-5			电流表实测数据表				
U_L/V	0.1	0.5	1	2	3	4	5
I/mA							

五、实验注意事项

进行不同实验时，应先估算电压和电流值，合理选择仪表的量程，勿使仪表超量程，仪表的极性不可接错。

六、思考题

（1）线性电阻与非线性电阻的概念是什么？

（2）设某器件伏安特性曲线的函数式为 $I = f(U)$，试问在逐点绘制曲线时，其坐标变量应如何放置？

七、实验报告

（1）根据各实验数据，分别在方格纸上绘制出光滑的伏安特性曲线。

（2）根据实验结果，总结、归纳被测各元件的特性。

（3）必要的误差分析。

（4）心得体会及其他。

项目实施

实施目的

能正确绘制室内照明电路的电路模型；

能正确运用公式计算电路的物理量；

能正确连接电路并检测电路故障。

1. 设备与器件准备

设备准备：万用表 1 台。

器件准备：电路所需元器件名称、规格型号和数量见表 1-6。

表 1-6　　　　　　　　　　　室内照明电路元器件明细表

代　号	名　称	规　格　型　号	数　量
R_1	电阻	1kΩ	1
S1～S4	开关	单刀单掷	4
L1～L4	灯泡	220V，15W	4
	灯泡	220V，30W	4
	导线		若干

2. 电路识图

室内照明电路的电路模型如图 1-1 所示。L1 为客厅照明灯，L2 为卧室照明灯，L3 为厨房照明灯，L4 为厕所照明灯。S1、S2、S3 和 S4 开关分别控制四个灯。S1 和 L1 是串联关系，而 L1、L2、L3、L4 分别是并联关系，S1 开关只能控制 L1，S2 控制 L2，以此类推。电源为室内入户电源，220V。

3. 家庭室内照明电路的安装与调试

（1）电路的元器件检测。

（2）电路的安装。电路板装配应遵循"先低后高、先内后外"的原则。将电路所有元器件正确装入印制电路板相应位置上，采用单面焊接方法，无错焊、漏焊和虚焊。元器件面相应元器件高度平整、一致。

（3）性能检测调试。

1）用万用表电压挡测试室内电源的输出电压值为220V，欧姆挡测试每只灯泡的阻值。

2）把S1开关合上，观察灯泡L1的明亮程度。

3）把S2、S3、S4开关依次合上，观察灯泡L1的明亮程度。

4）用电流表、电压表测量L1、L2、L3和L4两端的电压、电流和功率，并与公式计算值相比较。

5）将灯泡换为30W，按照以上步骤再操作。

4. 项目鉴定

由企业专家结合电子产品生产工艺标准对学生作品进行鉴定。

5. 编写项目实施报告

项目实施报告见附录。

项目考核

室内照明电路的项目考核要求及评分标准

	检测项目	考核要求	分值	学生互评	教师评估
项目知识内容	能根据家庭照明电路的特点用本章所学知识绘制电路图	能根据实际家庭照明电路特点抽象出其电路模型	20		
	电路中各支路电压、电流及功率的计算	能熟练运用公式	10		
项目操作技能	准备工作	10min内完成所有元器件的清点及调换	10		
	元器件检测	完成元器件的检测	10		
	组装焊接	元器件按要求整形；正确安装元器件；焊点美观、走线合理、布局漂亮	10		
	通电调试	电路能够按照要求导通	10		
	通电检测	对各支路电压、电流进行实际测量，与计算值比较。出现问题能及时解决	10		
	安全文明操作	严格遵守电业安全操作规程，工作台工具、器件摆放整齐	5		
基本素质	实践表现	安全操作、遵守实训室管理制度；团队协作意识；语言表达能力；分析问题、解决问题的能力	5		
项目成绩					

📊 知识拓展

初学者怎样进行电子产品制作

对于初学者来说，通过电子产品制作，不仅可以提高电子学理论水平和实际动手能力，还可以更深刻地理解电子学原理，熟悉各种类型的单元电路，掌握各种电子元器件的特点，深入了解电路在不同工作状态下的特性，逐步学习更多、更新的知识，掌握更高的技术，制作更复杂、更有意义的电子产品，逐步成为名副其实的电子产品制作工程师。

一、确定电子产品制作电路

对于初学者来说，挑选制作的电子产品应以先易后难、循序渐进为原则，找出感兴趣的制作对象，再结合自己的实际情况以及自己的能力来确定电子产品制作所使用的电路。

二、读懂电子产品制作的电路图

一旦选好制作的具体电路以后，需要进一步仔细阅读电路图中文字和图形的内容，认真研究电路，看懂相关电路图，尤其对每一个元器件的作用要有所了解。

（1）图形符号的含义。

（2）元器件引脚识别。

（3）导线连接方法。

（4）电源线和接地线。

三、选用合适的电路连接方法

电子产品的制作，实际上就是把各种元器件按电路的要求正确地连接起来，形成电流通路。在制作过程中，只要有一点连接错误，都会导致制作失败，甚至导致元器件的损坏，故要认真对待。当选好了电路，了解电路的来龙去脉和元器件的功能，准备好所需的元器件后，在动手之前还必须知道一些电路的连接方法。常用的有导线连接法、锡丝电焊法、螺钉固定法、插座连接法等。

四、对制作的产品进行检查

初学者在进行电子产品制作时，不一定一次就会成功，总是有个反复的过程，这也是正常现象。因此，当制作完成的产品不能正常工作时，一定要冷静，应该集中精力对电路进行检查，包括连接的检查、元器件极性的检查和保证供电正常。

以上就是初学者进行电子产品制作时应该注意的事项和一些方法，本书在电子产品制作过程中也会更详细地介绍电子产品制作的过程和方法。

📖 项目小结

1. 理想电路

理想电路元件是从实际电路元件中抽象出来的理性化模型。由理想电路元件构成的电路称为电路模型。在电路分析中，都是用电路模型代替实际电路进行分析和研究的。

2. 电路的基本物理量

电流：电荷定向移动形成电流。用电流强度来衡量电流的大小。电流的实际方向规定为正电荷运动的方向，电流的参考方向是假定正电荷运动的方向，在电路中可以任意假定电流的参考方向。

电压：在电路中，电场力把单位正电荷从 a 点移动到 b 点所做的功称为 ab 两点的电压。电路中，a、b 两点间的电压又等于 a、b 两点的电位之差。规定电压的实际方向是从高电位点指向低电位点，在电路分析中可任意假定电压的参考方向。通常取同一元件上电压和电流的参考方向一致，即相关联的参考方向。

功率：功率即电场力在单位时间内所做的功。在端电压、电流为关联参考方向下，电路吸收的功率 $p = ui$；若为非关联方向下，电路吸收的功率 $p = -ui$。当 $p > 0$ 时为吸收（消耗）功率，当 $p < 0$ 时为发出（产生）功率。

3. 基本电路元件

常用的基本元件有电阻、电感和电容，它们都是无源元件。电阻是耗能元件，而电感和电容都具有储能功能。

在电压和电流关联参考方向下，三元件的电压、电流关系分别为

$$u_R = i_R R, i_c = C\frac{du_c}{dt}, u_L = L\frac{di_L}{dt}$$

4. 理想电源

理想电压源：输出的电压是一定值或一定的时间函数，与流过它的电流大小、方向无关。实际电压源模型可等效为一个电压源与电阻的串联，其端口伏安关系式为 $U = U_S - R_S I$。

理想电流源：输出的电流是一定值或一定的时间函数，与加在它两端的电压大小、极性无关。其端口伏安关系式为 $I = I_S - U/R_S$。

端电压不相等的理想电压源不能并联；输出电流不相等的理想电流源不能串联。

思考与练习

一、填空题

1. 实际电压源可以用一个_____和电阻_____的模型来表征，实际电流源可以用一个_____和电阻_____的模型来表征。

2. 当参考点改变时，电路中各点的电位值将_____，任意两点间的电压值将_____。

3. 电压和电流的方向一致，称为_____。

4. 若 $P > 0$（正值），说明该元件_____功率，该元件为_____。

5. 通常把单位时间内通过导体横截面的电荷量定义为_____。

二、选择题

1. 常用的理想电路元件中，耗能元件是_____。
   A. 开关　　　　B. 电阻　　　　C. 电容　　　　D. 电感

2. 常用的理想电路元件中，储存电场能量的元件是_____。
   A. 开关　　　　B. 电阻　　　　C. 电容　　　　D. 电感

3. 电压的单位是_____。
   A. 伏特　　　　B. 安培　　　　C. 瓦特　　　　D. 焦耳

4. 电感在直流稳态电路中相当于_____。
   A. 短路　　　　B. 开路　　　　C. 负载

三、计算题

1. 求图 1-25 所示电路中各元件电流的大小和方向。图（a）吸收功率 72W；图（b）提供功率 10W；图（c）吸收功率 60W；图（d）提供功率 30W。

2. 在图 1-26 所示电路中，若已知元件 A 吸收功率为 20W，求元件 B 和元件 C 吸收的功率。

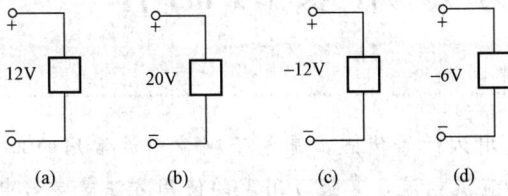

图 1-25 计算题 1 图

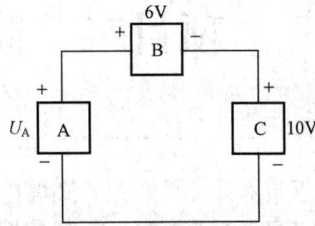

图 1-26 计算题 2 图

项目二　简易万用表的制作

万用表具有用途多、量程广、使用方便等优点，是电子测量中最常用的工具。它可以用来测量电阻、交直流电压和直流电流，掌握万用表的使用方法是学好电子技术的一项基本技能。

项目要求

■ 知识要求

理解电阻的串并联知识；
熟悉基尔霍夫定律；
理解线性网络常用的分析方法；
能分析设计万用表电路。

■ 技能要求

能熟练识别、检测常用的电子器件及部件；
能把基尔霍夫定律和线性网络的分析方法用于指导、测试万用表的制作过程；
能设计和制作简单的万用表，通过调试达到预期目标。

项目导入

万用表是公用一个表头，集电压表、电流表和欧姆表于一体的仪表，其内部构造并不复杂。该项目通过图 2-1 所示的 MF30 型万用表的实际制作，对万用表的量程、内阻等概念加深理解，明白万用表的多量程电流挡是表头并联分流电阻实现的；多量程电压挡是表头串联分压电阻实现的；在电流表接法的基础上，再加上电池和波段开关就构成了一个欧姆表。

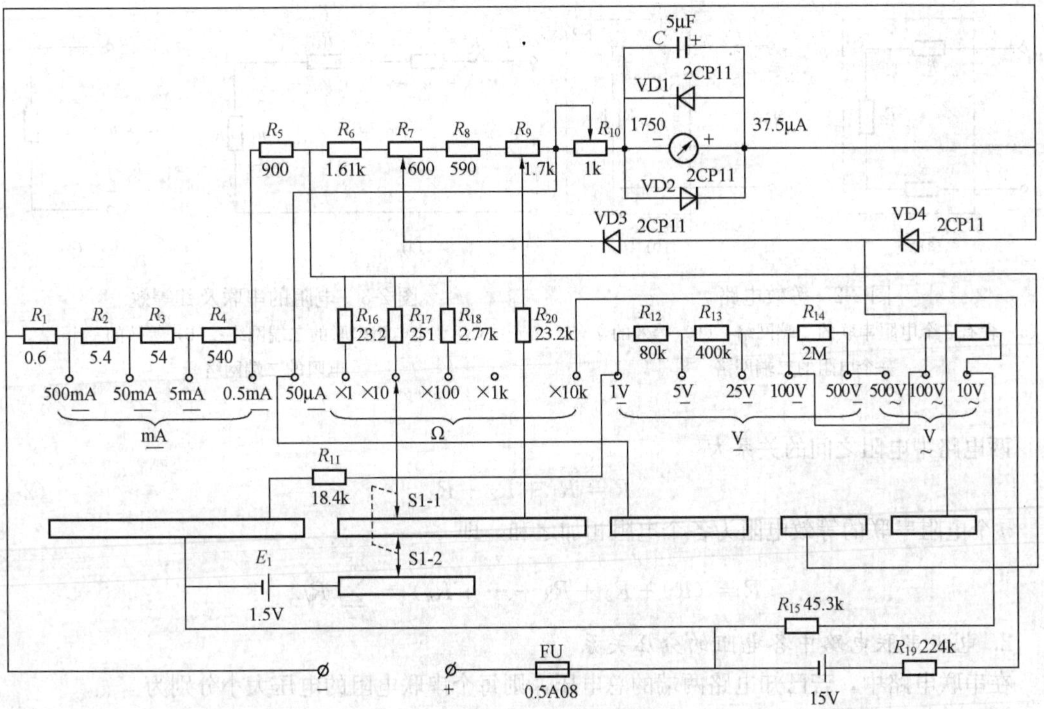

图 2-1 MF30 型万用表电路原理图

工作任务及技能实训

任务 1 电阻的串并联

在电路分析中，经常会遇到电阻的各种连接方式，最常见的是串联、并联和串并联的组合形式。这些组合有时分析起来比较困难，可以用等效变换的方法进行简化。

一、等效的概念及应用

在电路分析中，我们总喜欢把复杂的形式简单化，也就是把复杂的电路用简单的电路来代替，这即是等效的思想。

1. 等效的概念

只有两个端钮与外部相连的电路称为二端网络或一端口网络。如图 2-2 中的（a）、（b）都属于二端网络或一端口网络。二端网络的端口电压和端口电流的关系称为二端网络的伏安关系。

如果两个二端网络图 N1 [见图 2-2（a）] 与 N2 [见图 2-2（b）] 的伏安关系完全相同，即端口电压 u 与电流 i 分别相同，则说 N1 与 N2 这两个二端网络是等效的。

2. 等效的特点

等效电路的内部结构虽然不同，但对外部电路而言，电路的影响是完全相同的。因此，可以用一个简单的等效电路图 2-3（b）来代替原来较复杂的网络图 2-3（a），从而将电路简化。

二、电阻串联及电阻串联网络的应用

1. 电阻串联及其等效电阻

在电路中，几个电阻首尾依次相联，各电阻中流过同一电流的连接方式，称为电阻的串联。如图 2-3（a）所示，R_1、R_2、R_3 三个电阻是串联的关系，图 2-3（b）所示为其等效电路。

(a)　　　　　　　(b)

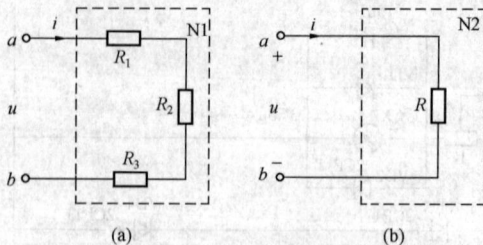

图 2-2　等效电路

(a) 含有 3 个电阻串联的二端网络；(b) 等效的含有
一个电阻的二端网络

(a)　　　　　　　(b)

图 2-3　电阻的串联及其等效

(a) 3 个电阻串联的二端网络；(b) 等效的一个
电阻的二端网络

两电路中电阻之间的关系为

$$R = R_1 + R_2 + R_3 \tag{2-1}$$

n 个电阻串联的等效电阻为各个电阻相加之和，即

$$R = (R_1 + R_2 + R_3 + \cdots + R_n) = \sum_{k=1}^{n} R_k$$

2. 电阻串联电路中各电阻的分压关系

在串联电路中，若已知电路两端的总电压，则每个串联电阻的电压大小分别为

$$\begin{cases} U_1 = IR_1 = \dfrac{R_1}{R}U \\[2mm] U_2 = IR_2 = \dfrac{R_2}{R}U \\[2mm] \vdots \\[2mm] U_n = IR_n = \dfrac{R_n}{R}U \end{cases} \tag{2-2}$$

上式说明，在串联电路中，当外加电压一定时，各个电阻端电压的大小与它的电阻值成正比。式 (2-2) 称为电压的分配公式，又叫分压公式。

在实际应用中，万用表的电压挡就是按此公式构成的，具体电路分析见例 2-1。

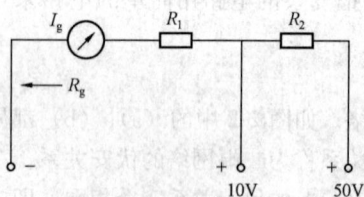

图 2-4　[例 2-1] 图

【例 2-1】 如图 2-4 所示，要将一满刻度偏转电流 $I_g = 50\mu A$、内阻 $R_g = 2k\Omega$ 的电流表，制成量程为 10V 和 50V 的电压表，该如何设计此电路？

解　该电流表满偏时所能承受的最大电压为

$$U_g = I_g R_g = 50\mu A \times 10^{-6} \times 2k\Omega \times 10^3 = 0.1V$$

为了制成量程为 10V 和 50V 的电压表，且保证表头所承受的电压仍为 0.1V，必须串联分压电阻来分得其余的电压，其原理图如图 2-4 所示，根据分压公式得

$$U_g = \frac{R_g}{R_1 + R_g}U_1$$

整理得

$$R_1 = \left(\frac{U_1}{U_g} - 1\right)R_g = 198k\Omega$$

同理

$$R_1 + R_2 = \left(\frac{U_2}{U_g} - 1\right)R_g = 998\text{k}\Omega$$

所以

$$R_2 = 998\text{k}\Omega - R_1 = 800\text{k}\Omega$$

三、电阻并联及电阻并联网络的应用

1. 电阻并联及其等效电阻

在电路中，几个电阻两端首尾分别相联，各电阻处于同一电压下的连接方式，称为电阻的并联。如图 2-5（a）所示为两个电阻 R_1、R_2 的并联，图 2-5（b）所示为其等效电路。

两电路中电阻之间的关系为

$$\frac{1}{R} = \frac{1}{R_1} + \frac{1}{R_2}$$

即

$$R = \frac{R_1 R_2}{R_1 + R_2} \tag{2-3}$$

图 2-5 电阻的串联及其等效
（a）含有两个电阻并联的二端网络；
（b）等效的含有一个电阻的二端网络

如果以电导形式可以表示为

$$G = G_1 + G_2$$

n 个电阻并联的等效电阻为

$$\frac{1}{R} = \frac{1}{R_1} + \frac{1}{R_2} + \cdots + \frac{1}{R_n}$$

如果用电导表示更简单，等效电导为

$$G = \sum_{k=1}^{n} G_k$$

2. 电阻并联电路中各电阻的分流关系

在并联电路中，若已知电路的总电流为 I，则每个并联电阻上的电流大小分别为（以两个电阻并联为例）

$$\begin{cases} I_1 = \dfrac{R_2}{R_1 + R_2} I \\[3mm] I_2 = \dfrac{R_1}{R_1 + R_2} I \end{cases} \tag{2-4}$$

如果以电导形式表示为

$$\begin{cases} I_1 = \dfrac{G_1}{G_1 + G_2} I \\[3mm] I_2 = \dfrac{G_2}{G_1 + G_2} I \end{cases}$$

上式说明，在并联电路中，各个电阻上分流的大小与它的电阻值成反比。式（2-4）称为电流的分配公式，又叫分流公式。

在实际应用中，利用电阻分流的特点，对电流表扩大量程，具体分析见下例。

【例 2-2】 如图 2-6 所示，要将一满刻度偏转电流 $I_g = 50\mu\text{A}$、内阻 $R_g = 2\text{k}\Omega$ 的电流表，制成量程为 50mA 的电流表，该如何设计此电路？

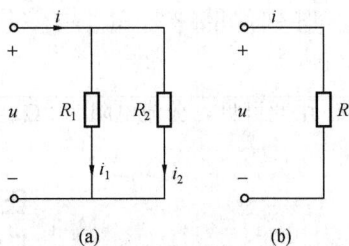

图 2-6 ［例 2-2］图

解 由题意可知，此电流表满偏时所能承受的最大电流为 $I_g=50\mu A$。因此，为了制成量程为 50mA 的电流表，并保证表头允许通过的电流仍为 $I_g=50\mu A$，必须并联电阻分得多余电流，其原理图如图 2-6 所示，根据分流公式得

$$I_g=\frac{R_s}{R_s+R_g}I$$

$$R_s=\frac{I_gR_g}{I-I_g}\approx2\Omega$$

由此可见，分流电阻为 2Ω，量程越大，其内阻就越小。

任务 2 基 尔 霍 夫 定 律

电路中各个元件的电流和电压都要受到两种约束：一种是由元件本身的特性导致的约束，如欧姆定律 $I=\dfrac{U}{R}$（U、I 取关联参考方向）给出了线性电阻上电压、电流的约束关系（VCR）。这种约束关系只与元件本身的特性有关，与其接入电路的方式无关。另一种是由元件的连接方式导致的约束，这种约束关系用基尔霍夫定律来体现。不论是线性电路还是非线性电路，直流电路还是交流电路，这一定律永远成立。基尔霍夫定律包括电流定律（KCL）和电压定律（KVL）。基尔霍夫电流定律描述电路中各电流的约束关系，基尔霍夫电压定律描述电路中各电压的约束关系，它们都是由德国科学家基尔霍夫提出的。基尔霍夫电压定律、电流定律和欧姆定律统称为电路的三大基本定律。

在介绍基尔霍夫定律之前，需要对电路中常用的几个术语做一些介绍和说明。

（1）支路。电路中通过同一电流的电路分支称为支路，其电流和电压分别称为支路电流和支路电压。图 2-7 所示共有 5 条支路。

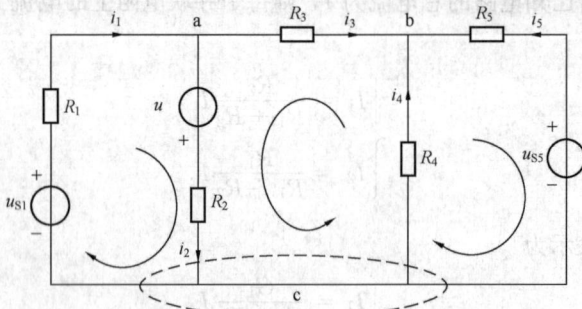

图 2-7 支路、节点、回路和网孔

（2）节点。三条或三条以上的支路的连接点称为节点。图 2-7 所示中，共有 3 个节点，即 a、b、c。

（3）回路。由支路组成的闭合路径称为回路。回路由一条或多条支路构成。在图 2-7 所示电路中，共有 6 条回路。

（4）网孔。回路内不再含有支路的回路称为网孔。在图 2-7 所示电路中，共有 3 个网孔。

一、基尔霍夫电流定律

基尔霍夫电流定律（KCL）又称基尔霍夫第一定律，是用来确定连接在同一节点上的各支路电流之间的约束关系的电路定律。它指出：对于任何电路中的任何节点，在任何时刻，流过该节点的所有支路电流的代数和恒等于零，其数学表达式为

$$\sum_{k=1}^{n} i_k = 0 \tag{2-5}$$

对于直流电路，可表示为

$$\sum_{k=1}^{n} I_k = 0$$

注意：对电路列写节点的 KCL 方程时，首先要规定电流的参考方向。一般规定：流出节点的支路电流取正号，则流入该节点的支路电流取负号。

在图 2-8 所示的电路中，对节点 a 列写的 KCL 方程为

$$i_2 - i_1 + i_3 + i_4 = 0$$

整理得

$$i_1 = i_2 + i_3 + i_4$$

上式说明，在任何时刻，流入任一节点的支路电流之和等于流出该节点的支路电流之和。

【例 2-3】 在图 2-9 所示电路中，若已知 $i_1 = 2A$，$i_3 = 6A$，$i_5 = 10A$，求 i_2，i_4，i_6。

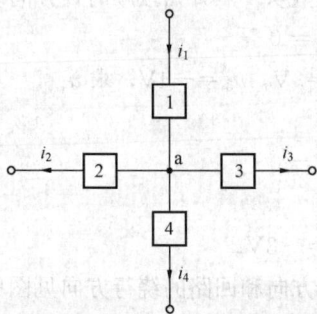

图 2-8 基尔霍夫电流定律   图 2-9 ［例 2-3］图

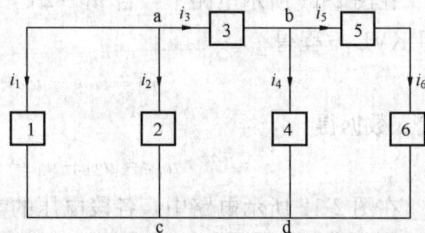

解 对节点 a 列写 KCL 方程为

$$i_1 + i_2 + i_3 = 0$$

整理并代入数据得

$$i_2 = -i_1 - i_3 = -8A$$

同理，对节点 b 列写 KCL 方程为

$$-i_3 + i_4 + i_5 = 0$$

整理并代入数据得

$$i_4 = i_3 - i_5 = -4A$$

由图看出

$$i_5 = i_6 = 10A$$

KCL 定律不仅适用于节点，也适用于任何假想的封闭面，即任何时刻，流出任一封闭面的所有支路电流的代数和等于零。例如，对图 2-10 所示电路中虚线表示的封闭面，列写的 KCL 方程为

$$i_1 + i_6 + i_7 - i_2 - i_5 - i_3 = 0$$

图 2-10 基尔霍夫电流定律的推广

整理得

$$i_1 + i_6 + i_7 = i_2 + i_5 + i_3$$

在任何时刻，流过任一节点（或封闭面）的所有支路电流的代数和等于零，这意味着由所有支路电流带入节点（封闭面）内的总电荷量为零，说明了 KCL 是电荷守恒定律的体现。

二、基尔霍夫电压定律

基尔霍夫电压定律（KVL）又称基尔霍夫第二定律，是用来确定回路中各段电压之间约束关系的电路定律。它指出：对于任何电路中的任一回路，在任何时刻，该回路各段电压的代数和恒等于零，其数学表达式为

$$\sum_{k=1}^{m} u_k = 0 \qquad\qquad (2\text{-}6)$$

对于直流电路，可表示为

$$\sum_{k=1}^{m} U_k = 0$$

注意：对电路列写回路的 KVL 方程时，也要规定回路的绕行方向。一般规定：各段电压的参考方向如与回路绕行方向相同，则取正号，否则取负号。

在图 2-11 所示的电路中，对回路列写的 KVL 方程（从 1 点开始按顺时针方向绕行一周）为

$$u_1 - u_2 - u_3 + u_4 = 0$$

【例 2-4】 在图 2-11 所示电路中，若 $u_1 = 2V$，$u_2 = 3V$，$u_3 = -4V$，求 u_4。

解 列写 KVL 方程得

$$u_1 - u_2 - u_3 + u_4 = 0$$

整理并代入数据得

$$u_4 = u_2 + u_3 - u_1 = -3V$$

【例 2-5】 在图 2-12 所示电路中，各段电压的参考方向和回路的绕行方向见图中标示，写出各个回路的 KVL 方程。

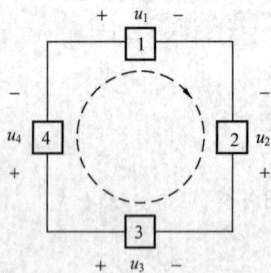

图 2-11 基尔霍夫电压定律

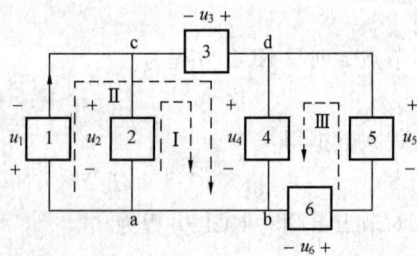

图 2-12 ［例 2-5］图

解 对回路 I：$-u_2 - u_3 + u_4 = 0$

对回路 II：$u_1 - u_3 + u_4 = 0$

对回路 III：$-u_5 + u_4 - u_6 = 0$

对于回路 III 的 KVL 方程：

可以变化为

$$u_4 = u_5 + u_6$$

可以得出这样的推论：电路中任意两点间的电压等于两点间任一条路径经过的各元件电压的代数和。图 2-12 所示的电路中，d、b 两点之间的电压就是 u_4，由推论可以得到 d、b 两点之间的电压还等于元件 5 和元件 6 上的电压的代数和，也可以由 dcab 这条路径上所有元件电压的代数和来表示。

结论：电路中任意两点之间的电压值与绕行路径无关。

若已知图 2-12 所示的电路中 $u_3 = 12V$，$u_5 = 9V$，$u_6 = 8V$，则可通过 KVL 方程求出：$u_1 = -5V$，$u_2 = 5V$，$u_4 = 17V$。

u_1 的值为负，说明该支路电压的实际方向与参考方向相反；u_2、u_4 的值为正，说明这些支路电压的实际方向与参考方向相同。

沿着回路的任何绕行方向，回路中各段电压的代数和等于零，意味着单位正电荷沿任一闭合路径移动时，能量没有发生变化。这表明 KVL 也是能量守恒定律的体现。

【技能实训1】 基尔霍夫定律的验证

一、实训目的
(1) 验证基尔霍夫定律的正确性，加深对基尔霍夫定律的理解。
(2) 学会使用常用的仪器、仪表，会用电流插头、插座测量各支路电流。
(3) 增强专业意识，培养良好的职业道德和职业习惯。

二、实训设备与器件
(1) 直流可调稳压电源。
(2) 万用表。
(3) 直流数字电压表。
(4) 电位、电压测定实验电路板。

三、实训内容
基尔霍夫定律是电路的基本定律。测量某电路的各支路电流及每个元件两端的电压，应能分别满足基尔霍夫电流定律（KCL）和电压定律（KVL）。即对电路中的任一个节点而言，应有 $\Sigma I = 0$；对任何一个闭合回路而言，应有 $\Sigma U = 0$。运用该定律时必须注意各支路或闭合回路中电流的正方向，此方向可预先任意设定。

实验线路如图 2-13 相同，用 DG05 挂箱的"基尔霍夫定律/叠加定理"线路。

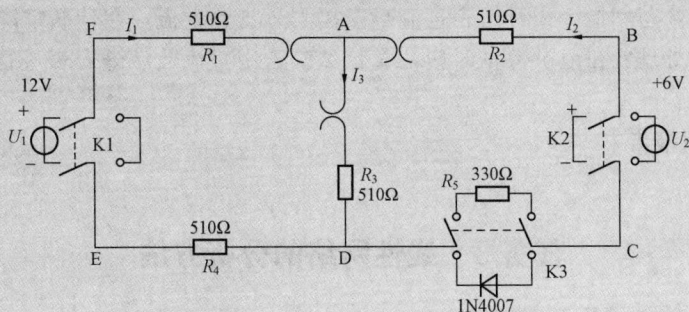

图 2-13 基尔霍夫定律实验图

（1）实验前先任意设定三条支路和三个闭合回路的电流正方向。图 2-13 中的 I_1、I_2、I_3 的方向已设定。三个闭合回路的电流正方向可设为 ADEFA、BADCB 和 FBCEF。

（2）分别将两路直流稳压源接入电路，令 $U_1 = 6\text{V}$，$U_2 = 12\text{V}$。

（3）熟悉电流插头的结构，将电流插头的两端接至数字毫安表的"＋、—"两端。

（4）将电流插头分别插入三条支路的三个电流插座中，读出并记录电流值到表 2-1 中。

（5）用直流数字电压表分别测量两路电源及电阻元件上的电压值，记录到表 2-1 中。

表 2-1　　　　　　　　　　　　记录数值表

被测量	I_1/mA	I_2/mA	I_3/mA	U_1/V	U_2/V	U_{FA}/V	U_{AB}/V	U_{AD}/V	U_{CD}/V	U_{DE}/V
计算值										
测量值										
相对误差										

四、实训注意事项

（1）本实验线路板系多个实验通用。DG05 上的 K3 应拨向 330Ω 侧，三个故障按键均不得按下。

（2）测量电位时，用指针式万用表的直流电压挡或用数字直流电压表测量时，用黑表笔接参考电位点，用红表笔接被测各点。若指针正向偏转或数显表显示正值，则表明该点电位为正（即高于参考点电位）；若指针反向偏转或数显表显示负值，此时应调换万用表的表笔，然后读出数值，此时在电位值之前应加一负号（表明该点电位低于参考点电位）。数显表也可不调换表笔，直接读出负值。所有需要测量的电压值，均以电压表测量的读数为准。U_1、U_2 也需测量，不应取电源本身的显示值。

（3）防止稳压电源两个输出端碰线短路。

（4）用指针式电压表或电流表测量电压或电流时，如果仪表指针反偏，则必须调换仪表极性，重新测量。此时指针正偏，可读得电压或电流值。若用数显电压表或电流表测量，则可直接读出电压或电流值。但应注意：所读得的电压或电流值的正、负号应根据设定的电流参考方向来判断。

五、实训思考

（1）根据图 2-13 所示的电路参数，计算出待测的电流 I_1、I_2、I_3 和各电阻上的电压值，记入表 2-1 中，以便实验测量时，可正确地选定毫安表和电压表的量程。

（2）实验中，若用指针式万用表直流毫安挡测各支路电流，在什么情况下可能出现指针反偏，应如何处理？在记录数据时应注意什么？若用直流数字毫安表进行测量时，则会有怎样的显示呢？

六、写实训报告书

任务 3　线性网络的分析方法

由独立源和线性元件所组成的网络称为线性网络。

从前面的分析可知，伏安特性（VCR）是元件约束关系，基尔霍夫定律（KCL、KVL）是电路约束关系。对于元件参数已知的线性网络，可通过这两类约束条件列出方程组，求出各元件上的电流和电压大小。对于有 n 个节点、b 条支路的电路，可列写 $n-1$ 个独立的 KCL 方程和 $b-n+1$ 个独立的 KVL 方程。

而对于节点和支路数量较多的电路，所需要列出的方程数量就比较多，导致求解过程较复杂。例如，图 2-14 所示的电路中，有 4 个节点和 6 条支路，则需要列出 3 个独立的 KCL 方程和 3 个独立的 KVL 方程，当电路的结构更复杂时，所需列写的方程数就更多，因此需要在基尔霍夫定律的基础上寻找新的求解方法，以满足实际的需要。支路电流法、节点电压法和回路电流法就是在基尔霍夫定律和欧姆定律的基础上推导得到的求解电路的具体方法。

还有一种情况，有时需要在电路结构并不完全清楚的情况下进行分析。如在进行放大电路性能分析时，通常需要外加一个信号源来产生放大电路的输入信号，但信号源的参数往往会对所要分析的放大电路造成影响。例如，信号源的内阻会影响到放大电路净输入信号的大小，因此需要采取有效的手段对信号源进行处理以简化分析。戴维南定理就是进行电路等效的方法，可通过理论计算和实验测量有效地求解电路。

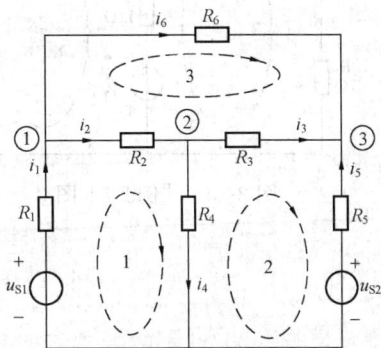

图 2-14 支路电流法

一、支路电流法

支路电流法就是以支路电流作为电路的未知量，直接应用基尔霍夫电流、电压定律，列写与支路电流数目相等的独立节点电流方程和回路电压方程，然后联立求解各支路电流的一种方法。

以图 2-14 所示的电路为例，说明支路电流法的求解方法和步骤。

（1）由电路的支路数 b，来确定待求的支路电流数目，并设定支路电流的方向。该电路的支路数 $b=6$，则支路电流数目就有 i_1，i_2，…，i_6 6 个。

（2）节点数 $n=4$，可列写 $n-1$ 个独立的 KCL 电流方程为

$$\begin{cases} -i_1 + i_2 + i_6 = 0 \\ -i_2 + i_3 + i_4 = 0 \\ -i_3 - i_5 - i_6 = 0 \end{cases}$$

（3）根据 KVL 列出回路电压方程。如果电路中有 n 个节点、b 条支路，则需要 b 个独立方程才能解出各条支路的电流，而电流方程已经有（$n-1$）个，所以回路电压方程应当有 $b-$（$n-1$）个。据此该电路应有 3 个回路的 KVL 电压方程

$$\begin{cases} i_1R_1 + i_2R_2 + i_4R_4 - u_{s1} = 0 \\ -i_4R_4 + i_3R_3 - i_5R_5 + u_{s2} = 0 \\ i_6R_6 - i_3R_3 - i_2R_2 = 0 \end{cases}$$

（4）将 6 个独立的方程联立求解，得出各支路的电流。如果支路电流的值为正，则表示支路的实际电流方向与参考方向相同；如果支路电流为负，表示支路的实际电流方向与参考方向相反。

（5）根据电路的要求，求出其他待求量，如支路或元件上的电压、功率等。

【例 2-6】 如图 2-15 所示电路，用支路电流法求解各支路电流及各电阻吸收的功率。

解 （1）求解各支路电流。该电路有 $b=3$ 条支路、$n=2$ 个节点。首先规定各支路电流的参

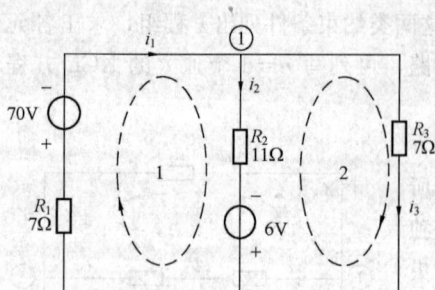

图 2-15 [例 2-6] 图

考方向如图 2-15 所示。

1）列写 $n-1=2-1=1$ 个节点①的 KCL 方程为
$$-i_1 + i_2 + i_3 = 0$$

2）列写 $b-(n-1)=3-1=2$ 条回路的电压方程，首先规定回路的绕行方向如图 2-15 所示。

对回路 I
$$7i_1 + 11i_2 - 6 + 70 = 0$$
$$-11i_2 + 7i_3 + 6 = 0$$

联立这 3 个方程，求解得
$$\begin{cases} i_1 = -6\text{A} \\ i_2 = -2\text{A} \\ i_3 = -4\text{A} \end{cases}$$

得出的各支路电流为负值，说明 i_1、i_2、i_3 的实际方向与参考方向相反。

（2）求解各电阻上吸收的功率。

电阻 R_1 吸收的功率为 $\qquad P_1 = (-6\text{A})^2 \times 7\Omega = 252\text{W}$

电阻 R_2 吸收的功率为 $\qquad P_2 = (-2\text{A})^2 \times 11\Omega = 44\text{W}$

电阻 R_3 吸收的功率为 $\qquad P_3 = (-4\text{A})^2 \times 7\Omega = 112\text{W}$

二、节点电压法

假设电路有 n 个节点，节点电压法就是以节点电压作为电路的未知量，直接应用基尔霍夫电流和欧姆定律，列写出 $(n-1)$ 个独立节点电压为未知量的方程，然后联立求解各节点电压的一种方法。

在电路中，用电压表测量各元件端钮的电压时，一般将电路电源的负极作为测量参考点，把电压表的"－"接到电路的负极上，用电压表的另一端依次测量各元件端钮上的电压，即电位。任意两端钮间的电压就可用相应两个端钮的电位差计算得到。

任意选择一个节点为非独立节点，称此节点为参考点。其他独立节点与参考点之间的电压，称为该节点的节点电压。

节点电压法适用于结构复杂、回路多，但节点少的电路的分析求解。对于 n 个节点、b 条支路的电路，节点电压法仅需 $(n-1)$ 个独立的方程，比支路电流法少 $b-(n-1)$ 个方程。

以图 2-16 所示的电路为例，说明用节点电压法求解电路的分析方法和步骤。

（1）首先选择参考节点。一般选择③这样的节点（接地点）为参考节点，则其他两个节点为独立节点，设独立节点的电位为 V_1、V_2。各支路电流及参考方向如图 2-16 所示。

（2）根据 KCL 定律，对节点①、②列写方程为
$$\begin{cases} -i_{s1} - i_{s2} + i_1 + i_2 = 0 \\ i_{s2} - i_{s3} - i_2 + i_3 = 0 \end{cases}$$

（3）应用欧姆定律，用节点电位表示出各支路电流为
$$\begin{cases} i_1 = \dfrac{V_1}{R_1} \\[2mm] i_2 = \dfrac{V_1 - V_2}{R_2} \\[2mm] i_3 = \dfrac{V_2}{R_3} \end{cases}$$

（4）把（3）步代入（2）步中，求解出独立节点①、②的电位 V_1、V_2。

【例 2-7】 如图 2-17 所示电路，用节点电压法求各电阻上的电流。

解 （1）首先选择参考节点。选择接地点为参考节点，则其他 3 个节点为独立节点，设独立节点的电位为 U_1、U_2、U_3。各支路电流及参考方向如图 2-17 所示。

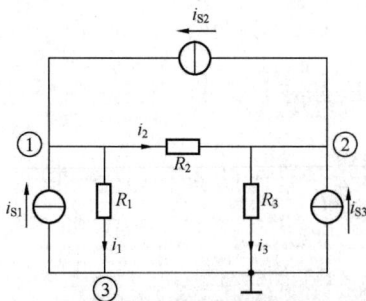

图 2-16 节点电压法

图 2-17 ［例 2-7］图

（2）根据 KCL 定律，对节点①、②、③列写方程为

$$\begin{cases} I_6 + I_4 + I_1 - 4 = 0 \\ -I_4 + I_2 + I_5 = 0 \\ -I_6 - I_5 + I_3 + 4 = 0 \end{cases}$$

（3）应用欧姆定律，用节点电位表示出各支路电流为

$$\begin{cases} I_1 = \dfrac{U_1}{1} \\ I_4 = \dfrac{U_1 - U_2}{1} \\ I_6 = \dfrac{U_1 - U_3}{0.5} \\ I_2 = \dfrac{U_2}{1} \\ I_5 = \dfrac{U_2 - U_3}{1} \\ I_3 = \dfrac{U_3}{1} \end{cases}$$

（4）把（3）步代入（2）步中，求解独立节点①、②、③的电位 U_1、U_2、U_3：

$$\begin{cases} 2U_1 - 2U_3 + U_1 - U_2 + U_1 - 4 = 0 \\ U_2 - U_1 + U_2 + U_2 - U_3 = 0 \\ 2U_3 - 2U_1 + U_3 - U_2 + U_3 + 4 = 0 \end{cases}$$

得

$$\begin{cases} U_1 = \dfrac{2}{3}\text{V} \\ U_2 = 0\text{V} \\ U_3 = -\dfrac{2}{3}\text{V} \end{cases}$$

（5）应用欧姆定律求出各电阻上的电流为

$$
\begin{cases}
I_1 = \dfrac{U_1}{1} = \dfrac{2}{3}\text{A} \\[2mm]
I_4 = \dfrac{U_1 - U_2}{1} = \dfrac{2}{3}\text{A} \\[2mm]
I_6 = \dfrac{U_1 - U_3}{0.5} = \dfrac{8}{3}\text{A} \\[2mm]
I_2 = \dfrac{U_2}{1} = 0\text{A} \\[2mm]
I_5 = \dfrac{U_2 - U_3}{1} = \dfrac{2}{3}\text{A} \\[2mm]
I_3 = \dfrac{U_3}{1} = -\dfrac{2}{3}\text{A}
\end{cases}
$$

三、回路电流法

回路电流法是以回路电流作为电路的未知量，利用基尔霍夫定律列写回路电压方程，进行回路电流的求解，根据电路的要求，进而求出其他的物理量。

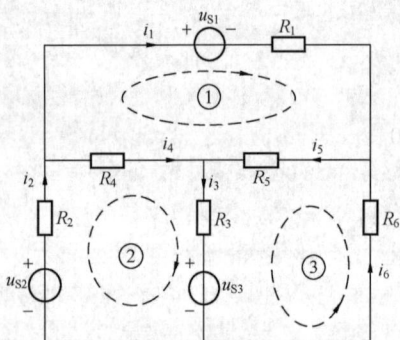

图 2-18　回路电流法

回路电流是一个假想的沿着各自回路内循环流动的电流，如图 2-18 所示。设回路①的电流为 i_{11}，回路②的电流为 i_{12}，回路③的电流为 i_{13}。回路电流在实际电路中是不存在的，但它是一个很有用的用于计算的中间量。

下面以图 2-18 所示的电路为例，说明用回路电流法求解电路的分析方法和步骤。

（1）标出图 2-18 中电路支路电流的参考方向，观察电路写出假想的回路电流与支路电流的关系。

$$i_1 = i_{11} \qquad i_2 = i_{12}$$
$$i_3 = i_{12} + i_{13} \qquad i_4 = i_{12} - i_{11}$$
$$i_5 = i_{11} + i_{13} \qquad i_6 = i_{13}$$

（2）用回路电流替代支路电流写出各回路的电压方程。

回路①

$$R_1 i_{11} + R_5(i_{11} + i_{13}) + R_4(i_{11} - i_{12}) + u_{s1} = 0$$

回路②

$$R_2 i_{12} + R_4(i_{12} - i_{11}) + R_3(i_{12} + i_{13}) + u_{s3} - u_{s2} = 0$$

回路③

$$R_3(i_{12} + i_{13}) + R_6 i_{13} + R_5(i_{11} + i_{13}) + u_{s3} = 0$$

（3）联立求解，得出各回路的电流。

（4）根据回路电流再进一步求解其他量。

四、叠加定理

叠加定理是线性电路的一个基本定理。它指出：在由独立源、线性电阻元件及线性受控源组成的线性网络中，每个元件上的电流或电压可以看做每一个独立源单独作用于网络时，在该元件上所产生的电流或电压的代数和。当某个独立源单独作用时，其他独立源应为零值，即：独立电压源为零值时相当于短路；独立电流源为零值时相当于开路。

下面以图 2-19 所示的电路为例，说明用叠加定理求解电路的分析方法和步骤。

先用支路电流法对图 2-19 的电路进行求解。各支路电流的参考方向及回路的绕行方向如图 2-19 所示。

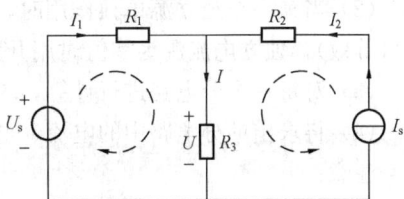

图 2-19　叠加定理举例

根据 KCL 和 KVL 方程得

$$\begin{cases} I_1 + I_2 = I \\ I_2 = I_s \\ R_1 I_1 + R_3 I - U_s = 0 \end{cases}$$

解得

$$I = \frac{U_s - R_3 I_s}{R_1 + R_3}$$

$$I = I_1 + I_2 = \frac{U_s + R_1 I_s}{R_1 + R_3} = \frac{U_s}{R_1 + R_3} + \frac{R_1 I_s}{R_1 + R_3}$$

$$U = R_3 I = R_3 \left(\frac{U_s}{R_1 + R_3} + \frac{R_1 I_s}{R_1 + R_3} \right)$$

分析上面的式子，流经电阻 R_3 上的电流由两个分量组成，一个是 $I' = \dfrac{U_s}{R_1 + R_3}$ ，仅与电压源 U_s 有关；另一个是 $I'' = \dfrac{R_1 I_s}{R_1 + R_3}$ ，仅与电流源 I_s 有关。它们都是电路中各电源单独作用时产生的结果。

用相应的电路模型将这两个分量电流的对应电路描述出来，如图 2-20 所示。

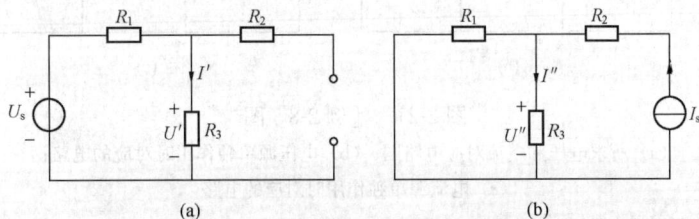

图 2-20　独立源分别单独作用时对应的电路
(a) 电压源单独作用时的电路；(b) 电流源单独作用时的电路

从表达式 $I' = \dfrac{U_s}{R_1 + R_3}$ 可知，这是一个电压源与两个电阻串联组成的电路，I' 是在电压源作用下，在电阻 R_3 上产生的电流，此时电流源不起作用，即 $I_s = 0$，电流源相当于开路，对应的电路如图 2-20 (a) 所示。从表达式 $I'' = \dfrac{R_1 I_s}{R_1 + R_3}$ 可知，这是一个电流源与电阻构成的电路。I'' 是在电流源作用下在电阻 R_3 上产生的电流，此时电压源不起作用，即 $U_s = 0$，电压源相当于短路，对应的电路如图 2-20 (b) 所示。

可见，图 2-19 所示电路中 R_3 上所产生的电流，等于图 2-20 (a) 中独立电压源和图 2-20 (b) 中独立电流源分别单独作用产生的电流 I' 与 I'' 的代数和，即 $I = I' + I''$。

同理可知，$U = U' + U''$。

综合以上分析，得出利用叠加定理求解电路的方法和步骤如下：

(1) 将含有多个独立电源的电路，分解成若干个仅含有单个独立源的分电路，并给出每个分电路的电流或电压的参考方向。

（2）当某一个独立源单独作用时，其他独立源应为零值，即：独立电压源为零值时用短路代替（等效），独立电流源为零值时用开路代替（等效）。

（3）对每一个分电路进行计算，求出各相应支路的分电流和分电压。

（4）将求出的分电路中的电流、电压进行叠加，求出原电路中的支路电流、电压。

注意：

（1）叠加定理只适用于计算线性电路的电流和电压，不能用于求功率。这是因为功率与电压（或电流）的关系不是线性关系，同时叠加定理也不适用于非线性电路。

（2）在进行叠加求代数和时，要注意各电压或电流的参考方向是否一致。

【例 2-8】 如图 2-21（a）所示电路，用叠加定理求电流 I 和电压 U。

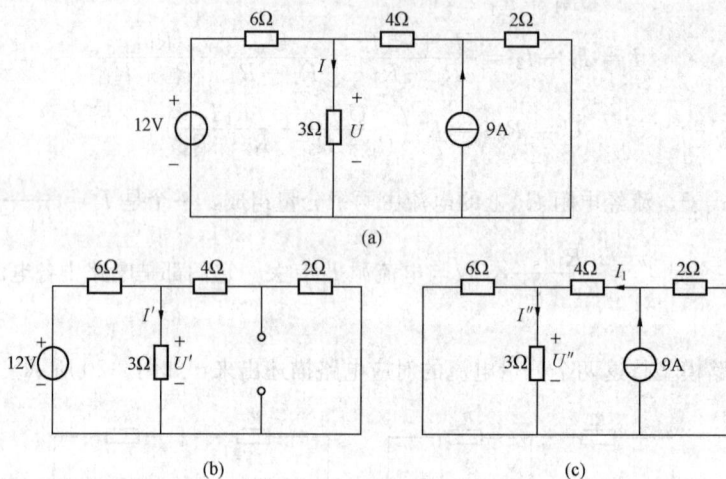

图 2-21　[例 2-8] 图

（a）所求电压和电流对应电路图；（b）电压源单独作用时对应的电路；

（c）电流源单独作用时对应的电路

解　（1）当独立电压源单独作用时，分电路如图 2-21（b）所示，可得

$$U' = \frac{(4+2)//3}{[(4+2)//3]+6} \times 12\text{V} = 3\text{V}$$

$$I' = \frac{U'}{3} = 1\text{A}$$

（2）当独立电流源单独作用时，分电路如图 2-21（c）所示，可得

$$I_1 = \frac{2}{[(6//3)+4]+2} \times 9\text{A} = 2.25\text{A}$$

$$I'' = \frac{6}{3+6} \times I_1 = 1.5\text{A}$$

$$U'' = 3 \cdot I'' = 4.5\text{V}$$

（3）I、I' 和 I'' 的参考方向一致，U、U' 和 U'' 的参考方向也一致，根据叠加定理可知

$$I = I' + I'' = 2.5\text{A}$$

$$U = U' + U'' = 7.5\text{V}$$

【技能实训2】　叠加定理的验证

一、实训目的
（1）验证线性电路叠加定理的正确性。
（2）加深对线性电路的叠加性的认识和理解。

二、实训设备与器件
（1）直流稳压电源。
（2）万用表。
（3）直流数字电压表。
（4）直流数字毫安表。
（5）叠加定理实验电路板。

三、实训内容
　　叠加定理指出：在有多个独立源共同作用下的线性电路中，通过每一个元件的电流或其两端的电压，可以看成由每一个独立源单独作用时在该元件上所产生的电流或电压的代数和。实验线路如图 2-22 所示，是用 DG05 挂箱的"基尔霍夫定律/叠加定理"线路。

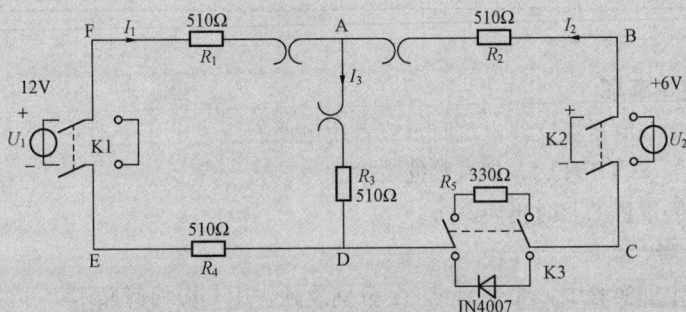

图 2-22　基尔霍夫定律/叠加定理实验线路图

　　（1）将两路稳压源的输出分别调节为 12V 和 6V，接入 U_1 和 U_2 处。
　　（2）令 U_1 电源单独作用（将开关 K1 投向 U_1 侧，开关 K2 投向短路侧）。用直流数字电压表和毫安表（接电流插头）测量各支路电流及各电阻元件两端的电压，数据记入表 2-2。

表 2-2　　　　　　　　　　　　　　记录数据表

测量项目 实验内容	U_1/V	U_2/V	I_1/mA	I_2/mA	I_3/mA	U_{AB}/V	U_{CD}/V	U_{AD}/V	U_{DE}/V	U_{FA}/V
U_1 单独作用										
U_2 单独作用										
U_1、U_2 共同作用										
$2U_2$ 单独作用										

35

（3）令 U_2 电源单独作用（将开关 K1 投向短路侧，开关 K2 投向 U_2 侧），重复实验步骤（2）的测量和记录，数据记入表 2-2。

（4）令 U_1 和 U_2 共同作用（开关 K1 和 K2 分别投向 U_1 和 U_2 侧），重复上述的测量和记录，数据记入表 2-2。

（5）将 U_2 的数值调至 +12V，重复（3）的测量并记录，数据记入表 2-2。

（6）将 R_5（330Ω）换成二极管 1N4007（即将开关 K3 投向二极管 IN4007 侧），重复（1）～（5）的测量过程，数据记入表 2-3。

（7）任意按下某个故障设置按键，重复实验内容（4）的测量和记录，再根据测量结果判断出故障的性质。

表 2-3　　　　　　　　　　　　记录数值表

测量项目 实验内容	U_1/V	U_2/V	I_1/mA	I_2/mA	I_3/mA	U_{AB}/V	U_{CD}/V	U_{AD}/V	U_{DE}/V	U_{FA}/V
U_1 单独作用										
U_2 单独作用										
U_1、U_2 共同作用										
$2U_2$ 单独作用										

四、实训注意事项

（1）用电流插头测量各支路电流时，或者用电压表测量电压降时，应注意仪表的极性，正确判断测得值的 +、- 号后，记入数据表格。

（2）注意仪表量程的及时更换。

五、实训思考

（1）在叠加定理实验中，要令 U_1、U_2 分别单独作用，应如何操作？可否直接将不作用的电源（U_1 或 U_2）短接置零？

（2）实训电路中，若有一个电阻器改为二极管，试问叠加定理的叠加性还成立吗？为什么？

六、写实训报告书

五、戴维南定理

在进行电路计算时，可以用支路电流法、节点电压法和回路电流法，如果只需要求解某一条支路上的电压或电流，而不需要把所有支路电流都计算出来，也可以应用叠加定理来求解；除此之外，还可以应用戴维南定理。戴维南定理是线性电路很重要的一个定理。

戴维南定理指出：对于任意一个线性有源二端网络 N，如图 2-23（a）所示。

就其端口的特性而言，可等效为一个独立的电压源 U_s 和一个电阻 R_s 的串联，如图2-23（b）所示。电压源的电压 U_s 等于该网络 N 开路时的电压 U_{OC}，如图 2-23（c）所示；串联电阻 R_S 等于该网络内所有独立源为零时，从网络两端看进去的等效电阻，也称戴维南等效内阻，有时也用 R_0 表示，如图 2-23（d）所示。

开路电压 U_{OC} 的计算方法可根据不同网络的实际情况，采用前面学过的线性电路的分析方法

图 2-23　戴维南定理电路

（a）任何有源二端网络；（b）戴维南等效电路；（c）网络开路电压；（d）戴维南等效内阻

来求解，等效内阻 R_S 采用电阻性网络的分析方法来求解。用戴维南求得的电压源与电阻串联的电路称为戴维南等效电路。

下面以图 2-24（a）所示的电路为例，说明用戴维南定理求解电流 I 的分析方法和步骤。

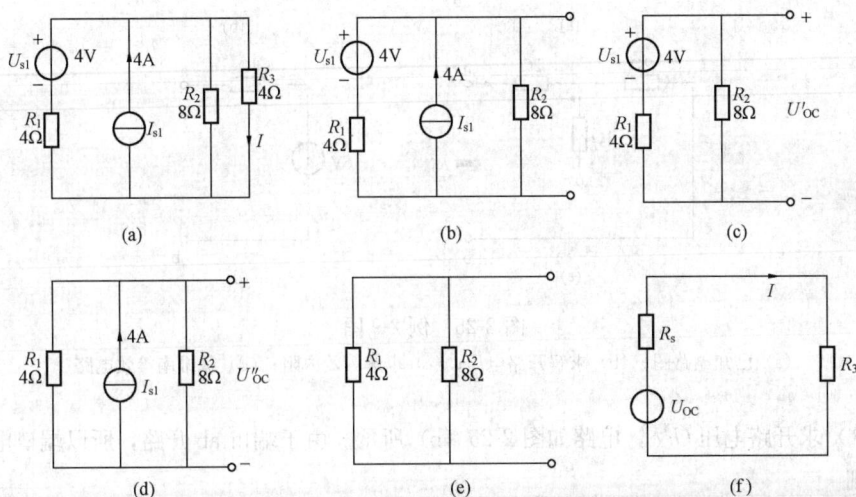

图 2-24　用戴维南定理求解电流

（a）求解电流的电路图；（b）构建的二端网络；（c）电压源单独作用时的开路电压；
（d）电流源单独作用时的开路电压；（e）戴维南等效内阻；（f）戴维南等效电路

解　（1）求解开路电压 U_{OC}：将待求支路电阻 R_3 从原电路中断开，其余部分构成一个有源二端网络，如图 2-24（b）所示。分析该电路，用叠加定理求解较为方便。

电压源单独作用时的电路如图 2-24（c）所示，则

$$U'_{OC} = \frac{R_2}{R_1 + R_2} \times U_{s1} \approx 2.67\text{V}$$

电流源单独作用时的电路如图 2-24（d）所示，则

$$U''_{OC} = \frac{R_1}{R_1 + R_2} \times I_{s1} \times R_2 \approx 10.67\text{V}$$

则开路电压为　　　　　　　　$U_{OC} = U'_{OC} + U''_{OC} \approx 13.34\text{V}$

（2）求解等效内阻 R_s：将图 2-24（b）中的独立源置零，即电压源短路，电流源开路，得到如图 2-24（e）所示电路，其端口电阻为

$$R_s = \frac{R_1 R_2}{R_1 + R_2} \approx 2.67\Omega$$

（3）画出戴维南等效电路，接入移走的电阻 R_3，得到如图 2-24（f）的电路，求得

$$I = \frac{U_{OC}}{R_s + R_3} = 2A$$

注意：由戴维南定理得到的等效电路只是对端口外部的电路等效，对端口内部是不等效的。运用戴维南定理求解电路，能简化电路的运算过程。

【**例 2-9**】 求如图 2-25（a）所示二端网络的戴维南等效电路。

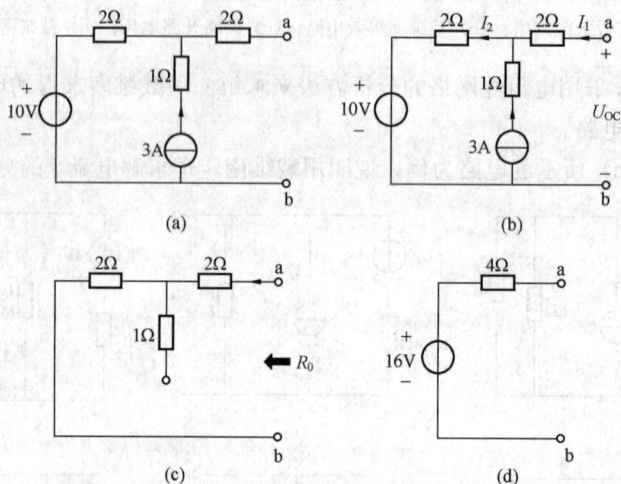

图 2-25 例 2-9 图

（a）已知电路图；（b）求解开路电压；（c）求解等效内阻；（d）戴维南等效电路

解 （1）求开路电压 U_{OC}，电路如图 2-25（b）所示。由于端口 ab 开路，所以端口电流 $I_1 = 0$，$I_2 = 3A$，则

$$U_{OC} = 2 \cdot I_1 + 2 \cdot I_2 + 10V = 16V$$

（2）求解等效内阻 R_0，电路如图 2-25（c）所示，则

$$R_0 = (2+2)\Omega = 4\Omega$$

（3）画出戴维南等效电路，如图 2-25（d）所示。

【技能实训 3】 戴维南定理的验证——有源二端 网络等效参数的测定

一、实训目的

（1）验证戴维南定理的正确性，加深对该定理的理解。

（2）掌握测量有源二端网络等效参数的一般方法。

二、实训设备与器件

（1）可调直流稳压电源。

（2）可调直流恒流源。

（3）直流数字电压表。

（4）直流数字毫安表。

（5）万用表。

（6）可调电阻箱。

（7）电位器。

（8）戴维南定理实验电路板。

三、实训内容

被测有源二端网络如图 2-26（a）所示。

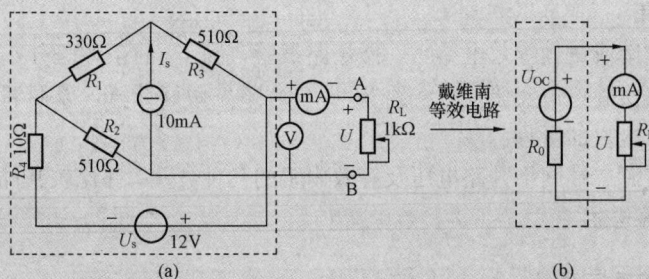

图 2-26　被测有源二端网络及其等效电路

（a）被测有源二端网络；（b）戴维南等效电路

（1）用开路电压、短路电流法测定戴维南等效电路的 U_{OC}、R_0。按图 2-26（a）接入稳压电源 $U_s = 12V$ 和恒流源 $I_s = 10mA$，不接入 R_L。测出 U_{OC} 和 I_{SC}，并计算出 R_0，填入表 2-4（测 U_{OC} 时，不接入毫安表）。

（2）负载实验。

按图 2-26（a）接入 R_L。改变 R_L 阻值，测量有源二端网络的外特性曲线，填入表 2-5。

表 2-4　　　　　　　　　　　　　　记录数据表

U_{OC}/V	I_s/（mA）	$R_0 = U_{OC}/I_{SC}/\Omega$

表 2-5　　　　　　　　　　　　　　记录数据表

U/V							
I/mA							

（3）验证戴维南定理：从电阻箱上取得按步骤（1）所得的等效电阻 R_0 之值，然后令其与直流稳压电源［调到步骤（1）时所测得的开路电压 U_{OC} 之值］相串联，如图 2-26（b）所示，仿照步骤（2）测其外特性，对戴维南定理进行验证。填入表 2-6。

表 2-6　　　　　　　　　　　　　　记录数据表

U/V							
I/mA							

（4）有源二端网络等效电阻（又称入端电阻）的直接测量法。如图 2-26（a）所示，将被测有源网络内的所有独立源置零（去掉电流源 I_s 和电压源 U_s，并在原电压源所接的两点用一根短路导线相连），然后用伏安法或者直接用万用表的欧姆挡去测定负载 R_L 开路时 A、

B两点间的电阻，此即为被测网络的等效内阻 R_0，或称网络的入端电阻 R_i。

四、实训注意事项

（1）测量时应注意电流表量程的更换。

（2）在实验内容（4）中，电压源置零时不可将稳压源短接。

（3）用万用表直接测 R_0 时，网络内的独立源必须先置零，以免损坏万用表。其次，欧姆挡必须经调零后再进行测量。

（4）改接线路时，要关掉电源。

五、实训思考

（1）在求戴维南或诺顿等效电路时，做短路试验，测 I_{SC} 的条件是什么？在本实验中可否直接做负载短路实验？请实验前对线路 2-26（a）预先做好计算，以便调整实验线路及测量时可准确地选取电表的量程。

（2）说明测有源二端网络开路电压及等效内阻的几种方法，并比较其优缺点。

六、写实训报告书

六、最大功率传输定理

在电子技术中，我们总希望负载能从信号源处获得最大的功率，而实际上电源总是有内阻存在的，电源在工作时提供的功率不可避免地会消耗在内阻上。对负载而言，电路中的其余部分都可以看作是含源二端网络，都可以利用戴维南定理把复杂的含源二端网络简化为一个单回路电路来进行求解。

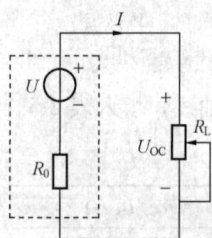

讨论：当负载为多大值时，能够从电源处获得最大功率，最大功率是多少？

电路如图 2-27 所示，负载 R_L 上的电流为

$$I = \frac{U}{R_0 + R_L}$$

那么负载 R_L 上获得的功率为

$$P = I^2 R_L = \left(\frac{U_{OC}}{R_0 + R_L}\right)^2 R_L$$

图 2-27 等效电路

当 $R_L = 0$ 或 $R_L = \infty$ 时，电源输送给负载的功率均为零。而以不同的 R_L 值代入上式可求得不同的 P 值，其中必有一个 R_L 值，使负载能从电源处获得最大的功率。

根据数学求最大值的方法，令负载功率表达式中的 R_L 为自变量，P 为因变量，并使 $dP/dR_L = 0$，即可求得最大功率传输的条件：

$$\frac{dP}{dR_L} = 0, \quad 即 \frac{dP}{dR_L} = \frac{[(R_0 + R_L)^2 - 2R_L(R_L + R_0)]U_{OC}^2}{(R_0 + R_L)^4}$$

令 $(R_L + R_0)^2 - 2R_L(R_L + R_0) = 0$，解得：$R_L = R_0$

当满足 $R_L = R_0$ 时，负载从电源获得的最大功率为

负载上得到的最大功率为

$$P_{max} = \frac{U_{OC}^2}{4R_0} \tag{2-7}$$

当满足 $R_L = R_0$ 时，称此电路处于"匹配"工作状态。

在电路处于"匹配"状态时，电源本身要消耗一半的功率。此时电源的效率只有 50%。显

然，这对电力系统的能量传输过程是绝对不允许的。发电机的内阻是很小的，电路传输的最主要指标是要高效率送电，最好是功率100％传送给负载。为此负载电阻应远大于电源的内阻，即不允许运行在匹配状态。而在电子技术领域里却完全不同。一般的信号源本身功率较小，且都有较大的内阻。而负载电阻（如扬声器等）往往是较小的定值，且希望能从电源获得最大的功率输出，而电源的效率往往不予考虑。通常设法改变负载电阻，或者在信号源与负载之间加阻抗变换器（如音频功率放大器的输出级与扬声器之间的输出变压器），使电路处于工作匹配状态，以使负载能获得最大的输出功率。

【技能实训4】　最大功率传输条件测定

一、实训目的
(1) 掌握负载获得最大传输功率的条件。
(2) 了解电源输出功率与效率的关系。
(3) 会熟练使用常用电子仪器仪表。

二、实训设备与器件
(1) 直流电流表。
(2) 直流电压表。
(3) 直流稳压电源。
(4) 实验线路、元件箱。

三、实训内容
(1) 按图2-28接线，负载 R_L 取自元件箱DG09的电阻箱。

(2) 按表2-7所列内容，令 R_L 在0～1kΩ变化时，分别测出 U_O、U_L 及 I 的值，表中 U_O、P_O 分别为稳压电源的输出电压和功率，U_L、P_L 分别为 R_L 两端的电压和功率，I 为电路的电流。在 P_L 最大值附近应多测几点。

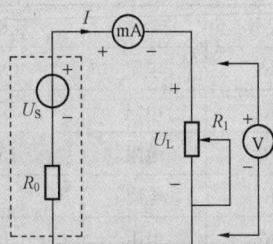
图2-28　利用最大功率传输定理测定电路

表2-7　　　　　　　　　　　记录数据表

				1kΩ	∞
$U_S=10V$ $R_{01}=100Ω$	$R_L/Ω$				
	U_O/V				
	U_L/V				
	I/mA				
	P_O/W				
	P_L/W				
$U_S=15V$ $R_{02}=300Ω$	$R_L/Ω$			1kΩ	∞
	U_O/V				
	U_L/V				
	I/mA				
	P_O/W				
	P_L/W				

四、实训思考

（1）电力系统进行电能传输时为什么不能工作在匹配工作状态？

（2）实际应用中，电源的内阻是否随负载而变？

（3）电源电压的变化对最大功率传输的条件有无影响？

五、写实训报告书

项目实施

实施目的

能正确安装简易万用表电路；

能对简易万用表电路中的故障现象进行分析判断并加以解决；

能设计和制作简易万用表电路，并能通过调试达到预期目标。

1. 设备与器件准备

设备准备：直流电流表 1 台，直流电压表 1 台，直流稳压电源 1 台。

器件准备：电路所需元器件名称、规格型号和数量见表 2-8。

表 2-8　　　　　　　　　　　MF30 型万用表电路元器件明细表

代号	名称	规格型号	数量	代号	名称	规格型号	数量
R_1	电阻	0.6Ω	1	R_{14}	电阻	2MΩ	1
R_2	电阻	5.4Ω	1	R_{15}	电阻	45.3kΩ	1
R_3	电阻	54Ω	1	R_{16}	电阻	23.2Ω	1
R_4	电阻	540Ω	1	R_{17}	电阻	251Ω	1
R_5	电阻	900Ω	1	R_{18}	电阻	2.77kΩ	1
R_6	电阻	1.61kΩ	4	R_{19}	电阻	224kΩ	1
R_7	电阻	600Ω	1	R_{20}	电阻	23.27kΩ	1
R_8	电阻	590Ω	1	R_{21}	电阻	450kΩ	1
R_9	电位器	1.7kΩ	1	C_1	电解电容	5μF/6.3V	1
R_{10}	电位器	1kΩ	1	S1-1	转换开关	KCT-12W2D	1
R_{11}	电阻	18.4kΩ	1	S1-2	转换开关	KCT-12W3D	1
R_{12}	电阻	80kΩ	1	G	表头	1750Ω/37.5μA	1
R_{13}	电阻	400kΩ	1	FU	熔丝	0.5A	1

2. 电路识图

MF30 型万用表电路图参见图 2-1，基本组成包括表头电路、直流电流测量电路、直流电压测量电路、交流电压测量电路和直流电阻测量电路 5 部分。这里主要介绍表头电路、直流电流测量电路、直流电压测量电路三部分。

（1）表头电路如图 2-29 所示。表头的灵敏度为 $I_g = 37.5\mu A$，内阻为 $R_g = 1750\Omega$，加上可变电阻 R_{10} 的一部分电阻，其等效内阻约为 $R'_g = 2k\Omega$，所以其满偏时的压降为

$$U'_g = R'_g I_g = 2 \times 10^3 \times 37.5 \times 10^{-6} = 0.075\text{V}$$

二极管、电容、熔丝在电路中起保护作用。

（2）直流电流测量电路如图 2-30 所示。利用并联电阻的分流作用可以扩大电流表的量程。由表头和分流电阻 $R_1 \sim R_9$ 并联构成了五个挡位的直流电流测量电路。根据欧姆定律，在两端电压一定的情况下，电阻大的并联支路中流过的电流较小，而电阻小的并联支路中流过的电流较大。当转换开关 S1-1 置于 $50\mu A$ 挡位时，等效内阻和 $R'_g = 2k\Omega$ 和 $R_1 \sim R_9$ 之和 $6k\Omega$ 是并联关系，被测直流电流中的大部分都会从表头流过，指针将会随被测直流的微小变化而灵活偏转。经过微调校正后就可使万用表在测量 $50\mu A$ 的直流电流时表头达到满偏。

当转换开关 S1-1 置于 500mA 挡位时，分流电阻 R_1 与 $R'_g + R_2 \sim R_9$ 之和并联，此时所测量的电流的大

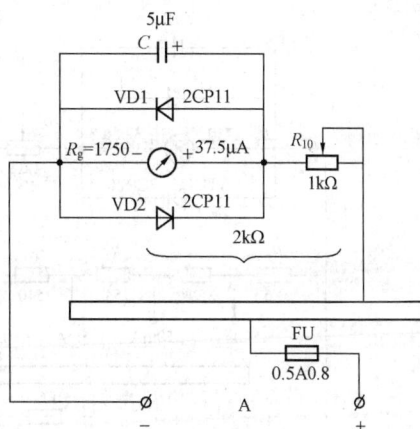

图 2-29　表头电路

部分会从 R_1 流过，真正流经表头的电流很小，经过微调校正后就可使万用表在测量 500mA 的直流电流时表头达到满偏。其他几个量程测量原理与此类似。

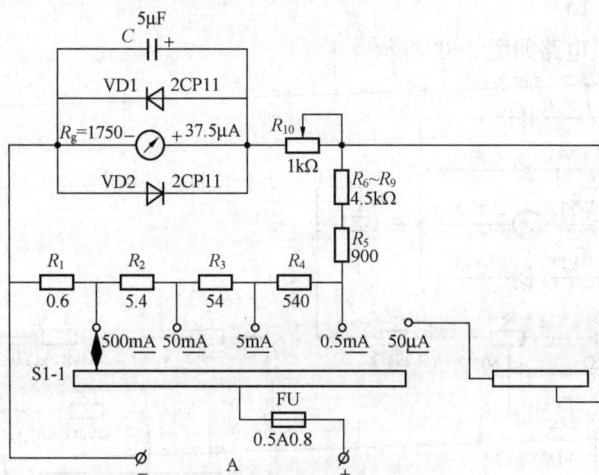

图 2-30　直流电流测量电路

不同量程的电流表其测量误差也不相同。这是因为不同量程的电流表其等效内阻也不同。量程越大，内阻越小，串在电路中测量电流时表的影响越小，误差越小。

（3）直流电压测量电路如图 2-31 所示。利用串联电阻的分压作用可以扩大电压表的量程。由表头和分压电阻 $R_{11} \sim R_{14}$ 串联构成了五个挡位的直流电压测量电路。根据欧姆定律，在电流一定的情况下，电阻值越大，分压越大，1V、5V、25V 挡是在 $50\mu A$ 电流表基础上设计的。量程越大，其内阻越大。例如，25V 挡的分压电阻值为 $R_{11} \sim R_{13}$ 的和，经过微调校正后就可使万用表在测量 25V 的直流电压时表头达到满偏。而 100V、500V 挡是在 $200\mu A$ 电流表基础上设计的。量程增加后，其内阻也随之增大，电压表的测量误差会相应减小。

随着量程的扩大，表的灵敏度也随之降低。在 $50\mu A$ 电流表基础上设计的 3 挡电压量程，其灵敏度为 $S = \dfrac{1}{I'_g} = \dfrac{1}{50 \times 10^{-6}} = 20k\Omega/V$；在 $200\mu A$ 电流表基础上设计的两挡电压量程，其灵敏

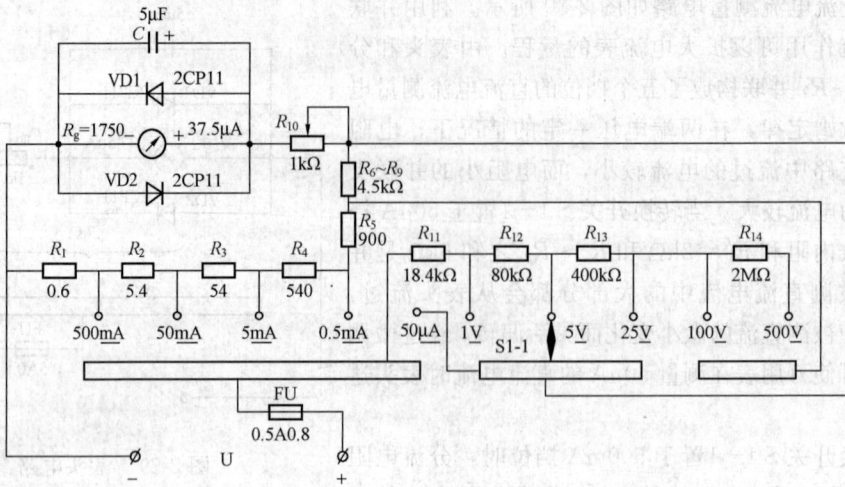

图 2-31 直流电压测量电路

度为 $S = \dfrac{1}{I'_g} = \dfrac{1}{200 \times 10^{-6}} = 5\text{k}\Omega/\text{V}$。

（4）交流电压测量电路如图 2-32 所示。

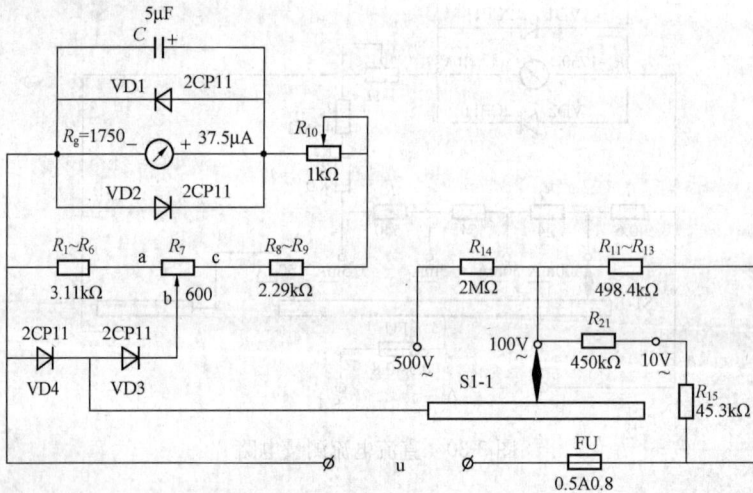

图 2-32 交流电压测量电路

该交流电压表有三个量程。当转换开关置于 100V 挡时，$R_{11} \sim R_{13}$ 与 R_{21}、R_{15} 并联，之后与表头串联，表的内阻很大，可以减小测量误差。

被测电压的极性是交变的，表头发生偏转是半波整流的结果。当极性左"＋"右"－"时，经 VD3 整流后流经表头使之偏转，极性偏转后，电流会流经 VD4 而回到输入端。所以，实际起整流作用的元件是 VD3，而 VD4 仅起保护 VD3 和为反向电压提供通路的作用。

（5）直流电阻测量电路如图 2-33 所示。直流电阻测量电路也分五挡，在这五挡中，以 R×1k 挡为基准挡，其他各电阻挡均以此挡为基础。当转换开关置于 R×1k 挡时，需要的电源 E_1 是内阻 $r_1 = 0.6\Omega$、电压为 1.5V 的干电池（R×10k 挡时，需要的电源 E_2 是内阻 $r_2 = 1\text{k}\Omega$、电压为 15V 的层叠电池）。

表头部分电路是基本误差为 $\pm 2.5\%$ 的 $I'_g = 50\mu A$ 电流表。为保证电池电压降至 1.25V 时电流表仍能满度偏转，中值电阻值应为 $R_0 = \dfrac{1.25V}{50\mu A} = 25k\Omega$。

R_9 是欧姆表的调零电位器。当电池变化时，调节 R_9 可以使电流表满度偏转，使得产生的误差在容许的范围之内。在每次测量直流电阻之前都应短接两只表笔，调节 R_9 使电流表满度偏转（欧姆表的零位）。

3. MF30 型万用表电路安装与调试

（1）电路所需元器件的识别与检测。

（2）电路的组装。电路板装配应遵循"先低后高、先内后外"的原则。将电路所有元器件正确装入印制电路板相应位置上，采用单面焊接方法，无错焊、漏焊和虚焊。元器件面相应元器件高度平整、一致。

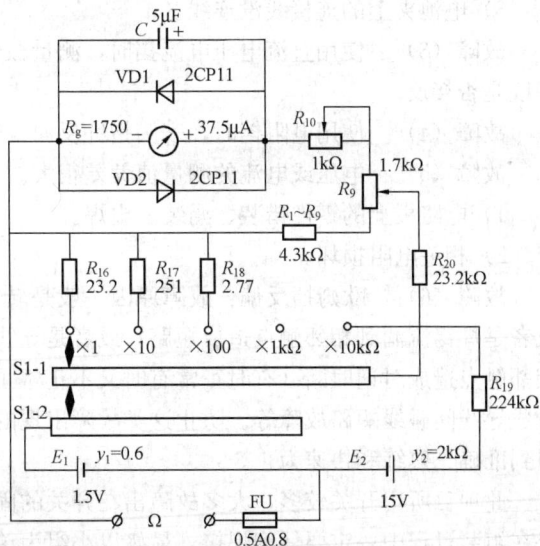

图 2-33 直流电阻测量电路

（3）性能检测调试。电路组装完毕后，要进行校准。简便的方法是利用数字万用表来校准，方法如下。

1）将装配完成的万用表仔细检查一遍，确认无误后，将万用表旋至最小电流挡 1V/50μA 处，用数字万用表测量其"+"、"−"两插座之间的电阻值，应在 1.5~20.4kΩ，如不符合要求，调整电位器的电阻值直至达到要求为止。

2）将万用表从电流挡开始逐挡检测其满度值。检测时，从最小挡开始。首先检测直流电流挡，然后是直流电压、交流电压、直流电阻挡。各挡检测符合要求后，即可正常使用。

3）误差及灵敏度。国家标准规定的仪表的准确度分 7 个等级：0.1、0.2、0.5、1.0、1.5、2.5、5.0。该等级表明，仪表的误差数值越小，准确度越高。万用表不同的量程其误差也不同，对电压电流挡而言，量程越大，误差越小；对欧姆挡而言，指针在刻度尺的中间位置时误差较小。灵敏度包括表头灵敏度和电压灵敏度。表头灵敏度是指万用表所用直流表头的满量程值 I_g，值越小，其灵敏度越高。电压灵敏度是指万用表电压挡内阻与满量程值的比值（单位是 Ω/V 或 kΩ/V），值越大，灵敏度越高，测量误差就越小。

4. 故障分析与排除

整机安装完成后要求仔细检查，若无搭焊、虚焊、漏焊、错焊、转换开关接触不良或开关错位等故障外一般都可正常，在组装中常见的故障如下：

故障（1） 测量所有挡位，表针都没有反应。

1）检查表棒和熔丝是否完好。

2）表内零件或接线漏装错装，电刷与电路板接触不良。

3）表头损坏了。

故障（2） 电压、电流挡测量正常，电阻挡不能测量。

1）表内电池没有装或者没电。

2）电池和电池夹接触不良。

3）电池夹上的连接线没连线。

故障（3） 使用直流电压电流挡时，测量极性正确，但表头指针反向偏转，检查表头上红黑线是否接反。

故障（4） 使用电阻挡时，表头指针反向偏转，检查电池极性是否装反。

故障（5） 电压或电流的测量值偏差很大。

1）电路板上的零件错装、漏装、虚焊。

2）相关电阻损坏。

故障（6） 欧姆挡反偏：故障原因一般是转换开关的定子上的导线连接焊接不当造成的。或者是焊锡流淌到相邻触点造成短路；或者是导线焊接不牢固；或者是导线剥皮过长，线头碰到相邻触点造成时通时断（有时正常有时又不正常了）；或者是导线受热时间过长，绝缘材料受损造成导线间碰线短路故障等。防止这类故障出现的措施是焊接要规范，最好先在其他电路板上练习到准确、熟练和快速为止。

此项目所用开关较多，大多故障出在开关的固定触点上，由于搭焊、碰线等原因造成的。所以在组装过程中一定要仔细焊接，最好以小组为单位互相仔细检查。

5．项目鉴定

由企业专家结合电子产品生产工艺标准对学生作品进行综合评定。

6．编写项目实施报告

项目实施报告见附录 A。

项目考核

MF30 型万用表项目的考核要求及评分标准

检测项目		考核要求	分值	学生互评	教师评估
项目知识内容	电阻的串并联	会分析电阻的串联分压和并联分流作用	10		
	基尔霍夫定律	能用基尔霍夫电压定律和电流定律分析求解电路中的物理量	10		
	线性电路常用的分析方法	能用支路电流法、节点电压法、叠加定理和戴维南定理进行电路的分析和计算	20		
项目操作技能	准备工作	10min 内完成所有元器件的清点及调换	10		
	元器件检测	完成元器件的检测	10		
	组装焊接	元器件按要求整形；正确安装元器件；焊点美观、走线合理、布局漂亮	10		
	通电测试	电流表和电压表可用	10		
	通电调试	对电流表和电压表的灵敏度及故障进行排除	10		
	安全文明操作	严格遵守电业安全操作规程，工作台工具、器件摆放整齐	5		
基本素质	实践表现	安全操作、遵守实训室管理制度；团队协作意识；语言表达能力；分析问题、解决问题的能力	5		
项目成绩					

知识拓展

电源的等效变换

在对含有电源的电路进行分析计算时，为了分析方便，有时需要将电压源等效变换为电流源，而有时又需要将电流源等效变换为电压源。在实际电路中，经常需要多个电源以串联或并联的方式供电，这种以多个电源供电的电路可以利用等效变换的概念进行简化，使电路仅含一个电源，以简化电路的分析计算。当然，所谓等效变换是对外电路而言的，即变换前后，外电路（端口处）的电压和电流关系不变。

一、理想电源的串并联等效

1. 理想电压源的串联等效

理想电压源简称电压源，当 n 个电压源串联时，可用一个电压源等效代替，如图 2-34 所示。根据基尔霍夫电压定律（KVL）知，其等效电压源的端口电压 u_{ab} 等于各串联电压源的代数和，即 $u_S = \sum_{k=1}^{n} u_{Sk}$。式中，与 u_S 参考方向相同的电压源 u_{Sk} 取正号，相反则取负号。

理想电压源一般不作并联连接，否则将违反基尔霍夫定律。特殊情况下，需要并联连接的，也只能是两个电压大小、方向均相同的电压源才允许并联连接，并联连接后的等效电压源的大小仍为原值。

2. 理想电流源的并联等效

理想电流源简称电流源。当有 n 个电流源并联时，可用一个电流源等效代替，如图 2-35 所示。

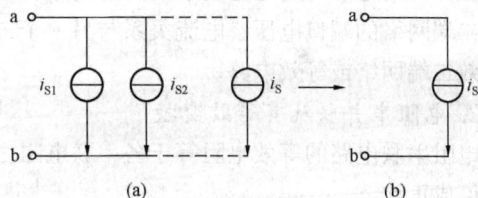

图 2-34　理想电压源的串联　　　　　　图 2-35　理想电流源的并联
（a）几个电压源的串联；（b）等效的一个电压源　　　（a）几个电流源的并联；（b）等效的一个电流源

根据基尔霍夫电流定律（KCL）知，其等效电流源等于各并联电流源的代数和，即 $i_S = \sum_{k=1}^{n} i_{Sk}$，式中，与 I_S 参考方向相同的电流源 i_{Sk} 取正号，相反则取负号。

理想电流源一般不作串联连接，否则将违反基尔霍夫定律。特殊情况下，需要串联连接的，也只能是两个电流大小、方向均相同的电流源才允许串联连接，串联连接后的等效电流源的大小仍为原值。

二、实际电源的等效变换

1. 实际电源的两种模型

实际电压源可以用理想电压源与电阻的串联来表示，实际电流源可以用理想电流源与电阻的并联来表示。在电路分析中，这两种模型之间可以相互转化，如图 2-36 所示。

图 2-36（a）是实际电压源的模型，其外特性为 $U = U_S - R_i I$，显然，理想电压源就是内阻等

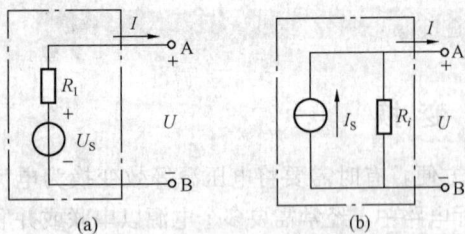

图 2-36　实际电源的两种等效模型

(a) 实际电压源模型；(b) 实际电流源模型

2. 两种模型之间的等效变换

同一个实际电源可用两种模型来表示，两种模型之间可以进行等效变换。两种模型的等效是对外等效，对电源内部是不等效的。

两种模型等效变换时遵循以下原则：

(1) 内阻 R_i 不变，$U_S = I_S R_i$ 或 $I_S = \dfrac{U_S}{R_i}$。

(2) 电压源 U_S 的"＋"极是电流源 I_S 的流出端。

(3) 实际电源的两种模型可以进行等效变换，理想电压源（$R_i = 0$）与理想电流源（$R_i = \infty$）之间不能进行等效变换。

于零的实际电压源。

把 $U = U_S - R_i I$ 变形可得：$I = \dfrac{U_S - U}{R_i} = \dfrac{U_S}{R_i} - \dfrac{U}{R_i} = I_S - \dfrac{U}{R_i}$，据此，实际电压源也可用图 2-36 (b)所示的模型等效表示。这个模型由一个理想电流源与一个电阻并联而成。I_S 表示电流源电流，电阻同样是 R_i，也称电源内阻。显然，理想电流源就是内阻等于无穷大的实际电流源。

✎ 项目小结

1. 等效的概念

在分析问题时，总是把复杂的问题简单化，等效思想就可以用来把复杂电路进行简化。如果一个二端网络的端口电压、电流关系与另一个二端网络的端口电压、电流关系相同，那么称其互为等效二端网络或等效电路。

2. 电阻串并联及其等效变换

电阻串联电路的等效电阻等于各串联电阻之和；在电阻串联电路中，各电阻上的电压值与其电阻值成正比。

电阻并联电路的等效电阻等于各电阻倒数之和；在电阻并联电路中，各电阻上的电流值与其电阻值的倒数成正比。

3. 电路分析的三大定律

欧姆定律、基尔霍夫电流定律、基尔霍夫电压定律称为电路分析的三大定律；欧姆定律（VCR）指的是电阻元件上电压和电流的约束关系，基尔霍夫电流定律（KCL）和基尔霍夫电压定律（KVL）指的是元件的相互连接给支路电流和支路电压带来的约束关系。

KCL 指出：对于任何电路中的任何节点，在任何时刻，流过该节点的所有支路电流的代数和恒等于零，其数学表达式为

$$\sum_{k=1}^{n} i_k = 0$$

KVL 指出：对于任何电路中的任一回路，在任何时刻，该回路各段电压的代数和恒等于零，其数学表达式为

$$\sum_{k=1}^{m} u_k = 0$$

4. 线性电路常用的分析方法

支路电流法是最基本的分析方法，它是以支路电流作为电路的未知量，直接应用基尔霍夫电流、电压定律，列写与支路电流数目相等的独立节点电流方程和回路电压方程，然后联立求解各支路电流的一种方法。

假设电路有 n 个节点，节点电压法是在选定电路中参考节点的前提下，以节点电压作为电路的未知量，直接应用基尔霍夫电流和欧姆定律，列写出 $(n-1)$ 个独立节点电压为未知量的方程，然后联立求解各节点电压的一种方法。

回路电流法是以回路电流作为电路的未知量，利用基尔霍夫定律列写回路电压方程，进行回路电流的求解，并根据电路的要求，进而求出其他的物理量。

叠加定理是线性电路的一个基本定理。它指出：在由独立源、线性电阻元件及线性受控源组成的线性网络中，每个元件上的电流或电压可以看做每一个独立源单独作用于网络时，在该元件上所产生的电流或电压的代数和。当某个独立源单独作用时，其他独立源应为零值，即：独立电压源为零值时相当于短路；独立电流源为零值时相当于开路。

戴维南定理指出：对于任意一个线性有源二端网络，都可以等效为一个独立的电压源 U_S 和一个电阻 R_S 的串联。电压源的电压 U_S 等于该网络开路时的电压；串联电阻 R_S 等于该网络内所有独立源为零时，从网络两端看进去的等效电阻，也称戴维南等效内阻，有时也用 R_0 表示。

思考与练习

一、填空题

1. 电路的三大基本定律是 _____ 、 _____ 和 _____ 。

2. KCL 定律指出，对于集总参数电路中的任一节点，在任一时刻，流过该节点全部支路 _____ 的代数和等于 _____ 。

3. KVL 定律指出，对于集总参数电路中的任一时刻，沿任一回路全部支路 _____ 的代数和等于 _____ 。

4. 电路中任意两点之间的电压大小与绕行路径 _____ 。

5. 叠加定理中，独立电压源置零相当于把电压源用 _____ 代替；独立电流源置零相当于把电流源用 _____ 代替。

6. 叠加定理适用于计算线性电路的 _____ 和 _____ ，不能计算 _____ 。

7. 有 n 个节点的电路，其独立的 KCL 方程个数为 _____ 个。

二、选择题

1. 电路分析的基本依据是 _____ 方程。
   A. 两类约束   B. KCL   C. KVL

2. 叠加定理适用于 _____ 。
   A. 线性电路   B. 非线性电路

3. 电阻串联的基本作用是 _____ 。
   A. 分压   B. 分流

4. 电阻并联的基本作用是 _____ 。
   A. 分压   B. 分流

5. 戴维南定理指出，一个线性有源二端网络可等效为 _____ 和内阻 _____ 连接来表示。

A. 短路电流 I_S　　　　B. 开路电压 U_{OC}　　C. 串联　　D. 并联

三、计算题

1. 计算图 2-37 所示电路的电压 u_1 和 u_2。

2. 用回路电流法计算图 2-38 所示电路中的回路电流 i_1 和 i_2。

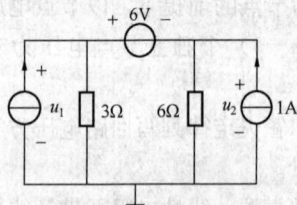

图 2-37　计算题 1 图　　　　　图 2-38　计算题 2 图

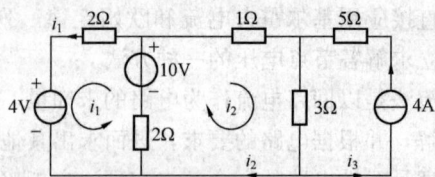

项目三　日光灯照明电路的制作

前面已介绍了直流电路，直流电路中的电压和电流的大小和方向都不随时间变化，但实际生产中广泛应用的是一种大小和方向随时间按一定规律周期性变化且在一个周期内的平均值为零的周期电流或电压，叫做交变电流或电压，简称交流。例如，照明灯、电视机、计算机、冰箱和空调等采用的都是交流电。如果电路中电流或电压随时间按正弦规律变化，叫做正弦交流电路。一般所说的交流电指正弦交流电。

本章围绕日光灯照明电路的制作进行知识展开。首先介绍正弦量的基本概念及表示方法，交流电路中基本元件的特性；然后介绍阻抗的串、并联，一般交流电路的分析，交流电路的功率、功率因数等；最后通过对日光灯照明电路的设计，理解提高功率因数的意义。

项目要求

知识要求

熟悉电阻、电容和电感的特性；

掌握正弦交流电的基本知识；

掌握 RLC 串并联电路及谐振电路的特点和分析方法；

理解日光灯照明电路的组成、工作原理和电路中各元器件的作用。

技能要求

学会交流电压表、交流电流表和功率表的接法和使用；

掌握电路图的识图方法，并能够查阅资料根据要求对电路进行设计及安装；

提高学生的动手能力，培养学生的团结协作精神和创新意识。

项目导入

在日常生活用电负载中，大多数都是感性负载，为了提高功率因数，通常并联电容器补偿。日光灯照明电路如图 3-1 所示。

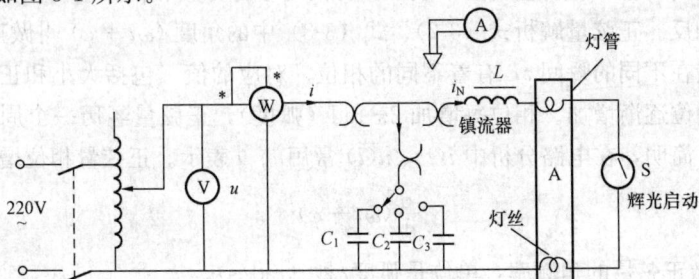

图 3-1　日光灯照明电路

工作任务及技能实训

任务 1 正弦交流电的基本概念

一、频率与周期

以电流为例，图 3-2 所示为正弦交流电流的波形，它表示了电流的大小和方向随时间作周期性变化的情况。所谓周期，就是交流电完成一个循环所需的时间，用字母 T 表示，单位为秒（s），如图 3-2 所示。

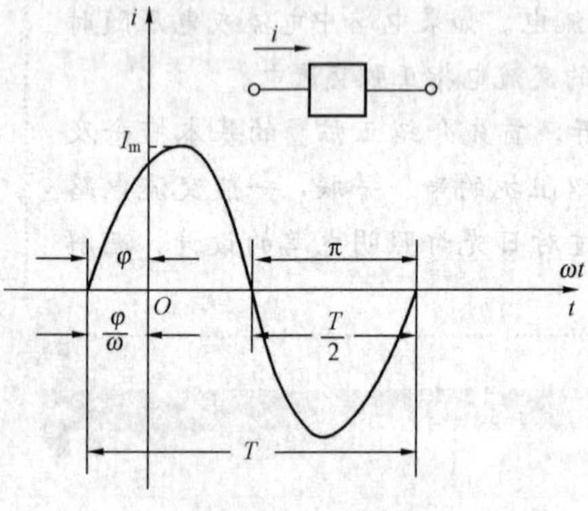

图 3-2 正弦交流电流波形

单位时间内交流电变化所完成的循环数称为频率，用 f 表示，据此定义，频率与周期互为倒数，即

$$f = \frac{1}{T} \tag{3-1}$$

频率的单位为 1/s，又称为赫［兹］（Hz），工程实际中常用的单位还有 kHz、MHz 及 GHz 等，它们的关系为

1kHz（千赫）= 10^3 Hz；1MHz（兆赫）= 10^6 Hz；1GHz（吉赫）= 10^9 Hz

相应的周期单位为 ms（毫秒）、μs（微秒）、ns（纳秒）。

工程实际中，往往也以频率区分电路，如高频电路、低频电路。我国和世界上大多数国家，电力工业的标准频率即所谓的"工频"是 50Hz，其周期为 0.02s，少数国家（如美国、日本）的工频为 60Hz。在其他技术领域中也用到各种不同的频率。声音信号的频率约为 20～20000Hz，广播中波段载波频率为 535～1605Hz，电视用的频率以 MHz 计，高频炉的频率为 200～300kHz，中频炉的频率是 500～8000Hz。

按正弦规律变化的电流和电压通称正弦量。对应于图 3-2，正弦量的一般解析式为

$$i(t) = I_m \sin(\omega t + \varphi_i) \tag{3-2}$$

$$u(t) = U_m \sin(\omega t + \varphi_u) \tag{3-3}$$

当然正弦量的解析式和波形都是对应于已经选定的参考方向而言的，如图 3-2 所示。正弦量在某一时刻的值叫瞬时值。瞬时值为正，表示其方向与参考方向相同；瞬时值为负，表示其方向与所选参考方向相反。正弦量解析式（3-2）、式（3-3）中的角度（$\omega t + \varphi$）叫做正弦量的相位角，简称相位。正弦量在不同的瞬间 t，有着不同的相位，对应的值（包括大小和正负）也不同，随着时间的推移，相位逐渐增加。相位每增加 2π rad（弧度），正弦量经历一个周期，又重复原先的变化规律。为了简明，在电路分析中 $i(t)$、$u(t)$ 常用 i、u 表示。正弦量相位增加的速率：

$$\frac{d}{dt}(\omega t + \varphi) \tag{3-4}$$

式（3-4）叫做正弦量的角频率，单位是弧度/秒（rad/s）。

因为正弦量每经历一个周期 T 的时间，相位增加 2π rad，所以正弦量的角频率 ω、周期 T 和

频率 f 三者的关系为 $\omega = \dfrac{2\pi}{T} = 2\pi f$，式中，$\omega$、$T$、$f$ 三者都反映正弦量变化的快慢，ω 越大，即 f 越大或 T 越小，正弦量循环变化越快；ω 越小，即 f 越小或 T 越大，正弦量循环变化越慢。直流量可以看成 $\omega = 0$（即 $f = 0$，$T = \infty$）的正弦量。

二、初相位与幅值

$t = 0$ 时正弦量的相位，叫做正弦量的初相位，简称初相，用 θ 表示。计时起点选择不同，正弦量的初相不同。习惯上初相角用小于 180° 的角表示，即其绝对值不超过 π。例如：$\theta = 320^\circ$，可化为 $\varphi = 320^\circ - 360^\circ = -40^\circ$。$t = 0$ 时正弦量的值为 $i(0) = I_m \sin \varphi_i$，正弦交流电在周期性变化过程中，出现的最大的瞬时值称为交流电的最大值。从正弦波的波形上看为波幅的最高点，所以也称幅值，如图 3-2 所示，即为表达式中的 I_m。正弦量在一个周期内，两次达到同样的最大值，只是方向不同。同样，正弦量在一个周期内有两次瞬时值为零，规定当瞬时值由负值向正值变化（或由正值向负值变化的那一瞬间对应的值叫做它的零值。在正弦量的解析式中，I_m 反映了正弦量变化的幅度，ω 反映了正弦量变化的快慢，φ 反映了正弦量在 $t = 0$ 时的状态，要完整地确定一个正弦量，必须知道它的 I_m、ω、φ，称这三个量为正弦量的三要素。

三、相位差

两个同频率正弦量

$$u = U_m \sin(\omega t + \varphi_u) \tag{3-5}$$

$$i = I_m \sin(\omega t + \varphi_i) \tag{3-6}$$

相位分别为 $\omega t + \varphi_u$、$\omega t + \varphi_i$，相位差 $\varphi = (\omega t + \varphi_u) - (\omega t + \varphi_i) = \varphi_u - \varphi_i$，即它们的初相位之差。

注意：只有两个同频率的正弦量才能比较相位差。初相相等的两个正弦量，它们的相位差为零，称这样的两个正弦量叫做同相。同相的两个正弦量同时达到零值，同时达到最大值。相位差为 π 的两个正弦量叫反相。反相的两个正弦量各瞬间的值都是异号的，并同时为零，如图 3-3 所示。i_1 与 i_2 为同相，i_2 与 i_3 为反相。

两个不同的正弦量的初相不等，相位差就不为零。例如：$\varphi_{ui} = \varphi_u - \varphi_i = 60^\circ$，就称 u 比 i 超前 60°（或者 i 比 u 滞后 60°）。超前的时间为 $\dfrac{\varphi_{ui}}{\omega} = \dfrac{60^\circ}{\omega} = \dfrac{1}{6}T$（s）。应当注意，当两个同频率正弦量的计时起点改变时，它们的初相跟着改变，初始值也改变，但是两者的相位差保持不变。即相位差与计时起点的选择无关。习惯上，规定相位差的绝对值不超过 π。上述 u 与 i 的波形如图 3-4 所示，起点不同，初相位不同。

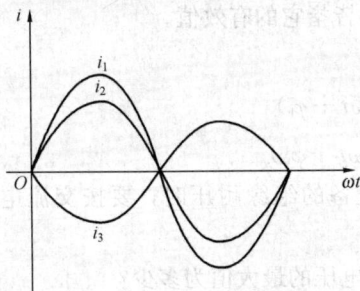

图 3-3 同相与反相的电流

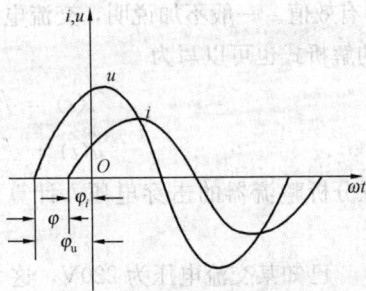

图 3-4 $u(t)$ 与 $i(t)$ 的初相位不同

【例 3-1】 一正弦交流电，最大值为 310V，$t = 0$ 时的瞬时值为 269V，频率为 50Hz，写出其解析式。

解 设该正弦电流的解析式为

$$u = U_m \sin(\omega t + \varphi_u)$$

因为 $\omega = 2\pi f = 314 \text{rad/s}$，又已知 $t=0$ 时 $u(0) = 269\text{V}$，$U_m = 310\text{V}$，即 $269 = 310\sin\varphi$，$\sin\varphi = 0.866$，所以，$\varphi = 60°$ 或 $\varphi = 120°$，故解析式为

$$u = 310\sin(314t + 60°)\text{V} \text{ 或 } u = 310\sin(314t + 120°)\text{V}$$

【例 3-2】 已知两正弦电流 $i_1 = 15\sin(314t + 60°)\text{V}$，$i_2 = 10\sin(314t - 45°)\text{V}$，求二者的相位差，并指出二者的关系。

解 相位差

$$\varphi_{12} = \varphi_1 - \varphi_2 = 60° - (-45°) = 105°$$

由于 $0° < \varphi_{12} < 180°$ 且 $\varphi_1 > \varphi_2$，所以 i_1 比 i_2 超前 $105°$。

四、有效值

电路的主要作用是转换能量。周期量的瞬时值和最大值都不能确切地反映它们在能量方面的实际效果，为此，在电工技术中常用有效值来表示交流电的大小。交流电的有效值用大写的英文字母表示，如 U、I 等。

有效值是从电流的热效应来规定的。不论是周期性变化的电流还是直流，只要它们在相同的时间内通过同一电阻而两者的热效应相等，就把它们的有效值看作相等。就是说，如果一个交流电流 i 通过某一电阻元件 R 时，与一个直流电流在同一时间 T 内流过相同电阻产生的热量相等，则这个直流电流 I 就称为该交流电流 i 的有效值。

交流电量最大值与有效值的关系为

$$U = \frac{U_m}{\sqrt{2}} \approx 0.707 U_m \tag{3-7}$$

$$I = \frac{I_m}{\sqrt{2}} \approx 0.707 I_m \tag{3-8}$$

也可以写成

$$U_m = \sqrt{2} U \tag{3-9}$$

$$I_m = \sqrt{2} I \tag{3-10}$$

一般电器设备上所标明的电流、电压值都是指有效值。使用交流电流表、电压表所测出的数据大多是有效值。例如，"220V，40W" 的白炽灯指它的额定电压的有效值为 220V，交流 380V 或 220V 均指有效值。一般不加说明，交流电的大小皆指它的有效值。

正弦量的解析式也可以写为

$$i(t) = \sqrt{2} I \sin(\omega t + \varphi_i) \tag{3-11}$$

$$u(t) = \sqrt{2} U \sin(\omega t + \varphi_u) \tag{3-12}$$

但是，在分析整流器的击穿电压，计算电气设备的绝缘耐压时，要按交流电压的最大值考虑。

【例 3-3】 已知某交流电压为 220V，这个交流电压的最大值为多少？

解 最大值 $U_m = \sqrt{2} U = 220\sqrt{2}\text{V} \approx 311.1\text{V}$

【例 3-4】 照明电源的额定电压为 220V，动力电源的额定电压为 380V，问它们的最大值各为多少？

解　额定电压均为有效值，据式（3-9），有 $U_m = \sqrt{2}U$ 故照明电的最大值为 $U_m = \sqrt{2}U = 220\sqrt{2}V \approx 311V$。

动力电的最大值为 $U_m = \sqrt{2}U = 380\sqrt{2}V \approx 537V$。

任务2　正弦量的相量表示

直接用正弦量的解析式或波形分析计算正弦交流电路，计算量大而且烦琐。在线性交流路中，所有的电流和电压与电路所施加的激励是同频率的正弦量。因此，可以用一种简便的表示方法来分析交流电路，常用的方法为相量表示法，由于相量法要涉及复数的运算，先简单复习一下复数。

一、复数及其运算

在数学中常用 $A = a + b_i$ 表示复数。其中 i 表示虚单位，在电工技术中，为了区别于电流的符号，虚单位用 j 表示。

1. 复数的四种表示形式

（1）复数的代数形式　　　　　　$A = a + jb$　　　　　　　　　　　　　（3-13）

（2）复数的三角形式　　　　　　$A = r\cos\theta + jr\sin\theta$　　　　　　　　（3-14）

（3）复数的指数形式　　　　　　$A = re^{j\theta}$　　　　　　　　　　　　　（3-15）

（4）复数的极坐标形式　　　　　$A = r\angle\theta$　　　　　　　　　　　　（3-16）

其中，a 表示实部，b 表示虚部，r 表示复数的模，θ 表示复数的辐角，它们之间的关系如下：

$$r = \sqrt{a^2 + b^2}$$

$$\theta = \arctan\frac{b}{a}$$

$$a = r\cos\theta$$

$$b = r\sin\theta$$

2. 复数的运算

（1）复数的加减运算。

设 $A_1 = a_1 + jb_1 = r_1\angle\theta_1, A_2 = a_2 + jb_2 = r_2\angle\theta_2$，则

$$A = A_1 + A_2 = (a_1 + a_2) + j(b_1 + b_2) \tag{3-17}$$

（2）复数的乘除运算。

设 $A_1 = r_1\angle\theta_1, A_2 = r_2\angle\theta_2$，则

$$A_1 \times A_2 = r_1 \times r_2\angle(\theta_1 + \theta_2) \tag{3-18}$$

$$\frac{A_1}{A_2} = \frac{r_1}{r_2}\angle(\theta_1 - \theta_2) \tag{3-19}$$

二、相量表示法

1. 相量表示法

设有正弦量 $i = I_m\sin(\omega t + \varphi) = \sqrt{2}I\sin(\omega t + \varphi)$，如图 3-5 所示，在复平面上作矢量式 $\dot{I}_m$，其长度按比例等于 $i(t)$ 的最大值 I_m，其辐角等于 i 的初相 φ，让以等于 i 的角频率 ω 的角速度绕原点逆时针方向旋转，矢量式 $\dot{I}_m$ 初始时在虚轴上的投影 $OA = I_m\sin\varphi$，即 i 在 $t=0$ 时的值，经过时间 t_1 投影为 $OB = I_m\sin(\omega t_1 + \varphi)$，即为 i 在 t_1 时刻的值。这样，一个旋转矢量每个瞬间在虚轴

上的投影就与正弦量各瞬间的值相对应。

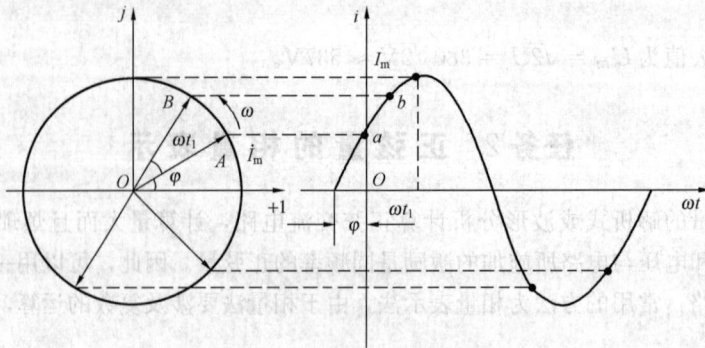

图 3-5 旋转矢量图

矢量 $\dot{I}_{\mathrm{m}}$ 在复平面起始位置时对应的复数为

$$\dot{I}_{\mathrm{m}} = I_{\mathrm{m}}\mathrm{e}^{\mathrm{j}\varphi} \tag{3-20}$$

在 t 时刻对应的复数为

$$\dot{I}_{\mathrm{m}} = I_{\mathrm{m}}\mathrm{e}^{\mathrm{j}(\omega t + \varphi)} \tag{3-21}$$

由于正弦交流电路中所有的电流和电压都是同频率的正弦量，表示它们的那些旋转矢量的角速度相同，相对位置始终不变，所以可以不考虑它们的旋转，只用起始位置的矢量就能表示正弦量。相量表示法就是用模值等于正弦量的最大值（或有效值），辐角等于正弦量的初相的复数对应地表示相应的正弦量。把这样的复数叫做正弦量的相量。

相量的模等于正弦量的有效值时，叫做有效值相量，用 $\dot{I}$、$\dot{U}$ 等表示。相量的模等于正弦量的最大值时，叫最大值相量，用 $\dot{I}_{\mathrm{m}}$、$\dot{U}_{\mathrm{m}}$ 等表示。

正弦交流电流 i_1、i_2 和电压 u 的瞬时值表达式分别为

$$i_1 = I_{1\mathrm{m}}\sin(\omega t + \varphi_1) = \sqrt{2}I_1\sin(\omega t + \varphi_1)$$
$$i_2 = I_{2\mathrm{m}}\sin(\omega t + \varphi_2) = \sqrt{2}I_2\sin(\omega t + \varphi_2)$$
$$u_{\mathrm{m}} = U_{\mathrm{m}}\sin(\omega t + \varphi_{\mathrm{u}}) = \sqrt{2}U\sin(\omega t + \varphi_{\mathrm{u}})$$

其相量的指数形式为最大值相量

$$\dot{I}_{1\mathrm{m}} = I_{1\mathrm{m}}\mathrm{e}^{\mathrm{j}\varphi_1}$$
$$\dot{I}_{2\mathrm{m}} = I_{2\mathrm{m}}\mathrm{e}^{\mathrm{j}\varphi_2}$$
$$\dot{U}_{\mathrm{m}} = U_{\mathrm{m}}\mathrm{e}^{\mathrm{j}\varphi_{\mathrm{u}}}$$

有效值相量

$$\dot{I}_1 = I_1\mathrm{e}^{\mathrm{j}\varphi_1}$$
$$\dot{I}_2 = I_2\mathrm{e}^{\mathrm{j}\varphi_2}$$
$$\dot{U} = U\mathrm{e}^{\mathrm{j}\varphi_{\mathrm{u}}}$$

习惯上多用正弦量的有效值相量的极坐标形式，即

$$\dot{I}_1 = I_1\angle\varphi_1 \tag{3-22}$$

$$\dot{I}_2 = I_2\angle\varphi_2 \tag{3-23}$$

$$\dot{U} = U\angle\varphi_{u} \tag{3-24}$$

在进行运算时，也用到其三角形式，即

$$\dot{I}_1 = I_1\cos\varphi_1 + \mathrm{j}I_1\sin\varphi_1 \tag{3-25}$$

$$\dot{I}_2 = I_2\cos\varphi_2 + \mathrm{j}I_2\sin\varphi_2 \tag{3-26}$$

$$\dot{U} = U\cos\varphi_{u} + \mathrm{j}U\sin\varphi_{u} \tag{3-27}$$

将同频率正弦量的相量画在复平面上所得的图叫做相量图。但把不同频率的正弦量的相量画在同一复平面上，是没有意义的。

【例 3-5】 试写出下列正弦量的相量并作出相量图。

$$i = 50\sqrt{2}\sin\left(100\pi t + \frac{\pi}{6}\right)\mathrm{A}$$

$$u = 100\sqrt{2}\sin\left(100\pi t + \frac{\pi}{3}\right)\mathrm{V}$$

$$u_2 = 100\sqrt{2}\sin\left(100\pi t + \frac{2\pi}{3}\right)\mathrm{V}$$

解 各电压、电流的有效值相量分别为

$$\dot{U}_1 = 100\angle\frac{\pi}{3}\mathrm{V}$$

$$\dot{U}_2 = 100\angle\left(-\frac{2\pi}{3}\right)\mathrm{V}$$

图 3-6 ［例 3-5］图

$$\dot{I}_1 = 50\angle\frac{\pi}{6}\mathrm{A}$$

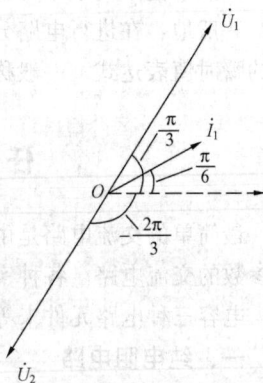

相量图如图 3-6 所示。

还需指出的是，在进行电路分析时，有多个电流和电压，为了比较其相位的超前和滞后，常选定一个正弦量的初相角为零，称为参考正弦量，其对应的相量为参考相量，这只影响各相量的初相，并不影响各相量之间的相位差，即在相量图上并不改变各相量之间的相互位置。图 3-7 中，图（a）没有选参考相量；图（b）选电压为参考相量；图（c）选电流为参考相量。

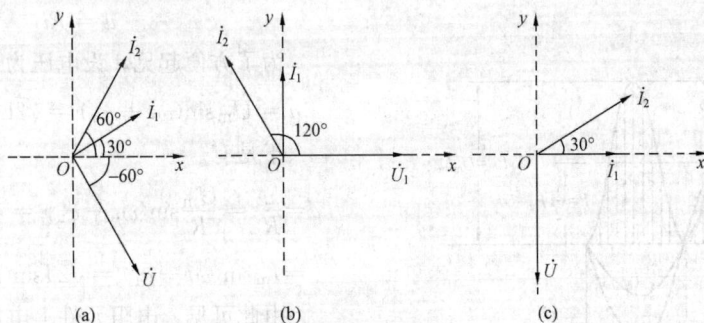

图 3-7 参考相量

（a）没有选参考相量；（b）选电压为参考相量；（c）选电流为参考相量

2. 同频率正弦量的运算

在电路的分析计算中，会碰到求正弦量的和差问题，可以借助于三角函数、波形来确定所得

正弦量，但这样不方便也不准确。由数学可知：同频率的正弦量相加或相减所得结果仍是一个同频率的正弦量。这样，就可以用相量来表示其相应的运算，即有定理：正弦量的和的相量，等于正弦量的相量和。

设正弦量 i_1、i_2 的相量分别为 $\dot{I}_1$、$\dot{I}_2$，则 $i = i_1 + i_2$ 的相量为

$$\dot{I} = \dot{I}_1 + \dot{I}_2 \tag{3-28}$$

根据这个定理，求正弦量的和差问题就转化为求复数的和差或复平面上矢量的和差问题。电路中的计算问题就比较简便。

显然，把不同频率正弦量的相量相加是没有意义的。

一般地，在进行电路分析计算时，要做相量图定性分析，由复数计算具体结果，再转换成对应的瞬时值表达式。一般称其为相量图辅助分析法。

任务 3 单一参数正弦交流电路的分析

最简单的交流电路是由电阻、电容或电感中任一个元件组成的交流电路，这样的电路称为单一参数的交流电路。各种实际电工、电子元器件及电气设备在进行电路分析时均可用电阻、电感、电容三种电路元件来等效。下面分别对这三种电路进行讨论。

一、纯电阻电路

如果电路中电阻参数的作用比较突出，其他参数的影响可以忽略不计，则此电路称为纯电阻

(a)　　　　　　　　(b)

(c)

图 3-8　纯电阻电路

（a）电路图；（b）电阻元件的波形图及相量图；

（c）电阻元件电流、电压波形及功率

电路，电阻元件的参数用 R 表示。在实际应用中，日常生活中所用的白炽灯、电阻炉、电饭锅、热水器等在交流电路中都可以看成电阻元件，如图 3-8（a）所示。

1. 电阻电压与电流的关系

电阻元件的电压与电流关系由欧姆定律来确定，在电压和电流的参考方向一致时，两者的关系为

$$u = Ri$$

为了方便起见，设电压为参考正弦量，即

$$u = U_m\sin(\omega t + \varphi_u) = \sqrt{2}U\sin(\omega t + \varphi_u)$$

于是有

$$i = \frac{u}{R} = \frac{U_m}{R}\sin(\omega t + \varphi_u) = I_m\sin(\omega t + \varphi_u)$$

$$= I_m\sin(\omega t + \varphi_i) = \sqrt{2}I\sin(\omega t + \varphi_i)$$

由此可见，电阻元件上电压与电流为同频率正弦量。

其中

$$U = IR \text{ 或 } U_m = I_mR, \varphi_u = \varphi_i \tag{3-29}$$

即电阻元件电压、电流的有效值仍遵守欧姆定律，且同相。

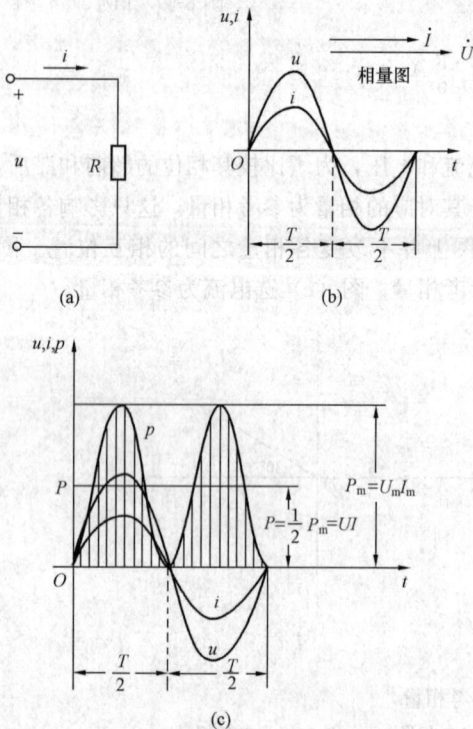

其相量式为

$$\dot{U} = R\dot{I} \tag{3-30}$$

由式（3-29）和式（3-30）可以看出：

（1）电阻元件的电流和电压瞬时值、最大值、有效值关系都遵守欧姆定律。

（2）电阻元件的电流与电压同相，如图3-8（b）所示。

2. 电阻电路中的功率

在交流电路中，电压与电流都是随时间而变化的。电阻元件是一耗能元件，因此，电阻所消耗的功率也是随时间变化的。电阻元件在某一时刻的功率称为瞬时功率，瞬时功率等于任一瞬间的电压与电流瞬时值的乘积，用小写的 p 表示，即

$$p = ui = U_m\sin(\omega t + \varphi)I_m\sin(\omega t + \varphi) = UI - UI\cos(2\omega t + 2\varphi) \tag{3-31}$$

瞬时功率随时间变化的规律如图3-8（c）所示，由此可见，功率 p 的频率是 i 频率的2倍，电阻元件上瞬时功率总是大于或等于零。瞬时功率为正值，说明元件吸收电能。从能量的观点看，电阻元件上能量转换过程不可逆，所以电阻元件是电路中的耗能元件。

为了可以计量，用瞬时功率在它的一个周期内的平均值来表示电路实际消耗的功率，称为平均功率，又称有功功率，如平时所说的100W灯泡和25W的电烙铁等都是指有功功率。用大写字母 P 来表示，即

$$P = \frac{1}{T}\int_0^T p(t)\mathrm{d}t = \frac{1}{T}\int_0^T [UI - UI\cos(2\omega t + 2\varphi)]\mathrm{d}t = UI \tag{3-32}$$

将式（3-30）代入式（3-32），得

$$P = RI^2 = \frac{U^2}{R}$$

式中，U、I 均指正弦量的有效值。

【例3-6】 一个标称值为"220V，25W"的灯泡，它的电压为 $u = 220\sqrt{2}\sin(100\pi t + 30°)\mathrm{V}$，试求它的电流的有效值，并计算它使用一天所耗电能。

解 由 $u = 220\sqrt{2}\sin(100\pi t + 30°)\mathrm{V}$，得电流的有效值为 $I = \dfrac{P}{U} = \dfrac{25\mathrm{W}}{220\mathrm{V}} \approx 0.12\mathrm{A}$

由于功率为25W，所以一天所耗电能为

$$W = 25\mathrm{W} \times 24\mathrm{h} = 600\mathrm{W \cdot h} = 0.6\mathrm{kW \cdot h}$$

二、纯电感电路

电感在电工技术中应用非常广泛，如变压器的线圈、电动机的绕组等。当一个电感线圈的电阻和电容相对于电感而言可以忽略不计时，这个线圈或绕组可视为一个理想电感，将它接在交流电源上就是纯电感电路。电感的参数用 L 表示，纯电感电路及其相量图、波形图如图3-9所示。

1. 电感电压与电流的关系

根据电磁感应原理，在图3-9（a）所示的电路中，电感元件的电压、电流关系为

$$u = L\frac{\mathrm{d}i}{\mathrm{d}t}$$

若 $i = I_m\sin\omega t$，则

$$u = L\frac{\mathrm{d}i}{\mathrm{d}t} = L\frac{\mathrm{d}(I_m\sin\omega t)}{\mathrm{d}t} = I_m\omega L\cos\omega t$$

$$= I_m\omega L\sin(\omega t + 90°) = U_m\sin(\omega t + 90°)$$

可以看出，在只有电感元件的电路中，电压和电流为同频率的正弦量。电流的初相位为0°，

电压的初相位为 $90°$，所以电压在相位上超前电流 $90°$，其波形如图 3-9（c）所示。

由上式看出，$U_m = I_m \omega L$。因此，电压、电流的幅值和有效值有如下关系

$$\frac{U_m}{I_m} = \frac{U}{I} = \omega L = X_L \quad 或 \quad I = \frac{U}{X_L} \quad (3-33)$$

其中

$$X_L = \omega L = 2\pi L$$

电感上电压、电流幅值或有效值之比为 X_L，X_L 具有阻碍电流通过的性质，称为感抗，单位为欧姆（Ω）。X_L 与 ω 成正比，频率越高，X_L 越大，在一定电压下，I 越小；在直流情况下，$\omega = 0$，$X_L = 0$，电感元件在交流电路中具有通低频阻高频的特性，此时电感相当于短路。

根据正弦量和相量的对应关系，可以写出电感元件上电压与电流的相量关系

电流相量 $\qquad\qquad\qquad\qquad \dot{I} = I\angle 0°$

电压相量 $\qquad\qquad \dot{U} = U\angle 90° = X_L I\angle 90°$ $\qquad\qquad (3-34)$

则电压与电流的相量关系为

$$\dot{U} = jX_L \dot{I} \quad 或 \quad \frac{\dot{U}}{\dot{I}} = jX_L \quad (3-35)$$

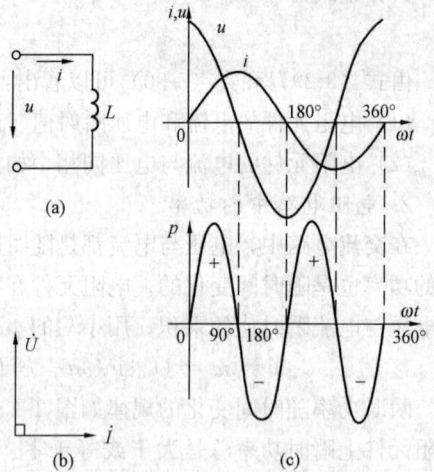

图 3-9　纯电感电路
(a) 电路图；(b) 相量图；
(c) 电感电压、电流和功率波形图

即为电感元件在正弦交流电路中电流、电压的相量关系式，图 3-9（b）所示为其相量图。

由式（3-34）和式（3-35）可知：

(1) 电感元件的电压和电流的最大值、有效值之间符合欧姆定律形式。

(2) 电感元件的电压的相位超前电流 $90°$。

2. 纯电感电路的功率

设初相位 $\varphi_i = 0$，纯电感电路的瞬时功率为

$$p = ui = U_m \sin(\omega t + 90°)I_m \sin \omega t = U_m I_m \sin \omega t \cos \omega t$$

$$= \frac{U_m I_m}{2}\sin 2\omega t = UI\sin 2\omega t \quad (3-36)$$

瞬时功率是以两倍于电流的频率 2ω、按正弦规律变化的正弦量，最大值为 $UI = I^2 X_L$，其波形如图 3-9（c）所示。

纯电感电路的平均功率为

$$P = \frac{1}{T}\int_0^T p\,\mathrm{d}t = \frac{1}{T}\int_0^T UI\sin 2\omega t\,\mathrm{d}t = 0 \quad (3-37)$$

这说明在交流电路中，电感元件之间在不停地进行能量交换，一个周期内电感元件从电源取用的能量等于它释放给电源的能量，电感元件并不消耗能量。

为了衡量电感元件与外界交换能量的规模，引入无功功率。定义电感元件瞬时功率的最大值为无功功率，用 Q_L 表示，即

$$Q_L = UI = I^2 X_L = \frac{U_L^2}{X_L} \quad (3-38)$$

无功功率的单位是 var（乏）或 kvar（千乏）。与无功功率相对应，工程上还常把平均功率称为有功功率。无功功率在电力系统中是一个重要的物理量，凡是模型中有电感元件的设备（如电动机、变压器等）都是依靠其磁场来转移能量的，电源必须对它们提供一定的无功功率，否则磁场不能建立，设备无法工作。所以这里"无功"的含义是，"功率交换而不消耗"，并不是"无用"。

3. 电感元件的储能

已知电感两端的电压为

$$u = L\frac{\mathrm{d}i}{\mathrm{d}t}$$

电感元件吸收的瞬时功率为

$$p = ui = Li\frac{\mathrm{d}i}{\mathrm{d}t}$$

电流从零上升到某一值时，电源供给的能量就储存在磁场中，其能量为

$$W_L = \int_0^t p\mathrm{d}t = \int_0^t ui\,\mathrm{d}t = \int_0^t Li\,\mathrm{d}i = \frac{1}{2}Li^2$$

所以磁场能量

$$W_L = \frac{1}{2}Li^2 \tag{3-39}$$

式（3-39）中，L、i 的单位分别为亨利（H）、安培（A），则 W_L 的单位为焦耳（J）。

【例 3-7】 已知一个电感 $L=2\mathrm{H}$，接在 $u = 220\sqrt{2}\sin(314t - 60°)\mathrm{V}$，求：

（1）X_L；

（2）通过电感的电流 i_L；

（3）电感上的无功功率 Q_L。

解 （1）$X_L = \omega L = 314 \times 2 = 628$（$\Omega$）

（2）$\dot{I}_L = \dfrac{\dot{U}_L}{\mathrm{j}X_L} = \dfrac{220\angle -60°}{628\mathrm{j}}\mathrm{A} \approx 0.35\angle -150°\mathrm{A}$

　　$i_L = 0.35\sqrt{2}\sin(314t - 150°)\mathrm{A}$

（3）$Q_L = UI = 220\mathrm{V} \times 0.35\mathrm{A} = 77\mathrm{var}$

三、纯电容电路

电容具有通交流、隔直流的作用，在电子线路中常用来滤波、隔直及旁路交流，与其他元件配合用来选频；在电力系统中常用来提高系统的功率因数。下面讨论电容在交流电路中的作用。纯电容电路如图 3-10（a）所示。

1. 纯电容电路电压与电流的关系

如图 3-10（a）所示，电容元件的电压、电流为关联参考方向。

设通过电容元件的端电压为

$$u = \sqrt{2}U\sin(\omega t + \varphi_\mathrm{u})$$

则电路中的电流为

$$i = C\frac{\mathrm{d}u}{\mathrm{d}t} = \omega C \cdot \sqrt{2}U\cos(\omega t + \varphi_\mathrm{u}) = \omega C \cdot \sqrt{2}U\sin(\omega t + \varphi_\mathrm{u} + 90°) = \sqrt{2}I\sin(\omega t + \varphi_\mathrm{i})$$

所以

$$I = \omega CU \text{ 或 } I_\mathrm{m} = \omega CU_\mathrm{m} \tag{3-40}$$

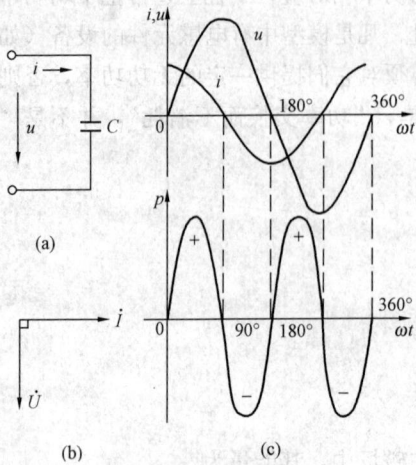

图 3-10　纯电容电路
(a) 电路图；(b) 相量图；
(c) 电容电压、电流及功率波形

$\varphi_i = 0$，则 $\varphi_u = -90°$）。

由式（3-42）和式（3-43）可知：

(1) 电容元件的电压和电流的最大值、有效值符合欧姆定律。

(2) 电容元件的电流比电压超前 90°。

2. 纯电容电路的功率

设 $\varphi_i = 0$，则纯电容电路的瞬时功率为

$$p = ui = U_m I_m \sin\left(\omega t - \frac{\pi}{2}\right)\sin\omega t = -UI\sin2\omega t$$

从图 3-10（c）看出，在电容电路中，其瞬时功率的频率两倍于电压（或电流）的频率，在一个周期内的平均值也等于零。说明电容电路中也不消耗能量，在电源和电容器间只有周期性的能量交换。电容也是一个储能元件。这种互相转换功率的规模（最大值）叫做电容性无功功率，用 Q_C 表示

$$Q_C = UI = I^2 X_C = \frac{U^2}{X_C} \tag{3-44}$$

式中：Q_C 为电容的无功功率，单位是 var（乏）。

3. 电容元件的储能

已知电容电流为

$$i = C\frac{du}{dt}$$

电容元件吸收的瞬时功率为

$$p = ui = Cu\frac{du}{dt}$$

电容电压从零上升到某一值时，电源供给的能量就储存在电场中，其能量为

$$W_C = \int_0^t ui\,dt = \int_0^u Cu\,du = \frac{1}{2}Cu^2 \tag{3-45}$$

式中：C 为电容，单位是法拉（F）；u 为电容电压，单位是伏特（V）；W_C 为电容储存的能

$$\varphi_t = \varphi_u + 90° \text{ 或 } \varphi_{ui} = \varphi_u - \varphi_i = -90° \tag{3-41}$$

电压的相量表达式为

$$\dot I = \omega CU\angle(\varphi_u + 90°) = j\omega CU\angle\varphi_u = j\omega C\dot U \tag{3-42}$$

$\frac{1}{\omega C}$ 称为电容元件的容抗，用 X_C 表示，即 $X_C = \frac{1}{\omega C} = \frac{1}{2\pi fC}$，单位为欧姆（Ω）。$X_C$ 与 ω 成反比，频率越高，X_C 越小。在一定电压下，X_C 越小，I 越大；在直流情况下，$\omega = 0$，$X_C = \infty$，电容元件在交流电路中具有隔直通交和通高频、阻低频的特性。电压的相量表达式还可写为

$$\dot U = jX_C\dot I \tag{3-43}$$

即为电容元件在正弦交流电路中的电流、电压的相量关系式，图 3-10（b）所示为相应的相量图（设

量，单位是焦耳（J）。

【例 3-8】 在电容为 $318\mu F$ 的电容器两端加 $u=220\sqrt{2}\sin(314t+120°)$ V 的电压，试计算电容的电流及无功功率。

解 因为 $\dot{U}=220\angle120°$V，容抗 $X_C=\dfrac{1}{\omega C}=\dfrac{1}{314\times318\times10^{-6}}\Omega\approx100\Omega$

所以

$$\dot{I}_C=\dfrac{\dot{U}}{-j\dot{X}_C}=\dfrac{220\angle120°}{100\angle-90°}\text{A}=2.2\angle-150°\text{A}$$

电容电流 $\qquad\qquad i=2.2\sqrt{2}\sin(314t-150°)\text{A}$

电容的无功功率 $\qquad Q_C=-UI=-2.2\text{V}\times220\text{A}=-484\text{var}$

任务 4 *RLC* 串并联电路的分析

单一参数的正弦交流电路属于理想化电路，而实际电路往往由多参数组合而成。例如电动机、继电器等设备都含有线圈，线圈通电后总要发热，说明实际线圈不仅有电感，还存在发热电阻。电阻、电感、电容串联的电路如图 3-11 所示。下面讨论电阻、电感、电容串联后的阻抗、电压、电流及功率的关系。

一、电流、电压的关系

在图 3-11（a）中，设电流为参考量，则电流 $i=I_m\sin\omega t$，根据基尔霍夫电压定律可列方程式如下

$$u=u_R+u_L+u_C$$

$$u_R=RI_m\sin\omega t=\sqrt{2}U_R\sin\omega t$$

$$u_L=X_LI_m\sin(\omega t+90°)=\sqrt{2}U_L\sin(\omega t+90°)$$

$$u_C=X_CI_m\sin(\omega t-90°)=\sqrt{2}U_C\sin(\omega t-90°)$$

对应电压有效值的相量表达式为

$$\dot{U}=\dot{U}_R+\dot{U}_L+\dot{U}_C=R\dot{I}+jX_L\dot{I}+(-jX_C)\dot{I}$$

$$=[R+j(X_L-X_C)]\dot{I}=(R+jX)\dot{I}=Z\dot{I}$$

$$(3-46)$$

上式称为基尔霍夫电压定律的相量表示式，用相量图表示如图 3-11（b）所示。由此得到的电压三角形如图 3-12（a）所示。

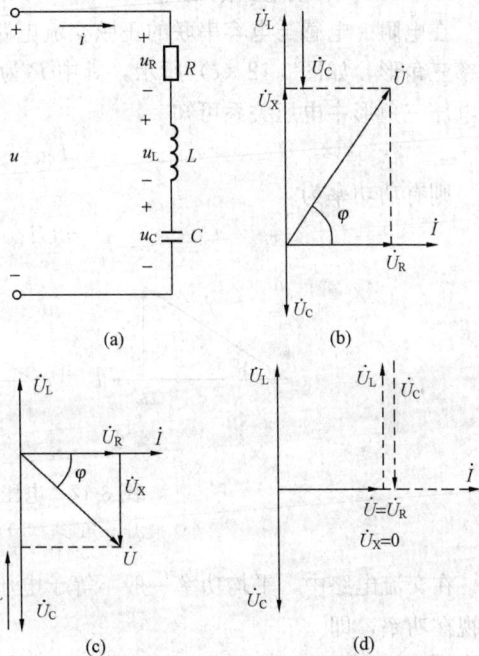

图 3-11 *RLC* 串联电路及相量图

(a) *RLC* 串联电路；(b) *RLC* 感性电路的相量图；
(c) *RLC* 容性电路相量图；(d) *RLC* 谐振电路的相量图

令 $\dfrac{\dot{U}}{\dot{I}}=Z$，而 $Z=R+j(X_L-X_C)=R+jX$ 称为电路的复阻抗，单位为欧姆（Ω），其中 $X=X_L-X_C$ 称为电抗，单位是欧姆（Ω）。

从图 3-11（b）可以看出，总电压与总电流有一个相位差 φ，设 $X_L>X_C$，由图可知

$$\tan\varphi=\dfrac{U_L-U_C}{U_R}=\dfrac{X_L-X_C}{R}=\dfrac{X}{R}$$

若 $\dot{U} = U\angle\varphi_u$，$\dot{I} = I\angle\varphi_i$，则有

$$Z = \frac{\dot{U}}{\dot{I}} = \frac{U}{I}\angle(\varphi_u - \varphi_i) = R + jX = \sqrt{R^2 + X^2}\angle\arctan\frac{X}{R} \tag{3-47}$$

$$|Z| = \sqrt{R^2 + X^2} \text{ 或 } \varphi = \angle\arctan\frac{X}{R} \tag{3-48}$$

式中：$|Z|$ 称为复阻抗的阻抗值；φ 为阻抗角，也是电流与电压的相位差。阻抗三角形如图 3-12（b）所示。

由此可以看出，通过电路的电流的频率及元件参数不同，电路所反映出的性质也不同。R、L、C 串联电路中电压与电流的相位关系如下：

（1）若 $X_L > X_C$，则 $X > 0$，$\varphi > 0$，电压超前电流，电路呈感性，如图 3-11（b）所示；

（2）若 $X_L < X_C$，则 $X < 0$，$\varphi < 0$，电压滞后电流，电路呈容性，如图 3-11（c）所示；

（3）若 $X_L = X_C$，则 $X = 0$，$\varphi = 0$，$Z = R$，电压与电流同相，电路呈电阻性，如图 3-11（d）所示。此时，也称电路发生谐振。

二、RLC 串联电路的功率

在电阻、电感与电容串联的正弦交流电路中，将电压三角形的各个边乘以电流 I，就可得到功率三角形，如图 3-12（c）所示，其中 P 为有功功率，即电阻所消耗的功率，单位是瓦（W）。由电压三角形中电压关系可知

$$U_R = U\cos\varphi = RI \tag{3-49}$$

则有功功率为

$$P = UI\cos\varphi = U_R I = I^2 R \tag{3-50}$$

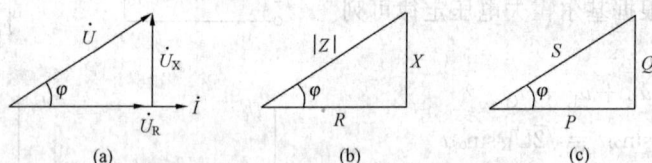

图 3-12　电压、阻抗和功率三角形

(a) 电压三角形；(b) 阻抗三角形；(c) 功率三角形

在交流电路中，平均功率一般不等于电压与电流有效值的乘积。电压与电流有效值的乘积称为视在功率，即

$$S = UI \tag{3-51}$$

式中：S 为视在功率，单位是伏安（VA）。

视在功率也称功率容量，交流电气设备是按照规定的额定电压 U_N 和额定电流 I_N 来设计使用的。变压器的容量就是以额定电压和额定电流的乘积来表示的，即

$$S_N = U_N I_N$$

视在功率的单位是伏·安（V·A）或千伏·安（kV·A）。

电感和电容都要在正弦交流电路中进行能量的互换，因此相应的无功功率 Q 是由这两个元件共同作用形成的，即

$$Q = U_L I - U_C I = (X_L - X_C)I^2 = UI\sin\varphi \tag{3-52}$$

有功功率 P、无功功率 Q 和视在功率 S 三者之间的关系构成了一个直角三角形，称为功率三

角形，如图 3-12（c）所示。

式（3-50）中，$\cos\varphi$ 称为功率因数，其中的 φ 称为功率因数角。在数值上功率因数角、阻抗角和总电压与电流之间的相位差，三者之间是相等的。

电压三角形、阻抗三角形和功率三角形是分析计算 R、L、C 串联或其中两种元件串联电路的重要依据。

【例 3-9】 由电阻 $R=8\Omega$、电感 $L=0.1H$ 和电容 $C=127\mu F$ 组成串联电路，如果设电源电压 $u=220\sin(314t)$ V，试求电流 i、U_R、U_L、U_C，并作出相量图，如图 3-13 所示。

解 感抗及容抗为

$$X_L = \omega L = 314 \times 0.1\Omega = 31.4\Omega$$

$$X_C = \frac{1}{\omega C} = \frac{1}{314 \times 127 \times 10^{-6}}\Omega = 25\Omega$$

电路的复阻抗为

$$Z = R + j(X_L - X_C) = 8 + j(31.4 - 25)$$
$$= 8 + j6.4 = 10.3\angle 38.7°(\Omega)$$

电压　　　　　　　$\dot{U} = 220\angle 0°$ V

所以

$$\dot{I} = \frac{\dot{U}}{Z} = \frac{220\angle 0°}{10.3\angle 38.7°} = 21.4\angle -38.7° A$$

电流的解析式为

$$i = 21.4\sqrt{2}\sin(314t - 38.7°) A$$

各元件上的电压为

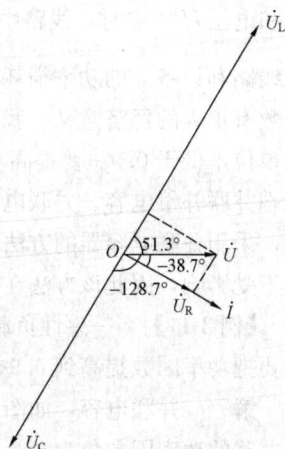

图 3-13　[例 3-9] 图

$$\dot{U}_R = \dot{I}R = 21.4\angle -38.7° \times 8 V = 171.2\angle -38.7° V$$

$$\dot{U}_L = j\dot{I}X_L = 21.4\angle -38.7° \times 31.4\angle 90° V = 672\angle 51.3° V$$

$$\dot{U}_C = -j\dot{I}X_C = 21.4\angle 38.7° \times 25\angle -90° V = 535\angle -128.7° V$$

电阻、电感、电容元件上的电压有效值分别为 171.2V、672V、535V。相量图如图 3-13 所示。

【例 3-10】 日光灯导通后，镇流器与灯管串联，其模型为电阻与电感串联。一个日光灯电路的电阻 $R=300\Omega$，$L=1.66H$，工频电源的电压为 220V，试求：灯管电流及其与电源电压的相位差、灯管电压、镇流器电压。

解 镇流器的感抗为

$$X_L = \omega L = 314 \times 1.66\Omega = 521.5\Omega$$

电路的复阻抗为　　$Z = R + jX_L = 300 + j521.5\Omega = 601.6\angle 60.1°\Omega$

所以，灯管电压比灯管电流超前 60.1°。灯管电流、电压及镇流器电压为

$$I = \frac{U}{|Z|} = \frac{220}{601.6} = 0.3657 A$$

$$U_R = RI = 300\Omega \times 0.3657 A = 109.7V$$

$$U_L = X_L I = 521.5\Omega \times 0.3657 A = 190.7V$$

三、功率因数的提高

在讨论电阻、电感和电容串联的交流电路时，引入了交流电路的功率因数 $\cos\varphi$，其值介于 0 和 1 之间。

当功率因数不等于 1 时，电路中发生能量交换，出现无功功率，φ 越大，功率因数越低，发电机发出的有功功率 $P = UI\cos\varphi$ 就越小，而无功功率 $Q = UI\sin\varphi$ 就越大，即电路中能量交换的规模越大。发电机发出的能量就不能充分为负载所吸收，其中有一部分，在发电机与负载之间进行交换，这样，发电设备的容量就不能充分利用；另一部分使线路损耗增加。当负载的有功功率 P 和电压 U 一定时，线路中的电流 $I = \dfrac{P}{U\cos\varphi}$，可见 $\cos\varphi$ 越小，线路中的电流就越大，消耗在输电线路和设备上的功率损耗就越大。反之，提高功率因数会大大降低线路损耗，因此，提高功率因数有很大的经济意义。我国供电规则中要求：高压供电企业的功率因数不低于 0.95，其他用电单位不低于 0.9。要提高功率因数的值，必须尽可能减小阻抗角 φ，常用的方法是在电感性负载端并联补偿电容。并联电容器以后，线路电流减小，因而减小了线路的功率损耗。还需注意的是，采用并联电容器的方法，电路有功功率未改变，因为电容器是不消耗电能的，负载的工作状态不受影响，因此该方法在实际中得到了广泛应用。

【例 3-11】 一感性负载与 220V、50Hz 的电源相接，其功率因数为 0.7，消耗功率为 4kW，若要把功率因数提高到 0.9，应加接什么元件？其元件值如何？

解 应并联电容，如图 3-14（a）所示，并联电容前感性负载的功率因数角为 φ_1，并联电容后电路的功率因数角为 φ_2。

并联电容前
$$I_1 = \frac{P}{U\cos\varphi_1} = \frac{4000\text{W}}{220 \times 0.7\text{V}} \approx 25.97\text{A}$$

并联电容后，虽然电路的总电流发生变化，但是流过电感负载的电流、负载吸收的有功功率和无功功率都没有变化，而流过电容的电流将比电压超前 90°，电压和电流的相量图如图 3-14（b）所示。由此可得

$$\varphi = \arccos 0.7 \approx 45.57° \qquad \varphi_2 = \arccos 0.9 \approx 25.84°$$

$$UI_1\cos\varphi_1 = UI_2\cos\varphi_2$$

故并联电容后的电路总电流 I 为

$$I_2 = \frac{UI_1\cos\varphi_1}{U\cos\varphi_2} = \frac{25.97 \times 0.7}{0.9}\text{A} \approx 20.2\text{A}$$

$$I_C = I_1\sin\varphi_1 - I_2\sin\varphi_2 = 25.97 \times \sin 45.57° - 20.2 \times \sin 25.84°$$

$$\approx 18.54 - 8.8 = 9.74\text{A}$$

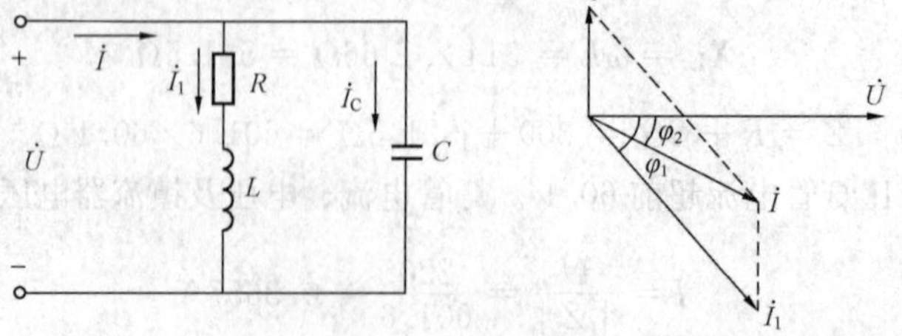

图 3-14 ［例 3-11］图

(a) 电路图；(b) 相量图

由 $I_C = \dfrac{U}{X_C} = U\omega C$ 可得

$$C = \frac{I_C}{U\omega} = \frac{9.74}{220 \times 2 \times 3.14 \times 50}\mathrm{F} \approx 1.41 \times 10^{-4}\mathrm{F} = 141\mu\mathrm{F}$$

【例 3-12】 如图 3-15（a）所示电路为日光灯简图。图中 L 为铁心电感，称为镇流器（扼流圈）。已知 $U = 220\mathrm{V}$，$f = 50\mathrm{Hz}$，日光灯功率为 $40\mathrm{W}$，额定电流为 $0.4\mathrm{A}$。试求：

（1）电感 L 和电感上的电压 U_L；

（2）若要使功率因数提高到 0.8，需要在日光灯两端并联多大的电容 C。

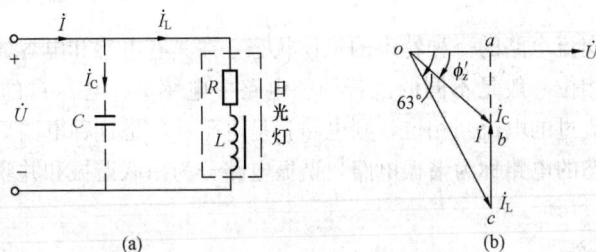

图 3-15 ［例 3-12］图

（a）电路图；（b）相量图

解 （1）求 L 和 U_L。

$$|Z| = \frac{U}{I_L} = \frac{220\mathrm{V}}{0.4\mathrm{A}} = 550\Omega$$

$$\cos\varphi_Z = \frac{P}{UI_L} = \frac{40\mathrm{W}}{220\mathrm{V} \times 0.4\mathrm{A}} = 0.45 \qquad \varphi_Z = \pm 63°$$

$$Z = |Z|\angle\varphi_Z = 550\angle 63°\Omega = (250 + \mathrm{j}490)\Omega$$

$$R = 250\Omega, \quad X_L = 490\Omega$$

$$L = \frac{X_L}{2\pi f} = \frac{490}{2 \times 3.14 \times 50} \approx 1.56\mathrm{H}$$

$$U_L = X_L I_L = 490 \times 0.4 = 196\mathrm{V}$$

（2）求并联电容的电容量 C。

$$\dot{I} = \dot{I}_L$$

$$\dot{I} = \dot{I}_L + \dot{I}_C$$

设电压为参考相量

$$\dot{U} = 220\angle 0°\mathrm{V}$$

$$\dot{I}_L = 0.4\angle -630°\mathrm{A}$$

$$\cos\varphi_Z' = 0.8 \qquad \varphi_Z' = \pm 36.9°$$

输电线电流为

$$I = \frac{P}{U\cos\varphi_Z'} = \frac{40\mathrm{W}}{220\mathrm{V} \times 0.8\mathrm{A}} \approx 0.227\mathrm{A}$$

$$I_{ac} = I_L\sin\varphi_Z = 0.4\mathrm{A}\sin 63° = 0.365\mathrm{A}$$

$$I_{ab} = I\sin\varphi_Z{}' = 0.227A\sin36.9° = 0.136A$$

$$I_C = I_{ac} - I_{ab} = 0.356 - 0.136 = 0.22A$$

$$X_C = \frac{U}{I_C} = \frac{220V}{0.22A} = 1000\Omega$$

$$C = \frac{1}{\omega X_C} = \frac{1}{2\pi \times 50 \times 1000}F = 3.2\mu F$$

任务5　谐 振 电 路 的 分 析

谐振现象是正弦交流电路的一种特定的工作状态，在具有电感和电容的电路中，电路的端电压与流过电路电流的相位一般是不同的。若调整电路中电感 L、电容 C 的大小或改变电源的频率，使电路端电压和流过的电流同相位，则电路就呈电阻性，把这种电路呈电阻性的状态称为谐振状态。处于谐振状态的电路称为谐振电路。谐振电路分为串联谐振和并联谐振。

一、串联谐振

1. 串联谐振的条件

图 3-16（a）所示 R、L、C 串联电路，在正弦电压作用下，该电路的复阻抗为

$$Z = R + j\left(\omega L - \frac{1}{\omega C}\right) = R + j(X_L - X_C) = |Z| \angle\varphi \tag{3-53}$$

其中

$$\varphi = \arctan\frac{X_L - X_C}{R} \tag{3-54}$$

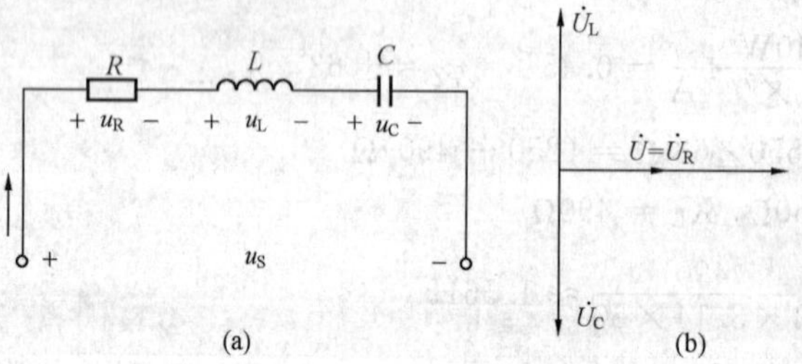

图 3-16　串联谐振电路图
（a）串联谐振电路图；（b）串联谐振电路的相量图

若电源电压与回路电流同相位，即 $\varphi=0$ 时，电路发生谐振，则有

$$X_L - X_C = 0 \rightarrow \omega L - \frac{1}{\omega C} = 0$$

或　　　　$$\omega L = \frac{1}{\omega C} \tag{3-55}$$

即串联电路产生谐振的条件：感抗等于容抗。由式（3-55）可见，谐振的发生不但与 L 和 C 有关。而且与电源的角频率 ω 有关。因此，通过改变 L 或 C 或 ω 的方法都可使电路发生谐振，这种做法称为调谐。在实际中有三种调谐方法：

（1）若 L 和 C 固定时，通过改变电源的角频率 ω 使电路谐振称为调频调谐。由式（3-55）得谐振角频率为

$$\omega_0 = \frac{1}{\sqrt{LC}} \tag{3-56}$$

$$f_0 = \frac{1}{2\pi\sqrt{LC}} \tag{3-57}$$

可见，谐振频率是由电路参数决定的。它是电路本身的一种固有性质，所以又称为电路的"固有频率"。因此对 RLC 串联电路来说，并不是对外加电压的任意一种频率都能发生谐振。要想达到谐振，必须使外加电压的频率 f 与电路固有频率 f_0 相等，即 $f = f_0$。

（2）当 L 和 ω 固定时，通过改变电容 C 使电路谐振称为调容调谐。由式（3-56），得

$$C = \frac{1}{\omega_0^2 L} \tag{3-58}$$

（3）当 C 和 ω 固定时，通过改变电感 L 使电路谐振称为调感调谐。由式（3-56），得

$$L = \frac{1}{\omega_0^2 C} \tag{3-59}$$

以上介绍了三种调谐的方法。若不希望电路发生谐振，就应设法使式（3-55）条件不能满足。

2. 串联谐振的特征

电路处于串联谐振状态时，具有下列特征。

（1）如图 3-16（a）所示，电源电压与电路中的电流同相，$\varphi = 0$，电路呈电阻性，电路阻抗最小，电流最大。因为电路谐振时，$X = 0$，所以 $|Z| = \sqrt{R^2 + X^2} = R$ 为最小，且为纯电阻，即

$$Z_0 = R$$

谐振时的电流最大为

$$I_0 = \frac{U}{|Z_0|} = \frac{U}{R} = \frac{U_S}{R} \tag{3-60}$$

（2）因为 $X_L = X_C$，所以 $U_L = U_C$；又由于 U_L 和 U_C 相位相反，所以能量相互抵消，对整个电路不起作用，电阻上电压就等于电源电压 $U = U_R$。但是，U_L 和 U_C 的作用不能忽略。$X_L = X_C \gg R$ 时，$U_L = U_C \gg U_R$；又因谐振时 $U = U_R$，所以 $U_L = U_C \gg U$。可见，当电路发生串联谐振时，会出现电感和电容上的电压 U_L、U_C 超过电源电压 U 许多倍的现象，因此串联谐振又称电压谐振。

（3）谐振时，电路的无功功率为零，电源供给电路的能量，全部消耗在电阻上。

电路在发生谐振时，由于感抗等于容抗，所以感性无功功率与容性无功功率相等，电路的无功功率为零。这说明电感与电容之间有能量交换，而且达到完全补偿，不与电源进行能量交换，电源供给电路的能量，全部消耗在电阻上。

（4）品质因数 Q。在电工、电子技术中，串联谐振电路中电感和电容上电压 U_L、U_C 高出电源电压 U 的倍数用品质因数 Q 来表示，即

$$Q = \frac{U_L}{U} = \frac{U_C}{U} = \frac{X_L}{R} = \frac{X_C}{R} = \frac{\omega_0 L}{R} = \frac{1}{\omega_0 CR} \tag{3-61}$$

由上式可知，当 $X_L = X_C \gg R$ 时，品质因数 Q 很高，电感电压或电容电压将大大超过外加电源电压。这种高电压有可能击穿电感线圈或电容器的绝缘层而损坏设备。因此，在电力工程中一般避免电压谐振或接近谐振情况的发生。但在通信工程中，恰恰相反，由于工作信号比较微弱，往往利用电压谐振获得对应于某一频率信号的高电压，从而达到选频的目的。例如，收音机接收回路就是通过调谐电路使电路发生谐振，才能从众多不同频率段的电台信号中选择出收听的电台广播。

【例 3-13】 某个收音机串联谐振电路中，$C = 150\text{pF}$，$L = 250\mu\text{H}$，试求该电路发生谐振的频率。

解 由式（3-56）可得

$$\omega_0 = \frac{1}{\sqrt{LC}} = \frac{1}{\sqrt{150 \times 10^{-12}\text{F} \times 250 \times 10^{-6}\text{H}}} = \sqrt{\frac{10^{18}}{37\,500}}\text{rad/s} \approx 5.16 \times 10^{16}\,(\text{rad/s})$$

【例 3-14】 在 RLC 串联电路中，已知 $L=500\mu H$，$R=10\Omega$，外加电压的频率 $f=1000kHz$，电容 C 为一可变电容器，变化范围在 $12\sim290pF$，试求电容 C 调到何值时电路发生谐振？

解 将已知数据代入式（3-58）可得

$$C=\frac{1}{\omega_0^2 L}=\frac{1}{(2\pi\times1000\times10^3)^2\times500\times10^{-6}}F=50.7pF$$

当电容 C 调到 $50.7pF$ 时发生谐振。

【例 3-15】 如图 3-16（a）所示 RLC 串联电路，已知 $R=9.4\Omega$，$L=30\mu H$，$C=211pF$，电源电压 $U=0.1mV$。求电路发生谐振时的谐振频率 f_0、品质因数 Q 及电容上的电压 U_C。

解 电路的谐振频率

$$f_0=\frac{1}{2\pi\sqrt{LC}}=\frac{1}{2\pi\sqrt{30\times10^{-6}\times211\times10^{-12}}}Hz=2\times10^6 Hz=2MHz$$

电路的品质因数

$$Q=\frac{\omega_0 L}{R}=\frac{2\pi f_0 L}{R}=\frac{2\pi\times2\times10^6\times30\times10^{-6}}{9.4}\approx40$$

电容电压 $\qquad\qquad U_C=QU=40\times0.1mV=4mV$

二、并联谐振

并联交流电路也有多种形式，经常使用的是电感线圈与电容器并联的电路。本节将着重分析 R、L 与 C 并联的电路。由于电容器损耗很小，故可忽略，R 是线圈本身的电阻。其电路模型如图 3-17（a）所示。

1. 并联谐振的条件

电容器与电感线圈并联的电路中，等效阻抗为

$$Z=\frac{\frac{1}{j\omega C}(R+j\omega L)}{\frac{1}{j\omega C}(R+j\omega L)}=\frac{R+j\omega L}{1+j\omega RC-\omega^2 LC}$$

在一般情况下，电感线圈本身的电阻很小，特别是当电源频率较高时，$\omega L\gg R$，有

$$Z\approx\frac{j\omega L}{1+j\omega RC-\omega^2 LC}=\frac{1}{\frac{RC}{L}+j\left(\omega C-\frac{1}{\omega L}\right)} \qquad (3\text{-}62)$$

在上式中，分母虚部为零时产生谐振，可得谐振频率为

$$\omega_0 C-\frac{1}{\omega_0 L}\approx0 \text{ 或 } \omega_0\approx\frac{1}{\sqrt{LC}}$$

即 $\qquad\qquad\qquad f=f_0\approx\frac{1}{2\pi\sqrt{LC}} \qquad (3\text{-}63)$

由上式可见，与串联谐振频率近似相等。

2. 并联谐振的特征

并联谐振时，电路具有以下特征：

（1）电路两端电压与电流同相位，电路呈电阻性。

（2）电路的并联阻抗最大，电流最小。由于 $Z=\frac{L}{RC}=R_0$ 最大（R_0 为并联谐振的等效电阻），因此，当电压 U 一定时，电路中的电流最小。

（3）在并联谐振时，通过电感线圈和电容的电流远远大于电路的总电流，如图 3-17（b）所

图 3-17 并联谐振电路图

(a) 并联谐振电路图；(b) 并联谐振电路的相量图

示。因此，并联谐振也称电流谐振 $\left(\dfrac{I_C}{I} \gg 1, \omega_0 L \gg R\right)$。

（4）品质因数 Q。并联谐振电路中，电感和电容支路的电流 I_L、I_C 与总电流 I 之比称为并联谐振的品质因数，即

$$Q = \frac{I_L}{I} = \frac{I_C}{I} = \frac{R_0}{\omega_0 L} = \omega_0 C R_0 \tag{3-64}$$

与串联谐振的品质因数正好互为倒数。

并联谐振具有选择性，在工程电子技术中具有很广泛的应用，如应用在选频电路中。

【例 3-16】 如图 3-18 所示的线圈与电容器并联电路，已知线圈的电阻 $R = 10\,\Omega$，电感 $L = 0.127\,\text{mH}$，电容 $C = 200\,\text{pF}$，谐振时总电流 $I_0 = 0.2\,\text{mA}$。试求：

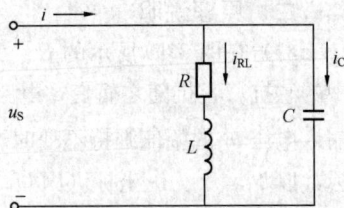

图 3-18 ［例 3-16］图

（1）电路的谐振频率 f_0 和谐振阻抗 Z_0；

（2）电感支路和电容支路的电流 I_{L0}、I_{C0}。

解 谐振回路的品质因数

$$Q = \frac{1}{R}\sqrt{\frac{L}{C}} = \frac{1}{10}\sqrt{\frac{0.127 \times 10^{-3}\,\text{H}}{200 \times 10^{-12}\,\text{F}}} \approx 80$$

因为电路的品质因数 $Q \gg 1$，所以谐振频率

$$f_0 \approx \frac{1}{2\pi\sqrt{LC}} = \frac{1}{2\pi\sqrt{0.127 \times 10^{-3} \times 200 \times 10^{-12}}}\,\text{Hz} \approx 10^6\,\text{Hz}$$

电路的谐振阻抗

$$Z_0 = \frac{L}{CR} = Q^2 R = 80^2 \times 10\,\Omega = 64\,000\,\Omega = 64\,\text{k}\Omega$$

$$I_{L0} \approx I_{C0} = QI_0 = 80 \times 0.2\,\text{mA} = 16\,\text{mA}$$

【例 3-17】 收音机的中频放大耦合电路是一个线圈与电容器并联谐振回路，其谐振频率为 465kHz，电容 $C = 200\,\text{pF}$，回路的品质因数 $Q = 100$。求线圈的电感 L 和电阻 R。

解 因为 $Q \gg 1$，所以电路的谐振频率为

$$f_0 \approx \frac{1}{2\pi\sqrt{LC}}$$

因此回路谐振时的电感和电阻分别为

$$L = \frac{1}{(2\pi f_0)^2 C} = \frac{1}{(2\pi \times 465 \times 10^3)^2 \times 200 \times 10^{-12}} \approx 0.578 \times 10^{-3}\,\text{H}$$

$$R = \frac{1}{Q}\sqrt{\frac{L}{C}} = \frac{1}{100}\sqrt{\frac{0.578 \times 10^{-3}\,\text{H}}{200 \times 10^{-12}\,\text{F}}} \approx 17\,\Omega$$

串联谐振电路适用于内阻较小的信号源，当信号源的内阻较大时，由于信号源内阻与谐振电路相串联，使谐振回路的品质因数大大降低，从而使电路的选择性变坏。所以遇到高内阻信号源时，宜采用并联谐振电路。

【技能实训1】 R、L、C 串联谐振电路的研究

一、实验目的

(1) 学习用实验方法绘制 R、L、C 串联电路的幅频特性曲线。

(2) 加深理解电路发生谐振的条件、特点，掌握电路品质因数（电路 Q 值）的物理意义及其测定方法。

二、原理说明

(1) 在图 3-19 所示的 R、L、C 串联电路中，当正弦交流信号源的频率 f 改变时，电路中的感抗、容抗随之而变，电路中的电流也随 f 而变。取电阻 R 上的电压 u_o 作为响应，当输入电压 u_i 的幅值维持不变时，在不同频率的信号激励下，测出 U_o 之值，然后以 f 为横坐标，以 U_o/U_i 为纵坐标（因 U_i 不变，故也可直接以 U_o 为纵坐标），绘出光滑的曲线，此即为幅频特性曲线，又称谐振曲线，如图 3-20 所示。

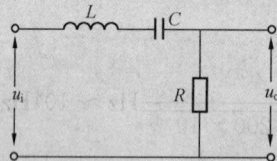

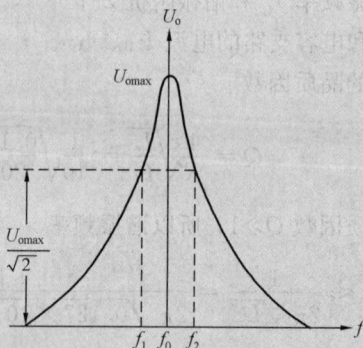

图 3-19 R、L、C 串联电路　　　图 3-20　谐振曲线图

(2) 在 $f = f_0 = \dfrac{1}{2\pi\sqrt{LC}}$ 处，即幅频特性曲线尖峰所在的频率点称为谐振频率。此时 $X_L = X_C$，电路呈纯阻性，电路阻抗的模为最小。在输入电压 U_i 为定值时，电路中的电流达到最大值，且与输入电压 U_i 同相位。从理论上讲，此时 $U_i = U_R = U_o$，$U_L = U_C = QU_i$，式中的 Q 称为电路的品质因数。

（3）电路品质因数 Q 值的两种测量方法。一是根据公式 $Q=\dfrac{U_L}{U_o}=\dfrac{U_C}{U_o}$ 测定，U_C 与 U_L 分别为谐振时电容器 C 和电感线圈 L 上的电压；另一方法是通过测量谐振曲线的通频带宽度 $\Delta f=f_2-f_1$，再根据 $Q=\dfrac{f_0}{f_2-f_1}$ 求出 Q 值。式中：f_0 为谐振频率，f_2 和 f_1 是失谐时，即输出电压的幅度下降到最大值的 $1/\sqrt{2}$（即 0.707）倍时的上、下频率点。Q 值越大，曲线越尖锐，通频带越窄，电路的选择性越好。在恒压源供电时，电路的品质因数、选择性与通频带只决定于电路本身的参数，而与信号源无关。

三、实验设备与器件

表 3-1　　　　　　　　　　实验设备型号规格明细表

序　号	名　称	型号与规格	数　量
1	低频函数信号发生器		1
2	交流毫伏表	0～600V	1
3	双踪示波器		1
4	频率计		1
5	谐振电路实验电路板		1
6	电阻 R	200Ω，1kΩ	2
7	电容 C	0.01μF，0.1μF	2
8	电感线圈 L	30mH	1

四、实验内容与步骤

（1）按图 3-21 组成监视、测量电路。先选用 C_1、R_1。用交流毫伏表测电压，用示波器监视信号源输出。令信号源输出电压 $U_i=4V_{P-P}$，并保持不变。

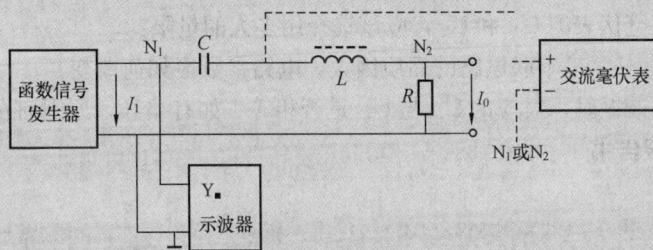

图 3-21　测量电路

（2）找出电路的谐振频率 f_0，其方法是，将毫伏表接在 R（200Ω）两端，令信号源的频率由小逐渐变大（注意：要维持信号源的输出幅度不变），当 U_o 的读数为最大时，读得频率计上的频率值即为电路的谐振频率 f_0，并测量 U_C 与 U_L 之值（注意及时更换毫伏表的量限）。

（3）在谐振点两侧，按频率递增或递减 500Hz 或 1kHz，依次各取 8 个测量点，逐点测出 U_o、U_L、U_C 的值，记入表 3-2。

表 3-2　　　　　　　　　毫伏表接在 R（200Ω）两端测得的数据

f/kHz								
U_o/V								
U_L/V								
U_C/V								

$U_i=4V_{P-P}$，　　　　$C=0.01\mu F$，　　　　$R=200\Omega$，　　　$f_o=\underline{\quad}$，　　　$f_2-f_1=\underline{\quad}$，　　　$Q=\underline{\quad}$

（4）将电阻改为 R_2，重复步骤（2）、（3）的测量过程，将测得的数据记入表 3-3。

表 3-3　　　　　　　　　毫伏表接在 R（1kΩ）两端测得的数据

f/kHz								
U_o/V								
U_L/V								
U_C/V								

$U_i=4V_{P-P}$，　　　　$C=0.01\mu F$，　　　　$R=1k\Omega$，　　　$f_o=\underline{\quad}$，　　　$f_2-f_1=\underline{\quad}$，　　　$Q=\underline{\quad}$

（5）选 $C2$，重复（2）～（4）。（自制表格）。

五、实验注意事项

（1）选择测试频率点时，应在靠近谐振频率附近多取几点。在变换频率测试前，应调整信号输出幅度（用示波器监视输出幅度），使其维持在 $4V_{P-P}$。

（2）测量 U_c 和 U_L 数值前，应将毫伏表的量限改大，而且在测量 U_L 与 U_C 时毫伏表的"+"端应接 C 与 L 的公共点，其接地端应分别触及 L 和 C 的近地端 N_2 和 N_1。

（3）实验中，信号源的外壳应与毫伏表的外壳绝缘（不共地）。如能用浮地式交流毫伏表测量，则效果更佳。

六、实训思考

（1）改变电路的哪些参数可以使电路发生谐振，电路中 R 的数值是否影响谐振频率值？

（2）如何判别电路是否发生谐振？测试谐振点的方案有哪些？

（3）电路发生串联谐振时，为什么输入电压不能太大？如果信号源给出 3V 的电压，电路谐振时，用交流毫伏表测 U_L 和 U_C，应该选择用多大的量限？

（4）要提高 R、L、C 串联电路的品质因数，电路参数应如何改变？

（5）本实验在谐振时，对应的 U_L 与 U_C 是否相等？如有差异，原因何在？

七、写实训报告书

▓▓ 项目实施

▪▪ 实施目的 - ● ● ● ● ● ● ●

掌握日光灯线路的接线；

理解改善电路功率因数的意义并掌握其方法；

能对日光灯照明电路中的故障进行分析判断并加以解决；

能对整机电路安装调试，达到预期目标。

1. 设备与器件准备

设备准备：电工电路实验台。

器件准备：电路所需元器件名称、规格型号和数量见表 3-4。

表 3-4 　　　　　　　　　　　日光灯照明电路设备与元器件明细表

序　号	名　　　称	型号与规格	数　　量	备　　注
1	交流电压表	0～450V	1	D33
2	交流电流表	0～5A	1	D32
3	功率表		1	D34
4	自耦调压器		1	DG01
5	镇流器、辉光启动器	与 40W 灯管配用	各 1	DG09
6	日光灯灯管	40W	1	屏内
7	电容器	1μF，2.2μF，4.7μF/500V	各 1	DG09
8	白炽灯及灯座	220V，15W	1～3	DG08
9	电流插座		3	DG09

2. 电路识图

日光灯线路如图 3-1 所示，图中 A 是日光灯管，L 是镇流器，S 是辉光启动器，C 是补偿电容器，用以改善电路的功率因数（$\cos\varphi$ 值）。

（1）在图 3-1 所示的电路中，当开关闭合后电源把电压加在启动器的两极之间，使氖气放电而发出辉光，辉光产生的热量使 U 型动触片膨胀伸长，跟静触片接通，于是镇流器线圈和灯管中的灯丝就有电流通过。

（2）电路接通后，启动器中的氖气停止放电（启动器分压少、辉光放电无法进行，不工作），U 型片冷却收缩，两个触片分离，电路自动断开。

（3）在电路突然断开的瞬间，由于通过镇流器电流急剧减小，会产生很高的自感电动势，方向与原来的电压方向相同。自感电动势与电源电压加在一起，形成一个瞬时高压，加在灯管两端，使灯管中的气体开始放电，于是日光灯成为电流的通路开始发光。

（4）日光灯开始发光时，由于交变电流通过镇流器的线圈，线圈中就会产生自感电动势，它总是阻碍电流变化的，这时镇流器起着降压限流的作用，保证日光灯正常工作。

（5）日光灯电路中，由于镇流器的电感量大，所以功率因数很低（0.5～0.6）。为了改善线路的功率因数，故要求用户在电源处并联一个适当大小的电容器。通过改变电容器的大小，来改善线路的功率因数。

3. 日光灯照明电路安装与调试

（1）按图 3-1 连接电路，缓慢增加单相调压器的输出电压，直至日光灯发亮，测试相关参数。

（2）断开电路，加入并联电容，再接通电路。观察随着不同并联电容的接入，总电流的变化情况，并由此判断电路的性质，计算出功率并进行比较。

4. 故障分析与排除

（1）用万用表电阻挡测试灯管两端的电极，若导通说明灯丝没有损坏；若损坏则需要更换。

（2）用万用表电阻挡测试镇流器，若通则好；不通则表明镇流器烧坏，需要更换镇流器。

（3）在与电源切断的瞬间会在电感两端产生很高的自感电动势，使开关的刀闸和固定夹片之间空气电离形成电弧，可能烧坏开关，甚至危及工作人员安全。

采取措施：安装灭弧装置最简便的方法是在开关或电感两端并接一个适当的电阻或电容，让自感电流在刀闸动作后有一通路。

5. 项目鉴定

由企业专家结合电子产品生产工艺标准对学生作品进行鉴定。

6. 编写项目实施报告

项目实施报告见附录。

项目考核

日光灯照明电路的项目考核要求及评分标准

	检测项目	考核要求	分值	学生互评	教师评估
项目知识内容	正弦交流电的基本知识	掌握正弦交流电的基本知识	10		
	日光灯照明电路的电路组成、工作原理和电路中各元器件的作用	正确分析日光灯照明电路的电路组成、工作原理和电路中各元器件的作用	20		
	日光灯照明电路的参数计算	能对日光灯照明电路相关参数进行正确计算	10		
项目操作技能	准备工作	10min 内完成所有元器件的清点及调换	10		
	元器件检测	完成元器件的检测	10		
	组装焊接	电路接线正确；相线进开关；软导线的连接完好	10		
	通电调试	日光灯照明电路的功能实现	10		
	通电检测	正确判断日光灯灯丝通断；正确判断日光灯镇流器通断；测量辉光启动器通断	10		
	安全文明操作	严格遵守电业安全操作规程，工作台工具、器件摆放整齐	5		
基本素质	实践表现	安全操作，遵守实训室管理制度；团队协作意识；语言表达能力；分析问题、解决问题的能力。	5		
项目成绩					

知识拓展

安装调试一室一厅内照明电路

卧室安装由两个双控开关控制的一盏日光灯电路，一个插座；客厅安装由单控开关控制一盏吊灯的电路，一个插座；厨房、卫生间安装由两个开关分别控制两盏白炽灯电路，走道安装由触摸开关控制的一盏白炽灯。一室一厅照明线路电气原理图如图 3-22 所示。

请根据实际家庭照明的基本需求，认真识读室内综合照明电路原理图，检测安装所需的元器件，并在实训仿真墙上安装接线，经检查无误后通电试验。整个电路布线采用塑料线槽敷设线路（PVC30mm×40mm）。

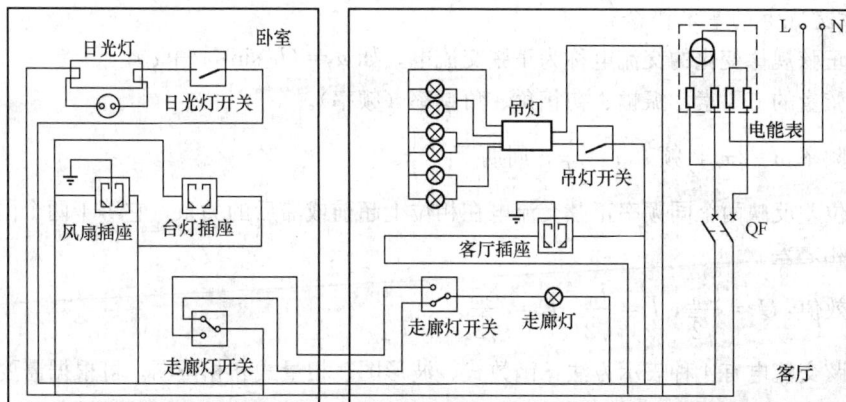

图 3-22 一室一厅照明电路的设计及安装

一、按照任务要求准备元器件并进行检测

二、画定位线，安装电气元件

（1）根据室内照明电气原理图确定各器件的位置，并在仿真墙上画线，做好记号。

（2）根据仿真墙的实际高度，用木螺钉适当的安装紧固各种元器件。

三、固定塑料线槽和布线

（1）根据电源、开关盒、灯座、插座的位置，量取各段线槽的长度并进行锯削，将钻好孔的线槽沿走线的路径用自攻钉或木螺钉固定。

（2）根据各段线槽的长度放线，将导线放入塑料线槽内，在线槽两端留适当的余量，布完线后可盖上线槽盖。

四、电气线路的接线

用导线正确连接各房间单元电路，包括白炽灯、日光灯的单控、双控，插座的线路安装。

五、通电前线路检测及通电试验

1. 调试线路各部分功能

（1）安装完毕，清理线头及工具，使用万用表进行电路的基本检查。

（2）检测线路一切正常后，方可在教师指导下进行通电试验，如测量有短路，切不可通电，需认真对照原理图检修正常后才可通电。

（3）送电由电源端开始往负载依次顺序送电，先合上漏电保护开关，然后合上控制白炽灯的开关，白炽灯正常发光；合上控制日光灯开关，日光灯正常发光；插座可以正常工作。电能表根据负载大小决定表盘转动快慢，负荷大时，表盘就转动快，用电就多。

注意：通电时必须有专人监护，确保安全操作。

（4）检查各开关是否能按线路原理图要求控制灯具，检查插座是否接通。

2. 对综合照明电路安装中出现的常见故障进行检修

（1）线路短路的维修；

（2）线路断路的维修；

（3）照明灯具的常见故障（白炽灯、日光灯）及插座的维修。

项目小结

1. 正弦交流电的基本概念

(1) 按正弦规律变化的交流电称为正弦交流电，如 $u = U_m \sin(\omega t + \varphi)$。

(2) 正弦量的三要素：振幅、初相角、角频率（频率）。

(3) 角频率 $\omega = 2\pi f$，频率 $f = \dfrac{1}{T}$，周期 $T = \dfrac{1}{f}$。

(4) 相位差反映两个同频率正弦交流电在相位上超前或滞后的关系，它等于两个同频率正弦交流电的初相之差。

(5) 有效值：$U = \dfrac{U_m}{\sqrt{2}}$，$I = \dfrac{I_m}{\sqrt{2}}$，$E = \dfrac{E_m}{\sqrt{2}}$。

(6) 正弦交流电有 4 种表示方法：函数式、波形图、相量式和相量图。可根据需要选择适当的形式。

2. 纯电阻电路、纯电感电路、纯电容电路的比较（见表 3-5）

表 3-5　　　　　　　　　纯电阻电路、纯电感电路、纯电容电路的比较

项目 \ 电路形式		纯电阻电路	纯电感电路	纯电容电路
对电流的阻碍作用		电阻 R	感抗 $X_L = \omega L$	容抗 $X_C = \dfrac{1}{\omega C}$
电流与电压间的关系	大小	$I = \dfrac{U}{R}$	$I = \dfrac{U}{X_L}$	$I = \dfrac{U}{X_C}$
	相位	电压、电流同相	电压超前电流 90°	电流超前电压 90°
有功功率		$P = U_R I = R I^2$	0	0
无功功率		0	$Q_L = U_L I = X_L I^2$	$Q_C = U_C I = X_C I^2$

3. RLC 串、并联电路中的电压、电流和功率关系的比较（见表 3-6）

在 RLC 串联电路中，当 $X_L > X_C$ 时，端电压超前电流，电路呈现电感性；当 $X_L < X_C$ 时，端电压滞后电流，电路呈现电容性；当 $X_L = X_C$ 时，端电压与电流同相，电路呈现电阻性，即串联谐振。

表 3-6　　　　　　　RLC 串、并联电路中的电压、电流和功率关系的比较

项目 \ 电路		RLC 串联电路	RLC 并联电路
阻抗		$\|Z\| = \sqrt{R^2 + (X_L - X_C)^2}$	$\|Z\| = \dfrac{1}{\sqrt{\left(\dfrac{1}{R}\right)^2 + \left(\dfrac{1}{X_L} - \dfrac{1}{X_C}\right)^2}}$
电流和电压间的关系	大小	$I = \dfrac{U}{\|Z\|}$	$I = \dfrac{U}{\|Z\|}$
	相位	$\tan\varphi = \dfrac{X_L - X_C}{R}$ $X_L > X_C$，电压超前电流 φ $X_L < X_C$，电压滞后电流 φ $X_L = X_C$，电压、电流同相	$\tan\varphi = \dfrac{\dfrac{1}{X_C} - \dfrac{1}{X_L}}{\dfrac{1}{R}}$ $X_L < X_C$，电流滞后电压 φ $X_L > X_C$，电流超前电压 φ $X_L = X_C$，电压、电流同相

项目 电路	RLC 串联电路	RLC 并联电路
有功功率	$P = UI_R = UI\cos\varphi$	$P = UI_R = UI\cos\varphi$
无功功率	$Q = (U_L - U_C)I = UI\sin\varphi$	$Q = U(I_L - I_C) = UI\sin\varphi$
视在功率	$S = UI = \sqrt{P^2 + Q^2}$	

在 RLC 并联电路中，当 $X_L > X_C$ 时，端电压滞后总电流，电路呈现电容性；当 $X_L < X_C$ 时，端电压超前总电流，电路呈现电感性；当 $X_L = X_C$ 时，端电压与总电流同相，电路呈现电阻性，即并联谐振。

4. 串联与并联谐振电路不同特点比较（见表3-7）

表 3-7　　　　　　　　　　　串联与并联谐振电路不同特点比较

项　　目	RLC 串联谐振线路	电感线圈与电容器并联谐振线路
谐振条件	$X_L = X_C$	$X_L \approx X_C$
谐振频率	$f_0 = \dfrac{1}{2\pi\sqrt{LC}}$	$f_0 \approx \dfrac{1}{2\pi\sqrt{LC}}$
谐振阻抗	$Z_0 = R$（最小）	$Z_0 = \dfrac{L}{RC}$（最大）
谐振电流	$I_0 = \dfrac{U}{R}$（最大）	$I_0 = \dfrac{U}{Z_0}$（最小）
品质因数	$Q = \dfrac{\omega_0 L}{R} = \dfrac{1}{\omega_0 RC}$	$Q = \dfrac{\omega_0 L}{R} = \dfrac{1}{\omega_0 RC}$
元件上电压或电流	$U_L = U_C = QU$ $U_R = U$	$I_{RL} \approx I_C \approx QI_0$
通频带	$\Delta f = \dfrac{f_0}{Q}$	$\Delta f = \dfrac{f_0}{Q}$
失谐时阻抗性质	$f > f_0$，感性；$f < f_0$，容性	$f > f_0$，容性；$f < f_0$，感性
对电源要求	适用于低内阻信号源	适用于高内阻信号源

5. 电路的功率及功率因数

(1) 纯电阻电路的功率：$P = \dfrac{1}{2}P_m = U_R I$。

(2) 纯电容电路的功率：$P = U_C I \sin 2\omega t$ 无功功率为 Q_C，即 $Q_C = U_C I$。

(3) 纯电感电路的功率：$P = U_L I \sin 2\omega t$ 无功功率为 Q_L，即 $Q_L = U_L I$。

(4) RLC 串联电路功率：有功功率 $P = UI\cos\varphi$，无功功率 $Q = UI\sin\varphi$，视在功率：$S = UI$，由功率三角形得：$S = \sqrt{P^2 + Q^2}$。

(5) 功率因数：电路中的有功功率与视在功率的比值称为电路的功率因数，即：$\lambda = \cos\varphi = \dfrac{P}{S}$。为提高发电设备的利用率，减少电能损耗，提高经济效益，必须提高电路的功率因数，方法是在电感负载两端并联一只电容量适当的电容器。

🎓 思考与练习

一、填空题

1. 一个 1000Ω 的纯电阻负载，接在 $u = 311\sin(314t + 30°)$ V 的电源上，负载中电流 $I =$

_____ A，$i=$_____ A。

2. 电感对交流电的阻碍作用称为_____。若线圈的电感为 0.6H，把线圈接在频率为 50Hz 的交流电路中，$X_L=$_____ Ω。

3. 有一个线圈，其电阻可忽略不计，把它接在 220V、50Hz 的交流电源上，测得通过线圈的电流为 2A，则线圈的感抗 $X_L=$_____ Ω，自感系数 $L=$_____ H。

4. 电容对交流电的阻碍作用称为_____。100pF 的电容器对频率是 10^6 Hz 的高频电流和对 50Hz 的工频电流的容抗分别是_____ Ω 和_____ Ω。

5. 在 RLC 串联电路中，已知电阻、电感和电容两端的电压都是 100V，那么电路的端电压是_____ V。

6. 在电感性负载两端并联一只电容量适当的电容器后，电路的功率因数_____，线路中的总电流_____，但电路的有功功率_____，无功功率和视在功率都_____。

二、选择题

1. 正弦电流通过电阻元件时，下列关系式正确的是（   ）。

A. $i=\dfrac{U_R}{R}\sin\omega t$　　B. $i=\dfrac{U_R}{R}$　　C. $I=\dfrac{U_R}{R}$　　D. $i=\dfrac{U_R}{R}\sin(\omega t+\varphi)$

2. 纯电感电路中，已知电流的初相角为 $-60°$，则电压的初相角为（   ）。

A. $30°$　　B. $60°$　　C. $90°$　　D. $120°$

3. 加在容抗为 100Ω 的纯电容两端的电压 $u_C=100\sin\left(\omega t-\dfrac{\pi}{3}\right)$V，则通过它的电流应是（   ）。

A. $i_C=\sin\left(\omega t+\dfrac{\pi}{3}\right)$A　　　　　B. $i_C=\sin\left(\omega t+\dfrac{\pi}{6}\right)$A

C. $i_C=\sqrt{2}\sin\left(\omega t+\dfrac{\pi}{3}\right)$A　　　　D. $i_C=\sqrt{2}\sin\left(\omega t+\dfrac{\pi}{6}\right)$A

4. 某电感线圈，接入直流电，测出 $R=12$Ω；接入工频交流电，测出阻抗为 20Ω，则线圈的感抗为（   ）Ω。

A. 20　　B. 16　　C. 8　　D. 32

5. 已知 RLC 串联电路端电压 $U=20$V，各元件两端电压 $U_R=12$V，$U_L=16$V，$U_C=$（   ）V。

A. 4　　B. 32　　C. 12　　D. 28

6. 在 RLC 串联电路中，端电压与电流的矢量图如图 3-23 所示，这个电路是（   ）。

A. 电阻性电路　　B. 电容性电路
C. 电感性电路　　D. 纯电感电路

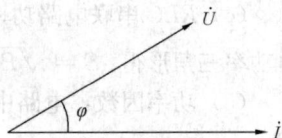

图 3-23　选择题 6 图

7. 交流电路中提高功率因数的目的是（   ）。

A. 增加电路的功率消耗　　　　B. 提高负载的效率
C. 增加负载的输出功率　　　　D. 提高电源的利用率

三、分析计算题

1. 电流 $i=10\sin\left(100\pi t-\dfrac{\pi}{3}\right)$，问它的三要素各为多少？在交流电路中，有两个负载，已知

它们的电压分别为 $u_1 = 60\sin\left(314t - \dfrac{\pi}{6}\right)\text{V}$，$u_2 = 80\sin\left(314t + \dfrac{\pi}{3}\right)\text{V}$，求总电压 u 的瞬时值表达式，并说明 u、u_1、u_2 三者的相位关系。

2. 已知工频正弦电压 u_{ab} 的最大值为 311V，初相位为 $-60°$，其有效值为多少？写出其瞬时值表达式；当 $t = 0.0025\text{s}$ 时，U_{ab} 的值为多少？

3. 有一个 220V、100W 的电烙铁，接在 220V、50Hz 的电源上。要求：

(1) 绘出电路图，并计算电流的有效值。

(2) 计算电烙铁消耗的电功率。

(3) 画出电压、电流相量图。

图 3-24 分析计算题 4 图

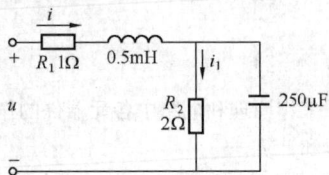

4. 在如图 3-24 所示的电路中，$u_S = 10\sin314t\text{V}$，$R_1 = 20\Omega$，$R_2 = 10\Omega$，$L = 637\text{mH}$，$C = 637\mu\text{F}$，求电流 i_1，i_2 和电压 u_C。

5. 在如图 3-25 所示的电路中，已知电源电压 $U = 12\text{V}$，$\omega = 2000\text{rad/s}$，求电流 I、I_1。

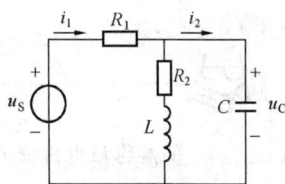

图 3-25 分析计算题 5 图   图 3-26 分析计算题 6 图

6. 在图 3-26 所示的电路中，已知 $R_1 = 40\Omega$，$X_L = 30\Omega$，$R_2 = 60\Omega$，$X_C = 60\Omega$，接至 220V 的电源上。试求各支路电流及总的有功功率、无功功率和功率因数。

7. 今有一个 40W 的日光灯，使用时灯管与镇流器（可近似把镇流器看做纯电感）串联在电压为 220V、频率为 50Hz 的电源上。已知灯管工作时属于纯电阻负载，灯管两端的电压等于 110V，试求镇流器上的感抗和电感。这时电路的功率因数等于多少？若将功率因数提高到 0.8，问应并联多大的电容器？

项目四　直流稳压电源的制作

　　直流稳压电源是所有电子设备的重要组成部分，它的基本任务是将电力网交流电压变换为电子设备所需要的稳定的直流电源电压。相对经济实用的方法通常是将电网提供的 220V、50Hz 的正弦交流电进行变换而获得所需的稳定直流电。

项目要求

知识要求

了解半导体的基本知识；
熟悉二极管的结构及特性；
理解直流稳压电源的电路组成、工作原理和电路中各元器件的作用；
能对直流稳压电源电路进行分析和计算。

技能要求

能用万用表来检测二极管；
能对直流稳压电源电路中的故障现象进行分析判断并加以解决；
能设计和制作直流稳压电源，并能通过调试达到预期目标。

项目导入

　　在电子设备工作过程中，通常都需要电压稳定的直流电源供电。本项目主要介绍带 LED 显示的多输出的直流稳压电源电路，如图 4-1 所示，主要由电源变压器、整流电路、滤波电路、稳压电路等 4 部分组成，其组成框图如图 4-2 所示。通过本项目的设计和制作，使电路能输出 6V、5V、4V 和 3V 的直流电压。

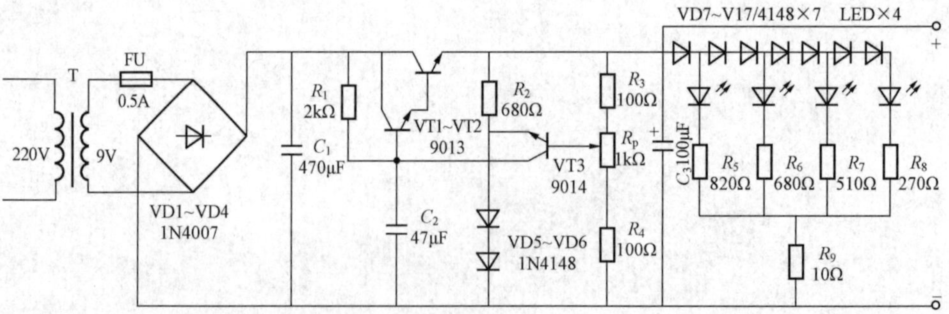

图 4-1　带 LED 显示的多输出直流稳压电源电路图

图 4-2 直流稳压电源组成框图

工作任务及技能实训

任务1 半导体二极管

一、半导体基本知识

根据导电能力（电阻率）的不同，将自然界的各种物质划分为导体、绝缘体和半导体。目前常用来制造电子器件的半导体材料有硅 Si 和锗 Ge，以及砷化镓 GaAs 等。它们的导电能力介于导体和绝缘体之间，并具有掺杂性、光敏性和热敏性等特性。

热敏性：半导体的导电能力随着温度的升高而迅速增加的特性，如纯净锗从 20℃升高到 30℃时，电阻率就下降为原来的 1/2；温度越高，导电性能越好。利用这一特性，可以制成热敏电阻和热敏元件。

光敏性：半导体的导电能力随光照的变化有显著改变的特性，如硫化镉薄膜在暗处，电阻为几十兆欧；光照下，电阻下降为几十千欧，即光照越强，导电性能越强。利用这一特性，可以制成光敏传感器、光电开关及火警报警器。

掺杂性：半导体导电能力因掺入适量的杂质而发生很大的变化的特性，如在半导体硅中，只要掺入亿分之一的硼杂质，电阻率就下降到原来的几万分之一，使其导电性显著的增加，即掺杂的浓度越高，导电性也越强。利用这一特性，可以制造出不同性能、不同用途的半导体器件。

1. 本征半导体

我们把完全纯净、晶体结构完整的半导体称为本征半导体。硅和锗是常见的本征半导体材料，都是四价元素，其原子结构中最外层轨道上有 4 个价电子。硅和锗的简化原子结构如图 4-3 所示。半导体与金属和许多绝缘体一样，均具有晶体结构，它们的原子形成规则排列，邻近原子之间由共价键联结，其晶体结构示意图如图 4-4 所示。在本征半导体中存在着两种极性的载流子：带负电荷的自由电子和带正电荷的空穴。本征半导体受外界能量（热能、电能和光能）激发，同时产生电子—空穴对的过程，称为本征激发。

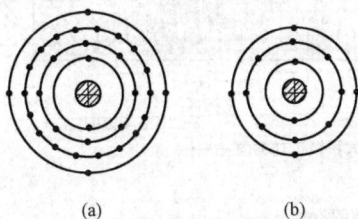

图 4-3 锗和硅的简化原子结构
(a) 锗 Ge；(b) 硅 Si

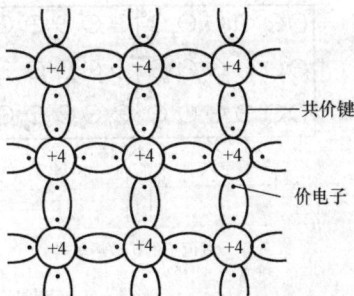

图 4-4 本征半导体的晶体结构图

2. 杂质半导体

如果在本征半导体中掺入微量杂质（其他元素），形成杂质半导体，其导电能力会显著变化。

根据掺入杂质的不同，可以分为 P 型半导体和 N 型半导体。

（1）N 型半导体。在本征半导体硅（或锗）中掺入微量的五价元素，如磷、砷、锑等，就形成 N 型半导体。杂质原子替代了晶格中的某些硅原子，它的四个价电子和周围四个硅原子组成共价键，而多出一个价电子只能位于共价键之外，如图 4-5 所示。N 型半导体中电子的浓度比空穴浓度高得多。当在它两端加电压时，主要由电子定向流动形成电流。

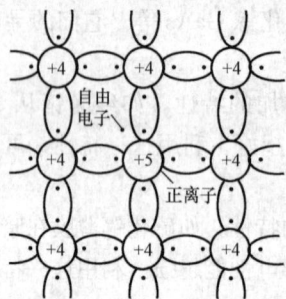

（2）P 型半导体。在本征半导体硅（或锗）中掺入微量的三价元素，如硼、铝、铟等，就形成 P 型半导体。杂质原子替代了晶格中的某些硅原子，它的三个价电子和周围四个硅原子组成共价键，而第四个共价键因缺少一个价电子出现一个空位，由于空位的存在，使邻近共价键内的电子只需很小的激发能便能填补这个空位，使杂质原子因多一个价电子而成为负离子，同时在邻近产生一个空穴，如图 4-6 所示。P 型半导体中的空穴浓度比电子的浓度高得多。当在它两端加电压时，主要由空穴定向流动形成电流。

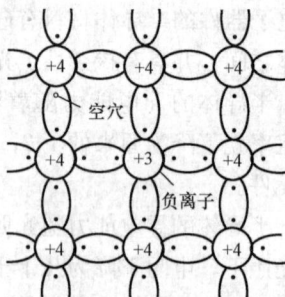

图 4-5 N 型半导体晶体结构图   图 4-6 P 型半导体晶体结构图

3.PN 结及单向导电性

（1）PN 结的形成。利用特殊的掺杂工艺，在一片硅（或锗）晶片两边分别生成 N 型半导体和 P 型半导体，两者的交界处就会出现一个特殊的物理层，称为 PN 结。

在 PN 结内部，由于 P 区一侧空穴多，N 区一侧电子多，所以在它们的交界面处存在着空穴和电子的浓度差而产生扩散运动。于是，P 区的空穴向 N 区扩散，并在 N 区被电子复合；而 N 区的电子向 P 区扩散，并在 P 区被空穴复合。因此，在交界面上，靠 N 区一侧就留下了不可移动的正电荷离子，而靠 P 区一侧就留下了不可移动的负电荷离子，从而形成空间电荷区，产生了一个从 N 区指向 P 区的内部电场。上述过程如图 4-7 所示。

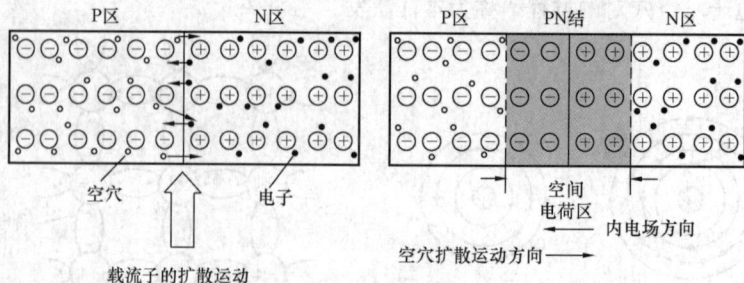

图 4-7 PN 结的形成

（2）PN 结的单向导电特性。在 PN 结的 P 区加高电位，同时 N 区加低电位，称 PN 结加正向电压或正向偏置（简称正偏），如图 4-8（a）所示。这时外加电压产生外电场与 PN 结的内电场方向相反，内电场被削弱，形成较大的扩散电流，即正向电流。PN 结的正向电阻很低，处于正向导通状态。

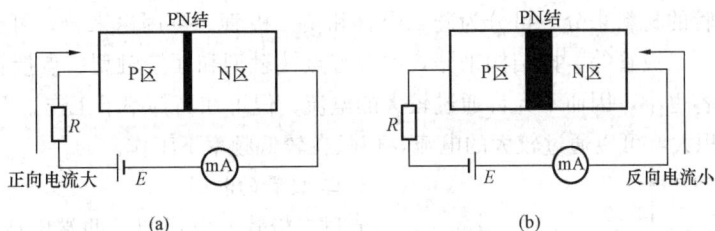

图 4-8　PN 结单向导电特性

(a) PN 结加正向偏置；(b) PN 结加反向偏置

在 PN 结的 P 区加低电位，同时 N 区加高电位，称 PN 结加反向电压或反向偏置（简称反偏），如图 4-8（b）所示。这时外加电压产生外电场与 PN 结的内电场方向相同，内电场被增强，使得 PN 结的反向电阻很大，形成很小的扩散电流，即反向电流，处于反向截止状态。

综上所述，PN 结加正向电压时，电阻很小，电流很大，并随外加电压变化有显著变化，PN 结处于正向导通状态；而加反向电压时，电阻很大，电流极小，且不随外加电压变化，PN 结处于截止状态。这就是 PN 结的单向导电性。

二、半导体二极管

半导体二极管简称二极管，是一种非线性半导体器件。由于它具有单向导电特性，故广泛用于整流、稳压、检波、限幅等场合。

1. 二极管的结构

半导体二极管是由一个 PN 结加上管壳封装而成的，从 P 端引出的一个电极称为阳极，从 N 端引出的另一个电极称为阴极。二极管的内部结构、外形及符号如图 4-9 所示。

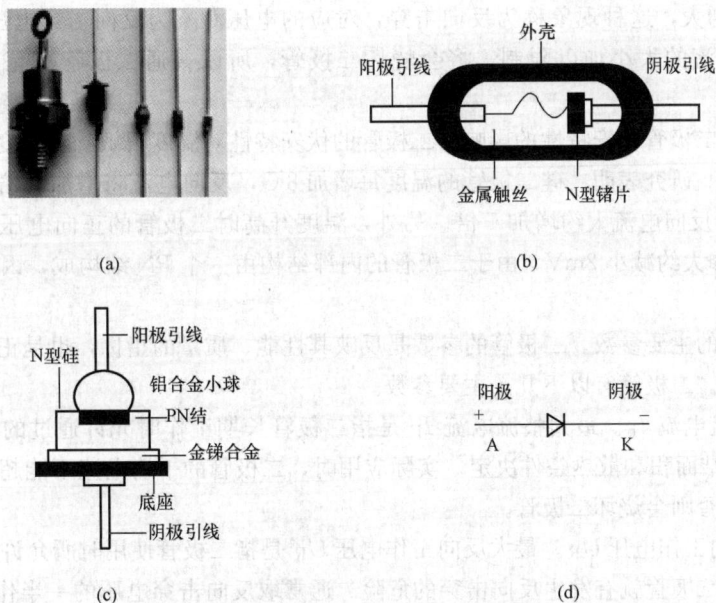

图 4-9　二极管的内部结构、外形及符号

(a) 二极管实物图；(b) 二极管的电接触型结构；
(c) 二极管的面接触型结构；(d) 二极管的图形符号

2. 二极管的类型

按制造二极管的材料来分，可分为硅二极管和锗二极管。按用途来分，可分为整流二极管、开关二极管、稳压二极管等。按结构来分，主要有点接触型和面接触型。点接触型二极管的 PN 结面积小，结电容也小，因而不允许通过较大的电流，但可在高频率下工作。而面接触型的二极管由于 PN 结面积大，可以通过较大的电流，但只在较低频率下工作。

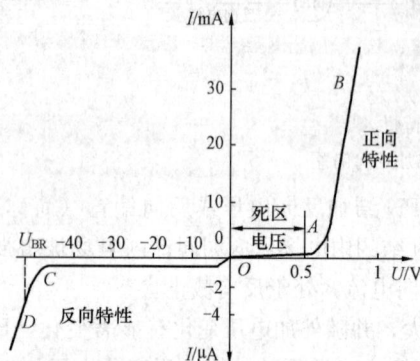

图 4-10　二极管的伏安特性曲线

3. 二极管的特性

流过二极管的电流与其两端电压之间的关系曲线称为二极管的伏安特性曲线，如图 4-10 所示。伏安特性表明二极管具有单向导电特性。

（1）正向特性。当加在二极管两端的正向电压较小时，正向电流几乎为零，二极管不导通，把对应的这部分区域称为"死区"（图 4-10 中 OA 段）。死区电压的大小与材料的类型有关，一般硅二极管为 0.5V 左右，锗二极管为 0.1V 左右。当正向电压大于死区电压时，正向电流增大，二极管导通。这时，正向电压稍有增大，电流会迅速增加，电压与电流的关系呈现指数关系。图中 4-10 中 AB 段曲线显示，管子正向导通后其管子的电压降很小（硅管为 0.6～0.7V，锗管为 0.2～0.3V），相当于开关闭合。

（2）反向特性。当二极管加反向电压时，形成很小的反向电流。即使增加反向电压，反向电流仍基本保持不变，故称此电流为反向饱和电流。所以，如果给二极管加反向电压，二极管将接近截止状态，这时相当于开关断开。

（3）反向击穿特性。如果继续增加反向电压，当反向电压超过一定数值（图 4-10 中 C 点时），反向电流增大，这种现象称为反向击穿，对应的电压 U_{BR} 为反向击穿电压。反向击穿后，如果不对反向电流的大小加以限制，将会烧坏二极管，所以普通二极管不允许工作在反向击穿区。

（4）温度对二极管伏安特性的影响。二极管的伏安特性对温度很敏感，温度升高时反向电流呈指数规律增大。研究表明：硅二极管的温度每增加 8℃，反向电流将增加 1 倍；锗二极管的温度每增加 12℃，反向电流大约增加 1 倍。另外，温度升高时二极管的正向电压降减小，每增加 1℃，正向电压降大约减小 2mV。由于二极管的内部结构由一个 PN 结构成，因此二极管具有单向导电特性。

（5）二极管的主要参数。二极管的参数是反映其性能、质量的指标，也是正确选择和合理使用二极管的依据。二极管有以下几个主要参数。

1）最大整流电流 I_F。最大整流电流 I_F 是指二极管长期工作时允许通过的最大正向平均电流，由 PN 结的结面积和散热条件决定。实际应用时，二极管的平均电流不能超过此值，并需要满足散热条件，否则会烧坏二极管。

2）最大反向工作电压 U_R。最大反向工作电压 U_R 是指二极管使用时所允许加的最大反向电压，超过此值，二极管就有发生反向击穿的危险。通常取反向击穿电压的一半作为 U_R 值，以确保二极管安全工作。

3）反向电流 I_R。反向电流 I_R 是指二极管在常温下承受反向工作电压时的反向漏电流。其值一般很小，I_R 越小，二极管的单向导电性越好。温度升高，反向电流会急剧增大。

4）最高工作频率 f_M。最高工作频率 f_M 是指保持二极管单向导通性能时，外加电压允许的最高频率。其大小主要由 PN 结的结电容决定，超过此值，二极管的单向导电性将不能很好地体现。

（6）二极管的识别与检测。利用二极管的正偏和反偏时的电阻不同，可以判别二极管的正、负极。当用万用表测量二极管时，如电阻为几百欧左右，则可判定与万用表的黑表笔连接的一端为二极管的正极；反之，如电阻为几百千欧以上（或接近无穷大），则可判定与万用表的黑表笔连接的一端为二极管的负极，如图 4-11 所示。

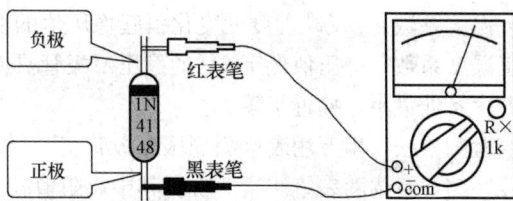

图 4-11 二极管极性的检测

测试二极管的好坏：测试前先把万用表的转换开关拨到欧姆挡的"$R\times1k\Omega$"挡位或"$R\times100\Omega$"挡位（注意不要使用 $R\times1\Omega$ 挡，以免电流过大烧坏二极管）；然后，再将红、黑两根表笔短路，进行欧姆调零。

1）正向特性测试。把万用表的黑表笔（表内电池正极）搭接二极管的正极，红表笔（表内电池负极）搭接二极管的负极。若表针不摆到 0 值而是停在标度盘的中间，这时的阻值就是二极管的正向电阻，一般正向电阻越小越好。若正向电阻为 0 值，说明管芯短路损坏；若正向电阻接近无穷大值，说明管芯断路。短路和断路的管子都不能使用。

2）反向特性测试。把万用表的红表笔搭接二极管的正极，黑表笔搭接二极管的负极，若表针指在无穷大值或接近无穷大值处，管子就是合格的。若某二极管正反向电阻均为无穷大，则说明该二极管内部开路损坏；若正反向电阻均为 0 值，说明该二极管已被击穿短路；如果正反向电阻相差不大，说明该二极管质量性能已变差，不宜使用。由于锗二极管和硅二极管的正向管电压降不同，因此可以用测量二极管正向电阻的方法来区分。若正向电阻为 $1\sim5k\Omega$，则为硅二极管。如果正向电阻小于 $1k\Omega$，则为锗二极管。在电路中，二极管一般容易发生短路现象。

必须指出：由于二极管的伏安特性是非线性的，用万用表的不同电阻挡测量二极管的电阻时，会得出不同的电阻值；实际使用时，流过二极管的电流会较大，因而二极管呈现的电阻值会更小些。

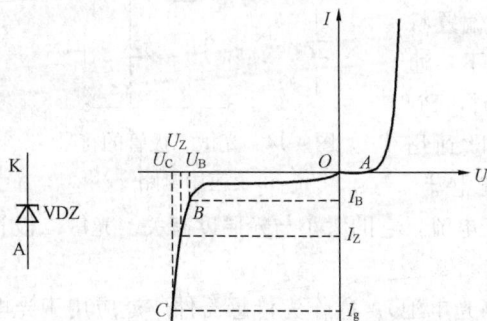

图 4-12 稳压二极管的伏安特性及符号

（7）特殊二极管。特殊二极管包括硅稳压二极管、发光二极管、光敏二极管等。

1）稳压二极管。稳压二极管是一种能稳定电压的二极管，如图 4-12 所示为它的伏安特性及符号图。其正向特性曲线与普通二极管相似，反向特性段比普通二极管更陡些，稳压二极管能正常工作在反向击穿区 BC 段内。在此区段，当反向电流变化时，管子两端的电压变化很小，因此具有稳压作用。

稳压二极管的主要参数如下。

稳定电压 U_Z：指稳压二极管在正常工作状态下其两端的电压值。

稳定电流 I_Z：指稳压二极管在稳定电压下的工作电流。其值在稳压区的最大电流 I_{Zmax} 与最

小电流 I_{Zmax} 之间。

耗散功率 P_{ZM}：是稳压二极管的稳定电压与最大稳定电流的乘积。在使用中若超过这个数值，稳压二极管将被烧毁。

温度系数 κ：反映温度的变化引起稳压值的变化情况。通常稳压值高于 6V 的稳压二极管具有正温度系数；稳压值低于 6V 的稳压二极管具有负温度系数；稳压值在 6V 左右的稳压二极管的温度系数最小，接近于零。

检测方法：用万用表检测稳压二极管正、负电极的方法与普通二极管相同。即用万用表 "$R \times 1k$" 挡，对调两表笔测量两次。其中，阻值较小的那一次，黑表笔接的是稳压二极管的正极，红表笔接的是稳压二极管的负极。

使用注意：稳压二极管两端必须加上大于其击穿电压的反向电压，以保证稳压二极管工作在反向击穿区。

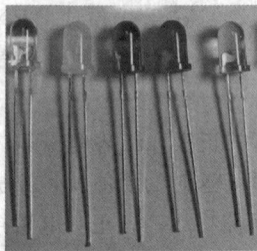

图 4-13　发光二极管
(a) 实物图；(b) 图形符号

串联适当阻值的电阻，限制击穿后的反向电流，使反向电流和耗散功率均不超过其允许值。

2）发光二极管。发光二极管（LED）是一种能把电能转换成光能的半导体器件。它由磷砷化稼（GaAsP）、磷化稼（GaP）等半导体材料制成。当 PN 结加正向电压时，多数载流子在进行扩散运动的过程相遇而复合，其过剩的能量以光子的形式释放出来，从而产生具有一定波长的光。发光二极管的实物图和符号如图 4-13 所示。

发光二极管工作在正向区域，其正向导通（开启）工作电压高于普通二极管。外加正向电压越大，LED 发光越亮，但使用中应注意，外加正向电压不能使发光二极管超过其最大工作电流，以免烧坏管子。对发光二极管的检测主要采用万用表的 $R \times 10k$ 挡，其测量方法及对其性能的好坏判断与普通二极管相同。但发光二极管的正向、反向电阻均比普通二极管大得多。在测量发光二极管的正向电阻时，可以看到该二极管有微微的发光现象。

3）光敏二极管。光敏二极管的 PN 结与普通二极管不同，其 P 区比 N 区薄得多。它是一种将光能转换为电能的特殊二极管。另外，为了获得光照，在其管壳上设有一个玻璃窗口。光敏二极管在反向偏置状态下工作。无光照时，光敏二极管在反向电压作用下，通过管子的电流很小（一般小于 $0.1\mu A$）；受到光照时，PN 结将产生大量的载流子，反向电阻明显下降（几千欧到几十千欧），反向电流明显增大，即反向电流（称为光电流）

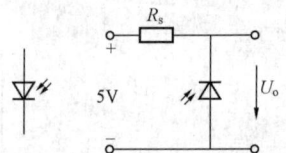

图 4-14　光敏二极管的符号
及应用电路

与光照成正比。这种由于光照射而产生的电流称为光电流，它的大小与光照度有关。光敏二极管的符号及其应用电路如图 4-14 所示。

光敏二极管可用于光的测量，可当做一种能源（光电池）。它作为传感器件广泛应用于光电控制系统中。光敏二极管的检测方法与普通二极管基本相同。不同之处是：有光照和无光照两种情况下，反向电阻相差很大。若测量结果相差不大。说明该光敏二极管已损坏或该二极管不是光敏二极管。

【技能实训1】 二极管的识别与检测

普通二极管是由一个 PN 结构成的半导体器件，具有单向导电性。通过用万用表检测其正、反向电阻值，可以判别出二极管的电极，还可推测出二极管是否损坏。

一、实训目的

(1) 能借助资料读懂二极管的型号及极性；

(2) 用万用表简易测出二极管的极性及质量好坏；

(3) 增强专业意识，培养良好的职业道德和职业习惯。

二、实训设备与器件

(1) 万用表（MF47 型或 DT9204 型一块）。

(2) 二极管（2AP9、2CZI2、IN4001 各一只）。

三、实训内容

1. 查阅资料，认识二极管的型号（填表 4-1）

表 4-1 二极管各部分的含义

型 号	第一部分	第二部分	第三部分	第四部分
2AP9				
2CZ12				
IN4001				

2. 判别二极管的极性

(1) 外观判别二极管的极性。二极管的正负极性一般都标注在其外壳上。有时会将二极管的图形直接画在其外壳上。若二极管的引线是轴向引出的，则会在其外壳上标出色环（色点），有色环（色点）的一端为二极管的负极端；若二极管是透明玻璃壳，则可直接看出极性，即二极管内部连触丝的一端为正极。对于标志不清的二极管，也可以用万用表来判别其极性及质量好坏。

(2) 用万用表判定二极管的极性及质量好坏。

1) 用模拟万用表来判别二极管的极性与好坏。检测二极管一般用 $R \times 100$ 挡或 $R \times 1k$ 挡进行（因为 $R \times 1$ 挡的电流太大，容易烧毁管子，而 $R \times 10k$ 挡电压太高，可能击穿管子）。由于二极管具有单向导电性，它的正向电阻小，反向电阻大。当万用表的红表笔接二极管的正极，黑表笔接二极管的负极时，测得的是反向电阻，此值一般要大于几百千欧。反之，红表笔接二极管的负极，黑表笔接二极管的正极，测得的是正向电阻。对于锗二极管，正向电阻一般为 $100 \sim 1000\Omega$，对于硅二极管，正向电阻一般为几百欧至几千欧。

测量方法：将两表笔分别接在二极管的两个电极上，读出测量的阻值；然后将表笔对换，再测量一次，记下第二次阻值。若两次阻值相差很大，说明该二极管性能良好；并根据测量电阻小的那次的表笔接法（称为正向连接），判断出与黑表笔连接的是二极管的正极，与红表笔连接的是二极管的负极，因为万用表的内电源的正极与万用表的"—"插孔连通，内电源的负极与万用表的"+"插孔连通。

如果两次测量的阻值都很小，说明二极管已经击穿；如果两次测量的阻值都很大，说明二极管内部已经断路。在这种情况下，二极管就不能使用了。将测量结果记录于表4-2中。

2）用数字万用表来判别二极管极性与好坏。在电阻测量挡内，设置了"二极管、蜂鸣器"挡位。该挡具有两个功能，第一个功能是测量二极管的极性和正向压降。方法是将红、黑表笔分别接二极管的两个引脚，若出现溢出，则为反向特性。交换表笔后再测，则应出现一个三位数字，此数字是以小数表示的二极管正向压降，由此可判断二极管的极性和好坏。显示正向压降时，红表笔所接引脚为二极管的正极，并可根据正向压降的大小进一步区分是硅材料还是锗材料。第二个功能是检查电路的通断，在确信电路不带电的情况下，用红、黑两个表笔分别接待测两点，蜂鸣器有声响时表明电路是通的，无声响时表示电路不通。

表 4-2　　　　　　　　　　二极管的正负极性及质量判别

类型	项目	$R \times 1k\Omega$		$R \times 100\Omega$		质量判别	
		正向	反向	正向	反向	好	坏
二极管的测量	2AP9						
	2CZ12						
	IN4001						

四、实训注意事项

（1）检侧二极管的极性及质量好坏时，万用表的欧姆挡倍率不宜选得过低，也不能选择 $R \times 10k\Omega$。

（2）测量时，手不要碰到引脚，以免人体电阻的介入影响到测量的准确性。

（3）由于二极管的伏安特性是非线性的，用万用表的不同电阻挡测量二极管的电阻时，会得到不同的电阻值。

五、实训思考

为什么在检测二极管的质量时，万用表欧姆挡的倍率不宜选 $R \times 1\Omega$ 和 $R \times 10k\Omega$?

六、写实训报告书

任务2　二极管整流电路

由于电网电压都是交流电，而许多电子设备需要稳定的直流电源供电。利用二极管的单向导电性，将交流电变换成为直流电，这一过程称为单向整流。单相整流电路分为单相半波整流电路和单相桥式整流电路。

一、单相半波整流电路

由于在一个周期内，二极管导电半个周期，负载 R_L 只获得半个周期的电压，所以称为半波整流。

1. 电路组成

单相半波整流电路如图 4-15 所示。为讨论方便，一般认为负载 R_L 是纯电阻，整流二极管是理想二极管，即其正向电阻为零，作短路处理；反向电阻为无穷大，作开路处理。管电压降可忽略不计，同时不考虑变压器的损耗。

2. 工作原理

如图 4-16 所示电网电压 220V/50Hz 通过变压器变换成所需要的交流电压 u_2。

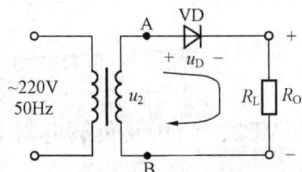

图 4-15 单相半波整流电路　　图 4-16 单相半波整流电路的输入/输出波形

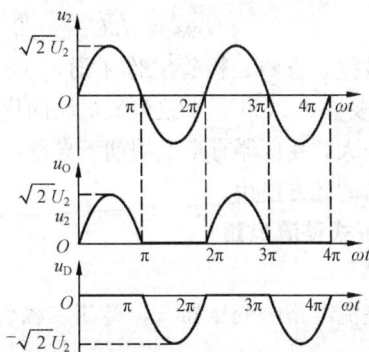

设 $u_2 = \sqrt{2}U_1\sin\omega t$：

（1）当 u_2 在正半周时，变压器二次电压的瞬时极性是上正下负。因此二极管 VD 正向导通，回路中有电流并自上而下通过负载电阻 R_L，则 $u_D = 0$，$u_O = u_2$。

（2）当 u_2 在负半周时，变压器二次电压的瞬时极性是上负下正。因此二极管反向截止，回路中没有电流通过，则 $u_D = u_2$，$u_O = 0$。输入、输出的电压电流波形如图 4-16 所示，电路利用了二极管的单向导电原理，在输入交流电压的一个周期内，只有在交流电压半个周期内才有电流流过负载，使负载电阻上得到了一个单方向的脉动直流电压，即流过负载电阻的电流和负载电阻两端的电压只是半个周期的正弦波，故称做半波整流电路。

3. 主要指标参数计算

（1）根据整流电路的输出直流电压（即输出电压平均值）的定义，在半波整流电路中负载上的直流电压和直流电流分别为

$$U_O = U_L \approx 0.45U_2 \quad (U_2 \text{ 为变压器二次绕组电压有效值}) \tag{4-1}$$

$$I_O = I_L = 0.45U_2/R_L \tag{4-2}$$

（2）在半波整流电路中，流过二极管的电流任何时候都等于流过负载的电流。半波整流时，二极管实际承受的反向电压的最大值出现在二极管截止时，等于变压器二次电压的最大值，即

$$U_{VRM} = \sqrt{2}U_2 \tag{4-3}$$

（3）I_V 和 U_{VRM} 两个参数是选择整流二极管的主要依据，若考虑到电网电压波动等因素，要选择的二极管的整流电流和反向耐压值，应分别比上述两式所得数据稍大一些，以留有一定余量。

（4）选择整流二极管的要求：最大正向电流 I_F 应大于负载电流 I_L，最高反向工作电压 U_{RM} 应大于 $\sqrt{2}U_2$。

4. 电路特点

（1）电路简单，元件数量少，成本低。

（2）输出电压低，脉动大，整流效率低。

【例 4-1】 已知某单相半波整流电路的负载 $R_L = 25\Omega$，若要求输出电压 $U_O = 110V$，应选何

种型号的整流二极管?

解 由式 $U_O \approx 0.45U_2$ 可得

$$U_2 = U_O/0.45 = 110V/0.45 \approx 244.4V$$
$$I_F \geqslant I_L = 0.45U_2/R_L = 110V = 25\Omega = 4.4A$$
$$U_{RM} = \sqrt{2}U_2 = \sqrt{2} \times 244.4V \approx 345.6V$$

根据以上数据，查阅二极管工作手册，可选择最大整流电流为 5A、最高反向工作电压为 400V 的整流二极管 2CZ57F。半波整流电路的优点是结构简单，使用的元器件少，但输出直流电压低、脉冲成分大，变压器有半个周期不导电，利用率低。因此，半波整流电路只能在输出电流较小、要求不高的地方使用。

二、单相桥式整流电路

1. 电路组成

单相桥式整流电路由变压器 T，整流二极管 VD1、VD2、VD3、VD4 及负载电阻 R_L 组成，如图 4-17 所示。

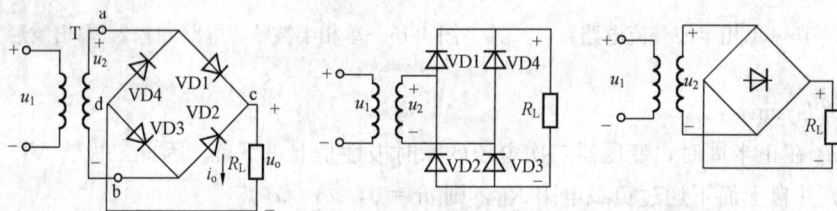

图 4-17 单相桥式整流电路的三种接法

2. 工作原理

分析电路可得出：整流过程中，四个二极管两两轮流导通，因此正负半周内都有电流流过负载 R_L，从而使输出电压的直流成分提高，脉冲系数降低。在 u_2 的正半周内，VD1、VD3 导通，VD2、VD4 截止，此时形成的电流方向如图 4-18（a）所示；在 u_2 的负半周时，VD2、VD4 导通，VD1、VD3 截止，此时形成的电流方向如图 4-18（b）所示。不难看出，图中的负载上的电流方向总是不变的。

负载的直流电流是由二极管 VD1、VD3 和 VD2、VD4 轮流导通提供的，因此在交流电的整个周期内都有相同方向的电流流过负载，其两端得到极性一定、大小变动的"全波"脉动直流电压。桥式整流是一种全波整流，如图 4-18（c）所示。

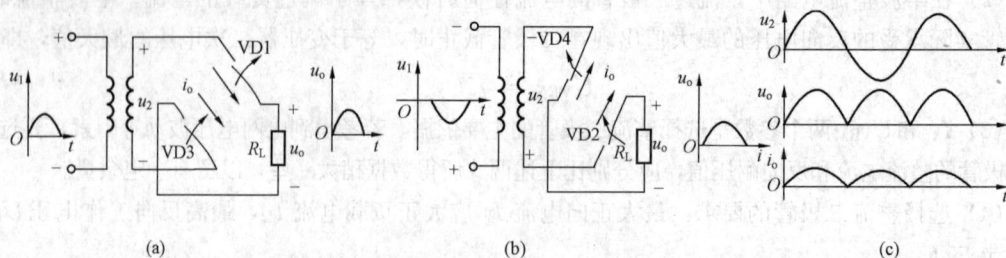

图 4-18 单相桥式整流电路原理图及波形
（a）u_2 正半周；（b）u_2 负半周；（c）输入输出波形图

3. 主要指标参数计算

（1）桥式整流电路负载上输出电压的平均值比半波整流电路增加一倍，即

$$U_L = 0.9U_2 \tag{4-4}$$

（2）流过负载的电流有效值

$$I_L = 0.9U_2/R_L \tag{4-5}$$

（3）由于负载电流是由二极管 VD1、VD3 和 VD2、VD4 轮流导通提供的，所以流过每个二极管的电流 I_V 是负载电流 I_L 的一半，即

$$I_V = 1/2I_L = 0.45U_2/R_L \tag{4-6}$$

（4）每只二极管承受的最高反向工作电压

$$U_{RM} = \sqrt{2}U_2 \tag{4-7}$$

在实际电路中，选择二极管时要求

$$U_{RM} \geqslant \sqrt{2}U_2, I_F \geqslant 1/2I_L \tag{4-8}$$

4. 电路特点

桥式整流电路提高了交流电源和变压器的利用率，输出电压高、波动小。目前市场上已有各种规格的桥式整流电路成品——桥式整流堆，如图 4-19 所示。

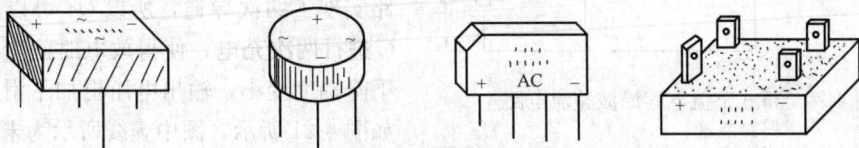

图 4-19 桥式整流堆外形

全桥整流组件引脚排列规律如下。

（1）长方形全桥组件。输入、输出端直接标注在组件表面上，"～"表示两个交流输入端，"＋"、"－"表示一个直流正极输出端和一个直流负极输出端。

（2）圆柱形全桥组件。一般组件的表面只标有"＋"端，在"＋"端的对面是"－"端，余下的两脚便是交流输入端。

（3）扁形全桥组件。组件上直接标有"＋"、"－"端，且与交流接线相符，通常以靠近缺角端的引脚为正极（部分国产为负极），中间为交流输入端。

（4）大功率方形全桥组件。由于这类组件工作电流大，使用时要另外加散热器。散热器可由中间圆孔固定。此类产品一般不标注型号和极性，可在组件的侧面边上寻找"＋"标记。正极对角线上的引脚是负极，余下两脚是交流输入端。

【例 4-2】 若采用单相桥式整流电路来获得与例 4-1 中相同数值的输出电压和电流，问电源变压器二次电压应为多大？应选何种型号的整流二极管？

解 变压器二次电压为

$$U_2 = U_L/0.9 = 110V/0.9 \approx 122.2V$$

二极管整流电流和最高反向耐压值为

$$I_V = 1/2I_L = 4.4/2A = 2.2A$$

$$U_{RM} = \sqrt{2}U_2 \approx 172.8V$$

根据以上数据，查阅二极管工作手册，可选择最大整流电流为 3A、最高反向工作电压为 200V 的整流二极管 2CZ56D。

当电源变压器二次电压 u_2 相同时，由于桥式整流电路中每个整流管所承受的反向峰值电压比半波整流电路低，因此桥式整流电路应用比较广泛。

任务3 滤 波 电 路

经过整流后得到的脉动电压是由直流分量和许多不同频率的交流分量叠加而成的，滤波电路能够滤除脉动直流电中的交流成分，从而得到较平滑的电压。常见的滤波电路有电容滤波电路和电感滤波电路等。

一、电容滤波电路

1. 电路组成

在桥式整流电路的输出端与负载之间并联一个电解电容 C，如图 4-20 所示。

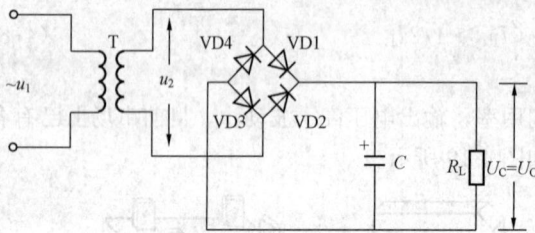

图 4-20 桥式整流电容滤波整流电路

2. 工作原理

在桥式整流滤波电路中，电容 C 与负载 R_L 并联，利用电容两端的电压不能突变的特性来实现滤波。在 U_2 的一个周期内，电路实现了两次导通，所以 U_2 可以对电容器 C 进行两次充电，使得放电时间变短，电压下降幅度变小，输出电压更加平滑，其波形如图 4-21 所示，图中虚线所示为未加电容滤波时 U_O 的波形。

(1) 电路的工作原理：当变压器二次电压 U_2 为正半周时，若 $u_2 > u_C$，整流二极管 VD1、VD3 正向导通，VD2、VD4 反向截止，u_2 通过 VD1、VD3 向电容 C 进行充电，由于充电回路电阻很小，因而充电很快，u_C 基本和 u_2 同步变化。当 $t = \pi/2$ 时，u_2 达到峰值，电容器 C 两端的电压也近似达到最大值。

(2) 当 u_2 由峰值开始下降时，$u < u_C$，整流二极管 VD1、VD3、VD2、VD4 均反向截止，此时电容器 C 向负载电阻器 R_L 放电，由于放电回路电阻较大，放电时间常数相对较大，导致放电速度较慢，输出电压缓慢下降。当 u_2 进入负半周后，整流二极管 VD1、VD3、VD2、VD4 仍处于反向截止状态，电容器 C 继续放电，输出电压仍然缓慢下降。

(3) 在 u_2 进入负半周后，仅当 $|u_2| > u_C$ 时，VD2、VD4 正向导通，u_2 通过 VD2、VD4 向电容器 C 进行充电，u_C 基本和 u_2 同步变化。当 $t = 3\pi/2$ 时，u_2 达到峰值，电容器 C 两端的电压也近似达到最大值。

(4) 当 u_2 由峰值开始下降时，$|u_2| < u_C$，整流二极管 VD1、VD3、VD2、VD4 均反向截止，此时电容器 C 向负载电阻器 R_L 放电。当 u_2 的第二个周期的正半周到来时，电容器 C 仍在放电，直到 $u_2 > u_C$，VD1、VD3 正偏再次导通，电容器 C 再次迅速充电，如此不断重复，输出电压的脉动程度大大减小，同时其平均值增大。整个过程负载上的电压波形如图 4-21 所示。

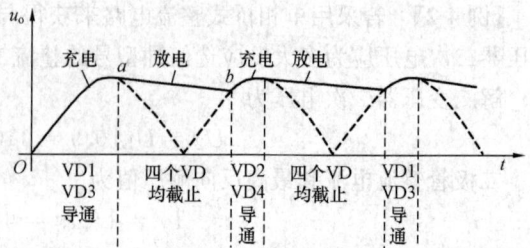

图 4-21 负载上的电压波形

3. 主要指标参数计算

(1) 经过滤波后输出到负载两端的电压平均值 U_O 得到提高

$$U_O = 1.2U_2 \tag{4-9}$$

（2）在实际应用中，二极管的参数要求如下。

二极管的额定电流为

$$I_F \geqslant (2-3)U_L/2R_L \tag{4-10}$$

二极管的最高反向电压为

$$U_{RM} \geqslant \sqrt{2}U_2 \tag{4-11}$$

（3）电容器的选择：负载上直流电压平均值及其平滑程度与放电时间常数 $\tau = R_L C$ 有关。τ 越大，放电越慢，输出电压平均值越大，波形越平滑，实际应用中一般取

$$\tau = R_L C \geqslant (3-5)T/2 \quad (T=0.02\mathrm{s}) \tag{4-12}$$

电容器的耐压值为

$$U_C \geqslant \sqrt{2}U_2 \tag{4-13}$$

（4）整流变压器的选择

$$U_2 = U_O/1.2 \tag{4-14}$$

$$I_2 = (1.1-3)I_L \tag{4-15}$$

在实际应用中，考虑到二极管正向压降及电网电压的波动，变压器的二次电压值应大于计算值的 10%。

4. 电路特点

电容滤波电路的特点：①元件少，成本低；②输出电压高，脉动小；③带负载能力较差，适用于小电流负载。

【例 4-3】 一单相桥式整流滤波电路如图 4-20 所示，若要求输出电压 $U_o = 30\mathrm{V}$，负载电流为 250mA，试选择整流二极管的型号和滤波电容的大小，并计算变压器二次电流、二次电压。

解 （1）选择整流二极管

$$I_V = \frac{1}{2}I_L = \frac{1}{2} \times 250\mathrm{mA} = 125\mathrm{mA}$$

二极管承受的最大反向电压

$$U_{RM} = \sqrt{2}U_2$$

又因为

$$U_O = 1.2U_2$$

所以

$$U_2 = \frac{U_O}{1.2} = \frac{30\mathrm{V}}{1.2} = 25\mathrm{V}$$

$$U_{RM} = \sqrt{2}U_2 = \sqrt{2} \times 25\mathrm{V} = 35\mathrm{V}$$

查手册选 2CP21A 参数

$$I_{FM} = 300\mathrm{mA}, U_{RM} = 50\mathrm{V}$$

（2）选择滤波电容

根据

$$\tau = R_L C \geqslant (3-5)T/2$$

取

$$R_L C = \frac{5}{2}T$$

$$R_L = \frac{U_O}{I_O} = \frac{30}{250}k\Omega = 120\Omega$$

$$C = \frac{5T}{2R_L} = \frac{5 \times 0.02}{2 \times 120}F = 417\mu F$$

（3）变压器二次电压和电流

$$U_2 = \frac{U_0}{1.2} = 25V$$

变压器二次电流在充电过程中已经不是正弦电流，一般 $I_2 = (1.1-3) I_L$，所以，可以取 $I_2 = 1.5 I_L = 1.5 \times 250mA = 375mA$。

二、电感滤波电路

电感滤波电路利用储能元件电感器 L 的电流不能突变的特点，在整流电路的负载回路中串联一个电感器，使输出电流波形较为平滑。因为电感对直流的阻抗小，对交流的阻抗大，因此能够得到较好的滤波效果且直流损失小。

1. 电路组成及工作原理

（1）电路的组成。以桥式整流电路为例，在负载电阻上串联一个电感线圈 L，即构成桥式整流电感滤波电路，如图 4-22（a）所示。

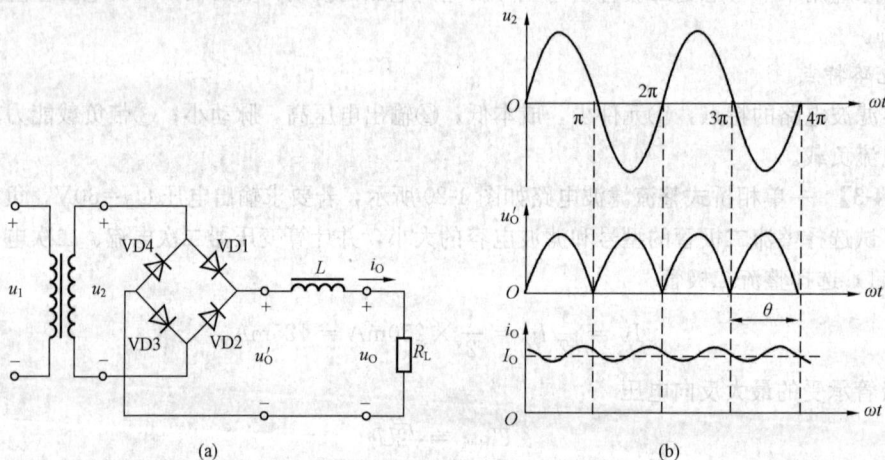

图 4-22 桥式整流电感滤波电路
（a）桥式整流电感滤波电路；（b）桥式整流电感滤波输出波形图

（2）电路的工作原理。根据电感的特点，当输出电流发生变化时，L 中将感应出一个反电势，使整流管的导电角增大，其方向将阻止电流发生变化。在桥式整流电路中，当 u_2 在正半周时，VD1、VD3 导通，电感中的电流将滞后 u_2 不到 $\pi/2$。当 u_2 超过 $\pi/2$ 后开始下降，电感上的反电势有助于 VD1、VD3 继续导通。当 u_2 处于负半周时，VD2、VD4 导通，变压器二次电压全部加到 VD1、VD3 两端，致使 VD1、VD3 反偏而截止，此时电感中的电流将经由 VD2、VD4 提供。桥式整流电感滤波输出波形如图 4-22（b）所示。

电感滤波电路的输出电压为

$$U_O = U_L = 0.9U_2 \tag{4-16}$$

2. 电路特点

（1）适用于负载电流较大且经常变化的电路。

（2）电感量越大，负载上得到的电压越平稳，滤波效果越好。

（3）电感量大会引起电感的体积过大，输出电压下降，成本增加。

三、其他滤波电路

将电容滤波和电感滤波组合起来，可获得比单个滤波器更好的滤波效果，这就是复合滤波电路，如图 4-23 所示。常见有 Γ 型和 π 型两类复合滤波器。

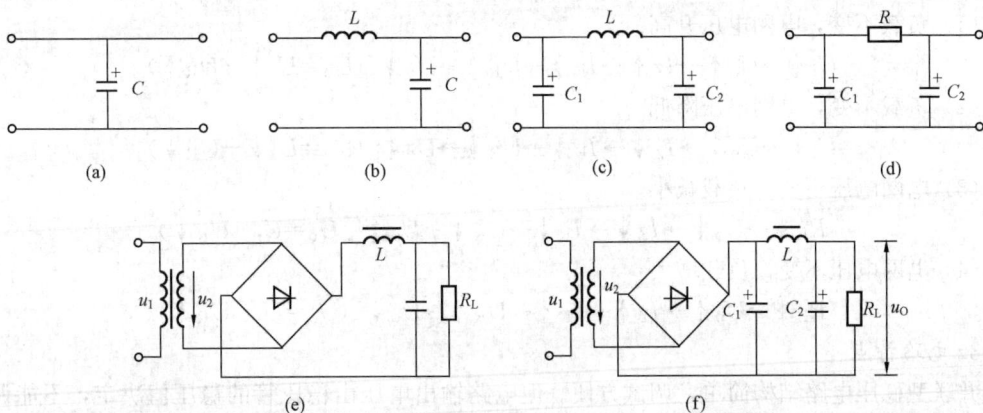

图 4-23　复合滤波电路

(a) 电容滤波电路；(b) LC 滤波电路；(c) $LC\pi$ 型滤波电路；

(d) $RC\pi$ 型滤波电路；(e) Γ 型滤波电路；(f) π 型滤波电路

常见的滤波电路比较见表 4-3。

表 4-3　　　　　　　　　　常见滤波电路比较

滤波形式	电容滤波	电感滤波	Γ 型滤波	$LC\pi$ 型滤波	$RC\pi$ 型滤波
滤波效果	较好（小电流）	较差（小电流）	较好	好	较好
输出电压	高	低	低	高	较高
输出电流	较小	大	大	较小	小
负载能力	差	好	较好	差	差

任务 4　稳 压 电 路

整流滤波电路虽然能把交流电变为较平滑的直流电，但输出的电压仍不稳定。一是交流电网电压的波动，使得整流滤波后输出的电压随之改变；二是整流滤波电路总有一定的内阻，如果负载电流变化，则输出电压也随之变化。通常需在滤波电路之后再接入稳压电路。常用的稳压电路有并联型硅稳压管稳压电路、串联型直流稳压电路和集成稳压电路等。

一、并联型稳压电路

1. 电路组成

并联型硅稳压管稳压电路如图 4-24 所示。稳压管 V 与负载 R_L 并联，电阻 R 起限流和调

图 4-24　并联型硅稳压电路

压作用。稳压电路的输入电压 U_i 来自整流滤波电路的输出电压。

2. 工作原理

无论是负载变化还是电网电压变化，稳压电路都可以通过一系列调节，使负载两端电压 U_o 保持不变。它的稳压原理可以通过下列过程来说明。

（1）负载不变，电网电压升高

$$U_i \uparrow \rightarrow U_o \uparrow \rightarrow I_Z \uparrow \rightarrow I_R \uparrow \rightarrow U_R \uparrow \rightarrow U_o \downarrow \quad (U_o = U_i \uparrow - U_R \uparrow)$$

（2）负载不变，电网电压降低

$$U_i \downarrow \rightarrow U_o \downarrow \rightarrow I_Z \downarrow \rightarrow I_R \downarrow \rightarrow U_R \downarrow \rightarrow U_o \uparrow \quad (U_o = U_i \downarrow - U_R \downarrow)$$

（3）电网电压不变，负载减小

$$R_L \downarrow \rightarrow U_o \downarrow \rightarrow I_Z \downarrow \rightarrow I_R \downarrow \rightarrow U_R \downarrow \rightarrow U_o \uparrow \quad (U_o = U_i - U_R \downarrow)$$

（4）电网电压不变，负载增大

$$R_L \rightarrow U_o \uparrow \rightarrow I_Z \uparrow \rightarrow I_R \uparrow \rightarrow U_R \uparrow \rightarrow U_o \downarrow \quad (U_o = U_i - U_R \uparrow)$$

3. 电路特点

并联型稳压电路结构简单，调试方便。但电路输出电压由稳压管的稳压值决定，不能调节，输出电流受稳压管的稳定电流限制。因此输出电流的变化范围很小，只适用于电压固定的小功率负载及负载电流变化范围不大的场合。

二、串联型稳压电路

1. 简单的串联型稳压电路

（1）电路组成。串联型稳压电路就是在直流电压输入端和负载之间串接入一个三极管，当输入电压 U_i 或负载 R_L 变化引起输出电压 U_o 变化时，U_i 的变化反映到三极管的输入电压 U_{BE}，然后 U_{CE} 也随之变化，达到调整 U_o 的目的，从而保证输出电压基本稳定。工作在放大区的三极管，其集电极-射极间的电压 U_{CE} 是受基极电流控制的，I_B 增加时，U_{CE} 相应减小；反之，当 I_B 减少时，U_{CE} 增加，此三极管又称调整管。

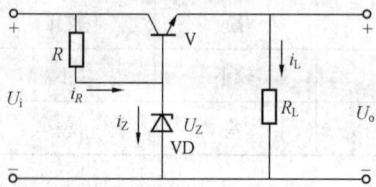

图 4-25 简单的串联型稳压电路

简单串联型稳压电路如图 4-25 所示。图中 R 和 VD 组成并联型稳压电路，R 既是 VD 的限流电阻，又是 V 的偏置电阻；VD 为硅稳压管，它为调整管 V 提供基准电压 U_Z；R_L 为负载。由于负载 R_L 和三极管 V 串联，相当于一个射极跟随器。

（2）工作原理。当电路的输入电压 U_i 出现波动或负载 R_L 改变，或温度 T 变化时，电路的输出电压 U_o 都将呈现变化的趋势。此时，电路的稳压过程如下：

当输入电压 U_i 增大（或 R_L 阻值变大）时，U_i 经 U_{CE} 与 R_L 分压使 U_o 升高，由于三极管 V 的基极电位 $U_B = U_Z$（稳压管的稳压值）不变，因此 U_{BE} 减小，使 I_B 减小，I_C 随之减小，导致 U_{CE} 增大，使 U_o 下降，从而实现稳压，这是 U_o 和 U_Z 的"跟随"关系。当输入电压 U_i 减小（或 R_L 阻值变小）时，则上述过程正好相反，从而实现稳压。

$$U_i \uparrow \rightarrow U_o \uparrow \rightarrow U_{BE} \downarrow \rightarrow I_B \downarrow \rightarrow I_C \downarrow \rightarrow U_{CE} \uparrow \rightarrow U_o \downarrow$$

（3）电路特点。

1）通过选择大功率的调整管，可为负载提供较大的电流。

2）输出电压不可调，且输出电压的稳定性不是很好。

3）进一步分析该电路。若基准电压 U_Z 与输出电压 U_o 的差值越大，控制作用就越大；差值越小，控制作用就不明显，稳压效果也不佳，且流过稳压管的电流随 U_i 波动较大，U_Z 不稳定，也就降低了稳压精度。若在差值环节上再加入一个放大环节，将这个差值经放大后再去控制调整管的基极，则可大大提高稳压性能。

2. 具有放大环节的可调式串联型稳压电路

（1）电路的组成。具有放大环节的可调式串联型稳压电路如图 4-26 所示。它包括四个组成部分：调整管、比较放大管、基准电压和取样电路。R_1、R_2 与 R_W 构成取样环节，对 U_o 中的纹波进行取样并送至 V_2 基极；R_3、V_Z 构成基准环节，为 V_Z 射极提供基准电压；V_2 为比较放大管，它将取样电压与基准电压之差（即取样信号中的纹波）放大后提供给 V_1；V_1 在 U_{BE1} 作用下进行电压调整，最终实现稳压。也就是说，该电路主要由四个环节所组成。图 4-27 为可调式串联型稳压电路组成框图。此外，图中 C 用来实现对电路噪声的旁路。

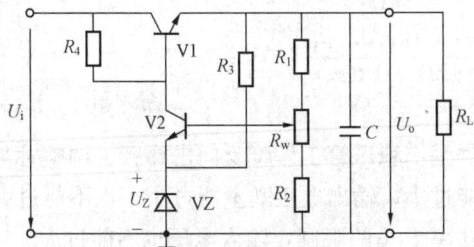

图 4-26　具有放大环节的可调式串联型稳压电路

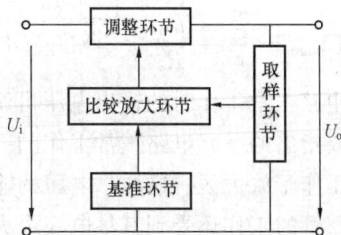

图 4-27　可调式串联型稳压电路组成框图

（2）具有放大环节的可调式串联型稳压电路的稳压原理如下。

1）当电网电压升高或负载电流减小（负载减轻）时，输出电压 U_o 升高。这个变化通过取样电路加到比较放大管 V_2 的基极，基极电压上升，由于 V_Z 的射极电位为稳定的基准电压，则 U_{BE2} 增大，导致 V_2 基极电流和集电极电流增大，于是 V_2 的集电极电位下降，同时 V_1 的基极电位下降，则 V_1 的基极电流随之减小，管电压降 U_{CE1} 增大，从而使输出电压 $U_o = U_i - U_{CE1}$ 基本不变。

$$U_o \uparrow \rightarrow U_{BE2} \uparrow \rightarrow I_{C2} \uparrow \rightarrow U_{C2} = U_{B1} \downarrow \rightarrow U_{BE1} \downarrow \rightarrow I_{B1} \downarrow \rightarrow I_{C1} \downarrow \rightarrow U_{CE1} \uparrow \rightarrow U_o \downarrow$$

$$U_o = U_i - U_{CE1}$$

2）当电网电压下降或负载电流变大时，使 U_o 有下降趋势，则电路通过下列调整趋势，实现稳压。

$$U_o \downarrow \rightarrow U_{BE2} \downarrow \rightarrow I_{C2} \downarrow \rightarrow U_{C2} = U_{F1} \downarrow \rightarrow I_{C1} \uparrow \rightarrow U_{CE1} \downarrow \rightarrow U_o \uparrow \quad (U_o = U_i - U_{CE1})$$

串联型稳压电路在使用时，由于某种原因而过载或输出端短路，使得通过调整管的电流急剧增大（比额定值大许多倍），即使这种过载现象时间很短，也会造成调整管过热而烧毁。为使负载电流变动范围加大，使调整管基极电流有较大的变化范围，一方面可采用复合管作调整管，另一方面应采取限流或截流型过电流保护电路。比较放大电路可以是单管放大，也可以是差动放大或集成运算放大器。

3）输出电压可调范围。由于 V_2 管基极电流很小，故取样环节可近似表示为图 4-28 所示的串联分压模型电路。下面分析 U_o 的可调范围

图 4-28　取样环节电路

$$U_Z + U_{BE2} = \frac{R'_W + R_2}{R_1 + R_W + R_2} U_o \Rightarrow U_o = \frac{R_1 + R_W + R_2}{R'_W + R_2}(U_Z + U_{BE2})$$

当电位器活动触点移至最下方时，$R'_W=0$，U_o 最大

$$U_{omax} = \frac{R_1+R_W+R_2}{R_2}(U_Z+U_{BE2})$$

当电位器活动触点移至最上方时，$R'_W=R_W$，U_o 最小

$$U_{omin} = \frac{R_1+R_W+R_2}{R_W+R_2}(U_Z+U_{BE2})$$

【例 4-4】 图 4-26 所示电路中的稳压管型号为 IN4740A，其中额定电压 $U_Z=10V$，V_1、V_2 为硅管，$U_{BE1}=U_{BE2}=0.7V$，$R_1=R_W=R_2=1k\Omega$，试求该电路正常工作时的输出电压可调范围。

解 R_W 活动触点移至最下端与最上端时，输出电压分别取最大值 U_{omax} 与最小值 U_{omin}

$$U_{omax} = \frac{R_1+R_W+R_2}{R_2}(U_Z+U_{BE2}) = \frac{1k\Omega+1k\Omega+1k\Omega}{1k\Omega}(10V+0.7V) = 32.1V$$

$$U_{omin} = \frac{R_1+R_W+R_2}{R_2}(U_Z+U_{BE2}) = \frac{1k\Omega+1k\Omega+1k\Omega}{1k\Omega+1k\Omega}(10V+0.7V) = 16.05V$$

故电路正常工作时的输出电压可调范围是 $16.05 \sim 32.1V$。

需要指出的是，电路正常工作的一个必要条件是：稳压管工作于反向击穿区、调整管与比较放大管工作于放大区。这样，电压的输入电压不能过小；输出电压既不能过小，也不能过大。考虑到调整管的工作还受到其集电极最大允许耗散功率 P_{CM} 的限制，输入电压也不能过大。

（3）电路特点。具有放大环节的可调式串联型稳压电源的工作电流较大，输出电压一般可连续调节，稳压性能优越。目前这种稳压电源已经制成单片集成电路，广泛应用在各种电子仪器和电子电路之中。串联型稳压电源的缺点是损耗较大、效率低。

三、固定输出集成稳压电路

由于集成稳压电路具有稳压精度高、工作稳定可靠、外围电路简单、体积小和重量轻等显著优点，因此它在各种电源电路中得到普遍的应用。

1. 固定输出集成稳压器件外形和引脚

固定输出集成稳压器是目前应用最普遍的小功率稳压器，有 78××系列（正电压输出）和 79××系列（负电压输出）两种系列。它们的内部都含有限电流保护、过热保护和过电压保护电路；采用了噪声低、温度漂移小的基准源，工作稳定可靠。78××系列集成稳压器为三端器件：1 脚为输入端，2 脚为公共端，3 脚为输出端，如图 4-29 所示。而 79××系列集成稳压器的 1 脚为接地端，2 脚为输入端，3 脚为输出端，如图 4-30 所示。请注意两者的引脚排列不同，使用时注意不要接错。

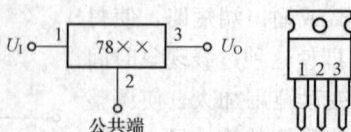   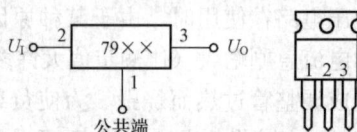

图 4-29　78××系列引脚功能图　　　　图 4-30　79××系列引脚功能图

2. 主要技术指标

（1）特性指标。两种系列的输出电压有 5V、6V、9V、12V、15V、18V、24V 七个挡，型号后面的两位数字表示输出电压值。输出电流分为 5A（78/79P××）、1A（75/79××）、0.5A（78/79M××）和 0.1A（78/79L××）四个挡。例如：7805 表示输出电压为 5V 的正电压，最大输出电流为 1.5A；79M09 表示输出电压为 9V 的负电压，最大输出电流为 0.5A。

集成稳压器型号构成示例如下：

```
CW      78      M      05
```

代表输出电压 U_o=5V

代表最大输出电流 I_{OM}=0.5A

系列号（78—正电压输出；79—负电压输出）

代表中国国标稳压器

（2）质量指标。

1）电压调整率 S_V：在负载电流和环境温度保持不变的情况下，输入电压变化时输出电压维持不变的能力即为稳压电路的电压调整率。不同子系列的稳压电路，电压调整率会各有不同；同一子系列的电路，其输出电压不同时电压调整率也略有不同。

2）电流调整率 S_I：在温度环境不变的情况下，除了输入电压的变化会引起输出电压变化之外，负载电流的变化也会引起输出电压发生变化。稳压电路在环境温度和输入电压保持不变的情况下，其在负载电流变化时仍能维持输出电压稳定的能力常用电流调整率来表示，也称负载调整系数。

3）输出电阻 R_o：反映电路带负载的能力，其定义为：在输入电压、输入电流和环境温度不变的情况下，负载变化时输出直流电压变化量和输出电流变化量的比值。

4）输出电压温度系数 S_T：反映电压随温度变化的情况，又叫输出电压的温漂，其定义为：在稳压电路的工作温度范围内，在输入电压和输出电流都保持不变的情况下，单位温度变化引起的输出电压相对变化量称为输出电压温度系数。

5）输出噪声电压 U_n：稳压电路内部的噪声电压主要是热噪声，频率在 $10Hz\sim100kHz$ 范围内。输出噪声电压的定义为：在规定的环境温度及额定输入电压下，稳压电路输出端噪声电压的均方根值称为噪声电压 U_n。

3. 固定输出集成稳压器典型接法

固定输出集成稳压器的典型接法如图 4-31 所示。

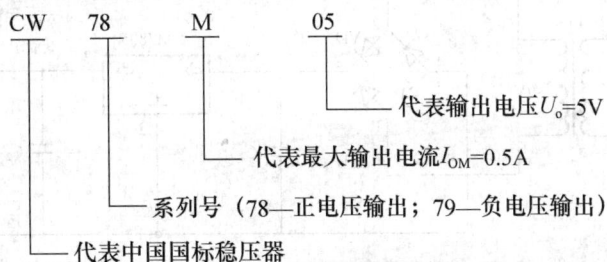

图 4-31　固定输出集成稳压器典型电路

（a）78××系列典型稳压电路；（b）79××系列的典型稳压电路

（1）电容 C_1 作为输入端滤波电容，用于滤除电源中的高频噪声和干扰脉冲。

（2）电容 C_2 作为输出端滤波电容，用于改善负载的瞬态响应，并消除来自负载的高频噪声。

（3）负载电流较大时，集成稳压器应加装散热片。否则，集成稳压器将因温度太高而进入输出限流状态。

4. 固定输出集成稳压器应用电路

（1）+5V 直流稳压电源电路。结合前述的整流和滤波电路，构建电路如图 4-32 所示。

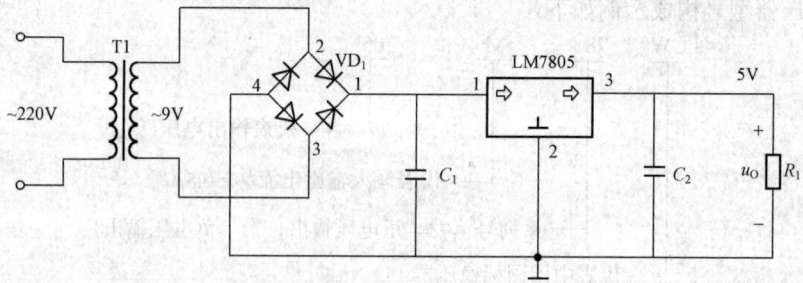

图 4-32　＋5V 直流稳压电源电路

电网电压输出的 220V 交流电压首先经过变压器 T1，在变压器的二次绕组上得到 9V 的交流电压；9V 的交流电压经过由 4 个整流二极管构成的桥式整流器 VD 后，得到脉动直流电压；电容 C_1 起到了整流后滤波的作用，同时滤除了输入端的高频噪声，电路中选用的是 $0.33\mu F$ 的电容；为了得到＋5V 的输出电压，选用了 LM7805 集成芯片，经过 LM7805 稳压后得到了＋5V 的输出电压，并加载到负载 R_1 两端；电容 C_2 用作输出端滤波电容，这里选用的是 $0.1\mu F$ 的电容。

（2）－5V 直流稳压电源电路的整个电路结构基本相同，只是为了得到负电压，选用了 LM7905 芯片。在接入时注意引脚的接法和 LM7805 不同，其他元器件的选用不变，电路如图 4-33 所示。

图 4-33　－5V 直流稳压电源电路

（3）±5V 直流稳压电源电路。在分别得到＋5V 和－5V 稳压电源后，我们只需将两个电路进行合并，就可以在输出端得到±5V 两个输出电压值，电路如图 4-34 所示。图中 VD3、VD4 为

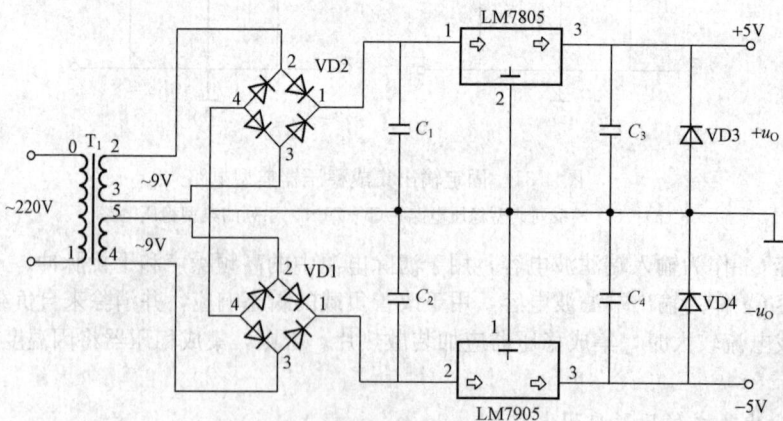

图 4-34　±5V 直流稳压电源电路

保护二极管，用以防止输入电压未接入时损坏集成稳压器。

四、可调输出集成稳压电路

1. 可调输出集成稳压器件

三端固定电压集成稳压器的产生使得电源的设计和制作工作极大简化，因此 7800 系列和 7900 系列稳压器得到了广泛的应用。但是固定电压集成稳压器的输出电压是一固定值，若系统需要的电源为非标准输出电压，虽然它们也可以接成非标准输出电压，但要增加外围元器件，同时其性能指标将大大降低。为此，美国国家半导体公司首创了三端可调式集成正稳压器 LM117 和负稳压器 LM137。由于它的输出电压可调成任意值且使用简单，同时其稳压精度更高，因此它作为一种通用的集成稳压器得到了广泛的应用。

可调输出集成稳压器的输出电压可调，稳压精度高，输出纹波小，比较典型的产品有 LM317、LM337 和 CW317、CW337 等，以下将以 LM317 和 LM337 为例进行介绍。

LM317 为可调正电压输出稳压器，LM337 为可调负电压输出稳压器，它们的输出电压分别为 ± （1.2～37） V 连续可调，其外形与引脚配置如图 4-35 中（a）、（b）所示。这种集成稳压器有 3 个引出端，即电压输入端 u_i、电压输出端 U_o 和调节端 ADJ，没有公共接地端，接地端往往通过接电阻再到地。使用时还需注意 LM317 和 LM337 的引脚排列不同，使用时注意不要接错。

图 4-35　LM317 和 LM337 引脚结构图

（a）LM317 引脚结构；（b）LM337 引脚结构

每一类中按其输出电流又分为 0.1A、0.5A、1A 和 1.5A 等，表示方法基本可以参照固定输出集成稳压器的表示方法。例如，LM317L 输出电压 1.2～37V，输出电流 0.1A；LM337 输出电压－（1.2～37） V，输出电流为 1.5A。三端可调稳压器型号构成示例如下：

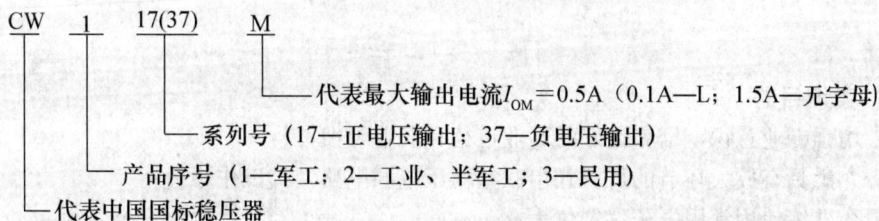

LM317 和 LM337 的主要特点如下：

（1）使用方便，只需外接两个电阻就可以在一定范围内确定输出电压。

（2）各项性能指标都优于三端固定电压集成稳压器。

（3）具有全过载保护功能，包括限电流、过热和安全区域的保护。即使调节端悬空，所有的保护电路仍然有效。

2. 可调输出集成稳压电路

以 LM317 为例，可调输出集成稳压电路的典型应用电路如图 4-36 所示。

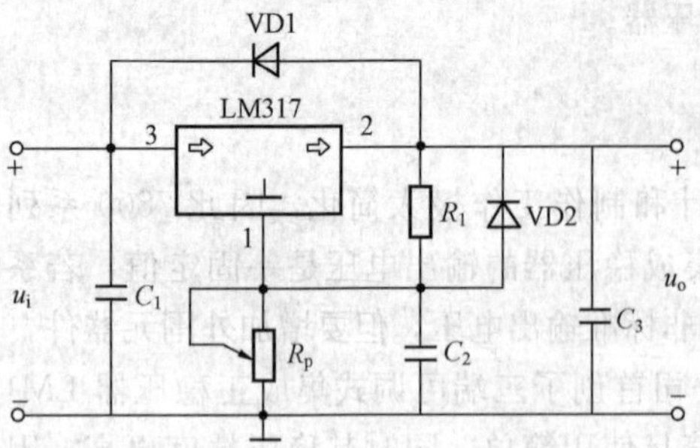

图 4-36　LM317 的典型应用电路

图中 C_1 为输入旁路电容，用来消除输入长线引起的自激振荡，当集成稳压电路离整流滤波电容 10cm 以上时，它是必不可少的。C_2 为调整端旁路电容，用来减小 R_p、R_1 上的纹波。C_3 为输出旁路电容，用来消除可能产生的自激振荡。VD1、VD2 是保护管，VD1 的作用是防止输出断路时电容 C_3 经稳压电路放电而使其损坏；VD2 的作用是防止输出短路时电容 C_2 经稳压电路放电而使其损坏。由于 LM317 和 LM337 有两个特点：一是输出端与 ADJ 端之间有一个稳定的基准电压 $U_{REF}=1.25V$；二是 $I_{ADJ}<50\mu A$，根据电路，则输出电压为

$$U_o = I_1 R_1 + (I_1 + I_{ADJ})R_p \approx I_1(R_1 + R_p) = \frac{U_{REF}}{R_1}(R_1 - R_p)$$

$$= \left(1 + \frac{R_p}{R_1}\right)U_{REF} = 1.25 \times \left(1 + \frac{R_p}{R_1}\right)$$

上式表明，输出电压 U_o 取决于 R_p 与 R_1 的比值，调节 R_p 可以改变输出电压的大小。

【例 4-5】　如图 4-36 所示的电路中，R_1 为 240Ω，R_p 可调范围为 0～4.7kΩ，试近似计算：①U_o 的可调范围；②U_i 的允许范围。

解　(1) 当 R_p 调为零时，U_o 最小，且 $U_{omin}=U_{REF}=1.2V$，当 R_p 调为 4.7kΩ 时，U_o 最大。

$$U_{omax} = 1.2V \times \left(1 + \frac{R_p}{R_1}\right) = 1.2V \times \left(1 + \frac{4.7k\Omega}{240\Omega}\right) = 24.7V$$

即得 U_o 的可调范围是 1.2～24.7V。

(2) LM317 的输入-输出压差范围为 3～40V。

取 $U_o=U_{omin}=1.2V$，得 U_i 范围：4.2～41.2V；取 $U_o=U_{omax}=24.7V$，得 U_i 范围：27.7～64.7V。U_i 的两个范围相交，即得该电路中输入电压 U_i 的允许范围：27.7～41.2V。

【技能实训 2】　串联型稳压电源电路的制作与检测

一、实训目的

(1) 增强专业意识，培养良好的职业道德和职业习惯；

(2) 熟悉具有放大环节的可调式串联型稳压电源电路及其工作原理；

(3) 会熟练使用常用电子仪器仪表；

(4) 能正确装接电路，并能完成稳压电源的电路调试与技术指标的测试。

二、实训设备与器件

(1) 实验电路板 1 块。

(2) 双踪示波器 1 台。

(3) 万用表、直流毫安表、晶体管毫伏表各 1 块。

(4) 自耦变压器 1 台。

（5）三极管 3DG6、3DG12 各 1 个，IN4007 型二极管 4 个，IN4735 型稳压管 1 个，电容器 $200\mu F/125V$、$0.01\mu F$ 各 1 个，滑线变阻器 $200\Omega/1A$ 1 个，$1k\Omega$ 电位器 2 个，510Ω 电阻器 2 个、$1k\Omega$、$1.5k\Omega$ 电阻器各 1 个，导线若干。

三、实训内容

（1）识别与检测元器件。若有元器件损坏，请说明情况。

（2）在实验电路板上按图 4-37 装接电路，R_W 置中间位置附近，R_L 置最大。自耦变压器外置，且输出置零位。

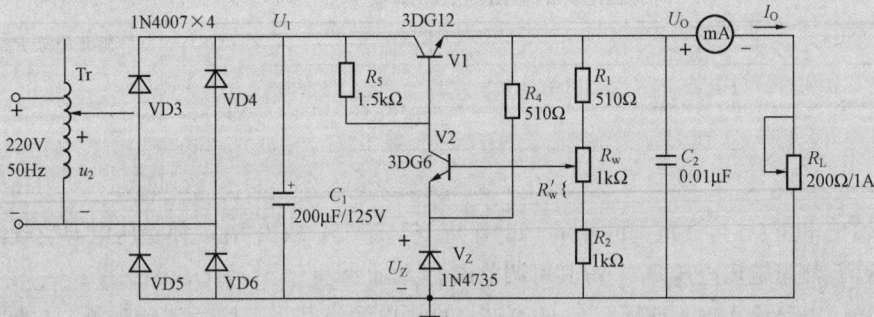

图 4-37　具有放大环节的可调式串联型稳压电源的电路图

（3）电路调试。

1）接通交流电源，调节自耦变压器使其输出电压为 16V。测量稳压器输入电压 U_1、基准电压 U_Z、输出电压 U_o 以及输出电流 I_o，记入表 4-4 中。若有异常数据，说明电路存在故障，排除故障后进行记录。故障现象及排除过程：＿＿＿＿＿＿＿＿＿＿＿＿＿＿＿＿＿

表 4-4　　　　　　　　　　　　　稳压电源实测数据表

U_i/V	U_Z/V	U_o/V	I_o/mA

2）调节 R_W，观察 U_o、I_o 的大小和变化情况。若 U_o 不能随 R_W 而变，说明稳压电路失去自动调节作用，三极管非线性工作，需对电路进行检修，并将故障现象与检修过程加以说明（提示：检测量有 U_Z、U_{B2}、U_{CZ}、U_{CEI}）。故障现象及检修过程：＿＿＿＿＿＿＿＿＿

3）调节 R_W，使 U_o=12V。再逐渐调小 R_L，使 I_o=100mA。测量静态工作点，记入表 4-5中。

表 4-5　　　　　　　　　　　稳压电源中的静态工作点实测数据表

三极管	U_B/V	U_C/V	U_E/V
V1			
V2			

（4）部分技术指标的测试。

1）纹波电压 U_W 的测试。保持 $U_2 = 16V$、$U_o = 12V$、$I_o = 100mA$，用示波器观察输出纹波，用晶体管毫伏表测纹波电压，$U_W = $ _____ mV。

2）输出电阻 R_o 的测试保持 $U_2 = 16V$ 不变，调节 R_L，使 I_o 分别为 80mA 和 120mA，测量各自对应的输出电压 U_o。计算两种情况分别相对于初始条件的输出电阻 R_{o1}、R_{o2}，填入表 4-6 中。

表 4-6 　　　　　　　　　稳压电源的输出电阻测试表（$U_2 = 16V$）

序号	I_o/mA	U_o/V	输出电阻 R_o/Ω
0	100	12	$R_{o1} =$
1	80		
2	120		$R_{o2} =$

3）输出电压 U_o 可调范围的测试。U_2 保持 16V 不变，取出 R_L，使稳压电源空载。调节电位器 R_W，测量输出电压 U_o，得其可调范围。$U_{omin} = $ _____，$U_{omax} = $ _____。

4）稳压电路最小输入电压 U_{imin} 的测试。稳压电源空载下，用示波器观测 U_o 波形。缓慢调小 U_2，当 U_o 开始明显随 U_2 下降时，停止调节。测量此时的 U_i，即得稳压电路的最小输入电压 $U_{imin} = $ _____。

四、实训注意事项

（1）自耦变压器不是安全变压器，在使用时一定要注意：一次、二次绕组严禁对调使用，相线与中性线不能接错，输出调压从零开始，使用结束恢复零位。

（2）交流侧的"接地"与直流侧的"接地"不同。这一点，在对稳压电源进行调试和测量时尤需注意，以免损坏仪器仪表。

（3）电路装接时，整流管、稳压管、电解电容以及三极管极性不能接错，以免损坏元器件，甚至烧毁电路。

（4）电路装接好之后，才可通电，也不能带电改装电路。

（5）负载电阻 R_L 不能过小，更不允许短路，以免烧毁毫安表或调整管。

（6）在调节自耦变压器以获得所需 U_2 时，可将万用表打到对应交流电压挡，一只表笔固定到交流侧接地点，手持另一只表笔测 U_2 有效值，另一只手调节旋钮。

五、实训思考

（1）图 4-37 中 C_2 有何作用？

（2）为什么要求自耦变压器的输出调节从零往上调？

（3）在对图 4-37 所示电路进行调试时，可与 R_L 串联一个几十欧的电阻，这样做的目的何在？

（4）若稳压管的极性接反，对电路工作会产生什么影响？

（5）若取样环节中的 R_1 取得过大或过小，会对电路工作分别形成怎样的影响？

（6）若取样环节中的 R_2 取得过大或过小，会对电路工作分别形成怎样的影响？

六、写实训报告书

项目实施

实施目的

能正确安装桥式整流滤波和稳压电路；

能正确使用集成稳压器件；

能对直流稳压电源电路中的故障现象进行分析判断并加以解决；

能设计和制作直流稳压电源，并能通过调试达到预期目标。

1. 设备与器件准备

设备准备：模拟电路实验箱 1 台，万用表 1 台，示波器 1 台。

器件准备：电路所需元件名称、规格型号和数量见表 4-7。

表 4-7　　　　　　　　　　　　　多输出直流稳压电源元器件明细表

代　号	名　称	规格型号	数　量	代　号	名　称	规格型号	数　量
R_1	电阻	2kΩ	1	C_1	电解电容	470μF	1
R_2、R_6	电阻	680Ω	2	C_2	电解电容	47μF	1
R_3、R_4	电阻	100Ω	2	C_3	电解电容	100μF	1
R_5	电阻	820Ω	1	T	电源变压器	220V/9V	1
R_7	电阻	510Ω	1	F	熔丝管	0.5A	1
R_8	电阻	270Ω	1		电源线		1
R_9	电阻	10Ω	1		热缩管		2
R_P	电位器	1kΩ	1		旋钮		1
VD1~VD4	二极管	IN4007	4		丝杆	φ3×5	2
VD5~VD13	二极管	IN4148	9		螺母	φ3	2
LED1~LED4	发光二极管	红色	4		电路板		1
VT1~VT2	三极管	9013	2		图纸		1
VT3	三极管	9014	1				

2. 电路识图

多输出直流稳压电源电路图参见图 4-1，本电路能输出 6V、5V、4V 和 3V 的直流电压，输出最大电流约为 0.5A。

本电路采用三端集成稳压电路制作。电源变压器 T 输出交流 9V 电压，经 VD1~VD4 整流，C_1、C_2 滤波，在经取样电阻 R_3、R_4 和输出电压调节电位器 R_P 的控制，就在其输出端得到上限为 6V 的直流稳压电压。该电压加四个二极管可分别获得 6V、5V、4V 和 3V 直流稳压电压。

电路中 C_3 进一步减小输出端的纹波电压，VD5、VD6 作为稳压管使用，VD7~VD13 二极管利用其单向导电性，防止电压指示 LED 灯的电流过大而损坏。

3. 直流稳压电源电路安装与调试

(1) 电路的元器件检测。

(2) 电路的安装。电路板装配应遵循"先低后高、先内后外"的原则。将电路所有元器件正确装入印制电路板相应位置上，采用单面焊接方法，无错焊、漏焊和虚焊。元器件面相应元器件高度平整、一致。按图 4-38 所示的装配图安装、焊接好电路板。

（3）性能检测调试。先测试变压器输出电压，用示波器观察到整流、滤波及稳压波形；测量出整流、滤波后的电压值；测量各输出点的直流稳压电压。电路测试与调整方法如下：

1）仔细检查、核对电路与元器件，确认无误后加入规定的交流电压 $220V \pm 10\%/50Hz$。

2）拔出变压器二次侧输出线与电路板连接插头，用万用表交流电挡测量变压器二次侧输出电压。

3）如果变压器二次侧输出电压正常，则在先拔出直流熔断器 FU，切断后续稳压调整电路的情况下，再连接好变压器二次侧输出线与电路板插头。用万用表直流电压挡测量整流、滤波后电压，观察电压值是否正常。

4）如果整流、滤波后电压正常，则可连接好直流熔断器 FU，若调整电位器 R_p，则输出电压随电位器调整而变化。用万用表直流电压挡测量稳压后输出电压 U_o，观察电压值是否正常。正常时，U_o 的调整范围为 $0 \sim 6V$。最后，测量各输出点的直流稳压电压。

5）用示波器观测和 U_o 的波形。用示波器观察变压器输出电压、整流、滤波及各输出点稳压波形。

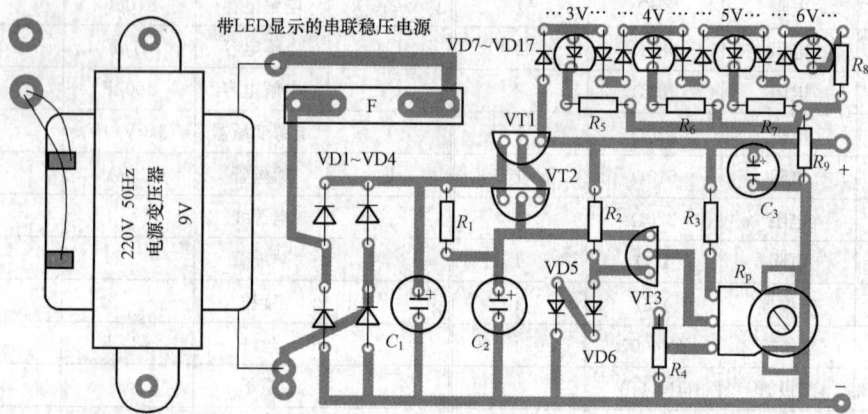

图 4-38　带 LED 显示的多输出直流稳压电源装配图

4. 故障分析与排除

（1）变压器二次电压数据不正常的故障分析与排除。变压器二次电压测量数据不正常除了与电源输入电路、变压器有关，还与测量用万用表的测量挡位和后续电路有关，测量变压器二次电压的万用表使用挡位为交流电压测量挡。

在确认测量挡位正确的前提下，若测得变压器二次电压仍不正常（为 0 或过大、过小、两组电压不对称），则按如下检修步骤操作：首先拔出电源输入插头，若变压器二次电压恢复正常，则应检查后续的整流、滤波和稳压电路；若拔出电源输入插头后变压器二次电压仍不正常，则进一步检测插头两端的电阻，正常情况下电源开关打开电阻为几百欧，闭合时为无穷大。电阻情况正常，则问题多出在输入电压及变压器上；电阻不正常则检查电源线、电源开关、熔断器与熔断器座。

（2）整流滤波后电压数据不正常的故障分析与排除。在变压器二次电压测量数据正常的前提下，整流滤波后电压测量数据不正常除了与整流、滤波电路有关，还与后续稳压电路有关，检测步骤为：首先断开熔断器，整流滤波后电压恢复正常，则检查稳压电路及负载电路；若仍不正常，则检查输入电源线、整流二极管、保护电容和滤波电容。

（3）输出电压数据不正常的故障分析与排除。在变压器二次电压、整流滤波后电压测量数据正常的前提下，U_o测量数据不正常除了与稳压电路有关外，还与后续负载电路有关，检测步骤为：首先断开负载，若输出电压恢复正常，则检查负载电路；若仍不正常，则检查二极管、稳压器、电阻、电位器、电容。

（4）电路状态指示电路不正常的故障分析与排除。电路状态指示电路不正常与指示电路本身以及相应电路电压有关。在电路整流滤波后电压、输出电压正常的前提下，电路状态指示电路不正常主要检查限流电阻阻值的大小及发光二极管的装配极性和装配质量。

5. 项目鉴定

由企业专家结合电子产品生产工艺标准对学生作品进行鉴定。

6. 编写项目实施报告

项目实施报告见附录。

项目考核

直流稳压电源的项目考核要求及评分标准

	检测项目	考核要求	分值	学生互评	教师评估
项目知识内容	二极管的结构及特性	掌握二极管的结构及特性	10		
	直流稳压电源的电路组成、工作原理和电路中各元器件的作用	正确分析直流稳压电源的电路组成、工作原理和电路中各元器件的作用	20		
	直流稳压电源电路参数计算	能对直流稳压电源电路相关参数进行正确计算	10		
项目操作技能	准备工作	10min 内完成所有元器件的清点及调换	10		
	元器件检测	完成元器件的检测	10		
	组装焊接	元器件按要求整形；正确安装元器件；焊点美观、走线合理、布局漂亮	10		
	通电调试	输出电压正常可调	10		
	通电检测	变压器二次电压、电容电压、各级电位、输出电压可调范围及故障排除方法	10		
	安全文明操作	严格遵守电业安全操作规程，工作台工具、器件摆放整齐	5		
基本素质	实践表现	安全操作、遵守实训室管理制度；团队协作意识；语言表达能力；分析问题和解决问题能力	5		
项目成绩					

📖 知识拓展

开 关 型 稳 压 电 源

为解决串联型稳压电源的损耗大、效率低问题，研制了开关型稳压电源。开关型稳压电源的调整管工作在开关状态，具有功耗小、效率高、体积小、重量轻等特点。现在开关型稳压电源已经广泛应用于各种电子电路之中。开关型稳压电源的缺点是纹波较大，用于小信号放大电路时，还应采用第二级稳压措施。

一、开关型稳压电路

开关型稳压电源的原理可用图 4-39 所示的电路加以说明。它由调整管、滤波电路、比较器、三角波发生器、比较放大器和基准源等部分构成。

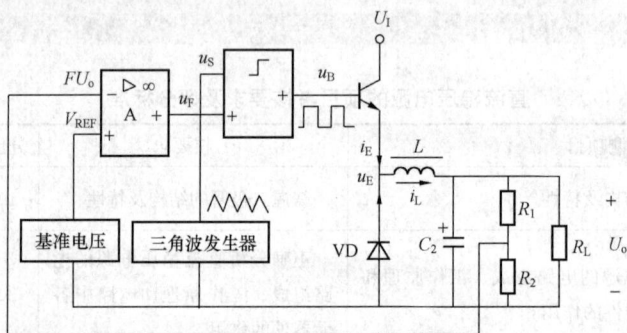

图 4-39　开关型稳压电源原理图

二、开关型稳压电路的工作原理

三角波发生器通过比较器产生一个方波 U_B，去控制调整管的通断。当调整管导通时，向电感充电；当调整管截止时，必须给电感中的电流提供一个泄放通路。续流二极管 VD 即可起到这个作用，从而保护调整管。由电路图可知，当三角波的幅度小于比较放大器的输出时，比较器输出高电平，对应调整管的导通时间为 t_{on}；反之为低电平，对应调整管的截止时间为 t_{off}。

为了稳定输出电压，应按电压负反馈方式引入反馈，设输出电压增加，FU_o 增加，比较放大器的输出 U_F 减小，比较器方波输出 t_{off} 增加，调整管导通时间减小，输出电压下降，起到了稳压作用。稳定过程如下

$$U_o \uparrow \rightarrow FU_o \uparrow \rightarrow （即\ t_{on} \downarrow） \rightarrow U_o \downarrow$$

✍ 项目小结

（1）半导体具有热敏性、光敏性和掺杂性。N 型半导体和 P 型半导体是在本征半导体中分别加入五价元素和三价元素的杂质半导体。N 型半导体中，电子是多子，而空穴是少子；P 型半导体中，空穴是多子，而电子是少子。

（2）P 型和 N 型半导体结合制作在同一晶片上，在交界面处形成 PN 结。一个 PN 结经封装并引入电极后就构成二极管，二极管具有单向导电性，即正向导通和反向截止，该特性可由伏安特性曲线准确描述。选用或更换二极管必须考虑最大整流电流、最高反向工作电压两个主要参数，高频工作时还应考虑最高工作频率。

（3）利用二极管的单向导电性可组成半波整流、全波整流、桥式整流电路，实现将交流电转换为脉冲直流电的功能。滤波电路的作用是使整流输出的脉冲直流平滑。常见的电路形式有电容滤波、电感滤波和复式滤波等。

（4）利用 PN 结的击穿特性可制作稳压二极管。用稳压二极管构成稳压电路时，首先应保证稳压管反向击穿，另外必须串接限流电阻。当输入电压波动或负载电阻改变时，稳压二极管通过调整自身电流的大小来维持其端电压基本稳定。

（5）串联稳压电路是利用晶体管作为电压调整器件与负载串联，从输出电压中取出一部分电压，与基准电压进行比较产生误差电压，该误差电压经放大后去控制调整管的内阻，从而使输出电压稳定。串联型稳压电源一般由调整元器件、取样电路、基准电压和误差（比较）放大电路 4 部分组成。

（6）稳压电路主要包括集成稳压器电路和分立元件稳压电路，集成稳压器仅有输入端、输出端和公共端（或调整端）3 个引出端，因此又被称为三端稳压器，使用方便且稳压性能好。集成稳压器又可分为固定输出和可调输出两类，本章介绍了 78（79）系列固定输出稳压器及 317（337）系列的可调输出稳压器，并利用 LM317、78（79）系列固定输出稳压器制作 0～6V 可调直流稳压电源的实践内容，增强学生的电路设计和制作能力。

思考与练习

一、填空题

1. 本征半导体是_____，其载流子是_____和_____，两种载流子的浓度_____。

2. 在 PN 结形成的过程中，载流子扩散运动是在_____作用下产生的，漂移运动是在_____作用下产生的。

3. PN 结的 P 区接电源的正极，N 区接负极，称 PN 结为_____。

4. 二极管最主要的特性是_____。

5. 整流电路的作用是_____；滤波电路的作用是_____。

6. 在小功率直流电源电路中，若采用桥式整流电路，且变压器二次电压有效值为 U_2，则整流输出的直流电压是_____V，此时桥路中整流二极管截止时所承受的反向电压约等于_____V。

7. 在滤波电路中，滤波电容在选取时，一般要求为_____容量的电解电容。

8. 串联型稳压电路一般由_____、_____、_____和_____组成。

9. 串联型稳压电路中的稳压管工作在_____，利用了_____变化很大，而_____变化很小的特性。

10. 集成稳压器的三个引出端分别是_____、_____和_____。

二、选择题

1. 稳压管通常工作在（   ）；发光二极管发光时，其工作在____。

   A. 正向导通区　　　　B. 反向击穿区　　　　C. 以上都不对

2. 滤波的主要目的是（   ）。

   A. 将交流变为直流　　　B. 将交直流混合成分中的交流成分去除掉

3. 串联型稳压电路中，被比较放大器放大的量是____。

   A. 基准电压　　　　　B. 取样电压　　　　　C. 误差电压

4. 桥式整流电路中的一个二极管若极性接反，则会产生____。

A. 输出波形为全波　　　B. 输出波形为半波　　　C. 无输出波形且变压器或整流管可能烧坏

5. 在桥式整流电容滤波电路中，若 $U_2=15V$，则 $U_o=$ _____ V。

　　A. 20　　　　　　　　B. 18　　　　　　　　C. 24　　　　　D. 9

三、分析计算题

1. 在图 4-40 所示的桥式整流滤波电路中，$U_2=20V$，$R_L=40\Omega$，$C=1000\mu F$，试计算：

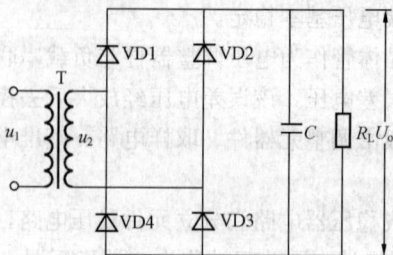

图 4-40　分析计算题 1 图

（1）正常情况下 $U_o=$?

（2）如果有一个二极管开路，$U_o=$?

（3）如果测得 U_o 为下列数值，可能出现什么故障？

1）$U_o=18V$；

2）$U_o=28V$；

3）$U_o=9V$。

2. 如图 4-41 所示电路中，设 $U_{BE1}=0.7V$，$U_Z=5.3V$，$R_1=100\Omega$，$R_2=300\Omega$，试计算：

（1）要使 R_W 滑到最下端时 $U_o=10V$，则 R_W 值应为多少？

（2）当 R_W 滑到最上端时，$U_o=$?

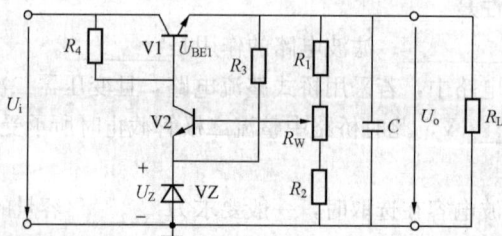

图 4-41　分析计算题 2 图

3. 电路如图 4-42 所示，已知变压器二次侧输出有效值足够大，合理连线，构成 5V 直流电源。

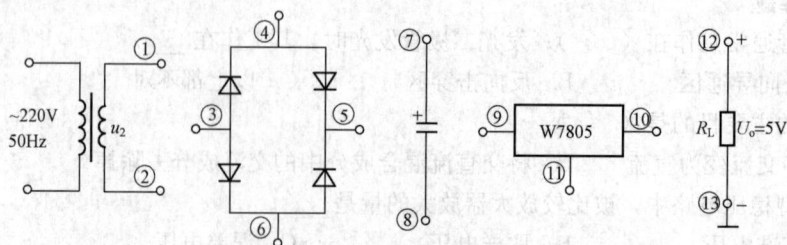

图 4-42　分析计算题 3 图

4. 电路如图 4-43 所示，它是利用 LM7815 系列和 LM7908 系列两块集成稳压器构成的二路输出直流稳压电路。试问：

（1）图中 $U_{o1}=$？ $U_{o2}=$？

（2）说明电容 C_1 和 C_2 的作用是什么？

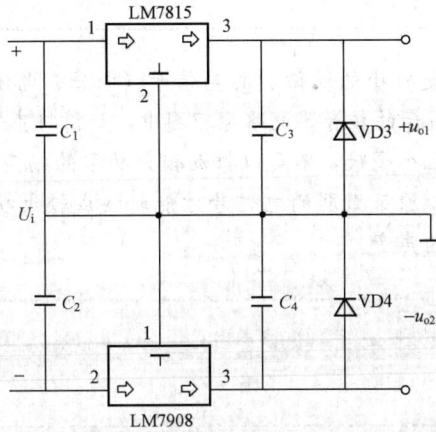

图 4-43 分析计算题 4 图

项目五 扩音器的制作

放大电路的作用就是将小的或微弱的电信号（电压、电流、功率）转换成较大的电信号。在如图 5-1 所示的扩音器电路原理图中，话筒将声音转换为电信号，此时电信号的幅度一般只有几个毫伏，不足以推动较大功率的扬声器（喇叭）发出声音，只有经过扩音器放大后，原来微弱的电信号才能转换成较大功率的电信号，驱动扬声器发出比原来大得多的声音。

项目要求

知识要求

熟悉三极管的结构及特性；

理解放大电路的一般组成与基本分析方法；

能够分析单管共射放大电路的性能指标；

了解多级放大电路的耦合方式；

熟悉负反馈的各种类型及对放大电路性能的影响；

熟悉功率放大电路的特点和性能指标。

技能要求

能用万用表来检测识别三极管；

会查阅三极管的各种资料及参数；

能识读分析扩音器电路图；

能够对各种基本放大电路进行安装、调试；

能对扩音器电路中的故障现象进行分析判断并加以解决；

能制作扩音器，并能通过调试达到预期目标。

项目导入

在电子设备工作过程中，扩音设备的作用是把从话筒、录放卡座、CD 机送出的微弱信号放大成能推动扬声器发声的大功率信号。扩音设备主要采用多级放大电路和功率放大电路构成。扩音器总体框图如图 5-2 所示。

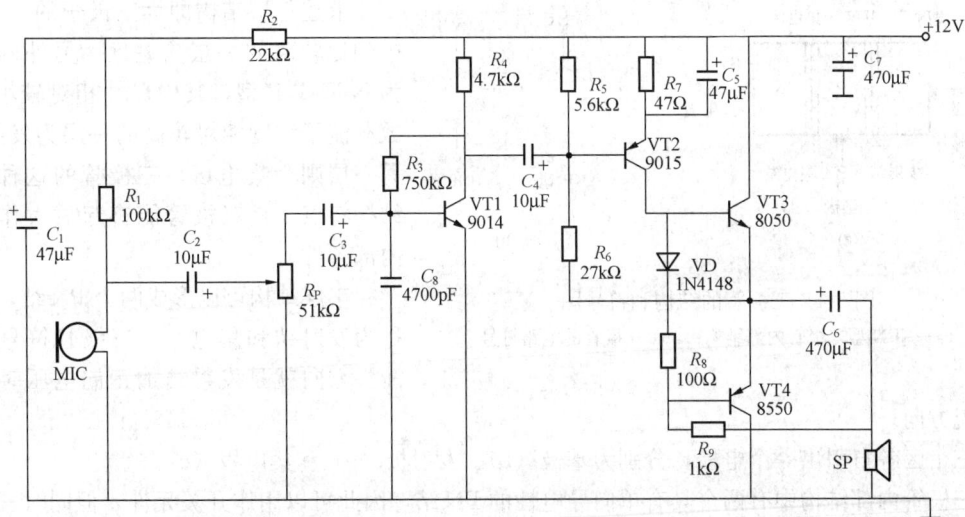

图 5-1　扩音器电路图

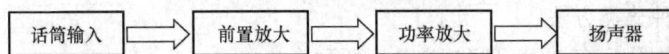

图 5-2　扩音器总体框图

工作任务及技能实训

任务 1　三　极　管

一、三极管的结构、分类及电特性

双极型三极管（BJT）习惯上称为半导体三极管，简称为三极管。三极管中有两个相互影响的 PN 结。与二极管不同，三极管具有电流放大作用。因此，三极管成为电子线路中的重要器件。

1. 三极管的结构

图 5-3 所示为三极管的几种常见外形，其共同特征就是具有三个电极。

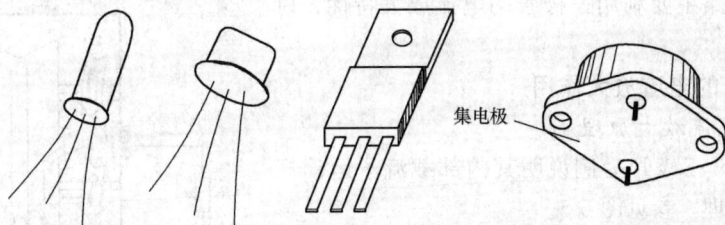

图 5-3　三极管的几种常见外形

通俗来讲，三极管内部为由 P 型半导体和 N 型半导体组成的三层结构，根据分层次序分为NPN 型和 PNP 型两大类。图 5-4 所示为三极管的结构和符号图。其中，图 5-4（a）所示为 NPN型三极管的内部结构，图（b）为 NPN（一般为硅管）和 PNP（一般为锗管）三极管的符号。

图 5-4　三极管的结构和符号图
（a）NPN 型三极管内部结构；（b）三极管的电路符号

上述三层结构即为三极管的三个区，中间比较薄的一层为基区，另外两层同为 N 型或 P 型，其中尺寸相对较小、多数载流子浓度相对较高的一层为发射区，另一层则为集电区。三极管的这种内部结构特点，是三极管能够起放大作用的内部条件。

三层结构可以形成两个 PN 结，分别称为发射结和集电结。三极管符号中的箭头方向就是发射结加正向电压时的实际电流方向。

三个区各自引出一个电极，分别为基极（b）、发射极（e）和集电极（c）。

三极管内部结构中有两个具有单向导电性的 PN 结，因此可以用作开关元件，但同时三极管还是一个放大元件，正是它的出现促使了电子技术的飞跃发展。

2. 三极管的分类

三极管有很多种分类方法。

（1）按内部结构分，有 NPN 型和 PNP 型两种。

（2）按工作频率分，有低频管和高频管两种。

（3）按功率分，有小功率管和大功率管两种。

（4）按用途分，有普通三极管和开关三极管两种。

（5）按半导体材料分，有锗管和硅管两种。

国产三极管按照半导体器件命名方法，都可以从型号上区分其类别。例如，3DG 表示高频小功率 NPN 型硅三极管；3BX 表示低频小功率 NPN 型锗三极管；3CG 表示高频小功率 PNP 型硅三极管；3DD 表示低频大功率 NPN 型硅三极管；3AK 表示 PNP 型开关锗三极管。

3. 三极管的电特性

三极管具有两大基本特性：

（1）电流放大特性，即 $I_c = \beta I_b$，其中，β 为三极管电流放大系数。

（2）开关特性，即三极管饱和时，c、e 极相当于开关接通；三极管截止时，c、e 极相当于开关断开。

模拟电子电路主要利用三极管的电流放大特性，讨论信号的放大。

二、三极管的电流放大作用

1. 三极管电流放大原理

以下用 NPN 三极管为例说明其内部载流子运动规律和电流放大原理，参见图 5-5。

（1）发射区向基区扩散电子：由于发射结处于正向偏置，发射区的多数载流子（自由电子）不断扩散到基区，并不断从电源补充进电子，形成发射极电流 I_e。

（2）电子在基区的扩散和复合：由于基区很薄，其多数载流子（空穴）浓度很低，所以从发射极扩散过来

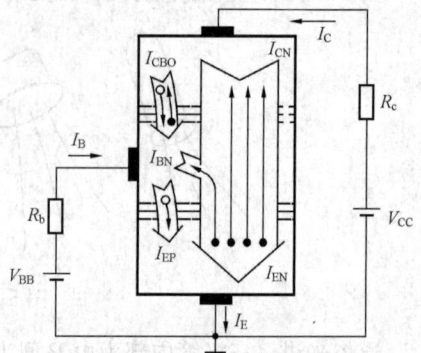

图 5-5　三极管内部载流子运动与外部电流

的电子只有很少部分可以和基区空穴复合，形成比较小的基极电流 I_b，而剩下的绝大部分电子都扩散到集电结边缘。

（3）集电区收集从发射区扩散过来的电子：由于集电结反向偏置，可将从发射区扩散到基区并到达集电区边缘的电子拉入集电区，从而形成较大的集电极电流 I_c。

2. 三极管电流放大作用所需条件

（1）内部条件：发射区掺杂浓度最高，基区掺杂浓度最低且很薄，集电区掺杂浓度介于基区和发射区之间，但面积最大。

（2）外部条件：发射结正向偏置，集电结反向偏置。

3. 三极管电流放大作用

三极管的电流放大作用主要是指在一定条件下流过集电极的电流 I_c 是流过基极电流 I_b 的 β 倍，即 $I_c = \beta I_b$。

图 5-6 所示为验证三极管电流放大作用的实验电路，这种电路接法称为共发射极电路。其中，直流电压源 V_{cc} 应大于 V_{bb}，从而使电路满足放大的外部条件：发射结正向偏置，集电极反向偏置。改变可调电阻 R_b，基极电流 I_b、集电极电流 I_c 和发射极电流 I_e 都会发生变化，由实验测量结果可以得出以下结论：

（1）$I_e = I_b + I_c$（符合克希荷夫电流定理）；

（2）$I_c \approx I_b \times \bar{\beta}$（$\bar{\beta}$ 称为直流电流放大系数，可表征三极管的电流放大能力）；

图 5-6　三极管电流放大作用的实验电路

（3）$\Delta I_c \approx \Delta I_b \times \beta$（$\beta$ 称为交流电流放大系数，可表征三极管的电流放大能力）。

由上可见，三极管是一种具有电流放大作用的模拟器件。在中频区，由于 $\beta \approx \bar{\beta}$，故一般情况下用 β 来表示三极管的电流放大系数。

三、三极管的输入和输出特性

1. 三极管的输入特性

三极管的输入特性是指当集-射极电压 U_{CE} 为常数时，基极电流 I_B 与基-射极电压 U_{BE} 之间的关系曲线。图 5-7 所示为三极管的输入特性曲线。

对硅管而言，当 U_{CE} 超过 1V 时，集电结已经达到足够反偏，可以把从发射区扩散到基区的电子中的绝大部分拉入集电区。如果此时再增大 U_{CE}，只要 U_{BE} 保持不变（从发射区发射到基区的电子数就一定），I_B 也就基本不变。就是说，当 U_{CE} 超过 1V 后的输入特性曲线基本上是重合的。一般地，当三极管处于放大状态时，都用该条曲线来表示。

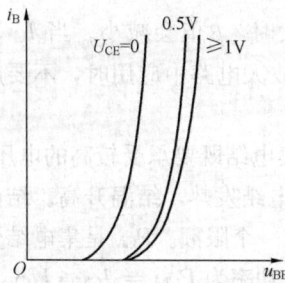

图 5-7　三极管的输入特性曲线

由图 5-7 可见，和二极管的伏安特性一样，三极管的输入特性也有一段死区，只有当 U_{BE} 大于死区电压时，三极管才会出现基极电流 I_B。通常硅管的死区（开启）电压约为 0.5V，锗管约为 0.1V。在正常工作情况下，NPN 型硅管的发射结电压 U_{BE} 为 0.6～0.7V，PNP 型锗管的发射结电压 U_{BE} 为 $-0.3～-0.2$V。

2. 三极管的输出特性

三极管的输出特性是指当基极电流 I_B 一定时，集电极电流 I_C

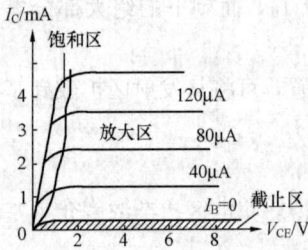

图 5-8　三极管的输出特性曲线

与集-射极电压 U_{CE} 之间的关系曲线。在不同的 I_B 下，可得出不同的曲线，所以三极管的输出特性是一组曲线。图 5-8 所示三极管的输出特性曲线。

通常把输出特性曲线分为三个工作区：

（1）放大区：输出特性曲线中近于水平部分的是放大区。在放大区，$I_C \approx I_B \times \bar{\beta}$，由于在不同 I_B 下电流放大系数近似相等，所以放大区也称为线性区。三极管要工作在放大区，发射结必须处于正向偏置，集电结则应处于反向偏置，对硅管而言应使 $U_{BE} > 0$，$U_{BC} < 0$。

（2）截止区：$I_B = 0$ 的曲线以下的区域称为截止区。实际上，对 NPN 硅管而言，当 $U_{BE} < 0.5V$ 时即已开始截止，但是为了使三极管可靠截止，常使 $U_{BE} \leqslant 0V$，此时发射结和集电结均处于反向偏置。此时管压降 U_{CE} 最大，接近电源电压。

（3）饱和区：输出特性曲线的陡直部分和纵坐标所围成的区域是饱和区，此时 I_B 的变化对 I_C 的影响较小，放大区的 $I_C \approx I_B \times \bar{\beta}$ 不再适用于饱和区。在饱和区，$U_{CE} < U_{BE}$，发射结和集电结均处于正向偏置。此时管电压降 U_{CE} 最小，为饱和管电压降 U_{CES}。

四、三极管的参数

三极管的参数是评价三极管的性能优劣和选用三极管的依据，也是设计和调试三极管电路时不可缺少的数据。因此，熟悉三极管参数的定义和物理意义是非常必要的。三极管的参数很多，其主要参数有以下几种。

1. 共发射极电流放大系数

前面已经分析过，$\bar{\beta} \approx \dfrac{I_C}{I_B}$，$\beta \approx \dfrac{\Delta I_C}{\Delta I_B}$ 两者含义不同，但数值差异很小。一般认为 $\beta \approx \bar{\beta}$。在模拟电子技术中，常用的电流放大系数主要是共发射极的交流电流放大系数 β。管子的 β 值可以在手册上查到，选用时 β 值太小，电流放大作用差；β 值太大，管子的工作稳定性差；应根据实际情况酌情选择。值得注意的是，由于三极管极间电容的存在，其电流放大能力将随着频率的升高而逐渐下降，直至为零。

2. 极间反向电流

（1）集电极基极间反向饱和电流 I_{CBO}：指发射极开路时，集电结的反向饱和电流。

（2）集电极发射极间的反向饱和电流 I_{CEO}

$$I_{CEO} = (1 + \beta)I_{CBO}$$

3. 极限参数

（1）集电极最大允许电流 I_{CM}：由于 β 的大小与 I_C 有关，I_C 增大时，β 值会减小。当 $I_C \geqslant I_{CM}$ 时，虽然管子不至于损坏，但 β 值已明显减小。因此，三极管在放大电路中应用时，不要超过 I_{CM}。

（2）集电极最大允许功率损耗 P_{CM}：三极管工作在放大状态时，集电结既要承受较高的电压，又要流过较大的电流，因此，在集电结上要消耗一定的功率，导致集电结发热，结温升高。结温过高，管子性能变差，甚至烧坏管子，因此，需对集电结耗散功率规定一个限额。P_{CM} 是集电结受热而引起管子参数变化不超过规定值时，集电结耗散的最大功率。最大功率为 $P_{CM} = I_{CM} \cdot U_{CEM}$

（3）反向击穿电压：

$V_{(BR)CBO}$——发射极开路时的集电结反向击穿电压。

$V_{(BR)EBO}$——集电极开路时发射结的反向击穿电压。

$V_{(BR)CEO}$——基极开路时集电极和发射极间的击穿电压。

五、温度对三极管的影响

1. 温度对输入/输出特性的影响

温度升高，输入特性曲线左移；输出特性曲线上移。

2. 温度对参数的影响

（1）对 β 值的影响：β 随温度的升高而增大。

（2）对发射结电压 U_{BE} 的影响：和二极管的正向特性一样，温度每上升 1℃，U_{BE} 将下降 2～2.5mV。

（3）对反向饱和电流 I_{CBO} 的影响：I_{CBO} 是由少数载流子的漂移运动形成的，它与温度有很大的关系。温度每上升 10℃，I_{CBO} 将增大一倍。

综上所述，随着温度的升高，三极管的 β 值增大，集电极电流 I_C 升高，这对三极管放大作用有很大影响。实际使用中要采取相应措施（如加装散热片等）来克服温度的影响。

六、三极管的识别与检测

1. 三极管外形的识别

（1）直观标识法。三极管的类型有 NPN 型和 PNP 型两种。可根据管子外壳标注的型号来判别是 NPN 型还是 PNP 型。在三极管型号命名中，第二部分字母 A、C 表示 PNP 型管，B、D 表示 NPN 型管；而 A、B 表示锗材料；C、D 表示硅材料。三极管的型号和命名方法，与二极管的型号及命名方法相同。例如，3AX 为 PNP 型低频小功率管；3BX 为 NPN 型低频小功率管；3CG 为 PNP 型高频小功率管；3DG 为 NPN 型高频小功率管；3AD 为 PNP 型低频大功率管；3DD 为 NPN 型低频大功率管；3CA 为 PNP 型高频大功率管；3DA 为 NPN 型高频大功率管。另外，目前市场上广泛使用的 9011～9018 系列高频小功率 9012、9015 为 PNP 型，其余为 NPN 型。对于三极管类型一般可按型号查阅晶体管手册，了解其类型情况。三极管有基极（B），集电极（C）和发射极（E）三个电极，常用三极管电极排列有 E-B-C，B-C-E，C-B-E，E-C-B 等几种形式。

（2）特征标识法。有些三极管用结构特征标识来表示某一电极。例如，高频小功率管 3DGl2、3DG6 的外壳有一小凸起标识，该凸起标识旁引脚为发射极；金属封装低频大功率管 3DD301、3AD6C 的外壳为集电极等。

2. 晶体管的检测

万用表欧姆挡判别法：选用万用表欧姆挡 $R×1k$ 挡。

首先，判定基极 b。用万用表黑表笔碰触某一极，再用红表笔依次碰触另外两个电极，并测得两电极间阻值。若两次测得电阻均很小（为 PN 结正向电阻值），则黑表笔对应为基极且此管为 NPN 型；或者两次测得电阻值均很大（为 PN 结反向电阻值），但交换表笔后再用黑笔去碰触另两极，也测量两次，若两次阻值也很小，则原黑表笔对应为管子基极，且此管为 PNP 型。

其次，判别集电极和发射极。其原理是把三极管接成基本放大电路，利用测量管子的电流放大倍数值 β 的大小，来判定集电极和发射极。

以 NPN 管为例说明，基极确定后，不管基极，用万用表两表笔分别接另两电极，用 100kΩ 的电阻一端接基极，另一端接万用表黑表笔，若表针偏转角度较大，则黑表笔对应为集电极，红表笔对应为发射极。也可用手捏住基极与黑表笔（但不能使两者相碰），以人体电阻代替 100kΩ 电阻的作用（对于 PNP 型，手捏红表笔与基极）。

再次，判别硅管与锗管。根据硅材料 PN 结正向电阻较锗材料大的特点，可用万用表欧姆 R

×1k 挡测定，若测得 PN 结正向阻值约为 3～10kΩ，则为硅材料管；若测得正向阻值约为 50～1kΩ，则为锗材料管。或测量发射结（集电结）反向电阻值，若测得反向阻值约为 500kΩ，则为硅材料管；若测得反向阻值约为 100kΩ，则为锗材料管。

【技能实训 1】 三极管的识别与检测

三极管具有三个电极，两个 PN 结。根据半导体所用材料可以分为两种——PNP 型和 NPN 型。通过用万用表检测各电极间正、反向电阻值的大小，可以判别出三极管的好坏及各个电极。

一、实训目标
(1) 能借助资料读懂三极管的型号及极性；
(2) 能用万用表简易测出三极管的各电极及质量好坏；
(3) 增强专业意识，培养良好的职业道德和职业习惯。

二、实训设备与器件
(1) 万用表（MF47 型或 DT9204 型一块）。
(2) 三极管（3DG6、3DG12、3CG12、9011、9013 若干）。

三、实训内容与步骤
1. 查阅资料，认识三极管的型号，填表 5-1。

表 5-1　　　　　　　　　　二极管各部分的含义

型号	第一部分	第二部分	第三部分	第四部分
3DG6				
3CG12				

2．三极管各电极及质量判别

(1) 外观判别三极管的各电极。常用中小功率三极管有金属圆壳和塑料封装（半柱形）等外形，图 5-9 介绍了三种典型的管极排列方式。

(2) 用万用表测量晶体管的各电极及质量好坏。可以把晶体管的结构看作两个背靠背的 PN 结，对 NPN 型来说基极是两个 PN 结的公共阳极；对 PNP 型管来说基极是两个 PN 结的公共阴极，分别如图 5-10 所示。

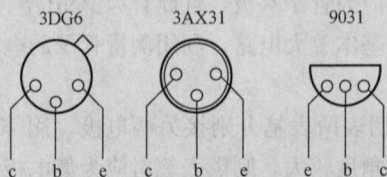

图 5-9　常用三极管管极排列

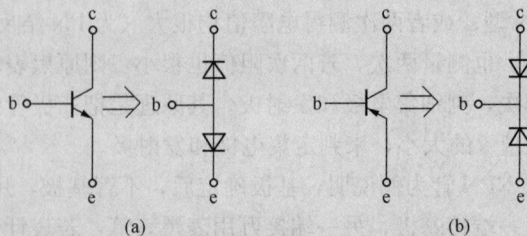

图 5-10　晶体管结构示意图
(a) NPN 型；(b) PNP 型

1）管形与基极的判别。

万用表置电阻挡，量程选 1k 挡（或 $R\times100$），将万用表任一表笔先接触某一个电极——假定的公共极，另一表笔分别接触其他两个电极，当两次测得的电阻均很小（或均很大），则前者所接电极就是基极；如两次测得的阻值一大、一小，相差很多，则前者假定的基极有错，应更换其他电极重测。

根据上述方法，可以找出公共极，该公共极就是基极 b，若公共极是阳极，该管属 NPN 型管，反之则是 PNP 型管。

2）发射极与集电极的判别。

为使三极管具有电流放大作用，发射结需加正向偏置，集电结需加反向偏置，如图5-11中（a）、（b）所示。

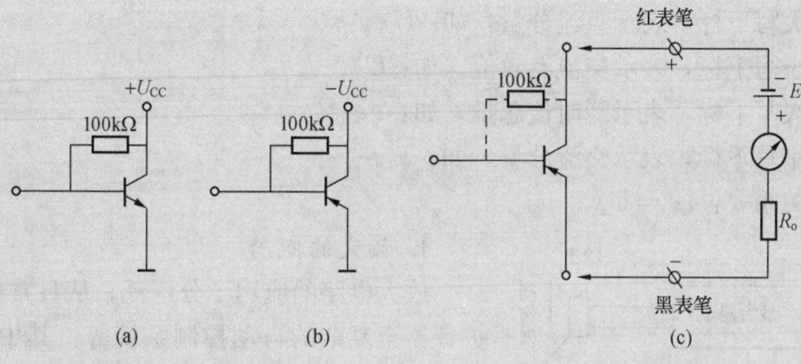

图 5-11 晶体管的偏置情况与集电极 c、发射极 e 的判别

(a) NPN 型；(b) PNP 型；(c) 晶体管集电极 c、发射极 e 的判别

当三极管基极 b 确定后，便可判别集电极 c 和发射极 e，同时还可以大致了解穿透电流 I_{CEO} 和电流放大系数 β 的大小。

以 PNP 型管为例，若用红表笔（对应表内电池的负极）接集电极 c，黑表笔接 e 极，（相当 c、e 极间电源正确接法），如图 5-11 (c) 所示，这时万用表指针摆动很小，它所指示的电阻值反映管子穿透电流 I_{CEO} 的大小（电阻值大，表示 I_{CEO} 小）。如果在 c、b 间跨接一只 $R_B=100k\Omega$ 电阻，此时万用表指针将有较大摆动，它指示的电阻值较小，反映了集电极电流 $I_C=I_{CEO}+\beta I_B$ 的大小，且电阻值减小愈多表示 β 愈大。如果 c、e 极接反（相当于 c-e 间电源极性反接）则三极管处于倒置工作状态，此时电流放大系数很小（一般小于1），于是万用表指针摆动很小。因此，比较 c-e 极两种不同电源极性接法，便可判断 c 极和 e 极。同时还可大致了解穿透电流 I_{CEO} 和电流放大系数 β 的大小，如万用表上有 h_{FE} 插孔，可利用 h_{FE} 来测量电流放大系数 β。

四、实训注意事项

(1) 检测三极管的各电极及质量好坏时，万用表的欧姆挡倍率不宜选得过低，也不能选择 $R\times10k$。

(2) 测量时，手不要碰到引脚，以免人体电阻的介入影响到测量的准确性。

(3) 由于三极管的伏安特性是非线性的，用万用表的不同电阻挡测量三极管的电阻时，会得到不同的电阻值。

任务2 基本放大电路

一、放大电路的基本概念

放大电路正常工作时，电路中既有直流信号也有交流信号，为交直流信号共存。为分析表述方便，对电路中信号表述符号做如下规定：

大写字母、大写下标，表示直流分量，如：U_A。

大写字母、小写下标，表示交流有效值，如：U_a。

小写字母、大写下标，表示瞬时值总量，如：u_A。

小写字母、小写下标，表示交流分量，如：u_a。

它们之间的关系式：$u_A = U_A + u_a$。

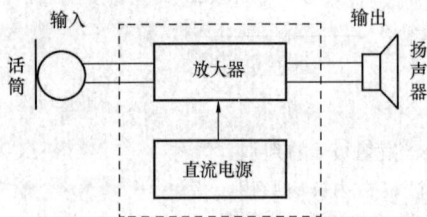

图 5-12 扩音器原理框图

1. 放大的概念

放大电路的应用十分广泛，从日常使用的收音机、扩音器至复杂的自动控制系统等，其中都有各种各样的放大电路。就简单扩音器而言，原理框图如图 5-12 所示。话筒将微弱的声音转换为电信号，电信号经放大电路放大为足够大得信号后，驱动扬声器发出比原来大得多的声音。扬声器获得的能量远大于话筒输出的能量。

那么扬声器增加的能量是从哪里来的呢？实际上，放大器不可能产生能量，它只能在话筒输出信号的控制下，把直流电源的电能转化为负载所需要的能量，所以，放大电路的本质是能量的控制和转换。另外，所谓放大作用，其放大的对象是变化量。放大只有在不失真的前提下才有意义。

2. 基本放大电路的组成及工作原理

单管共发射极（以下简称单管共射）放大电路是放大电路中最基本的单元电路。下面将以基本共射放大电路为例，介绍放大电路的组成及工作原理。

（1）基本共射放大电路的组成。图 5-13 所示为基本共射放大电路。电路中晶体管 VT 起放大作用，是电路的核心元件。电源 V_{CC} 同基极电阻 R_b 和集电极电阻 R_c 配合，使得晶体管工作于放大区，同时为晶体管提供合适的基极电流。集电极电阻 R_c 的另一个作用是将晶体管集电极电流的变化转换成电压的变化，送至输出端。电容 C_1、C_2 称为耦合电容，起隔离直流、传送交流的作用。R_L 为电路负载电阻。

（2）基本共射放大电路的工作原理。放大电路的输入端加上交流电压 u_i 后，使晶体管基极和发射极间电压 u_{BE} 由 U_{BE}

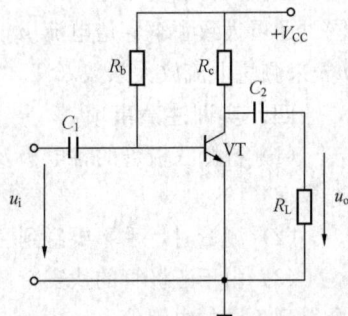

图 5-13 基本共射放大电路

变为 $U_{BE}+u_i$，从而使基极电流 i_B 发生变化，由 I_B 变为 I_B+i_b。由于晶体管工作在放大区，集电极电流 i_c 由 I_C 变为 $I_C+i_c=I_C+\beta i_b$。集电极电流流过 R_c，使 R_c 两端电压发生变化，从而使晶体管集-射间电压 u_{CE} 由 $U_{CE}=U_{CC}-R_c I_C$ 变为 $u_{CE}=U_{CC}-R_c(I_C+\beta i_b)=U_{CE}-R_c i_c$。$u_{CE}$ 经过 C_2 隔直后，在输出端得到交流输出电压 $u_o=-R_c i_c=-R_c\beta i_b$。负号表示输出与输入信号相反，如果参数设置合适就可得到比输入电压 u_i 大得多的输出电压 u_o。

$$u_i \xrightarrow{C_1} u_{be} \to i_b \to i_c(\beta i_b) \to i_c R_c \to u_c \xrightarrow{C_2} u_o$$

（3）放大电路的组成原则。

1）外加电压保证晶体管工作在放大区（发射结正偏、集电结反偏）；

2）输入信号要能传送到放大电路的输入回路中（能改变发射结电压）；

3）输出信号要能传送到放大电路的输出端。

3. 放大电路的主要性能指标

放大电路性能指标用以衡量和描述放大电路性能的优劣，下面对主要性能指标进行介绍。图 5-14 所示为放大电路示意图。

（1）放大倍数。放大倍数也称为增益，是衡量放大电路放大能力的最主要的指标。常用的有电压放大倍数、电流放大倍数和功率放大倍数，其定义如下：

电压放大倍数 $\dot{A}_u=\dot{U}_o/\dot{U}_i$ (5-1)

电流放大倍数 $\dot{A}_i=\dot{I}_o/\dot{I}_i$

功率放大倍数 $A_p=P_o/P_i$

（2）输入电阻 R_i。输入电阻 R_i 是衡量放大电路从信号源获取信号能力的指标，是从放大电路输入端看进去的等效电阻。其定义为输入电压与输入电流之比

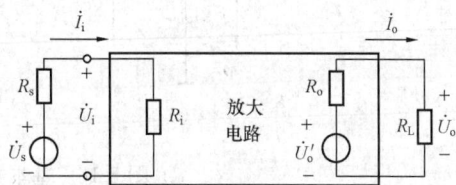

图 5-14 放大电路示意图

$$R_i=\dot{U}_i/\dot{I}_i \tag{5-2}$$

通常希望放大电路的输入电阻越大越好，R_i 越大说明放大电路对信号源索取的电流越小，消耗在信号源内阻上的电压就越小，放大电路获取信号的能力就越强。

（3）输出电阻 R_o。输出电阻 R_o 是衡量放大电路带负载的能力的指标，是从放大电路输出端看进去的等效电阻。R_o 的大小可以利用戴维南定理求得：当输入端信号短路、输出端负载开路时，在输出端外加一正弦电压，得到相应的电流，二者之比即输出电阻。R_o 大表明放大电路带负载的能力差，反之则强。

（4）通频带。放大电路的放大倍数 A_f 是频率的函数，在低频段和高频段放大倍数 A_f 都要下降。将 A_f 与频率的关系曲线称为放大电路的幅频特性曲线。以交流电压放大倍数 A_u 为例，如图 5-15 所示。当 A_u 下降到中频电压放大倍数 A_{um} 的 $1/\sqrt{2}$（即 $0.7A_{um}$）时，相应的频率 f_L 称为下限截止频率，f_H 称为上限截止频率。f_L 与 f_H 间频率范围称为放大电路的通频带，用 f_{bw} 表示

$$f_{bw}=f_H-f_L$$

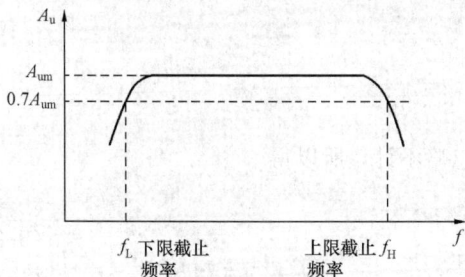

图 5-15 放大电路的通频带

通频带是衡量放大电路对不同频率输入信号

响应能力的指标。一般来说，通频带越宽越好。

二、放大电路的基本分析方法

1. 放大电路的两种工作状态

（1）静态。当放大电路的输入信号为零时，电路中各处的电压和电流只含有恒定的直流分量，其瞬时值不变，此时的工作状态称为静态。静态时晶体管的基极电流、集电极电流、基极与发射极之间电压和集电极与发射极之间的电压分别记为 I_{BQ}、I_{CQ}、U_{BEQ}、U_{CEQ}，这些电流、电压的数值可用晶体管特性曲线上的一个确定的点表示，故称为静态工作点，用 Q 表示。

静态时，直流电流流通的路径称为直流通路。画直流通路的原则如下：

1）电容视为开路；

2）电感线圈视为短路。

基本共射放大电路的直流通路如图 5-16（a）所示。

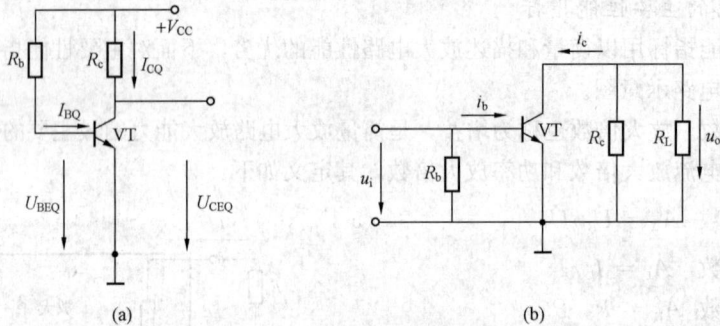

图 5-16 基本共射放大电路的交直流通路
(a) 直流通路；(b) 交流通路

（2）动态。当放大电路的输入信号不为零时，电路既有直流分量也有交流分量，此时的工作状态称为动态。

动态时交流电流流通的路径称为交流通路。一般用交流通路来研究放大电路的动态性能。画交流通路的原则如下：

1）电容视为短路；

2）直流电源视为短路。

基本共射放大电路的交流通路如图 5-16（b）所示。

2. 放大电路的静态分析

（1）静态工作点的近似估算。由图 5-16（a）所示电路，据 KVL 可得：

由输入回路　$V_{CC} = U_{BEO} + I_{BQ}R_b$

由输出回路　$V_{CC} = I_{CQ}R_c + U_{CEQ}$

由电流分配的关系　$I_{CQ} = \beta I_{BQ}$

解得　$I_{BQ} = (V_{CC} - U_{BEQ})/R_b$

因为发射结正偏时 $U_{BEQ} \approx 0.7V$ 或者 $0.3V$，可忽略不计，所以得

$$I_{BQ} \approx V_{CC}/R_b$$

$$I_{CQ} = \beta I_{BQ} \tag{5-3}$$

$$U_{CEQ} = V_{CC} - I_{CQ}R_c \tag{5-4}$$

由此得到 Q 点的值。

（2）图解法。图解法是依据电路中晶体管的输入/输出特性曲线，在已知电路各参数的情况下，通过作图分析放大电路工作情况的一种工程处理方法。图解法分析静态的任务时，用作图的方法确定放大电路的静态工作点，从而得到静态工作点的值。由于晶体管的输入特性曲线不易准确测得，器件手册通常只给出晶体管的输出特性曲线，在此只讨论图解法在输出特性曲线上确定静态工作点的方法。图5-17所示为静态图解法。图解法分析电路的静态步骤如下：

1）由直流通路估算出 I_{BQ}。

2）在晶体管输出特性曲线上做出直流负载线。放大电路输出回路 U_{CE} 与 I_C 间满足 $U_{CE} = V_{CC} - I_C R_c$ 方程，此为一直线方程，称直流负载线方程。直流负载线与纵轴和横轴分别交于 $(0, V_{CC}/R_c)$ 和 $(V_{CC}, 0)$ 两点，连接此两点即可得直流负载线。直流负载线斜率为 $-1/R_c$，集电极负载电阻 R_c 越大，则直流负载线越平坦；R_c 越小，则直流负载线越陡。

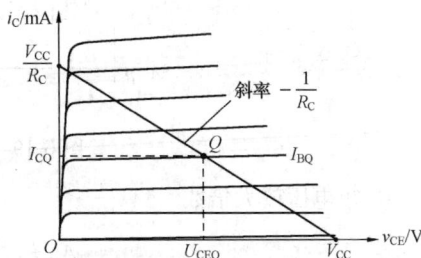

图5-17 静态图解法

3）确定静态工作点，直流负载线与 I_{BQ} 对应的输出特性曲线交点即为静态工作点 Q。Q 点的纵坐标值为 I_{CQ}，横坐标值为 U_{CEQ}。

3. 放大电路的动态分析

放大电路的动态分析方法有微变等效电路法和图解法两种。放大电路在小信号输入时，晶体管可近似认为工作在线性放大区，采用微变等效电路法分析较为方便。图解法可更直观反映放大电路的动态工作情况。

（1）微变等效电路法。

1）晶体管微变等效电路。晶体管是非线性器件，分析复杂。为便于分析计算，输入为小信号且工作点 Q 设置合适时，可将晶体管工作点附近的微小范围内特性曲线线性化。这时可将晶体管用一个线性网络来等效，这就是微变等效电路法。晶体管微变等效电路如图5-18所示。

晶体管的 B、E 之间可用 r_{be} 等效代替，C、E 之间可用一受控电流源 $i_c = \beta i_b$ 等效代替。r_{be} 称为晶体管基极输入电阻，常用以下经验公式估算

$$r_{be} = r_{bb}' + (1+\beta)\frac{26mV}{I_{EQ}} = 300 + (1+\beta)\frac{26mV}{I_{CQ}mA} \tag{5-5}$$

r_{bb}' 为基区体电阻，为计算方便如不特别指出，均取 $r_{bb}' = 300\Omega$。

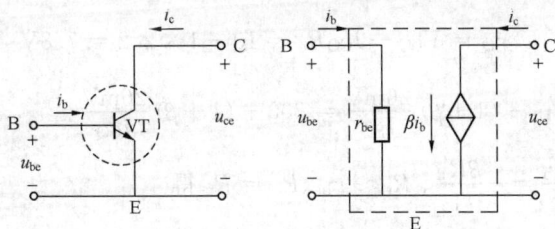

图5-18 晶体管微变等效电路

2）用微变等效电路法分析放大电路。用微变等效电路法分析放大电路的主要步骤如下：

a）画放大电路的交流通路；

b）画放大电路微变等效电路；

c）求放大电路的主要性能指标（电压放大倍数、输入电阻和输出电阻）。

下面以图 5-13 所示基本共射放大电路为例，说明如何用微变等效电路法分析放大电路性能。图 5-16（b）所示交流通路的微变等效电路如图 5-19 所示。

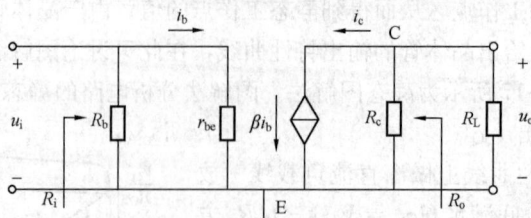

图 5-19　交流通路的微变等效电路

a）求电压放大倍数

$$A_u = \frac{u_o}{u_i} = \frac{-\beta R'_L i_b}{r_{be} i_b} = -\frac{\beta R'_L}{r_{be}}$$

式中，$R'_L = R_C \mathbin{/\!/} R_L$，负号表示输出电压与输入电压反相。

b）求输入电阻 R_i

$$R_i = \frac{u_i}{i_i} = R_b \mathbin{/\!/} r_{be}$$

当 $R_b \gg r_{be}$ 时，$R_i \approx r_{be}$。

c）求输出电阻 R_o。

放大电路的输出电阻是当输入端信号短路、输出端负载开路时，从放大电路输出端看进去的等效电阻。从图可知

$$R_o = R_c$$

【例 5-1】　电路如图 5-13 所示，已知 C_1、C_2 足够大，$\beta = 50$，$r'_{bb} = 300\Omega$，$R_b = 490\text{k}\Omega$，$R_c = R_L = 2.2\text{k}\Omega$，$V_{cc} = 10\text{V}$，试求：（1）估算 Q 点的值；（2）求 A_u、R_i 和 R_o。

解　放大电路交直流通路和微变等效电路如图 5-16 和图 5-19 所示：

（1）由公式 $I_{BQ} \approx V_{CC}/R_b$、$I_{CQ} = \beta I_{BQ}$、$U_{CEQ} = V_{CC} - I_{CQ} R_c$ 得

$$I_{BQ} \approx V_{CC}/R_b = 10/490 \approx 20\mu\text{A}$$

$$I_{CQ} = \beta I_{BQ} = 20 \times 50 = 1\text{mA}$$

$$U_{CEQ} = V_{CC} - I_{CQ} R_c = 10 - 1 \times 2.2 = 7.8\text{V}$$

（2）由公式 $r_{be} = r'_{bb} + (1+\beta)\dfrac{26\text{mV}}{I_{EQ}} = 300 + (1+\beta)\dfrac{26\text{mV}}{I_{CQ}}$

$A_u = \dfrac{u_o}{u_i} = \dfrac{-\beta R'_L i_b}{r_{be} i_b} = -\dfrac{\beta R'_L}{r_{be}}$、$R_i \approx r_{be}$，$R_o = R_c$ 得

$$r_{be} \approx r'_{bb} + (1+\beta)\frac{26\text{mV}}{I_{CQ}} = 300 + 51 \times \frac{26\text{mV}}{1\text{mA}} = 1.6\text{k}\Omega$$

$$A_u = -\frac{\beta R'_L}{r_{be}} = -\frac{50 \times (2.2 \mathbin{/\!/} 2.2)}{1.6} \approx -34.4$$

$$R_i \approx r_{be} = 1.6\text{k}\Omega$$

$$R_o = R_c = 2.2\text{k}\Omega$$

（3）图解法。动态时放大电路中的电量是直流量和交流量的叠加，因此对动态进行分析应在

静态分析的基础上进行。分析可知，u_{CE} 与 i_c 间满足 $u_{CE} = U_{CEQ} + u_{ce} = U_{CEQ} - i_c R'_L$（其中 $R'_L = R_L /\!/ R_c$），此为一直线方程，称交流负载线。当外加输入信号为零时，放大电路相当于静态时的情况，可见交流负载为过 Q 点、斜率为 $-1/R'_L$ 的直线。因此只要通过 Q 点作一条斜率为 $-1/R'_L$ 的直线，即可得交流负载线。由于 R'_L 小于 R_c，因此，通常交流负载线比直流负载线更陡。当输入电压为正弦波时，若静态工作点设置合适且输入信号幅值较小时，图解法分析动态工作情况如图 5-20 所示。

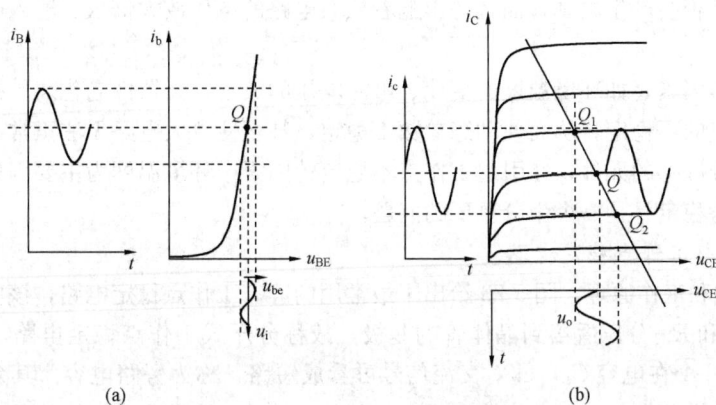

图 5-20 图解法分析动态情况
(a) 输入回路波形；(b) 输出回路波形

图 5-20 中清晰可见，放大电路中各电压和电流都围绕各自静态值随输入正弦波按正弦规律变化。晶体管的工作点围绕静态工作点 Q 在交流负载线上 Q_1 和 Q_2 间上下移动。输出波形和输入波形反相。u_o 的幅值大于 u_i 的幅值，这就实现了电压放大。从图 5-20 中读出 u_o 和 u_i 的幅值，两值之比即为电压放大倍数。

当静态工作点设置不合适，或者信号幅度过大时，晶体管工作进入非线性区，使输出波形发生失真，这种失真称非线性失真。

当 Q 点过低时，在输入信号的负半周，工作点进入截止区，由此产生的失真称为截止失真。截止失真如图 5-21 所示。此时在输入信号的负半周，i_c 产生底部失真。由于输出信号与输入信号反相，因此输出信号 u_o 产生顶部失真。

Q 点过高时，在输入信号的正半周，工作点进入饱和区，由此产生的失真称饱和失真。饱和失真如图 5-22 所示。此时在输入信号的正半周，i_c 产生顶部失真。由于输出信号与输入信号反相，因此导致输出信号 u_o 产生底部失真。

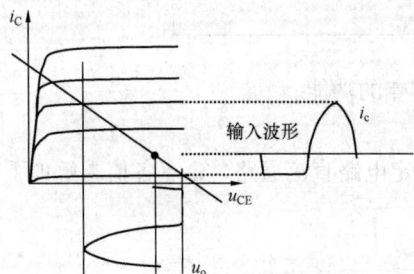

图 5-21 Q 点过低产生的截止失真

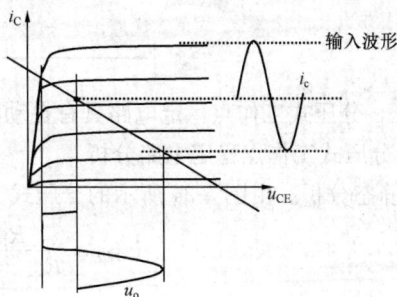

图 5-22 Q 点过高产生的饱和失真

因此，为减小非线性失真，静态工作点应设置在放大区内交流负载线的中点。当静态工作点 Q 设置不合适产生失真时，一般通过基极电阻 R_b 进行调整。R_b 减小，I_{BQ} 增大，Q 点上移，可减小截止失真；相反 R_b 增大，I_{BQ} 减小，Q 点下移，可减小饱和失真。

三、放大电路静态工作点的稳定

1. 静态工作点稳定的必要性

通过前面的分析可知，静态工作点的取值对放大电路的正常工作至关重要。静态工作点不但决定了放大电路是否会产生失真，而且还影响着放大电路的电压放大倍数、输入电阻、输出电阻等动态参数。

实际中有许多因素，如环境温度的变化、电源电压的波动、元器件老化及更换晶体管等，都会导致静态工作点的不稳定，从而使动态参数不稳定，甚至使放大电路无法正常工作。晶体管作为一种对温度十分敏感的元件，在引起工作点不稳定的因素中环境温度为主要因素。因此，如何使静态工作点保持稳定，是一个十分重要的问题。

2. 典型的静态工作点稳定电路

（1）电路组成和工作原理。图 5-23 给出了最常用的静态工作点稳定电路，该电路的直流电源 V_{CC} 通过电阻 R_{b1} 和 R_{b2} 分压后接到晶体管的基极，故称分压式工作点稳定电路。晶体管发射极接电阻 R_e 且并联一个在电容 C_e，C_e 对交流信号可看成短路，称为旁路电容。其余部分电路结构与基本共射放大电路相同。

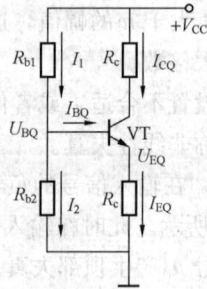

图 5-24 所示为分压式工作点稳定电路的直流通路，通常 $I_1 \gg I_B$，所以 $I_2 = I_1 - I_B \approx I_1$，因此 $U_{BQ} \approx \dfrac{R_{b2}}{R_{b1}+R_{b2}} V_{CC}$。可见，当电路参数确定后，$U_{BQ}$ 基本固定，与温度无关。其工作点稳定过程如下：

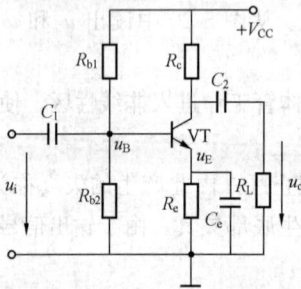

图 5-23　常用的静态工作点稳定电路　　图 5-24　分压式工作点稳定电路的直流通路

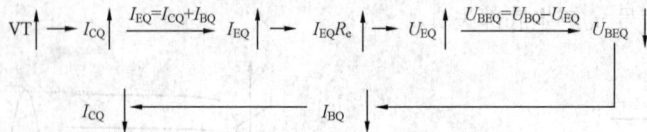

$$VT\uparrow \to I_{CQ}\uparrow \xrightarrow{I_{EQ}=I_{CQ}+I_{BQ}} I_{EQ}\uparrow \to I_{EQ}R_e \to U_{EQ}\uparrow \xrightarrow{U_{BEQ}=U_{BQ}-U_{EQ}} U_{BEQ}\downarrow$$

可见，分压式工作点稳定电路具有自动稳定工作点的功能。

（2）分压式工作点稳定电路分析。

1）静态分析。由图 5-24 所示的分压式工作点稳定电路直流通路，Q 点各值求解如下

$$U_{BQ} \approx \frac{R_{b2}}{R_{b1}+R_{b2}} V_{CC}$$

$$I_{CQ} \approx I_{EQ} = \frac{U_{BQ}-U_{BEQ}}{R_e} \approx \frac{U_{BQ}}{R_e}$$

$$U_{CEQ} \approx V_{CC} - (R_c + R_e) I_{CQ}$$

2）动态分析。分压式工作点稳定电路交流通路和微变等效电路分别如图 5-25 和图 5-26 所示。

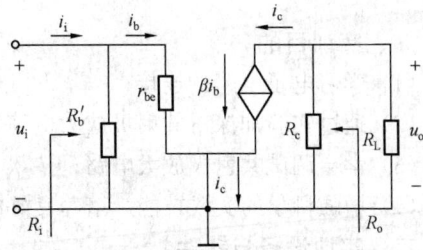

图 5-25　分压式工作点稳定电路的交流通路　　　图 5-26　分压式工作点稳定电路的微变等效电路

由分压式工作点稳定电路微变等效电路可得

$$u_o = -\beta(R_c /\!/ R_L)i_b = -\beta R'_L i_b$$

$$u_i = r_{be} i_b$$

$$A_u = \frac{u_o}{u_i} = -\frac{\beta R'_L}{r_{be}}$$

$$R_i \approx r_{be}$$

$$r_o = R_c$$

【例 5-2】　电路如图 5-23 所示，已知 $V_{CC} = 12V$，$R_{b1} = 40k\Omega$、$R_{b2} = 20k\Omega$、$R_e = 2k\Omega$、$R_c = R_L = 2.5k\Omega$、$\beta = 50$，求①静态工作点各值；②动态时 A_u、R_o、R_i。

解　由分压式工作点稳定电路的相关公式可得

（1）静态工作点各值如下

$$U_{BQ} \approx \frac{R_{b2}}{R_{b1} + R_{b2}} V_{CC} = \frac{20}{40 + 20} \times 12 = 4V$$

$$I_{CQ} \approx \frac{U_{BQ}}{R_e} = \frac{4V}{2k\Omega} = 2mA$$

$$U_{CEQ} \approx V_{CC} - (R_c + R_e) I_{CQ} = 12V - (2.5k\Omega + 2k\Omega) \times 2mA = 3V$$

$$I_{BQ} = \frac{I_{CQ}}{\beta} = \frac{2mA}{50} = 0.04mA$$

（2）动态时 A_u、R_o、R_i 如下

$$r_{be} = r'_{bb} + \frac{26mV}{I_{BQ}} = 300 + \frac{26mV}{0.04mA} = 0.95k\Omega$$

$$A_u = \frac{\beta R'_L}{r_{be}} = -\frac{50 \times (2.5 /\!/ 2.5)}{0.95} \approx -65.8$$

$$R_i \approx r_{be} = 0.95k\Omega$$

$$r_o = R_c = 2.5k\Omega$$

【技能实训 2】 共射极单管放大器的制作与调试

一、实训目的

(1) 学习电子电路的连接；

(2) 通过实验加深对共射极放大电路工作原理的理解；

(3) 学会调试共射极放大电路；

(4) 增强科学的实践技能，培养良好的职业道德和思维习惯。

二、实训设备与器件

(1) 实训电路板 1 块。

(2) 双踪示波器 1 台。

(3) 函数信号发生器 1 台。

(4) 频率计 1 台。

(5) 万用表 1 块，直流毫安表 1 块，导线若干。

三、实训内容

实验前首先识别与检测元器件，若有元器件损坏，请说明情况。在实验箱上按图 5-27 连接好电路。

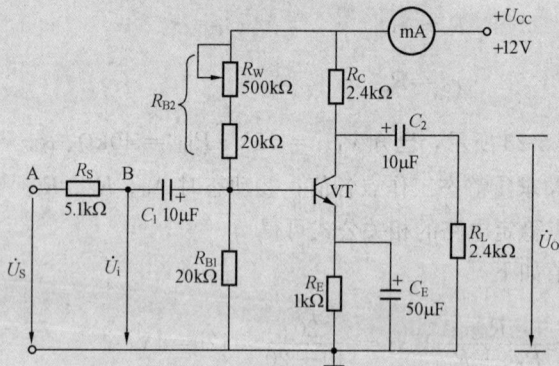

图 5-27 共射极单管放大器实验电路

1. 调试静态工作点

接通直流电源前，先将 R_W 调至最大，函数信号发生器输出旋钮旋至零。接通 +12V 电源、调节 R_W，使 $I_C = 2.0mA$（即 $U_E = 2.0V$），用直流电压表测量 U_B、U_E、U_C 及用万用表测量 R_{B2} 值，记入表 5-2。

表 5-2   三极管静态参数测量（当 $I_C = 2mA$）与计算

测　量　值				计　算　值		
U_B/V	U_E/V	U_C/V	$R_{B2}/k\Omega$	U_{BE}/V	U_{CE}/V	I_C/mA

2. 测量电压放大倍数

在放大器输入端加入频率为 1kHz 的正弦信号 u_S，调节函数信号发生器的输出旋钮使放大器输入电压 $U_i \approx 10mV$，同时用示波器观察放大器输出电压 u_o 波形，在波形不失真的条件下用交流毫伏表测量下述三种情况下的 U_o 值，并用双踪示波器观察 u_o 和 u_i 的相位关系，记入表 5-3。

表 5-3　　　　电压放大倍数测量（$I_c = 2.0mA$，$U_i = 10mV$）

$R_C/k\Omega$	$R_L/k\Omega$	U_o/V	A_V	观察记录一组 u_o 和 u_1 波形
2.4	∞			
1.2	∞			
2.4	2.4			

3. 观察静态工作点对电压放大倍数的影响

置 $R_C = 2.4k\Omega$，$R_L = \infty$，U_i 适量，调节 R_W，用示波器监视输出电压波形，在 u_o 不失真的条件下，测量数组 I_C 和 U_o 值，记入表 5-4。

表 5-4　　　静态工作点对电压放大倍数的影响（$R_C = 2.4k\Omega$，$R_L = \infty$，$U_i = \underline{\quad} mV$）

I_C/mA				2.0			
U_O/V							
A_V							

测量 I_C 时，要先将信号源输出旋钮旋至零（即 $U_i = 0$）。

4. 观察静态工作点对输出波形失真的影响

置 $R_C = 2.4k\Omega$，$R_L = 2.4k\Omega$，$u_i = 0$，调节 R_W 使 $I_C = 2.0mA$，测出 U_{CE} 值，再逐步加大输入信号，使输出电压 u_o 足够大但不失真。然后保持输入信号不变，分别增大和减小 R_W，使波形出现失真，绘出 u_o 的波形，并测出失真情况下的 I_C 和 U_{CE} 值，记入表 5-5 中。每次测 I_C 和 U_{CE} 值时都要将信号源的输出旋钮旋至零。

表 5-5　　静态工作点对输出波形失真的影响（$R_C = 2.4k\Omega$，$R_L = \infty$，$U_i = \underline{\quad} mV$）

I_C/mA	U_{CE}/V	u_o 波形	失真情况	管子工作状态
2.0				

5. 测量最大不失真输出电压

置 $R_C=2.4\text{k}\Omega$，$R_L=2.4\text{k}\Omega$，按照实验原理 3 中所述方法，同时调节输入信号的幅度和电位器 R_W，用示波器和交流毫伏表测量 U_{OPP} 及 U_O 值，记入表 5-6。

表 5-6　　　　测量最大不失真输出电压（$R_C=2.4\text{k}\Omega$，$R_L=2.4\text{k}\Omega$）

I_C/mA	U_{im}/mV	U_{om}/V	U_{OPP}/V

6. 测量输入电阻和输出电阻

置 $R_C=2.4\text{k}\Omega$，$R_L=2.4\text{k}\Omega$，$I_C=2.0\text{mA}$。输入 $f=1\text{kHz}$ 的正弦信号，在输出电压 u_o 不失真的情况下，用交流毫伏表测出 U_S，U_i 和 U_L 记入表 5-7。

保持 U_S 不变，断开 R_L，测量输出电压 U_o，记入表 5-7。

表 5-7　　　测量输入电阻和输出电阻（$I_c=2\text{mA}$，$R_c=2.4\text{k}\Omega$，$R_L=2.4\text{k}\Omega$）

U_S/mV	U_i/mV	$R_i/\text{k}\Omega$		U_L/V	U_O/V	$R_o/\text{k}\Omega$	
		测量值	计算值			测量值	计算值

7. 测量幅频特性曲线

取 $I_C=2.0\text{mA}$，$R_C=2.4\text{k}\Omega$，$R_L=2.4\text{k}\Omega$。保持输入信号 u_i 的幅度不变，改变信号源频率 f，逐点测出相应的输出电压 U_O，记入表 5-8。

表 5-8　　　　　　测量幅频特性曲线（$U_i=$ ___ mV）

	f_l	f_o	f_n
f/kHz			
U_O/V			
$A_V=U_O/U_i$			

为了使信号源频率 f 取值合适，可先粗测一下，找出中频范围，然后再仔细读数。

四、实训注意事项

(1) 在关电情况下连接和改接电路。

(2) 示波器、实验板和电源要共地，以减小干扰。

(3) 用万用表之前要进行电阻挡调零，作为电压表和电流表使用时要注意调节挡位、量程及极性。

(4) 调整输入信号大小时注意进行衰减挡位选择。

五、实训思考

(1) 能否用直流电压表直接测量晶体管的 U_{BE}？为什么实验中要采用测 U_B、U_E，再间接算出 U_{BE} 的方法？

(2) 怎样测量 R_{B2} 阻值？

(3) 当调节偏置电阻 R_{B2}，使放大器输出波形出现饱和或截止失真时，晶体管的管电压降 U_{CE} 怎样变化？

（4）改变静态工作点对放大器的输入电阻 R_i 是否有影响？改变外接电阻 R_L 对输出电阻 R_O 是否有影响？

（5）在测试 A_V，R_i 和 R_O 时怎样选择输入信号的大小和频率？

为什么信号频率一般选 1kHz，而不选 100kHz 或更高？

（6）测试中，如果将函数信号发生器、交流毫伏表、示波器中任一仪器的两个测试端子接线换位（即各仪器的接地端不再连在一起），将会出现什么问题？

六、写实训报告书

任务3　多级放大电路

单级放大电路的放大倍数较小，在实际电子线路中很难满足要求，这就需要把若干个单级放大电路按照一定的方式连接起来，组成多级放大电路，对信号进行多级放大。多级放大电路组成框图如图 5-28 所示。

图 5-28　多级放大电路组成框图

组成多级放大电路的每一个基本放大电路称为一级，级与级之间的连接称为耦合。多级放大电路的耦合方式有四种：直接耦合、阻容耦合、变压器耦合、光电耦合。变压器耦合因变压器很笨重，已很少采用，在此不做介绍。

1. 阻容耦合

多级放大电路中，前级输出端通过电容连接后一级的输入端，称为阻容耦合。图 5-29 所示为两级阻容耦合放大电路。

（1）优点。

1）电容具有隔直流作用，使各级直流通道相互独立、互不影响；

2）只要耦合电容足够大，则信号能够顺利地近似无衰减地加到后一级。

（2）缺点。

1）由于耦合电容对缓慢变化的交流信号容抗较大，使信号损失也较大，因此不适合传送低频率的信号；

2）在集成电路中制造大容量电容很困难，因此阻容耦合不适用于集成电路。

图 5-29　阻容耦合两级放大电路

2. 直接耦合

直接耦合是将前一级的输出端直接（或经过电阻）接到下一级的输入端。

（1）优点。

1）既能放大交流信号，也能放大直流信号和低频率信号；

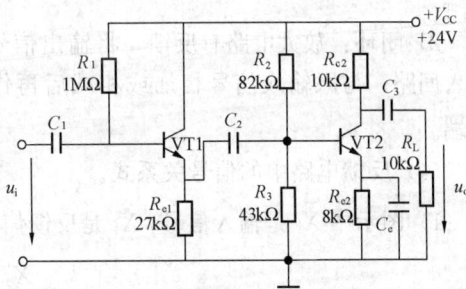

2）便于集成，集成电路都采用直接耦合方式。

（2）缺点。

1）前后级间工作点相互影响，要合理安排各级直流电平，电路的分析设计和调试都较复杂；

2）零点漂移，即由于各种原因导致放大电路的静态工作点不稳定，在输入信号为零时，各种不稳定的干扰经逐级放大，致使输出电压不为零。零点漂移问题的解决将在后面章节中详细介绍。

3. 光电耦合

两级间通过发光器件和光敏器件耦合的称为光电耦合，如图 5-30 所示。

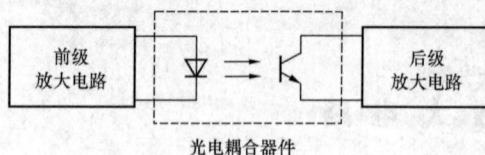

图 5-30 光电耦合

（1）优点。发光元件为输入回路，将电能转换为光能。光敏元件为输出回路，将光能转换为电能，实现了两部分电路间的电气隔离，从而有效地抑制电干扰。

（2）缺点。光电耦合器件受温度影响较大，电路热稳定性较差。

任务 4　放大电路中的负反馈

一、反馈的基本概念

（1）反馈：将放大器输出量（电压或电流）的一部分或全部通过一定方式的网络（称反馈网络）回馈送到输入回路，与输入信号串联或并联，从而影响电路性能的一种电路技术。

（2）反馈的方框图与组成：如图 5-31 所示，反馈信号的传输是反向传输。

组成：由单级或多级放大器构成的基本放大器，及由无源网络（通常为 R 和 C）构成的反馈网络组成。

（3）常用术语。

1）开环：放大电路无反馈，信号的传输只能从输入端到输出端。

2）闭环：放大电路有反馈，将输出信号送回到放大电路的输入回路，与原输入信号相加或相减后再作用到放大电路的输入端。

图 5-31　反馈方框图

（4）反馈电路中的信号关系式。

1）图示中 $\dot{X}_i$ 是输入信号，$\dot{X}_f$ 是反馈信号，$\dot{X}_i'$ 称为净输入信号。所以有

$$\dot{X}_i' = \dot{X}_i - \dot{X}_f$$

2）反馈系数：$\dot{F} = \dfrac{\dot{X}_f}{\dot{X}_o}$ 表明反馈量中包含了多少输出量，所以 $|\dot{F}| \leqslant 1$，当 $|\dot{F}| = 1$ 称为全反馈。

3）开环增益：$\dot{A} = \dfrac{\dot{X}_o}{\dot{X}_i'}$。

4）闭环增益：$\dot{A}_f = \dfrac{\dot{X}_o}{\dot{X}_i} = \dfrac{\dot{A}}{1 + \dot{A}\dot{F}}$ 其中 $1 + \dot{A}\dot{F}$ 称为反馈深度，而 $\dot{A}\dot{F}$ 称为环路增益。当

$|\dot{A}\dot{F}|\gg 1$，则有 $\dot{A}_{\mathrm{f}}\approx\dfrac{1}{F}$，可见 $\dot{A}_{\mathrm{f}}$ 与 $\dot{A}$ 无关，仅与无源网络的元件值有关，其稳定性提高是显然的。

二、反馈的类型与作用

（1）负反馈和正反馈。

负反馈：加入反馈后，净输入信号 $|\dot{X}'_{\mathrm{i}}|<|\dot{X}_{\mathrm{i}}|$，输出幅度下降。

作用：从不同方面改善放大电路的性能指标，对 A_{u}、R_{i}、R_{o} 有影响。

正反馈：加入反馈后，净输入信号 $|\dot{X}'_{\mathrm{i}}|>|\dot{X}_{\mathrm{i}}|$，输出幅度增加。

作用：正反馈提高了增益，常用于波形发生器。

（2）交流反馈和直流反馈。

直流反馈：反馈信号只有直流成分。

作用：能够稳定静态工作点。

交流反馈：反馈信号只有交流成分。

作用：从不同方面改善动态技术指标，对 A_{u}、R_{i}、R_{o} 有影响。

交直流反馈：反馈信号既有交流成分又有直流成分。

（3）电压反馈和电流反馈：从放大器输出端的取样物理量来看，反馈量是取自电压还是电流。

电压反馈：反馈信号采样输出电压，大小与输出电压成比例。

作用：能够稳定放大电路的输出电压，改变电路的输出电阻。

电流反馈：反馈信号采样输出电流，大小与输出电流成比例。

作用：能够稳定放大电路的输出电流，改变电路的输出电阻。

（4）串联反馈和并联反馈：从输入端的连接方式，判断反馈是串联还是并联。

串联反馈：反馈信号与输入信号加在放大电路输入回路的两个电极上，此时反馈信号与输入信号是电压相加减（即串联）的关系。

作用：能够增大电路的输入电阻。

并联反馈：反馈信号加在放大电路输入回路的同一个电极，此时反馈信号与输入信号是电流相加减（即并联）的关系。

作用：能够减小电路的输入电阻。

三、反馈类型的判断

1. 有无反馈的判断

（1）判断是否有元件把输出和输入连接在一起；

（2）判断输入回路和输出回路是否有公共支路；若有，说明有反馈；否则，没有反馈。

2. 反馈类型的判断

（1）正、负反馈的判断：采用瞬时极性法来判断。

1）在输入端，先假定输入信号的瞬时极性；可用"＋"、"－"或"↑"、"↓"表示；

2）根据放大电路各级的组态，决定输出量与反馈量的瞬时极性；

3）最后观察引回到输入端反馈信号的瞬时极性，若使净输入信号增强，为正反馈，否则为负反馈。

（2）直、交流反馈的判断：根据反馈网络中的元件进行判断。

1）若反馈网络无动态元件（通常为电容），则反馈信号交、直流并存；

2）若反馈网络有电容串联，则只有交流反馈；

3）若反馈网络有电容并联，则只有直流反馈。

（3）电压反馈和电流反馈的判断：根据反馈信号在输出端的取样方式进行判断。

方法一：看输出信号与反馈信号是否都接在输出三极管的同一个电极。

1）电压反馈：输出信号与反馈信号接在三极管的同一个电极；

2）电流反馈：输出信号与反馈信号没有接在三极管的同一个电极。

方法二：将输出电压"短路"，若反馈回来的反馈信号为零，则为电压反馈；若反馈信号仍然存在，则为电流反馈。

（4）串联反馈和并联反馈的判断：根据在输入端反馈信号与输入信号的比较方式进行判断。

方法一：看反馈信号与输入信号是否都加在输入三极管的同一个电极。

1）串联反馈：反馈信号与输入信号没有加在输入三极管的同一个电极；

2）并联反馈：反馈信号与输入信号加在输入三极管的同一个电极。

方法二：将反馈节点对地短接，若输入信号仍能送入放大电路，则反馈为串联反馈，否则为并联反馈。

四、负反馈放大电路的四种基本组态

1. 负反馈四种基本组态

电压串联负反馈、电压并联负反馈、电流串联负反馈、电流并联负反馈。

2. 四种负反馈组态电路及组态的判断

（1）电压串联负反馈，电路如图 5-32 所示。

1）表现形式：输出和反馈均以电压的形式出现。

2）组态分析：在放大器输出端，采样输出电压，反馈量与 $\dot{V}_o$ 成正比，为电压反馈；在放大器输入端，信号以电压形式出现，$\dot{V}_f$ 与 $\dot{V}_i$ 相串联，为串联反馈。

3）判断方法：对图 5-32 所示电路，根据瞬时极性法判断，经 R_f 加在发射极 E_1 上的反馈电压为"＋"，与输入电压极性相同，且加在输入回路的两点，故为串联负反馈。反馈信号与输出电压成比例，是电压反馈。后级对前级的这一反馈是交流反馈，同时 R_{e1} 上还有第一级本身的负反馈。

（2）电流串联负反馈，电路如图 5-33 所示。

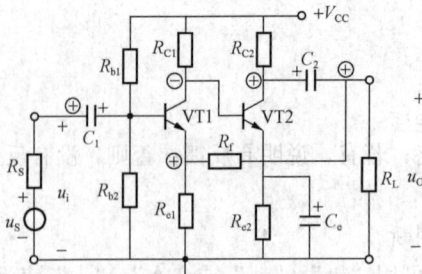

图 5-32　电压串联负反馈组态电路　　图 5-33　电流串联负反馈组态电路

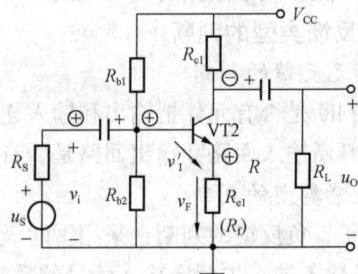

1）表现形式：输出采样输出电流，而反馈量则以电压的形式出现。

2）组态分析：是共射基本放大电路将 C_e 去掉而构成。在放大器输出端，采样输出电流，反馈元件 R_e 上的反馈量 与电流 $\dot{I}_o$ 成正比，为电流反馈；在放大器输入端，信号以电压形式出现，

$\dot{V}_f$ 与 $\dot{V}_i'$ 相串联，为串联反馈。

3）判断方法：对图 5-33 所示电路，反馈电压从 R_e 上取出，根据瞬时极性和反馈电压接入方式，可判断为串联负反馈。因输出电压短路，反馈电压仍然存在，故为串联电流负反馈。

（3）电压并联负反馈，电路如图 5-34 所示。

1）表现形式：输出采样输出电压，而反馈量则以电流的形式出现。

2）组态分析：在放大器输出端，采样输出电压，反馈元件 R_f 上的反馈量与电压 $\dot{V}_o$ 成正比，为电压反馈；在放大器输入端，信号以电流形式出现，$\dot{I}_f$ 与 $\dot{I}_i$ 相并联，为并联反馈。

3）判断方法：因反馈信号与输入信号在一点相加，为并联反馈。根据瞬时极性法判断，为负反馈，且为电压负反馈。因为并联反馈，在输入端采用电流相加减，即为电压并联负反馈。

（4）电流并联负反馈，电路如图 5-35 所示。

1）表现形式：输出和反馈均以电流的形式出现。

2）组态分析：在放大器输出端，采样输出电流，反馈元件 R_e 上的反馈量与电流 $\dot{I}_o$ 成正比，为电流反馈；在放大器输入端，信号以电流形式出现，$\dot{I}_f$ 与 $\dot{I}_i$ 相并联，为并联反馈。

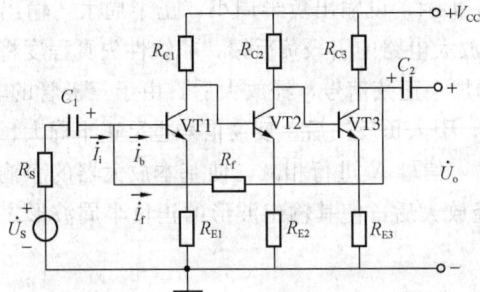

图 5-34　电压并联负反馈组态电路　　　图 5-35　电流并联负反馈组态电路

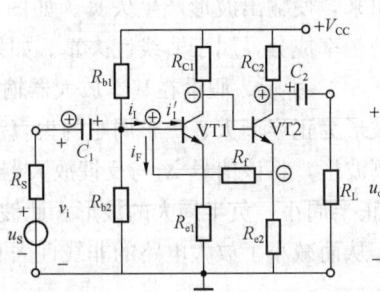

3）判断方法：因反馈信号与输入信号在一点相加，为并联反馈。根据瞬时极性法判断，为负反馈，且因输出电压短路，反馈电压仍然存在。因为并联反馈，在输入端采用电流相加减，即为电流并联负反馈。

五、负反馈对放大器性能的影响

1. 负反馈对放大倍数的影响

（1）负反馈使放大倍数下降。根据负反馈基本方程，不论何种负反馈，都可使反馈放大倍数下降 $|1+AF|$ 倍，只不过不同的反馈组态 AF 的量纲不同而已。但以此为代价换来了放大器许多性能的改善，而且改善程度均与反馈深度相关。

（2）负反馈使放大倍数稳定性提高。

引入负反馈后，A_f 的相对变化只是 A 相对变化的 $1/（1+AF）$。在负反馈条件下，放大倍数的稳定性也得到了提高。对 A_f 求导

$$dA_f = \frac{(1+AF)\cdot dA - AF\cdot dA}{(1+AF)^2} = \frac{dA}{(1+AF)^2}$$

$$\frac{dA_f}{A_f} = \frac{1}{(1+AF)}\cdot\frac{dA}{A}$$

有反馈时，增益的稳定性比无反馈时提高了 $（1+AF）$ 倍。

2. 负反馈对输入和输出电阻的影响

负反馈对输入电阻的影响与反馈加入的方式（即反馈信号与输入信号的比较方式）有关，即与串联反馈或并联反馈有关，而与电压反馈或电流反馈无关。

负反馈对输出电阻的影响与反馈采样的方式（及反馈信号采样输出信号的方式）有关，即与电压反馈或电流反馈有关，而与串联反馈或并联反馈无关。

（1）对输入电阻的影响：串联负反馈使输入电阻增加；并联负反馈使输入电阻减小。

（2）对输出电阻的影响：电压负反馈能稳定输出电压，使输出具有恒压特性，因而输出电阻减小；电流负反馈能稳定输出电流，使输出具有恒流特性，因而输出电阻增大。

3. 负反馈对通频带的影响

放大电路加入负反馈后，增益下降，但通频带却加宽了。

有反馈时的通频带为无反馈时的通频带的（$1+AF$）倍。

4. 负反馈对非线性失真的影响

负反馈能够减小放大电路的非线性失真。我们知道，在小信号条件下，由于动态工作范围很小，非线性的三极管可视为线性器件。在大信号的情况下，工作范围扩大，三极管的非线性就明显表现出来，使输出波形产生失真。如图 5-36 所示，设输出负半周小，正半周大，输出信号产生了新的频率成分，属于非线性失真。如果自放大电路中引入负反馈，非线性失真程度将明显减小，如图 5-37 所示。假设在基本放大器输入端加一正弦信号，经放大后，由于三极管的非线性，使输出波形为正半周大、负半周小的失真波形，引入负反馈后，反馈信号也是正半周大、负半周小的失真波形，将该信号 X_f 与反馈放大器的输入信号 X_i 进行相减，使基本放大器的净输入信号 X_i' 成为正半周小、负半周大的波形。此波形经放大后，使其输出波形的正负半周波形之间的差异减小，从而减小了放大电路的非线性失真。

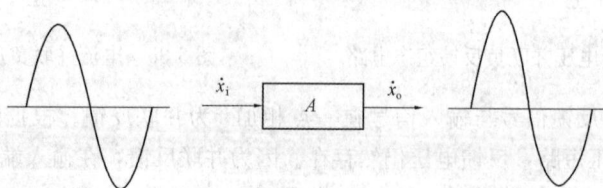

图 5-36　无反馈时的输出

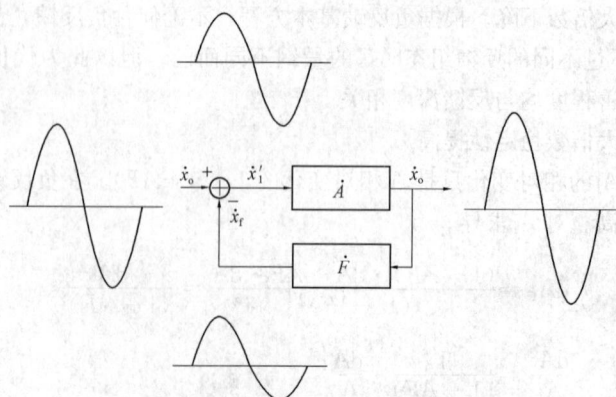

图 5-37　有反馈时的输出

但需注意的是：上述分析只适用于非线性失真不十分严重时，如果放大电路出现严重的饱和或截止失真，则负反馈就无能为力。同时，负反馈只能改善反馈环内产生的非线性失真，对输入信号本身的失真不起作用。

5．负反馈对放大电路内部噪声的影响

在放大电路中，由于各种元器件内部载流子运动的不规则，使各元器件上存在杂乱无章变化的电流和电压，造成输出端有噪声输出。例如，收音机未收到电台时，扬声器中有"沙沙"的声音。放大电路引入负反馈后，输出端的有用信号和输出端的噪声一样受到负反馈放大器放大倍数减小的影响，下降 $\frac{1}{1+AF}$ 倍。但是对有用输出信号的衰减，可以通过增加输入信号的幅度来弥补，而放大电路的内部噪声没变。利用这个方法可以减小放大电路输出端噪声对有用信号的影响。

六、放大电路中引入负反馈的一般原则

负反馈能改善放大电路的性能，前提是正确引入负反馈。根据前面介绍的关于负反馈类型、作用和特点的知识，可以总结出一些正确引入负反馈的原则：

（1）稳定工作点应引入直流负反馈，要改善动态性能应引入交流负反馈。

（2）要稳定输出电压，应采用电压负反馈；要稳定输出电流，应采用电流负反馈。

（3）要增大放大电路的输出电阻，应引入电流负反馈；要减小放大电路的输出电阻，应引入电压负反馈。

（4）要增大放大电路的输入电阻，应引入串联负反馈；要减小放大电路的输入电阻，应引入并联负反馈。

（5）信号源内阻很大时，引入并联负反馈效果好；信号源内阻很小时，引入串联负反馈效果好。

【技能实训3】　两级负反馈放大器的制作与调试

一、实训目的
（1）熟悉电子电路的连接。

（2）通过实验加深对多级放大电路及引入负反馈作用的理解。

（3）进一步提高对放大电路的调试。

（4）提升实践技能，培养良好的职业道德和思维习惯。

二、实训设备与器件
（1）实训电路板1块。

（2）双踪示波器1台。

（3）函数信号发生器1台。

（4）频率计1台。

（5）万用表1块，直流毫安表1块，导线若干。

三、实训内容与步骤
在实验箱上按图5-38连接好电路。

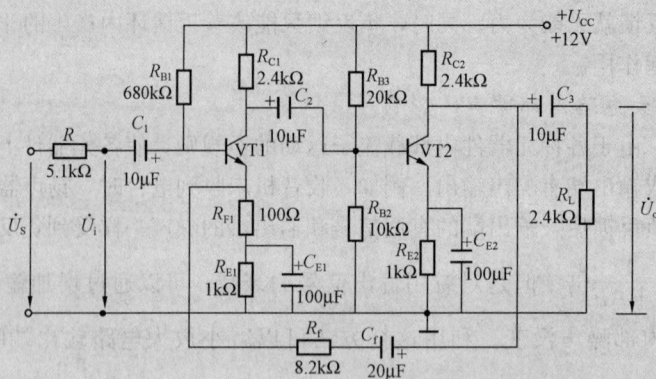

图 5-38　带有电压串联负反馈的两级阻容耦合放大器

1. 测量静态工作点

取 $U_{CC}=+12V$，$U_i=0$，用直流电压表分别测量第一级、第二级的静态工作点，记入表 5-9。

表 5-9　　　　　　　　　　　　测量静态工作点

	U_B/V	U_E/V	U_C/V	I_C/mA
第一级				
第二级				

2. 测试基本放大器的各项性能指标

将实验电路改接，即把 R_f 断开后分别并在 R_{F1} 和 R_L 上，其他连线不动。

测量中频电压放大倍数 A_V，输入电阻 R_i 和输出电阻 R_O。

（1）以 $f=1kHz$，U_S 约 5mV 正弦信号输入放大器，用示波器监视输出波形 u_O，在 u_O 不失真的情况下，用交流毫伏表测量 U_S、U_i、U_L，记入表 5-10。

表 5-10　　　　　　　　　　　测试放大器的各项性能指标

	U_S/mV	U_i/mV	U_L/V	U_O/V	A_V	$R_i/k\Omega$	$R_O/k\Omega$
基本放大器							
负反馈放大器	U_S/mV	U_i/mV	U_L/V	U_O/V	A_{Vf}	$R_{if}/k\Omega$	$R_{Of}/k\Omega$

（2）保持 U_S 不变，断开负载电阻 R_L（注意，R_f 不要断开），测量空载时的输出电压 U_O，记入表 5-9。

3. 测试负反馈放大器的各项性能指标

将实验电路恢复为图 5-38 所示的负反馈放大电路。适当加大 U_S（约 10mV），在输出波形不失真的条件下，测量负反馈放大器的 A_{Vf}、R_{if} 和 R_{of}，记入表 5-9；测量 f_{hf} 和 f_{Lf}，记入表 5-11。

表 5-11	测试负反馈放大器的频率特性		
基本放大器	f_L（kHz）	f_H（kHz）	Δ（kHz）
负反馈放大器	f_{Lf}（kHz）	f_{Hf}（kHz）	Δf_f（kHz）

4. 观察负反馈对非线性失真的改善

（1）实验电路改接成基本放大器形式，在输入端加入 $f=1kHz$ 的正弦信号，输出端接示波器，逐渐增大输入信号的幅度，使输出波形开始出现失真，记下此时的波形和输出电压的幅度。

（2）再将实验电路改接成负反馈放大器形式，增大输入信号幅度，使输出电压幅度的大小与（1）相同，比较有负反馈时，输出波形的变化。

四、实训注意事项

（1）在关电情况下连接和改接电路。

（2）示波器、实验板和电源要共地，以减小干扰。

（3）用万用表之前要进行电阻挡调零，做电压表和电流表使用时要注意调节挡位、量程及极性。

（4）调整输入信号大小时注意进行衰减挡位选择。

五、实训思考

（1）按实验电路 5-38 估算放大器的静态工作点（取 $\beta_1=\beta_2=100$）。

（2）怎样把负反馈放大器改接成基本放大器？为什么要把 R_f 并接在输入和输出端？

（3）估算基本放大器的 A_V、R_i 和 R_O；估算负反馈放大器的 A_{Vf}、R_{if} 和 R_{Of}，并验算它们之间的关系。

（4）如按负反馈估算，则闭环电压放大倍数 $A_{Vf}=$？和测量值是否一致？为什么？

（5）如输入信号存在失真，能否用负反馈来改善？

（6）怎样判断放大器是否存在自激振荡？如何进行消振？

五、写实训报告书

实训报告书见附录。

任务5　功率放大电路

一、功率放大电路概述

1. 功率放大电路的特点

在实际应用电路中，通常要利用放大后的信号去控制某一负载工作。例如，声音信号经扩音器放大后驱动扬声器发声，传感器微弱的感应信号经电路放大后驱动继电器动作等，都需要电路有足够大的功率输出才能实现。一般的，电压放大电路的信号输入幅度小，它所解决的主要问题是电压放大，其输出的功率比较小。而功率放大器的主要目的是把电压放大电路输出的较大电压幅度的电信号进行功率放大，从而向负载提供足够大的功率，因此，功率放大电路不同于电压放大电路，它有如下主要特点：

（1）以输出足够大的功率为主要目的。

（2）大信号工作，通常采用图解分析法。

（3）功率和效率为主要指标。

（4）功率放大管工作在极限状态。

2．功率放大电路的基本要求

功率放大电路不仅要有足够大的电压变化量，还要有足够大的电流变化量，这样才能有足够大的输出功率，推动负载正常工作。因此，对功率放大电路有以下要求。

（1）输出功率要大。功率放大器的主要目的是为负载提供足够大的功率。因此在实际应用时，除了要求选用具有较高工作电压和电流的大功率管子，还要选择适当的功率放大电路。

（2）效率要高。功率放大电路的输出功率是由直流电源提供的。由于功率放大管及电路自身的损耗，电源提供的功率 P_V 一定大于负载获得的功率 P_o，把 P_o 与 P_V 之比称为电路的效率 η。显然，功率放大电路的效率越大越好。

（3）非线性失真要小。由于功率放大电路工作在大信号放大状态，信号的动态工作范围比较大，功率放大管易进入非线性范围工作区。因此，功率放大电路必须想办法解决非线性失真问题，使输出信号的非线性失真尽可能小。

（4）要注意功率放大管的散热保护。

功率放大管工作时消耗的能量会使其温度升高，不但影响其工作性能，甚至会损坏管子。因此，功率放大管要采取散热保护措施。

3．功率放大电路的类型

（1）按电路中三极管的工作状态分为三类。

1）甲类工作状态：静态工作点位于交流负载线的中点，如图 5-39 所示。三极管在信号的整个周期内都处于导通状态，始终有电流流过。特点是在没有输入信号时管子有功耗，效率低，但失真小。理想情况下，最高效率为 50%。

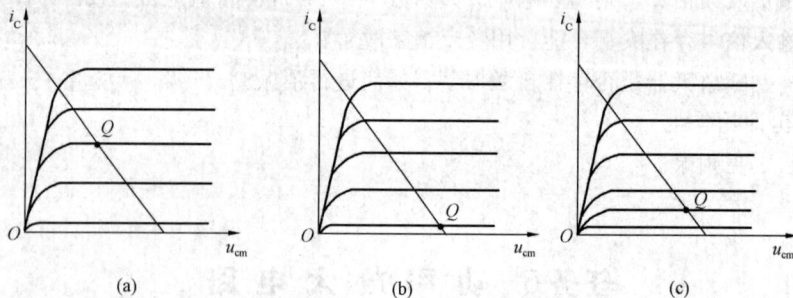

图 5-39　功率放大电路工作状态的分类

(a) 甲类；(b) 乙类；(c) 甲乙类

2）乙类工作状态：静态工作点位于交流负载线和输出特性曲线中 $I_B=0$ 的交点，如图 5-39所示。在信号的一个周期中只有半个周期导通（忽略了死区电压）。特点是在没有输入信号时管子没有功耗，电源不提供功率，效率高，但失真大。理想情况下，最大效率为 78.5%。

3）甲乙类工作状态：静态工作点在交流负载线上略高于乙类工作点，如图 5-39 所示。在信号半个周期以上时间内处于导通状态。特点介于甲、乙类之间。

三种工作状态的比较见表 5-12。

表 5-12　　　　　　　　　　　　　三种工作状态的比较

放大类型	甲类	甲乙类	乙类
输出波形	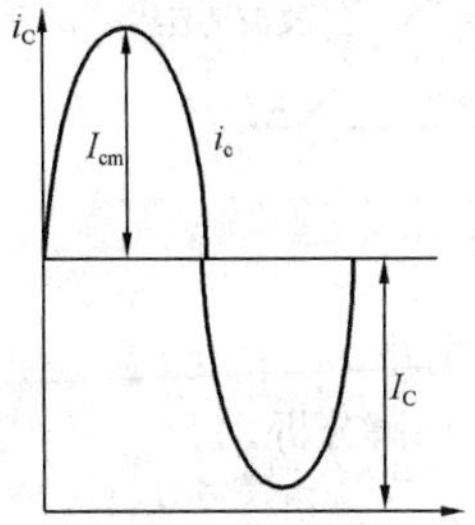	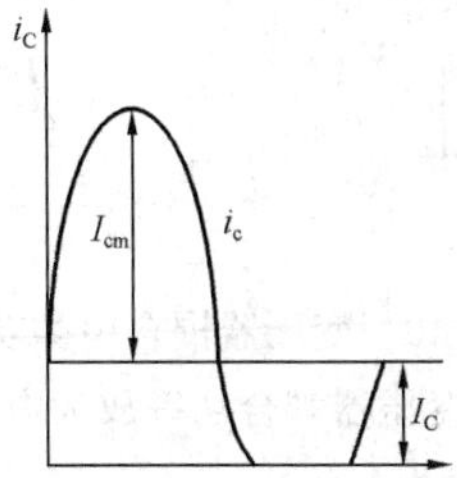	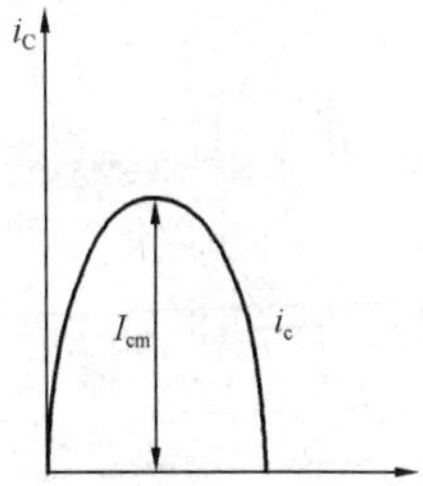
电流 I_C	$I_C \geqslant I_{cm}$	$I_C < I_{cm}$	$I_C \approx 0$
特点	$P_o = U_{cm} I_{cm}/2$ $P_E = U_{CC} I_C$； 信号越大，则 $\eta = P_o/P_V$ 越高；最高可达 50%；效率较低；但输出不易失真	信号越大，输出的失真越严重；但由于 $P_V = U_{CC} I_C$ 降低，所以 η 有所提高	虽然输出功率降低，但 $P_V = U_{CC} I_C$（$I_C \approx 0$）很小，而且管耗 P_T 变得很小，使得 η 大幅度提高；乙类功率放大电路的最高效率可达 78.5%；对输入信号而言，输出已经完全失真

（2）按功率放大电路输出端特点分为四类。

1）有输出变压器功率放大电路：这种电路的优点是可实现阻抗变换，缺点是体积庞大、笨重、消耗有色金属，且效率低，低频和高频特性较差。

2）无输出变压器（又称为 OTL）功率放大电路：此电路用一个大电容代替了变压器，在静态时电容上的电压为 $V_{CC}/2$。由于一般情况下功率放大电路的负载电流很大，电容容量常选为几千微法，且为电解电容。电容容量越大，电路低频特性越好。但是，当电容容量增大到一定程度时，电解电容不再是纯电容，而存在漏阻和电感，使得低频特性不会明显改善。

3）无输出电容器（又称为 OCL）功率放大电路：此电路采用正、负电源交替供电，两个晶体管轮流导通，输出与输入之间双向跟随。静态时两个管子均截止，输出电压为零。

4）桥式无输出变压器（又称为 BTL）功率放大电路：该电路为单电源供电，且不用变压器和大电容。电路由四只特性对称的晶体管组成，静态时管子均处于截止状态，负载上的电压为零。BTL 电路所用管子数量最多，难于做到管子特性理想对称；且管子的总损耗大，使得电路的效率降低；另外，电路的输入和输出均无接地点，因此有些场合不适用。

目前应用较多的是 OTL 和 OCL 电路，且 OCL 电路已集成化，使用时应根据需要合理选择。

二、常见功率放大电路的介绍

1. 变压器耦合功率放大电路

传统的功率放大电路为变压器耦合式电路。如图 5-40（a）所示为单管变压器耦合甲类功率放大电路，因为变压器一次线圈电阻可忽略不计，所以直流负载线是垂直于横轴且过（V_{CC}, 0）的直线，如图 5-40（b）所示。若忽略晶体管基极回路的损耗，则电源提供的功率为 $P_V = I_{CQ} V_{CC}$，此时，电源提供的功率全部消耗在管子上。

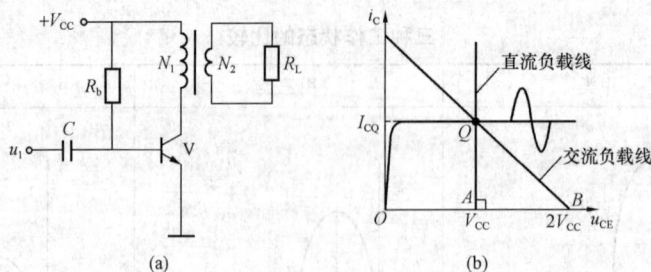

图 5-40　变压器耦合甲类功率放大电路

（a）单管变压器耦合功率放大电路；（b）图解分析

从变压器一次侧向负载方向看的交流等效电阻为

$$R'_L = \left(\frac{N_1}{N_2}\right)^2 R_L$$

故交流负载线的斜率为 $-\frac{1}{R'_L}$ 且过 Q 点，如图 5-40（b）所示。通过调整变压器一次、二次线圈的匝数比 N_1/N_2，实现阻抗匹配，可使交流负载线与横轴的交点约为 $2V_{CC}$。此时，R'_L 较小，交流电流的最大幅值为 I_{CQ}，交流电压的最大幅值约为 V_{CC}。因此，在理想变压器的情况下，最大输出功率为 $P_{OM} = \frac{I_{CQ}}{\sqrt{2}} \cdot \frac{V_{CC}}{\sqrt{2}} = \frac{1}{2} \cdot I_{CQ}V_{CC}$，即三角形 QAB 的面积。当输入正弦波电压时，集电极动态电流的波形如图 5-40（b）所示。在不失真的情况下，集电极电流平均值仍为 I_{CQ}，故电源提供的功率不变，可见电路的最大效率为

$$\eta = \frac{P_{OM}}{P_V} = 50\%$$

由于电源提供的功率不变，因而输入电压为零时，效率也为零；输入电压越大，i_C 幅值越大，负载获得的功率越大，管子的损耗就越小，因而转换效率也就越高。但是，人们通常希望输入信号为零时电源不提供功率，输入信号越大，负载获得的功率也越大，电源提供的功率也随之增大，从而提高效率。为达到此目的，在输入信号为零时，应使管子处于截止状态。而为了使负载上能够获得正弦波，常常需要采用两只管子在信号的正、负半周交替导通，因此产生了变压器耦合乙类推挽功率放大电路，如图 5-41 所示。

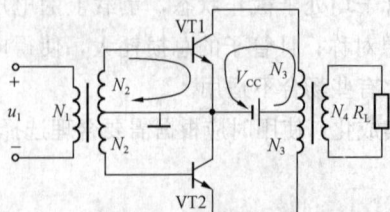

图 5-41　变压器耦合乙类推挽
功率放大电路

在如图 5-41 所示的电路中，设晶体管 b、e 间的开启电压可忽略不计，VT1、VT2 管的特性完全相同，输入电压为正弦波。当输入电压为零时，由于 VT1、VT2 管的发射结电压为零，均处于截止状态，因而电源提供的功率为零，负载上电压也为零，两只管子的管电压降均为 V_{CC}。

当输入信号使变压器二次电压极性为上"＋"下"－"时，VT1 管导通，VT2 管截止，电流如图所示；当输入信号使变压器二次电压极性为上"－"下"＋"时，VT2 管导通，VT1 管截止，这样负载 R_L 上获得正弦波电压，从而获得交流功率。同类型管子 VT1、VT2 在电路中交替导通的方式称

为"推挽"工作方式。

2. OTL 功率放大电路

因变压器耦合功率放大电路笨重、自身损耗大，故选用 OTL 电路，如图 5-42 所示。

OTL 功率放大电路用一个大容量电容取代了变压器，图中 VT1、VT2 类型不同，但特性对称，这样的管子称为"对管"。静态时，前级电路应使基极电位为 $V_{CC}/2$，由于 VT1、VT2 特性对称，发射极电位也为 $V_{CC}/2$，所以电容上电压为 $V_{CC}/2$，极性标注如图 5-42 所示。设电容容量足够大，对交流信号可视为短路，晶体管 b、e 间的开启电压可忽略不计，输入电压为正弦波。输入电压的正半周：$+V_{CC} \rightarrow$ VT1 $\rightarrow C \rightarrow R_L \rightarrow$ 地给 C 充电。输入电压的负半周：电容充当电源，C 的"＋"$\rightarrow$ VT2 $\rightarrow$ 地 $\rightarrow R_L$ $\rightarrow C$ 的"－"，C 放电。由于每只管子构成射极跟随器，输出电压约等于输入电压，从而在负载上获得一个完整的信号输出波形。

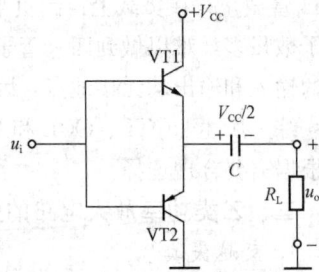

图 5-42 OTL 功率放大电路

一般情况下，功率放大电路的负载电流很大，电容容量常选几千微法，且为电解电容。电容容量越大，电路低频特性越好。但是，当电容容量增大到一定程度时，由于两个极板面积很大且卷制而成，电解电容不再是纯电容，而存在漏阻和电感效应，使得低频特性不会明显改善。

3. OCL 功率放大电路

以上介绍的 OTL 功率放大电路虽然去掉了变压器，但需要一个大的输出电容，这使得电路在低频时容易产生频率失真，而且大容量电容不容易集成化。为满足集成化要求，将大电容去掉，如图 5-43 所示，构成无输出电容的功率放大电路，简称 OCL 电路。

在 OCL 电路中，VT1、VT2 特性对称，且采用双电源供电。静态时，$U_{EQ} = U_{BQ} = 0$。VT1、VT2 均截止，输出电压为零。设晶体管 b、e 间的开启电压可忽略不计，输入电压为正弦波。当输入正半周信号时，VT1 管导通，VT2 管截止，正电源供电，由于电路为射极输出器，故在负载上得到正半周信号输出；当输入负半周信号时，VT2 管导通，VT1 管截止，负电源供电，由于电路为射极输出器，故在负载上得到负半周信号输出。电路实现了 VT1、VT2 交替工作，正、负电源交替供电，输出与输入之间双向跟随。

4. BTL 功率放大电路

在 OCL 电路中采用了双电源供电，虽然就功率放大器而言没有了变压器和大电容，但是在制作负电源时仍需用变压器或带铁心的电感和大电容，所以就整个系统而言未必是最佳方案。为了实现单电源供电，且不用变压器和大电容，可采用桥式推挽功率放大电路，简称 BTL 电路，如图 5-44 所示。

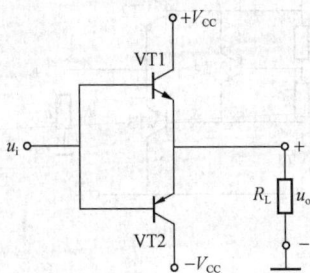

图 5-43 OCL 功率放大电路

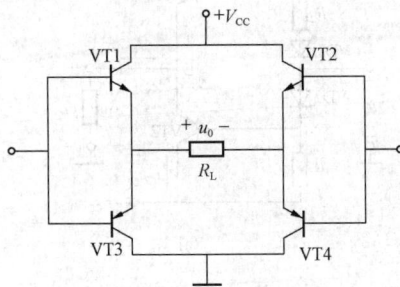

图 5-44 BTL 功率放大电路

图 5-44 中四只管子特性对称，静态时均处于截止状态，负载上电压为零。设晶体管 b、e 间的开启电压可忽略不计，输入电压为正弦波。当输入正半周信号时，VT1、VT4 管导通，VT2、VT3 管截止，在负载上得到正半周信号输出；当输入负半周信号时，VT2、VT3 管导通，VT1、VT4 管截止，在负载上得到负半周信号输出，在负载上获得交流功率。BTL 电路的缺点是所用管子数量多，难以做到四只管子特性理想对称，且管子的总损耗大，必然使得转换效率降低；电路的输入和输出均无接地点，因此有些场合不适用。

综上所述，OTL、OCL 和 BTL 电路中晶体管均工作在乙类状态，它们各有优缺点，使用时应根据需要合理选择。

三、乙类功率放大电路的失真及消除方法

1. 交越失真

工作在乙类状态的放大电路，由于发射结存在"死区"电压，因此当输入信号在正、负半周交替的一段时间内，两管的电流增加很慢，造成输出信号在正、负半周交接处产生波形失真，称为"交越失真"，如图 5-45 所示。

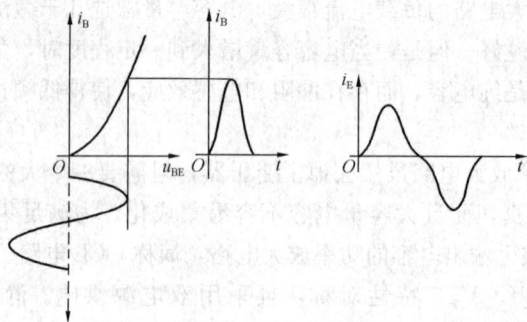

图 5-45 乙类功率放大电路的"交越失真"

2. 交越失真的消除

克服交越失真的措施是避开"死区"电压，静态时，给 VT1 和 VT2 管提供较小的正向偏置电压，使每一个晶体管处于微导通状态。即晶体管工作在甲乙类状态。当输入信号一旦加入，晶体管立即进入线性放大区，从而消除交越失真。

消除交越失真的两种电路，如图 5-46 所示。

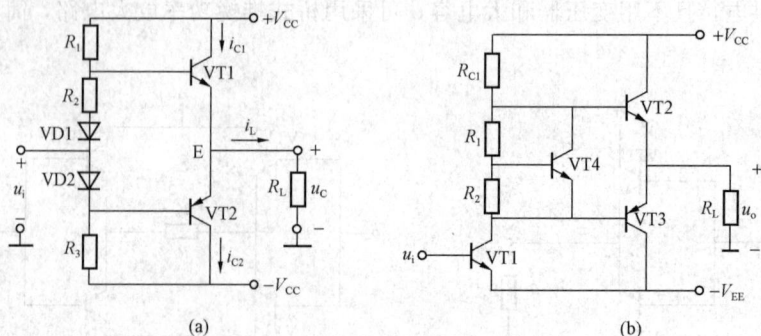

图 5-46 消除交越失真的两种常用电路
(a) 利用二极管提供偏置电压；(b) 利用三极管的 V_{BE} 提供可调偏置

图 5-46(a)是利用二极管的正向导通压降为 VT1 和 VT2 管提供所需偏压，即 $U_{B1B2} = U_{D1} + U_{D2}$。

图 5-46(b)是利用三极管的 V_{BE} 为 VT1 和 VT2 管提供所需偏压，其关系式为

$$U_{BE4} = \frac{R_2}{R_1 + R_2} \cdot U_{B2B3}, U_{B2B3} = \frac{R_1 + R_2}{R_2} \cdot U_{BE4} = \left(1 + \frac{R_1}{R_2}\right) \cdot U_{BE4}$$

调整电阻 R_1、R_2 的阻值，即可得到合适的偏压值，这种方式在集成电路中经常用到。

四、OCL 甲乙类互补对称功率放大电路

1. 电路组成及工作原理

OCL 甲乙类互补对称功率放大电路如图 5-46（a）所示。

静态时，从 $+V_{CC}$ 经过 R_1、R_2、VD1、VD2、R_3 到 $-V_{CC}$ 有一个直流电流，它在 VT1 和 VT2 管两个基极间所产生的电压为 $U_{B1B2} = U_{R2} + U_{D1} + U_{D2}$，使 U_{B1B2} 略大于 VT1 管发射结和 VT2 管发射结开启电压之和，从而使两只管子均处于微导通状态。另外，静态时应调节 R_2，使发射极电位 U_E 为 0，即输出电压 u_O 为 0。

当所加信号按正弦规律变化时，由于 VD1、VD2 的动态电阻很小，而且 R_2 的阻值也很小，所以认为 VT1 和 VT2 管的基极电位的变化近似相等。这样，当 $u_i > 0$ 且逐渐增大时，VT1 管基极电流随之增大，而 VT2 管基极电流随之减小，最后截止，负载电阻上得到正方向的电流。同样道理，当 $u_i < 0$ 且逐渐减小时，VT2 管基极电流随之增大，而 VT1 管基极电流随之减小，最后截止，负载电阻上得到负方向的电流。这样，即使 u_i 很小，总能保证至少有一只晶体管导通，从而消除了交越失真。

2. 计算输出功率、管耗、电源提供的功率及效率

当输入电压足够大，且又不产生饱和失真时，电路的图解分析如图 5-47 所示。由图示可知，电路最大输出电压等于电源电压减去晶体管的饱和电压（B 点所对应的电压），即（$V_{CC} - U_{CES}$）。另外，由图 5-46 可知，负载电阻上通过的电流就是管子的发射极电流。

（1）最大输出功率 P_{om}。电路的输出功率 P_o 为

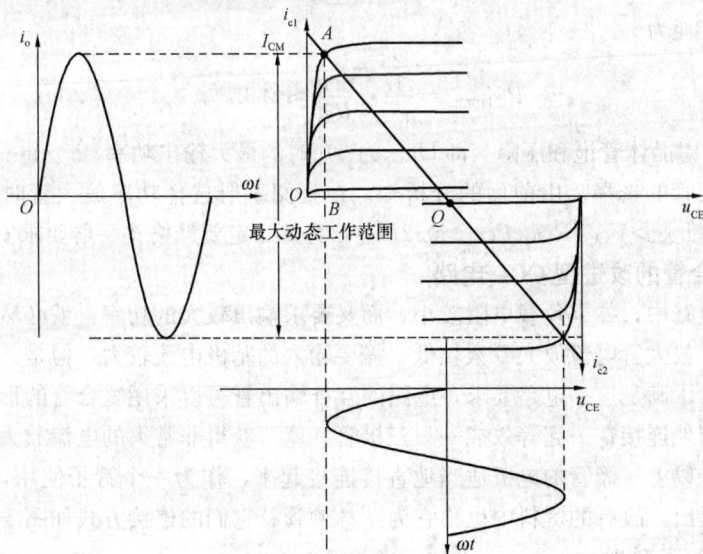

图 5-47　OCL 电路的图解分析

$$P_O = U_O \cdot I_O = \frac{U_{OM}}{\sqrt{2}} \cdot \frac{I_{OM}}{\sqrt{2}} = \frac{1}{2} \cdot U_{OM} \cdot I_{OM} = \frac{1}{2} \cdot \frac{U_{OM}^2}{R_L}$$

式中，U_{OM} 为输出电压的幅值。当输出最大不失真电压时，$U_{OM} = V_{CC} - U_{CES}$，此时输出功率为最大，即

$$P_{om} = \frac{(V_{CC} - V_{CES})^2}{2R_L}$$

理想情况下，$U_{CES} = 0$，此时，$P_{OM} = \frac{V_{CC}^2}{2R_L}$。

（2）管耗 P_T。每只管子的管耗为

$$P_{T1} = \frac{1}{2\pi} \int_0^\pi (V_{CC} - u_o) \frac{u_o}{R_L} d(\omega t) = \frac{1}{R_L} \left(\frac{V_{CC} U_{OM}}{\pi} - \frac{U_{OM}^2}{4} \right)$$

显然当 $U_{OM} = 0$ 时，管子的损耗为零。当 $U_{OM} = V_{CC} - U_{CES}$ 时，管子的损耗为

$$P_{T1} = \frac{1}{R_L} \left[\frac{V_{CC}(V_{CC} - U_{CES})}{\pi} - \frac{(V_{CC} - U_{CES})^2}{4} \right]$$

总管耗为

$$P_T = P_{T1} + P_{T2} = 2P_{T1}$$

（3）直流电源提供的功率 P_V

$$P_V = P_{T1} + P_{T2} + P_O = 2P_{T1} + P_O$$

当 $U_{OM} = V_{CC} - U_{CES}$ 时

$$P_V = \frac{2}{\pi} \cdot \frac{V_{CC}(V_{CC} - U_{CES})}{R_L}$$

（4）效率 η。$\eta = \frac{\pi}{4} \cdot \frac{V_{CC} - U_{CES}}{V_{CC}}$，理想情况下，$U_{OM} \approx V_{CC}$（忽略 U_{CES}）时，$\eta = \frac{\pi}{4} \times 100\%$ $= 78.5\%$ 达到最大。

（5）最大管耗 P_{T1max} 与输出功率的关系。最大管耗不发生在输出功率最大时。由管耗的计算公式知，管耗是输出电压幅值 U_{OM} 的函数，用求极限的方法可求得最大管耗时 $U_{OM} = \frac{2V_{CC}}{\pi} \approx 0.6V_{CC}$，故最大管耗为

$$P_{T1max} = \frac{1}{\pi^2} \cdot \frac{V_{CC}^2}{R_L} \approx 0.2P_{om}'$$

式中，P_{om}' 为不考虑晶体管饱和压降（即 U_{CES} 为 0）时的最大输出功率。

（6）功率放大管的选择。由前面的分析知，在查阅手册选择功率放大管时，应使极限参数 $U_{(BR)CEO} > 2V_{CC}$，$I_{CM} > V_{CC}/R_L$，$P_{CM} > 0.2P_{om}'$，另外一定要严格按手册要求安装散热片。

五、采用复合管的改进型 OCL 电路

在功率放大电路中，如果负载电阻较小，而又要求输出较大的功率，就必然要给负载提供很大的电流。而功率放大管电流放大系数较低，需要输入的基极电流较大，但是，前级电路的输出电流一般较小。为了满足这一电路要求，电路的互补输出管可以采用复合管的形式，将两个或两个以上三极管适当地连接在一起等效成一只三极管，就可获得非常大的电流放大系数。

把两个或两个以上三极管的电极适当地直接连接起来，作为一个管子使用，即成为复合管。复合管由达林顿提出，故有的资料中也称它为达林顿管。它们的连接方式如图 5-48 所示。

1. 复合管的组成原则

（1）把两只三极管连成复合管，必需保障每只管子各极电流都能顺着各个管子的正常工作方

向流动，且复合管各极电流要满足三极管的电流分配关系。

（2）将第一只管子的集电极或发射极电流作为第二只管子的基极电流。

（3）复合管的管型和电极性质与第一个管子相同。

（4）复合管的电流放大系数 $\beta \approx \beta_1 \cdot \beta_2$

2. 复合管共射放大电路的特点

电压放大倍数与单管时相当，但输入电阻明显增大。与单管放大电路相比，当输入信号相同时，从信号源索取的电流将显著减少。

【例 5-3】　电路如图 5-48 所示，已知电源电压 $V_{CC} = 15V$，$R_L = 8W$。输入信号是正弦波。问：

（1）假设 $U_{CES} = 0V$ 时，负载可能得到的最大输出功率和能量转换效率最大值分别是多少？

（2）当输入信号 $u_i = 10\sin\omega t$ V 时，求此时负载得到的功率和能量转换效率。

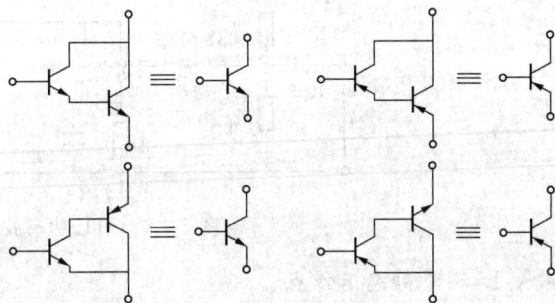

图 5-48　复合管的连接方式

解　（1）$P_{OM} = \dfrac{V_{CO}^2}{2R_L} = \dfrac{15}{2 \times 8} = 14.06W$

$\eta = \dfrac{\pi}{4} \times 100\% = 78.5\%$

（2）对每半个周期来说，电路可等效为共集电极电路，所以 $A_u \approx 1$

$$u_o = u_i = 10\sin\omega t \quad U_{om} = 10V$$

所以，$P_{OM} = \dfrac{V_{CC}^2}{2R_L} = \dfrac{10^2}{2 \times 8}W = 6.25W$

$$\eta_m = \frac{P_O}{P_V} = \frac{\pi}{4} \cdot \frac{U_{OM}}{V_{CC}} = \frac{3.14 \times 10V}{4 \times 15V} = 52.33\%$$

【技能实训4】　功率放大器的制作与调试

一、实训目的

（1）熟悉电子电路的连接；

（2）通过实验加深对 OTL 功率工作原理的认识；

（3）学会 OTL 电路的调试及主要性能指标的测试方法；

（4）提升实践技能，培养良好的职业道德和思维习惯。

二、实训设备与器件

（1）实训电路板 1 块。

（2）双踪示波器 1 台。

（3）函数信号发生器 1 台。

（4）频率计 1 台。

（5）万用表 1 块，直流毫安表 1 块，导线若干。

三、实训内容

实验电路如图 5-49 所示。

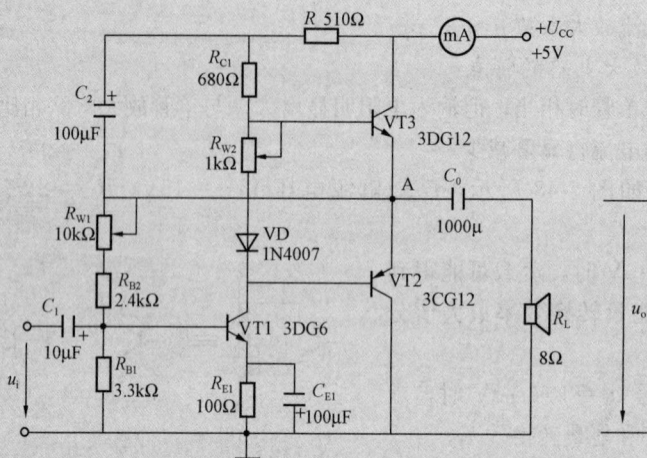

图 5-49　OTL 功率放大器实验电路

1. 测量静态工作点

按图 5-49 连接实验电路，将输入信号旋钮旋至零（$u_i = 0$）电源进线中串入直流毫安表，电位器 R_{W2} 置最小值，R_{W1} 置中间位置。接通 $+5V$ 电源，观察毫安表指示，同时用手触摸输出级管子，若电流过大，或管子温升显著，应立即断开电源检查原因（如 R_{W2} 开路，电路自激，或输出管性能不好等）。如无异常现象，可开始调试。

（1）调节输出端中点电位 U_A：调节电位器 R_{W1}，用直流电压表测量 A 点电位，使 $U_A = \frac{1}{2}U_{CC}$。

（2）调整输出极静态电流及测试各级静态工作点。

调节 R_{W2}，使 VT2、VT3 管的 $I_{C2} = I_{C3} = 5 \sim 10\text{mA}$。从减小交越失真角度而言，应适当加大输出极静态电流，但该电流过大，会使效率降低，所以一般以 $5 \sim 10\text{mA}$ 为宜。由于毫安表是串在电源进线中，因此测得的是整个放大器的电流，但一般 VT1 的集电极电流 I_{C1} 较小，从而可以把测得的总电流近似当作末级的静态电流。如要准确得到末级静态电流，则可从总电流中减去 I_{C1} 之值。

调整输出级静态电流的另一方法是动态调试法。先使 $R_{W2} = 0$，在输入端接入 $f = 1\text{kHz}$ 的正弦信号 u_i。逐渐加大输入信号的幅值，此时，输出波形应出现较严重的交越失真（注意：没有饱和和截止失真），然后缓慢增大 R_{W2}，当交越失真刚好消失时，停止调节 R_{W2}，恢复 $u_i = 0$，此时直流毫安表读数即为输出级静态电流。一般数值也应在 $5 \sim 10\text{mA}$，如过大，则要检查电路。

输出极电流调好以后，测量各级静态工作点，记入表 5-13。

表 5-13　　　　测试各级静态工作点（$I_{C2} = I_{C3} = \_\_ \text{mA}$, $U_A = 2.5\text{V}$）

	VT1	VT2	VT3
U_B/V			

续表

	VT1	VT2	VT3
U_C/V			
U_E/V			

注意：

1）在调整 R_{W2} 时，一是要注意旋转方向，不要调得过大，更不能开路，以免损坏输出管。

2）输出管静态电流调好后，如无特殊情况，不得随意旋动 R_{W2} 的位置。

2. 最大输出功率 P_{om} 和效率 η 的测试

（1）测量 P_{om}。输入端接 $f=1\text{kHz}$ 的正弦信号 u_i，输出端用示波器观察输出电压 u_0 波形。逐渐增大 u_i，使输出电压达到最大不失真输出，用交流毫伏表测出负载 R_L 上的电压 U_{om}，则 $P_{OM}=\dfrac{U_{OM}^2}{R_L}$。

（2）测量 η。当输出电压为最大不失真输出时，读出直流毫安表中的电流值，此电流即为直流电源供给的平均电流 I_{dC}（有一定误差），由此可近似求得 $P_E=U_{CC}I_{dc}$，再根据上面测得的 P_{om}，即可求出

$$\eta=\frac{P_{om}}{P_E}$$

3. 输入灵敏度测试

根据输入灵敏度的定义，只要测出输出功率 $P_o=P_{om}$ 时的输入电压值 U_i 即可。

在测试时，为保证电路的安全，应在较低电压下进行，通常取输入信号为输入灵敏度的 50％。在整个测试过程中，应保持 U_i 为恒定值，且输出波形不得失真。

4. 试听

输入信号改为录音机输出，输出端接试听音箱及示波器。开机试听，并观察语言和音乐信号的输出波形。

四、实训注意事项

（1）在关电情况下连接和改接电路。

（2）示波器、实验板和电源要共地，以减小干扰。

（3）用万用表之前要进行电阻挡调零，作为电压表和电流表使用时要注意调节挡位、量程及极性。

（4）调整输入信号大小时注意进行衰减挡位选择。

五、实训思考

（1）交越失真产生的原因是什么？怎样克服交越失真？

（2）电路中电位器 R_{W2} 如果开路或短路，对电路工作有何影响？

（3）为了不损坏输出管，调试中应注意什么问题？

（4）如电路有自激现象，应如何消除？

六、写实训报告书

实训报告书见附录 A。

项目实施

实施目的

能正确安装扩音器电路；

能正确使用各种器件；

能对扩音器电路中的故障现象进行分析判断并加以解决；

能设计和制作扩音器电路，并能通过调试达到预期目标。

1. 设备与器件准备

设备准备：模拟电路实验箱 1 台，万用表 1 块，示波器 1 台。

器件准备：电路所需元件名称、规格型号和数量见表 5-14。

表 5-14　　　　　　　　　扩音器电路元器件明细表

代号	名称	规格型号	数量	代号	名称	规格型号	数量
R_1	电阻	100kΩ	1	VT1	三极管	9014	1
R_2	电阻	22kΩ	1	VT2	三极管	9015	1
R_3	电阻	750kΩ	1	VT3	三极管	8050	1
R_4	电阻	4.7kΩ	1	VT4	三极管	8550	1
R_5	电阻	5.6kΩ	1	VD	二极管	IN4148	1
R_6	电阻	27kΩ	1	C_1、C_5	电容	$47\mu F/16V$	2
R_7	电阻	47Ω	1	$C_2\sim C_4$	电容	$10\mu F/16V$	3
R_8	电阻	100Ω	1	C_6、C_7	电容	$470\mu F/16V$	2
R_9	电阻	1kΩ	1	MIC	话筒		
R_P	电位器	51Ω	1	SP	扬声器		

2. 电路图识读

扩音器电路图参见图 5-1。它由三极管 VT1 和 VT2 构成的两级放大电路作为前置放大，三极管 VT3 和 VT4 构成乙类推挽功率放大器组成。

在扩音器电路中，MIC 是驻极体话筒，电阻 R_1 为它提供了一个工作电压。电阻 R_2 和电解电容 C_1 为滤波退耦电路，能避免自激，保证电路的稳定工作。电位器 R_P 可以调节输入放大器的信号强度，是音量调节器。电解电容 C_2、C_3、C_4 是耦合电容，电容 C_8 的作用是滤除杂波，电容 C_5 是 VT2 发射极旁路电容，既能稳定静态工作点，又使交流信号不受反馈的影响。C_6 的作用是防止直流电压加到扬声器上而产生噪声。C_7 为电源滤波电容。三极管 VT1 和电阻 R_3、R_4 组成了电压并联负反馈，电阻 R_5 和 R_6 为三极管 VT2 提供了一个稳定的工作电压，电阻 R_7 为三极管 VT2 发射极的反馈电阻，保证了电路静态工作点的稳定。R_8、R_9 和二极管 VD 是三极管 VT2 的集电极负载，调节 R_8 的大小，可以改变三极管 VT3 和 VT4 的静态工作点。三极管 VT3 和 VT4 构成乙类推挽功率放大器。

3. 扩音器电路的安装与调试

(1) 电路的元器件检测。

(2) 电路的安装。电路板装配应遵循"先低后高、先内后外"的原则。先安装电阻 $R_1\sim R_8$ 及二极管 VD，后安装三极管 VT1～VT4、电位器 R_P、电解电容，再安装话筒和扬声器，最后接电源线。

（3）电路安装工艺要求。按图 5-50 所示的 PCB 图安装、焊接电路板。

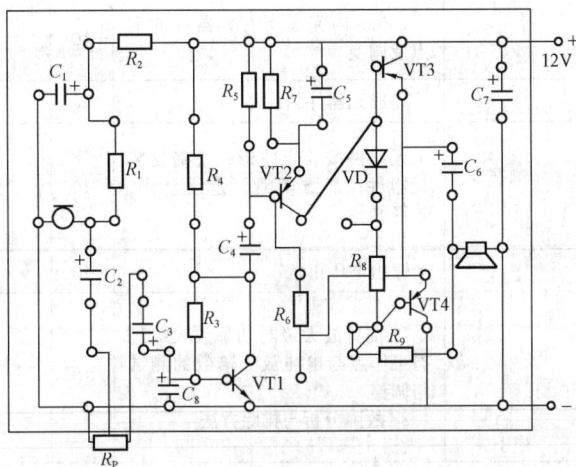

图 5-50 扩音器的 PCB 图

1）将所有元器件正确装入印制电路板相应位置上后，采用单面焊接，保证无错焊、漏焊和虚焊。

2）元器件（零部件）距印制电路板高度 H 为 $0\sim1\text{mm}$。

3）元器件（零部件）引线保留长度 h 为 $0.5\sim1.5\text{mm}$。

4）元件面相应元器件高度平整、一致。

（4）电路的测试与调整。先调整测试前置两级放大电路和功率放大电路的静态工作点，再测试前置放大电路每级的输出电压和功率放大电路输出电压。

4. 故障分析与排除

5. 编写项目实施报告

项目实施报告见附录 A。

项目考核

扩音器电路的项目考核要求及评分标准

检测项目		考核要求	分值	学生互评	教师评估
项目知识内容	三极管的结构及特性	掌握三极管的结构及特性	10		
	三种基本放大电路的电路组成、工作原理和电路中各元器件的作用	1. 认识三种基本放大电路的形式及元件作用 2. 能分析出三种基本放大电路的功能原理	20		
	放大电路中的负反馈	1. 能识别放大电路中的反馈类型 2. 理解负反馈对放大电路性能的影响	10		

	检测项目	考核要求	分值	学生互评	教师评估
项目操作技能	准备工作	10min 内完成所有元器件的清点及调换	10		
	元器件检测	完成元器件的检测	10		
	组装焊接	元器件按要求整形；正确安装元器件；焊点美观、走线合理、布局漂亮	10		
	通电调试	输出电压正常	10		
	通电检测	1. 前置放大级与功率放大级静态工作点与电压放大倍数的测试与调整 2. 故障分析与排除方法	10		
	安全文明操作	严格遵守电业安全操作规程，工作台工具、器件摆放整齐	5		
基本素质	实践表现	安全操作，遵守实训室管理制度； 团队协作意识； 语言表达能力； 分析问题、解决问题的能力	5		
	项目成绩				

🏛 知识拓展

共集和共基放大电路

根据输入回路和输出回路公共端的不同，放大电路有三种基本组态，这就是共射组态、共集组态和共基组态。对共射组态前面已做了较详尽的分析，下面介绍共集和共基组态放大电路。

一、共集放大电路

共集放大电路如图 5-51 所示。由于输出信号取自发射极，故称为"射极输出器"。

1. 静态分析

共集放大电路的直流通路如图 5-52 所示。由图可得

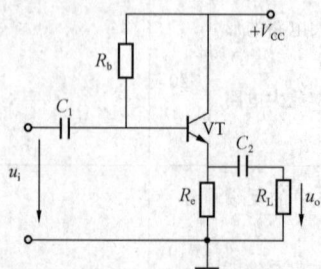

图 5-51 共集放大电路　　　　图 5-52 共集放大电路的直流通路

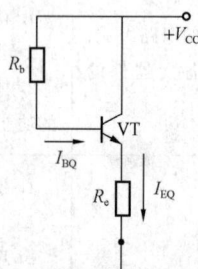

$$V_{CC} = R_b I_{BQ} + U_{BEQ} + R_e I_{EQ} = R_b I_{BQ} + U_{BEQ} + (1+\beta) R_e I_{BQ}$$

$$I_{BQ} = \frac{V_{CC} - U_{BEQ}}{R_b + (1+\beta) R_e} \approx \frac{V_{CC}}{R_b + (1+\beta) R_e}$$

$$I_{CQ} = \beta I_{BQ}$$

$$U_{CEQ} = V_{CC} - R_e I_{EQ} \approx V_{CC} - R_e I_{CQ}$$

2. 动态分析

共集放大电路的交流通路如图 5-53 所示。共集放大电路的微变等效电路如图 5-54 所示，其中 R'_L 为 $R_e // R_L$。由微变等效电路可得

$$u_i = i_b r_{be} + i_e R'_L = i_b r_{be} + (1+\beta) i_b R'_L$$

$$u_o = i_e R'_L = (1+\beta) i_b R'_L$$

$$A_u = \frac{u_o}{u_i} = \frac{(1+\beta) R'_L}{r_{be} + (1+\beta) R'_L} \approx 1$$

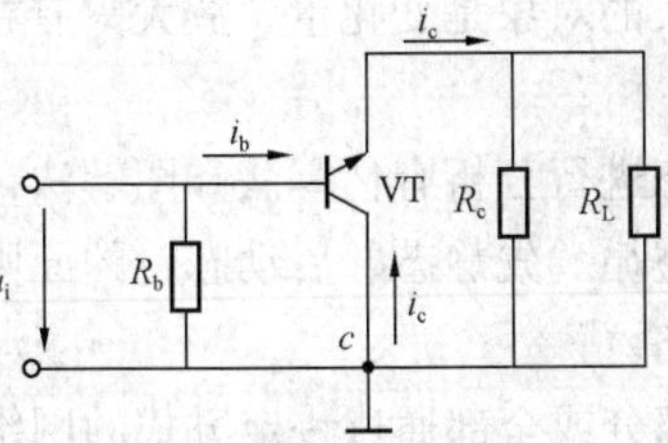

图 5-53　共集放大电路的交流通路 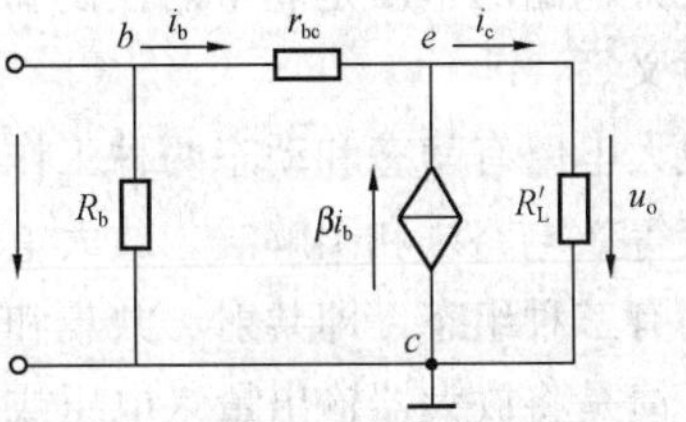　　图 5-54　共集放大电路的微变等效电路

由上式可知 $A_u \approx 1$，即 u_o 与 u_i 幅度相近、相位相同，输出电压随输入电压而变化，因此，共集放大电路又称"射极跟随器"，简称"射随器"。射随器虽没有电压放大作用，但因 $i_e = (1+\beta) i_b$，所以射随器仍有电流和功率放大作用。

$$R_i = R_b // (u_i / i_b) = R_b // [r_{be} + (1+\beta) R'_L]$$

由上式可知，射随器输入电阻较大，一般比共射放大器大几十到几百倍。

输出电阻求解较复杂，在此不做详细说明。射随器的输出电阻很小，一般只有几十到上百欧。

3. 射随器的特点及应用

综上所述，射随器有三个显著特点：A_u 小于 1 而接近于 1，且 u_o 与 u_i 同相；输入电阻高；输出电阻低。

由于具有上述特点，射随器通常用作隔离级，以及多级放大器的输入级和输出级。

二、共基放大电路

共基放大电路如图 5-55 所示。共基放大电路的直流通路如图 5-56 所示。

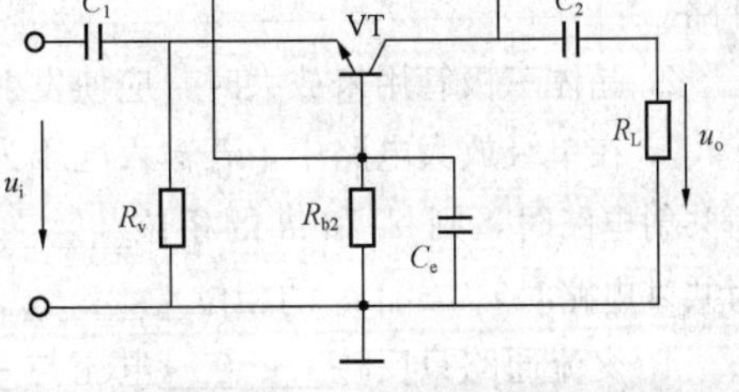

三、三种基本放大电路的比较

综上所述，晶体管单管放大电路的三种基本接法的特点归纳如下。

（1）共射电路同时具有较大的电流放大倍数和电

图 5-55　共基放大电路

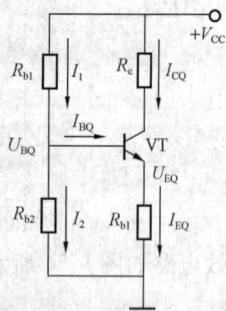

图 5-56　共基放大电路的
直流通路

压放大倍数，输入电阻在三种电路中居中，输出电阻较大，频带较窄。共射电路广泛用于低频电压放大电路的输入级、中间级和输出级。

（2）共集电路只能放大电流，不能放大电压，是三种接法中输入电阻最大、输出电阻最小的电路，并具有电压跟随的特点。常用于多级放大电路的输入级、输出级或作为隔离用的中间级及输出级。

（3）共基电路只能放大电压，不能放大电流，输入电阻小，电压放大倍数和输出电阻与共射电路相当，其频率特性是三种接法中最好的。常用于宽频带放大电路。另外，由于输出电阻高，共基电路还可以作为恒流源。

项目小结

（1）放大电路的本质是能量的控制和转换，其放大的对象是变化量。放大只有在不失真的前提下才有意义。

（2）放大电路有静态和动态两种工作状态。对静态进行分析有估算法和图解法，对动态进行分析有微变等效电路法和图解法。放大电路的分析应遵循"先静态，后动态"的原则。晶体管基本放大电路有三种组态，即共射、共集和共基放大电路。

（3）反馈是将放大器输出量（电压或电流）的一部分或全部通过一定方式的网络（称反馈网络）回馈送到输入回路，与输入信号串联或并联，从而影响电路性能的一种电路技术。

（4）负反馈放大电路有四种基本组态类型：电压串联负反馈，电压并联负反馈，电流串联负反馈，电流并联负反馈。负反馈对放大器性能的影响有以下几方面：负反馈使放大器放大倍数下降，但使放大倍数稳定性提高；负反馈对输入和输出电阻都有影响；加宽了电路的通频带；改善了放大电路的非线性失真；对反馈环内的噪声和干扰有抑制作用。

（5）功率放大电路按电路中三极管的工作状态分为四类：甲类工作状态、乙类工作状态、甲乙类工作状态和丙类工作状态。按功率放大电路输出端特点分为四类：有输出变压器功率放大电路、无输出变压器（又称为 OTL）功率放大电路、无输出电容器（又称为 OCL）功率放大电路和桥式无输出变压器（又称为 BTL）功率放大电路。

思考与练习

一、填空题

1. 放大电路的直流通路可用来求＿＿＿＿＿。在画直流通路时，应将电路元件中的＿＿＿＿＿开路。

2. 晶体三极管用来放大时，应使发射结处于＿＿＿＿＿偏置，集电结处于＿＿＿＿＿偏置。

3. 在单级放大电路中，若输入电压为正弦波形，用示波器观察 u_o 和 u_i 的波形，当放大电路为共射电路时，则 u_o 和 u_i 的相位＿＿＿＿＿；当为共集电路时，则 u_o 和 u_i 的相位＿＿＿＿＿；当为共基电路时，u_o 和 u_i 的相位＿＿＿＿＿。

4. 交流通路只反映＿＿＿＿＿电压与＿＿＿＿＿电流之间的关系。在画交流通路时，应将耦合和旁路电容及直流电源＿＿＿＿＿。

5. 直流负反馈在放大电路中能稳定_____；交流负反馈能_____电路的放大倍数、_____电路及其放大倍数的稳定性、_____电路的非线性失真、_____电路的通频带、_____电路的输入和输出电阻。

6. 串联负反馈使输入电阻_____；并联负反馈使输入电阻_____。电压负反馈能稳定_____，使输出电阻_____；电流负反馈能稳定_____，使输出电阻_____。

7. 由于功率放大电路中功率放大管常常处于极限工作状态，因此，在选择功率放大管时要特别注意_____、_____和_____三个参数。

二、选择题

1. 电路的静态是指（　　）。

    A. 输入交流信号幅值不变时的电路状态　　B. 输入交流信号频率不变时的电路状态

    C. 输入交流信号且幅值为 0 时的电路状态　　D. 输入端开路时的状态

2. 分析放大电路时常常采用交、直流分开分析的方法，这是因为（　　）。

    A. 晶体管是非线性器件　　　　　　　　　B. 电路中存在电容

    C. 电路中有直流电容　　　　　　　　　　D. 电路中既有交流量又有直流量

3. 功率放大器最重要的指标是（　　）。

    A. 输出电压　　　　　　　　　　　　　　B. 输出功率及效率

    C. 输入、输出电阻　　　　　　　　　　　D. 电压放大倍数

4. 要克服互补推挽功率放大器的交越失真，可采取的措施是（　　）。

    A. 增大输入信号

    B. 设置较高的静态工作点

    C. 提高直流电源电压

    D. 基极设置一小偏置，克服晶体管的死区电压

5. 能稳定静态工作点的是（　　）反馈；能改善放大器性能的是（　　）反馈。

    A. 直流负　　　　　　B. 交流负　　　　　　C. 直流电流负　　　　　　D. 交流电压负

三、分析计算题

1. 电路如图 5-57 所示，已知 $\beta = 37.5$，$r_{bb'} = 300\Omega$，$R_b = 300k\Omega$，$R_c = 4k\Omega$，$R_L = 4k\Omega$，$V_{CC} = 12V$，C_1、C_2 足够大，试求：①Q 点；②估算 r_{be}；③求 A_u、R_i 和 R_o；④如不接负载 R_L，求 A_u、R_i 和 R_o。

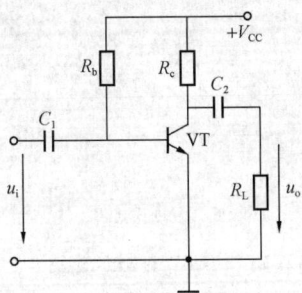

2. 电路如图 5-58 所示，$\beta = 50$，$r_{bb'} = 300\Omega$，$R_{b1} = 60k\Omega$，$R_{b2} = 20k\Omega$，$R_c = 3k\Omega$，$R_e = 2k\Omega$，$R_L = 6k\Omega$，$V_{CC} = 12V$，图中电容足够大，试求：①Q 点；②求 A_u、R_i 和 R_o；③如晶体管 $\beta = 60$，静态工作点 Q 的值及动态参数有何变化；④如没有电容 C_e，求 A_u、R_i 和 R_o 如何变化。

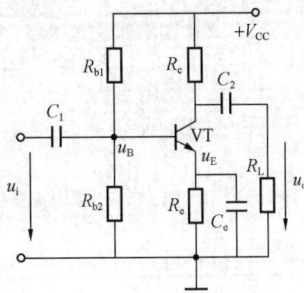

图 5-57　分析计算题 1 图　　　　　图 5-58　分析计算题 2 图

3. 放大电路如图 5-59 所示，已知 $V_{CC}=12V$，$R_{b1}=120k\Omega$，$R_{b2}=40k\Omega$，$R_c=3k\Omega$，$R_{e1}=200\Omega$，$R_{e2}=1.8k\Omega$，$R_L=3\ k\Omega$，$\beta=100$，$U_{BE}=0.7V$。

（1）求静态工作点；

（2）画出微变等效电路；

（3）求电压放大倍数 A_u、输入电阻 R_i、输出电阻 R_o。

4. 如图 5-60 所示 OTL 功率放大电路，若 $V_{cc}=20V$，$R_L=8\Omega$，$U_{CES}=2V$，两个功率放大管的参数为：$P_{cm}=5W$，$U_{(BR)CEO}=30V$，$I_{cm}=2A$。求：

（1）最大输出功率及最大输出功率时电源提供的功率及效率；

（2）校核功率放大管 VT1、VT2；

（3）二极管 VD1、VD2 的作用是什么？

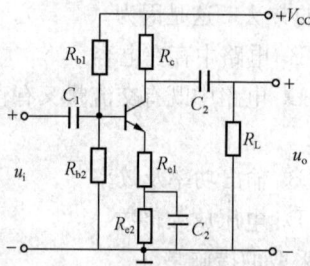

图 5-59　分析计算题 3 图　　　　　图 5-60　分析计算题 4 图

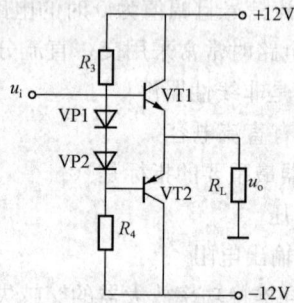

项目六　小型家用空调温度控制器的制作

　　空调即空气调节器，它是一种用于给空间区域（一般为密闭）提供处理空气的机组。它的功能是对该房间（或封闭空间、区域）内空气的温度、湿度、洁净度和空气流速等参数进行调节，以满足人体舒适或工艺过程的要求。该项目主要介绍小型家用空调温度控制器的电路组成和工作原理。

项目要求

知识要求

　　了解集成运算放大器的基本构成、工作特点；
　　熟悉集成运算放大器的线性应用与非线性应用；
　　理解掌握各种振荡电路的结构、工作原理、频率计算；
　　理解空调温度控制器的工作原理和电路中各元器件的作用；
　　能对空调温度控制器电路进行分析和计算。

技能要求

　　能用模电试验箱或仿真软件验证各种集成运算放大器电路；
　　能用模电试验箱或仿真软件验证各种振荡器电路；
　　能设计和制作空调温度控制器，并能通过调试达到预期目标；
　　能对空调温度控制器电路中的故障现象进行分析判断并加以解决。

项目导入

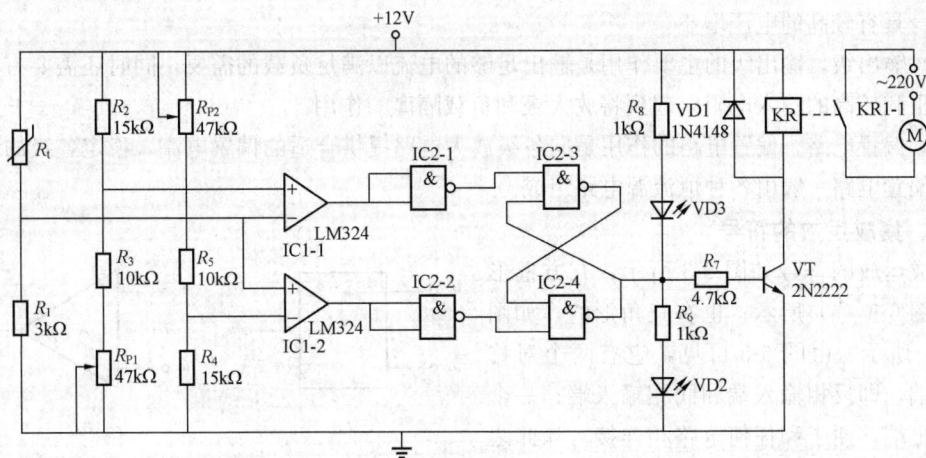

图 6-1　空调温度控制器电路图

小型家用空调温度控制器一般采用负温度系数热敏电阻传感器（NTC），通过手控预置设定温度。空调温度控制器可按人们的要求，将室内的温度保持在一定的温度范围内。该电路利用有集成运算放大器构成的双限比较器，控制室内的最高温度以及空调开启的温度，如图 6-1 所示。

工作任务与技能实训

任务 1　集成运算放大器概述

前面介绍的电路都是由三极管、电阻、电容器件根据不同的连接方式组成的，这种电路称为分立元件电路。随着电子技术的发展，目前的半导体器件制造工艺可实现将分立元件组成的完整电路，制作在同一块硅片上而形成集成电路。集成电路按其功能分为模拟集成电路和数字集成电路等。模拟集成电路种类繁多，有集成运算放大电路、集成功率放大电路、集成稳压电源电路等。集成运算放大器简称集成运放，是一种高电压放大倍数、高输入电阻、低输出电阻、直接耦合的模拟集成电路。由于它最初主要用于模拟计算机进行各种数学运算而得名。在现代技术中，它的应用远远超出了运算的范畴。而作为一种高增益器件，它已成为模拟电子技术领域的核心部件，广泛应用于各种电子设备中。

一、集成运放组成

如图 6-2 所示为集成运放内部结构。它的内部包含四个基本组成部分，即输入级、中间放大级、输出级和偏置电路。下面将对各部分功能做简单介绍。

图 6-2　集成运放内部结构框图

（1）输入级。是影响集成运放工作性能的关键级，要求其输入电阻高，一般由差动放大电路组成，主要目的是获得较低的零漂和较高的共模抑制比。作为集成运放的输入级，它有两个输入端。其中一端为同相输入端，输入信号在该端输入时，输出信号与输入信号相位相同；另一端为反相输入端，输入信号在该端输入时，输出信号与输入信号相位相反。

（2）中间级。中间级的主要作用是提供足够大的电压放大倍数，故也称电压放大级。要求中间级本身具有较高的电压增益。

（3）输出级。输出级的主要作用是输出足够的电流以满足负载的需要，同时还需要有较低的输出电阻和较高的输入电阻以起到将放大级和负载隔离的作用。

（4）偏置电路。偏置电路的作用是向各级放大电路提供合适的偏置电流，稳定各级的静态工作点。偏置电路一般由各种恒流源电路组成。

二、集成运放的符号

集成运放的符号如图 6-3 所示，有方框形的，如图 6-3（a）所示；也有三角形的，如图 6-3（b）所示。由图 6-3 可见，它有两个对称的输入端，即反相输入端和同相输入端；一个对地输出端，便于和任何电路相连接。除此之外，还有电源端、调零端等，分别用"－"和"＋"表示；有一个输出端。输出电压 u_o 与反

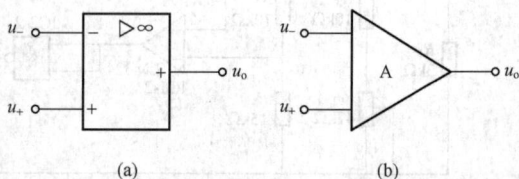

图 6-3　集成运放的符号
（a）方框形；（b）三角形

向输入端输入电压 u_- 的相位相反，而与同相输入端输入电压 u_+ 的相位相同，其输入、输出关系式为

$$u_o = A_{od}(u_+ - u_-) \tag{6-1}$$

式中，A_{od} 为集成运算放大器开环电压放大倍数。

三、集成运放的主要技术参数

集成运放性能的好坏常用一些参数表征，这些参数是选用集成运放的主要依据。下面介绍集成运放的一些主要参数。

(1) 开环差模电压放大倍数 A_{uo}。在无反馈回路条件下，运放输出电压与输入差模电压之比称为开环差模电压放大倍数，用 A_{uo} 表示。性能较好的集成运放的 A_{uo} 可达 140dB 以上。

(2) 输入失调电压 U_{IO}。输入失调主要反映运放输入级差动电路的对称性。集成运放输入级的差动放大电路不可能完全对称，当输入为 0 时，输出并不为 0。若使静态时输出端为零电位，运放两输入端之间必须外加直流补偿电压，此补偿电压称为输入失调电压。它反映了运放的失调程度，这个数值越小，输入级对称性越好，用 U_{IO} 表示。

(3) 输入失调电流 I_{IO}。输入信号为零时，运放两输入端的基极静态电流不相等，其差值称为输入失调电流，用 I_{IO} 表示。性能较好的集成运放，其输入失调电压低于 1mV，输入失调电流低于 1nA。这个数值越小，输入级对称性越好。

(4) 失调的温漂。在规定的工作温度范围内，U_{IO} 随温度的平均变化率称为输入失调电压温漂，用 dU_{IO}/dT 表示。在规定的工作温度范围内，I_{IO} 随温度的平均变化率称为输入失调电流温漂，用 dU_{IO}/dT 表示。

(5) 输入偏置电流 I_{IB}。静态时，输入级两差放三极管基极电流 I_{B1}、I_{B2} 的平均值，即

$$I_{IB} = \frac{I_{B1} + I_{B2}}{2} \tag{6-2}$$

称为输入偏置电流，用 I_{IB} 表示。

(6) 共模抑制比 K_{CMR}。运放差模电压放大倍数与共模电压放大倍数之比的绝对值称为共模抑制比，用 K_{CMR} 表示，单位为分贝（dB）。通常用对数形式表示，即

$$K_{CMR} = 20\lg \frac{A_{ud}}{A_{uc}} \tag{6-3}$$

它的大小体现了集成运放抑制零点漂移的能力强弱。它的理想值为无穷大，实际值通常可达 80dB。

(7) 差模输入电阻 R_{id}。运放两个差动输入端之间的等效动态电阻称为差模输入电阻，用 R_{id} 表示。其理想值为无穷大，实际值为几十千欧至几兆欧。

(8) 共模输入电阻 R_{ic}。运放每个输入端对地之间的等效动态电阻称为共模输入电阻，用 R_{ic} 表示。

(9) 输出电阻 R_c。从运放输出端和地之间看进去的动态电阻称为输出电阻，用 R_o 表示。其理想值为零，实际产品的典型值为几十欧。

任务 2　集成运算放大电路的线性应用

一、集成运放的理想化条件

理想集成运放就是将集成运放的各项技术指标理想化。分析集成运放构成的应用电路时，把

集成运放看成理想运算放大器，可以使分析大大简化。实际集成运放也基本接近理想运放。集成运放满足以下条件：

（1）开环差模电压放大倍数 $A_{uo} \to \infty$。

（2）开环差模输入阻抗 $R_{id} \to \infty$。

（3）输出阻抗 $R_o \to 0$。

（4）共模抑制比 $K_{CMR} \to \infty$。

二、理想集成运放的电压传输特性

理想集成运放的电压传输特性如图 6-4 所示。由于集成运放的电压放大倍数很大，线性区十分接近纵轴，故理想情况下可认为与纵轴重合。

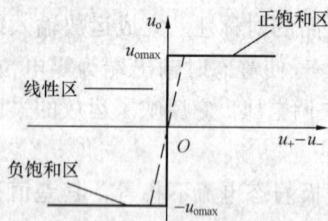

图 6-4　集成运放的传输特性

（1）深度负反馈作用下，集成运放工作在线性区，有以下两个特点。

1）"虚短"。理想情况下，因为 $A_{uo} = \dfrac{u_o}{u_{id}} = \dfrac{u_o}{u_+ - u_-} \to \infty$。而 u_o 是一个有限值，故 $u_+ = u_-$（虚短），两个输入之间的电压为零，但不是真正短路；在实际电路中，也绝不是 $u_{id} = 0$，而是因为 A_{uo} 很大，只是加入一个微小的信号，就能在输出端得到一个较大的输出信号，即只在分析计算时，将集成运放的反相输入端与同相输入端的电位差视为零，通常称为"虚短"。

2）"虚断"。由于净输入电压为零，又因为理想集成运放的输入阻抗 $R_{id} \to \infty$，从而 $i_+ = i_- = 0$（虚断），输入端相当于断路，但不是真正的断开。在分析集成运放处于线性状态时，可以把两输入端视为等效开路，这一特性称为"虚断"。

（2）工作在非线性区的特点。在开环或正反馈状态下，工作在非线性区，即饱和区。输出电压是一个恒定值，可正可负。若 $u_+ > u_-$，则输出 $u_o = +u_{omax}$；若 $u_+ < u_-$，则 $u_o = -u_{omax}$。

在非线性区，运放的差模输入电压 $u_+ - u_-$ 可能很大，即 $u_+ \neq u_-$，此时"虚短"现象不复存在。

在非线性区，虽然运放两个输入端的电位不等，但因为理想运放的 $R_{id} \to \infty$，故仍可认为理想运放的输入电流等于零，即 $i_+ = i_- = 0$。此时，"虚断"仍然成立。

三、集成运放的线性应用——各种运算电路

在分析集成运放的应用电路时，应判断其中的集成运放是否工作在线性区。当集成运放工作在线性区时，可以组成各类信号运算电路，主要有比例运算、加减法运算和微积分运算、比较放大电路等，下面分别加以介绍。

1. 反相比例运算电路

（1）电路组成。如图 6-5 所示为反相比例运算电路。反相比例运算电路又叫反相放大器。输入电压 u_i 经 R_1，加到集成运放的反相输入端，输出电压 u_o 经 R_f 反馈至反相输入端。根据反馈类型的判断方法可知，它是一个深度的电压并联负反馈，运放工作在线性区。其同相输入端经电阻 R_2 接地。

（2）计算电压放大倍数。由 $i_+ = i_- = 0$ 可知，R_2 上无压降，所以得 $u_+ = 0$，再由 $u_+ = u_-$，得 $u_- = 0$。即反相端也为地电位，但反相端并没有真正接地，故称它为"虚地"。

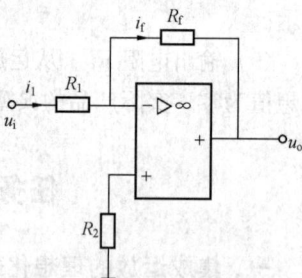

图 6-5　反相比例运算电路

各电流的参考方向如图 6-5 所示，由"虚地"、"虚断"概念可得

$$i_1 = \frac{u_i - u_-}{R_1} = \frac{u_i}{R_1} \quad i_f = \frac{u_- - u_o}{R_f} = -\frac{u_o}{R_f}$$

又因为 $i_+ = i_- = 0$，$i_1 = i_f$，所以

$$u_o = -\frac{R_f}{R_1} u_i$$

得到

$$A_{uf} = -\frac{R_f}{R_1} \tag{6-4}$$

式（6-4）表明，输出电压与输入电压之比，即电压放大倍数 A_{uf} 是一个定值。比例系数取决于反馈网络的电阻比值 R_f/R_1，而与运放本身的参数无关，式中的负号说明了输出电压与输入电压反相。当 $R_f = R_1$ 时，即 $u_o = -u_i$

$$A_{if} = -\frac{R_f}{R_1} = -1 \tag{6-5}$$

这样的反相比例电路，又称为反相器。静态时，为了使输入级偏置电流平衡并在运算放大器两个输入端的外接电阻上产生相等的电压降，以消除零漂，平衡电阻 R_2 须满足 $R_2 = R_1 /\!/ R_f$。

【例 6-1】　在图 6-5 中，已知 $R_f = 400\Omega$，$R_1 = 20\Omega$，求电压放大倍数 A_{uf} 及平衡电阻 R_2 的值。

解

$$A_{uf} = -\frac{R_f}{R_1} = -\frac{400\Omega}{20\Omega} = -20$$

$$R_2 = R_1 /\!/ R_f = \frac{20\Omega \times 400\Omega}{20\Omega + 400\Omega} \approx 13.3 \text{k}\Omega$$

2. 同相比例运算电路

（1）电路组成。如图 6-6 所示为同相比例运算电路。输入电压 u_i 经 R_2，加到集成运放的同相输入端，输出电压 u_o 经 R_f 和 R_1 分压后，取 R_1 上的分压作为反馈信号加到反相输入端，形成负反馈，运放工作在线性区。其反相输入端经电阻 R_1 接地。

（2）计算电压放大倍数。各电流的参考方向如图 6-6 所示。由 $i_+ = i_-$ 可知，R_2 上无压降，所以得 $u_+ = u_i$，再由 $u_+ = u_-$，得 $u_+ = u_- = u_i$，而且 $i_i = 0$。

图 6-6　同相比例运算电路

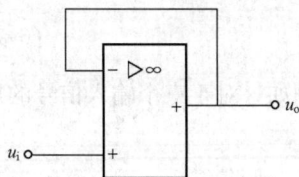

又因为 $u_o = i_f R_f + i_1 R_1$，而 $i_1 = i_f = \frac{u_-}{R_1} = \frac{u_+}{R_1} = \frac{u_i}{R_1}$，则有

$$u_o = \frac{u_i}{R_1} R_f + \frac{u_i}{R_1} R_1 = \left(1 + \frac{R_f}{R_1}\right) u_i$$

$$A_{uf} = 1 + \frac{R_f}{R_1} \tag{6-6}$$

式（6-6）表明，A_{uf} 是一个定值，且总大于 1。该比例系数仅取决于反馈网络的电阻比值（$1 + R_f/R_1$），而与运放本身的参数无关。式中的值为正值，说明输出电压与输入电压同相。

（3）电压跟随器。在同相比例电路中，当 $R_f = 0$（反馈电阻短路）和（或）$R_1 \to \infty$（反相输入端电阻开路）时，$A_{uf} = 1$。这时，$u_o = u_i$，称为电压跟随器，如图 6-7 所示。

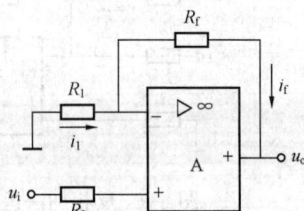

图 6-7　电压跟随器

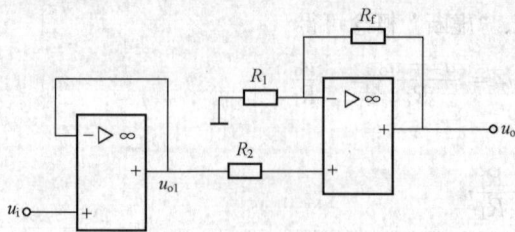

图 6-8 ［例 6-2］图

【**例 6-2**】 已知图 6-8 所示的电路中，$u_i = -2V$，$R_f = 2R_1$，试求 u_o。

解 此电路为两级运放的串联形式，可以每级单独计算。

先求第一级的输出 u_{o1}，第一级为电压跟随器，因此，$u_{o1} = u_i = -2V$。

第二级为同相比例运算，其输入电压为 u_{o1}，因此，按式 $u_o = \left(1 + \dfrac{R_f}{R_1}\right)u_i$，可求得

$$u_o = \left(1 + \frac{R_f}{R_1}\right)u_i = \left(1 + \frac{R_f}{R_1}\right)u_{o1} = \left(1 + \frac{2R_1}{R_1}\right)(-2) = -6\text{V}$$

3. 反相加法运算电路

（1）电路组成。如图 6-9 所示为反相加法运算电路，它能实现输出电压正比于若干输入电压之和的运算功能。根据反馈类型的判断方法，可知它是一个电压并联负反馈放大器。它在反相比例电路的基础上，在反相输入端增加了输入信号。平衡电阻 $R_3 = R_1 /\!/ R_2 /\!/ R_f$。

（2）输出电压的计算。电路中以两个输入信号为例进行分析和计算，各电流的参考方向如图 6-9 所示。

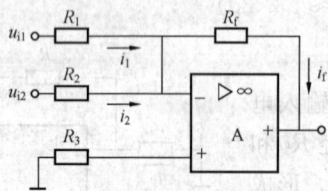

图 6-9 反相加法运算电路

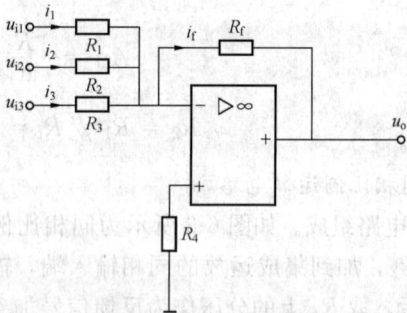

图 6-10 三输入的反相加法运算放大电路

由于 $u_+ = u_- = 0$，各支路电流分别为

$$i_1 = \frac{u_{i1}}{R_1}, i_2 = \frac{u_{i2}}{R_2}, i_f = \frac{u_o}{R_f}$$

又因 $i_+ = i_- = 0$，则 $i_1 + i_2 = i_f$，即

$$\frac{u_{i1}}{R_1} + \frac{u_{i2}}{R_2} = -\frac{u_o}{R_f}$$

所以，$u_o = -\left(\dfrac{R_f}{R_1}u_{i1} + \dfrac{R_f}{R_2}u_{i2}\right)$。

式中，当 $R_1 = R_2 = R$ 时，有

$$u_o = -\frac{R_f}{R}(u_{i1} + u_{i2}) \tag{6-7}$$

如果有更多的输入信号，都可以用同样方法进行分析和计算。例如，对于三个输入信号的反相加法运算放大器，如图 6-10 所示。电路的输出电压为

$$u_o = -\left(\frac{R_f}{R_1}u_{i1} + \frac{R_f}{R_2}u_{i2} + \frac{R_f}{R_3}u_{i3}\right) \tag{6-8}$$

4. 减法运算电路

（1）电路组成。减法运算电路如图 6-11 所示，电路所完成的功能是对反相输入端和同相输入端的输入信号进行减法运算，u_{i1} 和 u_{i2} 分别加在运放的反相和同相输入端，输出信号仍由反馈电阻 R_f 和 R_1 经分压后加在反相输入端。分析电路可知，它相当于由一个同相比例放大电路和一个反相比例放大器组合而成。

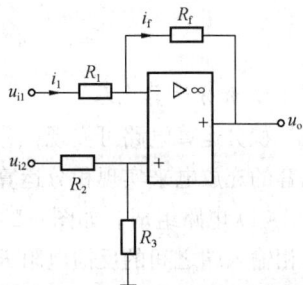

图 6-11　减法运算电路

（2）输出电压的计算。电路中，$R_1 /\!/ R_f = R_2 /\!/ R_3$，各电流的参考方向如图 6-11 所示。

当输入信号 u_{i1} 单独作用时，电路相当于反相比例运算放大器，这时输出信号为

$$u_{o1} = -\frac{R_f}{R_1} u_{i1}$$

当输入信号 u_{i2} 单独作用时，电路相当于同相比例运算放大器，这时输出信号为

$$u_- = u_+ = \frac{R_3}{R_2 + R_3} u_{i2}$$

$$u_{o2} = \left(1 + \frac{R_f}{R_1}\right) u_- = \left(1 + \frac{R_f}{R_1}\right) \frac{R_3}{R_2 + R_3} u_{i2}$$

当两个输入端同时输入信号 u_{i1} 和 u_{i2} 时，由叠加原理可得

$$u_{o2} = \left(1 + \frac{R_f}{R_1}\right) \frac{R_3}{R_2 + R_3} u_{i2} - \frac{R_f}{R_1} u_{i1} \tag{6-9}$$

若有 $R_1 = R_2$，$R_3 = R_f$，则输出电压为

$$u_o = \frac{R_f}{R_1} (u_{i2} - u_{i1}) \tag{6-10}$$

由此可见，只要适当选择电路中的电阻，就可使输出电压与两输入电压的差值成比例。

当 $R_1 = R_2 = R_3 = R_f$ 时

$$u_o = u_{i2} - u_{i1} \tag{6-11}$$

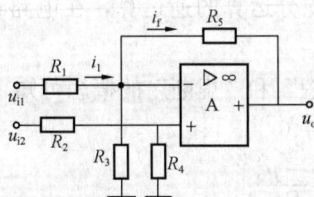

图 6-12　[例 6-3] 图

【例 6-3】 电路如图 6-12 所示，试求输出电压和输入电压的关系式。

解 本电路是减法运算电路，可根据叠加原理进行分析。

令 $u_{i2} = 0$，u_{i1} 单独存在时，得

$$u_{o1} = -\frac{R_5}{R_1} u_{i1}$$

令 $u_{i1} = 0$，u_{i2} 单独存在时，得

$$u_{o2} = u_+ \left(1 + \frac{R_5}{R_1 /\!/ R_3}\right)$$

而 $u_+ = \dfrac{R_4}{R_2 + R_4} u_{i2}$，所以

$$u_{o2} = \frac{R_4}{R_2 + R_4} \left(1 + \frac{R_5}{R_1 /\!/ R_3}\right) u_{i2}$$

输出电压为

$$u_o = u_{o1} + u_{o2} = -\frac{R_5}{R_1}u_{i1} + \frac{R_4}{R_2 + R_4}\left(1 + \frac{R_5}{R_1 /\!/ R_3}\right)u_{i2}$$

5. 积分运算电路

积分运算电路可实现积分运算及产生三角波等，输出电压与输入电压呈积分关系。它是利用电容的充放电来实现积分运算的。

（1）电路组成。如图 6-13 所示为积分运算电路，与反相比例运算电路相比较，接在输出端与反相输入端之间的反馈电阻 R_f 用电容 C 来代替。

（2）输出电压的计算。由"虚短"$u_+ = u_- = 0$，以及"虚断"$i_+ = i_- = 0$ 可得

输出电压 u_o 等于电容两端的电压，即

$$u_o = -u_c = -\frac{1}{C_f}\int i_f \mathrm{d}t = -\frac{1}{R_f C_f}\int u_i \mathrm{d}t \tag{6-12}$$

式（6-12）表明，u_o 与 u_i 的积分成比例，式中的负号表示两者的相位相反，$R_1 C_f$ 称为积分时间常数，用 τ 表示。其值大小反映积分强弱。τ 越小，积分作用越强；τ 越大，积分作用越弱。电路中平衡电阻 $R_2 = R_1$。积分电路可以方便地将方波转换成三角波，如图 6-14 所示，在控制和测量系统中得到广泛应用。

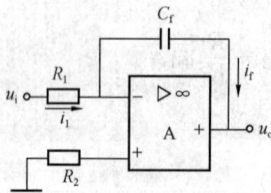

图 6-13 积分运算电路　　图 6-14 积分电路输入、输出波形

6. 微分运算电路

（1）电路组成。如图 6-15 所示为微分运算电路。微分运算是积分运算的逆运算，在电路结构上只要将反馈电容和输入端的电阻位置互换就构成微分运算电路。

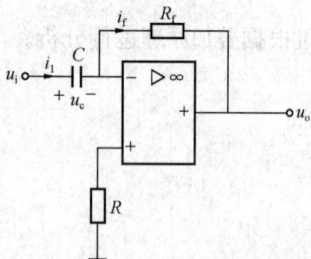

图 6-15 微分运算电路

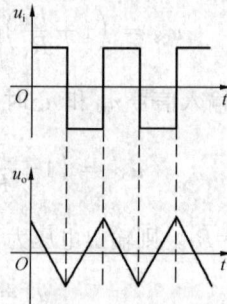

（2）输出电压的计算。由"虚短"和"虚断"的概念可知

$$u_+ = u_- = 0$$

$$i_c = i_f = \frac{0 - u_o}{R_f}$$

$$u_o = -i_c R_f$$

而 $i_c = C\dfrac{\mathrm{d}u_c}{\mathrm{d}t}$，电容电压 $u_c = u_i$，故

$$u_o = -R_f C\frac{\mathrm{d}u_i}{\mathrm{d}t} \tag{6-13}$$

可见，输出电压与输入电压对时间的微分成正比，实现了微分运算。$R_f C$ 为微分时间常数，其值越大，微分作用越强；反之，微分作用越弱。微分电路对输入信号中的快速变化分量敏感，易受外界信号的干扰，尤其是高频信号干扰，使电路抗干扰能力下降。一般在电阻 R_f 上并联一个很小容量的电容器，以增强高频负反馈量，来抑制高频干扰。

任务3 集成运放非线性应用——电压比较器

在模拟电路中,电压比较器是常用的集成电路之一,如用作越限报警、数模转换及非正弦波的产生和变换。其特性与运算放大器有许多共同之处,许多高性能的运算放大器可以用作电压比较器。

电压比较器,简称比较器,实际上是一个高增益、宽频带放大器,其符号与运算放大器符号一样。它与运算放大器的主要区别在于,比较器的输出电压为两个离散值,通常称为高/低电平,相当于数字电路中的逻辑"1"和"0"。

功能:将一个模拟输入电压信号与一个参考电压相比较,根据比较结果,输出一定的高/低电平。将模拟信号转换成数字信号。

构成:由运算放大器组成的电路处于非线性状态,输出与输入的关系 $u_o = f(u_i)$,是非线性函数。

我们把造成电路输出状态发生转变所需加的输入电压称为电路的门限电平 (U_T)。根据电路门限电平的个数,可以把比较器分为单门限比较器和滞回比较器两类。

一、集成运放工作在非线性状态的基本分析方法

运算放大器工作在非线性状态的判定:电路开环或引入正反馈。

运算放大器工作在非线性状态的分析方法:

若 $U_+ > U_-$,则 $U_o = +U_{om}$(高电平输出);

若 $U_+ < U_-$,则 $U_o = -U_{om}$(低电平输出)。

分析比较器的关键是要找出比较器输出发生跃变时的门限电压 (U_T) 和电压传输特性。

二、单门限比较器

用集成运放构成的单门限比较器有两种:反相输入的单门限比较器和同相输入的单门限比较器。下面以反相输入的单门限比较器为例加以讨论。

1. 反相输入的单门限比较器

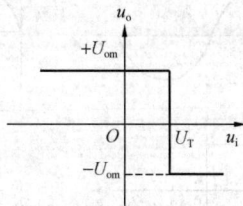

(1) 电路组成。如图 6-16 所示,将输入电压 u_i 加在反相输入端,参考电压 U_{REF} 置于同相端,即构成反相输入的单门限比较器。

(2) 工作原理分析。

当 $u_i < U_{REF}$ 时,即 $u_+ > u_-$,集成运放正向饱和,比较器 $u_o = +U_{om}$(高电平);

当 $u_i > U_{REF}$ 时,即 $u_+ < u_-$,集成运放负向饱和,比较器 $u_o = -U_{om}$(低电平);

这样得到该电路的电压传输特性如图 6-17 所示。其中,门限电压 $U_T = U_{REF}$。

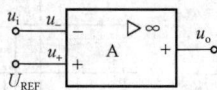

图 6-16 反相输入的单门限比较器   图 6-17 电压传输特性

2. 同相输入的单门限比较器

(1) 电路组成。如图 6-18 所示,将输入电压 u_i 加在同相输入端,参考电压 U_{REF} 置于反相

端，即构成同相输入的单门限比较器。

（2）工作原理分析。

当 $u_i > U_{REF}$ 时，即 $u_+ > u_-$，集成运放正向饱和，比较器 $u_o = +U_{om}$（高电平）；

当 $u_i < U_{REF}$ 时，即 $u_+ < u_-$，集成运放负向饱和，比较器 $u_o = -U_{om}$（低电平）；

这样得到该电路的电压传输特性如图 6-19 所示。其中，门限电压 $U_T = U_{REF}$。

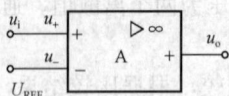

图 6-18　同相输入的单门限比较器　　　　　图 6-19　电压传输特性

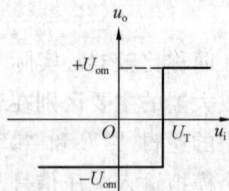

3. 过零比较器

（1）工作原理和传输特性。如图 6-20（a）所示电路，输入信号加在反相输入端，同向端接"地"。相当于同相端加了参考电压为 0 的值。此时，参考电压 $U_{REF} = 0$。过零比较器门限电平为零，也属于单限比较器（门限电平为 0 的单限比较器）。

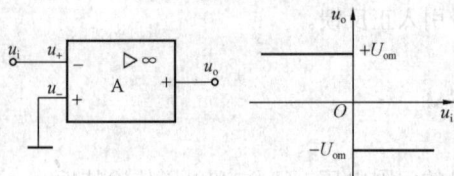

图 6-20　过零比较器

（a）过零比较器电路；（b）过零比较器传输特性

该电路可作为零电平检测器，也可用于"整形"，将不规则的输入波形整形成规则的矩形波。例如，利用电压比较器（过零比较器）将正弦波变为方波，如图 6-20（b）所示。

（2）单限比较器的应用。利用单限比较器可以实现信号的波形转换。例如，若输入信号为正弦波，则每过一次门限电平，比较器的输出就产生一次电压跳变，输出电压为方波，如图 6-21 所示。

三、滞回比较器

上面介绍的电压比较器在工作时，如果输入的电压在门限附近有微小干扰，就会导致状态翻转，使比较器输出电压不稳定而出现错误跃变。而滞回比较器就可以克服这一缺点。

（1）电路组成。如图 6-22（a）所示，将比较器的输出电压通过反馈网络加到同向输入端，

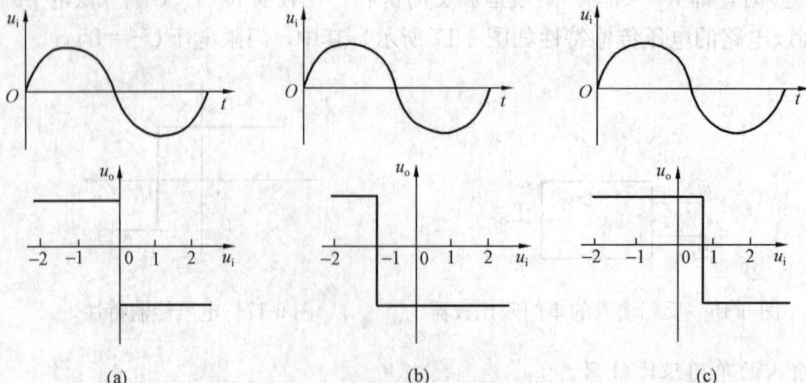

图 6-21　不同参考电压的传输特性

形成正反馈，将待比较的电压 u_i 加到反相输入端，参考电压 U_{REF} 通过 R_2 接到运放的同相端。为了限制和稳定输出电压幅度，在电路的输出端接两个互为串联的反向连接的稳压二极管。

（2）电压传输特性。反相输入滞回比较器的电压传输特性如图 6-22（b）所示。其中的箭头，代表电路状态发生转换时所需的 u_i 变化情况（上升还是下降）以及状态转换方向。由图可见，该电路的电压传输特性曲线存在着"滞回"现象，滞回比较器也因此得名。

（3）电路的抗干扰作用。由于滞回比较器输出高、低电平相互翻转的阈值不同，因此具有一定的抗干扰能力。当输入信号值在某一阈值附近时，只要干扰量不超过两个阈值之差的范围，则输出电压就可以保持高电平或低电平不变。如图 6-23 所示，即使有干扰信号叠加，也不影响输出，故具有抗干扰作用，这是由于输出一次翻转后阈值电压也随之而改变。

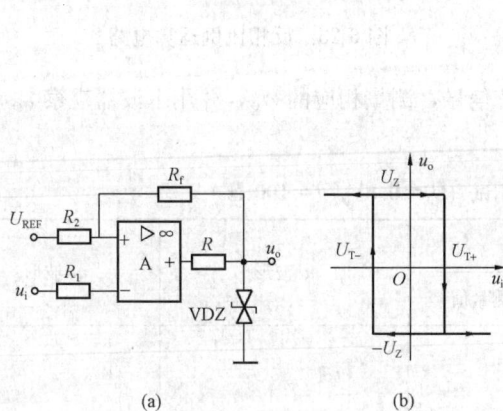

图 6-22 滞回比较器
（a）电路；（b）传输特性

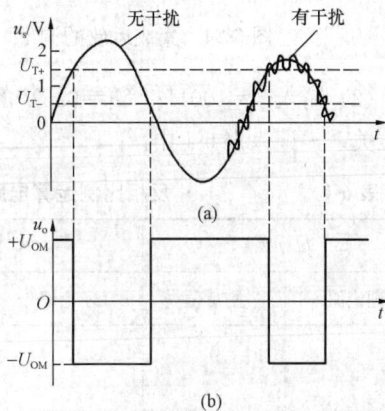

图 6-23 滞回比较器的抗干扰示意图
（a）输入波形；（b）输出波形

【技能实训1】 集成基本运算放大器的制作与检测

一、实训目的

（1）会对集成运放进行调零；

（2）会制作基本运算电路，并能完成测试；

（3）增强专业意识，培养良好的职业道德和职业习惯。

二、实训设备与器件

实验电路板若干、双踪示波器 1 台、函数信号发生器 1 台，直流稳压电源 1 台，晶体管毫伏表 1 块，直流电压表 1 块，集成运放产品 μA741 1 个，100kΩ 电位器 1 个，4.7kΩ、9.1kΩ 电阻各 1 个，10kΩ、100kΩ 电阻各 2 个，导线若干。

三、实训内容

1. 集成运放的调零

按图 6-24 连接电路，接通 12V 电源，输入端对地短路，进行集成运放 μA741 的调零。

2. 反相比例运算电路的制作与测试

（1）按图 6-25 连接电路。

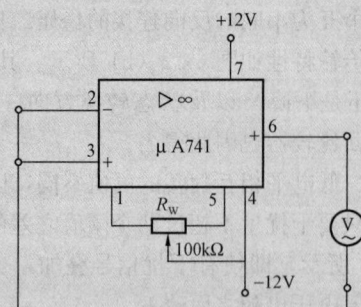

图 6-24 集成运放的调零   图 6-25 反相比例运算电路

（2）输入 $f = 100\text{Hz}$、$U_\text{i} = 0.5\text{V}$ 的正弦信号，测量相应的 U_o，并用示波器观察 u_o 和 u_i 相位关系，记入表 6-1 中。

表 6-1   **反相比例运算电路的测试（$U_\text{i} = 0.5\text{V}$，$f = 100\text{Hz}$）**

U_o/V		A_uf		u_i 波形	u_o 波形
理论值	测量值	理论值	测量值		

3. 同相比例运算电路的制作与测试

（1）按图 6-26 连接电路。

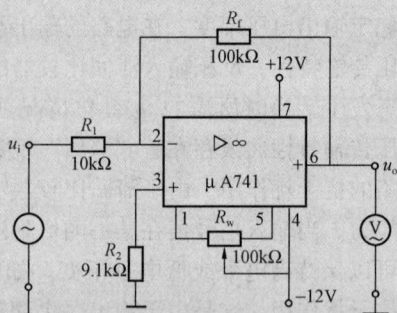

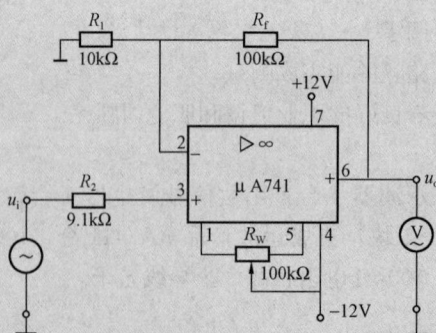

图 6-26 同相比例运算电路

（2）输入 $f = 100\text{Hz}$、$U_\text{i} = 0.5\text{V}$ 的正弦信号，测量相应的 U_o，并用示波器观察 u_o 和 u_i 相位关系，记入表 6-2 中。

表 6-2		同相比例运算电路的测试 ($U_i = 0.5V$，$f = 100Hz$)			
U_o/V		A_{uf}		u_i 波形	u_o 波形
理论值	测量值	理论值	测量值		

四、实训注意事项

（1）集成块插入槽中时，应使其标记向左，不能插反。

（2）分立元件引脚不要剪断，以便重复使用。

（3）连接导线的线头剪成 $45°$ 斜口，导线两头绝缘皮的剥离长度约 6mm，再弯成 $90°$，全部插入插孔，以保证可靠接触。

（4）连接导线的走线要横平竖直，贴近电路板，尽量不重叠，不许跨越集成块。

（5）电路的输入信号不宜过强，以免集成运放工作于非线性区。

（6）严禁集成运放的电源极性接反及输出端短路，以免损坏芯片。

五、实训思考

（1）所制作的各种基本运算电路中，哪些需加共模输入保护电路？哪些需加差模输入保护电路？各电路的电源极性保护电路是怎样的？

（2）引入负反馈，可使集成运放工作于线性区。这是否意味着各基本运算电路中的集成运放一定工作于线性区？为什么？

六、写实训报告书

任务4 正弦波振荡电路

在无需外加激励信号的情况下，将直流电源的能量转换成按特定频率变化的交流信号能量的电路，称为振荡器或振荡电路。振荡电路与放大电路的不同之处在于放大电路需要外加输入信号，才会有输出信号，而振荡电路不需要外加输入信号就有输出信号，因而这种电路又称为自激振荡电路。振荡器的种类很多，按信号的波形来分，可分为正弦波振荡器和非正弦波振荡器。本节主要介绍正弦波振荡电路的种类、构成和工作原理。

一、正弦波振荡电路的构成和产生条件

1. 正弦波振荡电路的构成

反馈放大电路和振荡电路的框图如图 6-27 所示，$\dot{X}_i$ 为输入信号，$\dot{X}_i'$ 为净输入信号，$\dot{X}_f$ 为反馈信号，$\dot{X}_o$ 为输出信号。

图 6-27 负反馈放大电路

2. 正弦波振荡器工作原理分析

正弦波振荡器的特点：

(1) 刚通电时，须经历一段振荡电压从无到有、逐步增长的过程；

(2) 进入平衡状态时，振荡电压的振幅和频率要能维持在相应的平衡值上；

(3) 当外界电压不稳时，振幅和频率仍应稳定，而不会产生突变或停止振荡。

故反馈式正弦波振荡器需满足三个条件：

(1) 起振条件——保证接通电源后从无到有地建立起振荡。

(2) 平衡条件——保证进入平衡状态后能输出等幅持续振荡。

(3) 稳定条件——保证平衡状态不因外界不稳定因素影响而受到破坏。

3. 正弦波振荡器平衡条件

在放大电路的输入端外接一定频率、一定幅度的正弦波信号 $\dot{X}_i$，经过放大电路和反馈网络后，得到一个同频率的反馈信号 $\dot{X}_f$，若 $\dot{X}_f$ 与 $\dot{X}_i$ 的大小和相位都完全相同，即产生正反馈，那么，此时令 $\dot{X}_i=0$，则仅靠 $\dot{X}_f$ 就能维持放大电路的输出信号 $\dot{X}_o$，并且与原来的输出完全相同。这时电路没有外加输入信号，但在输出端却能得到正弦信号，即该放大电路产生了自激振荡。

不难看出，将自激振荡维持下去的平衡条件是

$$\dot{X}_i = \dot{X}_f$$

又因为

$$\dot{X}_f = \dot{F}\dot{X}_o = \dot{A}\dot{F}\dot{X}_i$$

因此，产生自激振荡的条件为

$$\dot{A}\dot{F} = 1 \qquad\qquad (6\text{-}14)$$

这个条件实际上包含了两个方面：

(1) 幅值平衡条件　　　　　　$|\dot{A}\dot{F}| = 1$

(2) 相位平衡条件　　　$\varphi_A + \varphi_F = \pm 2n\pi \ (n=0,\ 1,\ 2\cdots)$ 　　　(6-15)

注意：振幅条件和相位条件必须同时满足，相位平衡条件确定振荡频率，振幅平衡条件确定振荡输出信号的幅值。

二、正弦波振荡器的起振条件和稳定条件

1. 起振条件

凡是振荡电路，均没有外加输入信号，那么，电路接通电源后是如何产生自激振荡的呢？这是由于电路中存在着各种电的扰动（如通电时的瞬变过程、无线电干扰、工业干扰及各种噪声等），使输入端有一个扰动信号。若满足起振条件 $\dot{X}_f > \dot{X}_i$，即 $\dot{A}\dot{F} > 1$，那么经过放大──选频──正反馈──再放大的过程，使微弱的振荡信号不断增大，自激振荡就逐步建立起来。

2. 稳定条件

当振荡建立起来之后，这个振荡电压会不会无限增大呢？当振荡信号幅度增大到一定程度时，由于电路中非线性元件的限制，管子的放大作用减弱，使 $\dot{A}\dot{F}$ 值逐渐降低，最后达到 $\dot{A}\dot{F} = 1$，振荡电路就会稳定在某一振荡幅度。因此，振荡环路中必须包含具有非线性特性的环节，即稳幅环节，这个环节的作用一般由放大器实现。

由以上分析可知，一个自激振荡电路应由放大电路、正反馈网络、选频网络组成。此外，有的电路为了达到稳幅振荡的目的，还包含稳幅环节（如非线性元件）。根据选频网络的不同，振

荡电路可分为 RC 振荡电路、LC 振荡电路和石英晶体振荡电路等几种类型。

三、RC 正弦波振荡电路

RC 桥式正弦波振荡电路一般用来产生 1MHz 以下的低频信号，常用的低频信号源大多采用这种电路形式。RC 桥式振荡电路主要包括 RC 串并联选频网络和 RC 桥式振荡器两部分。

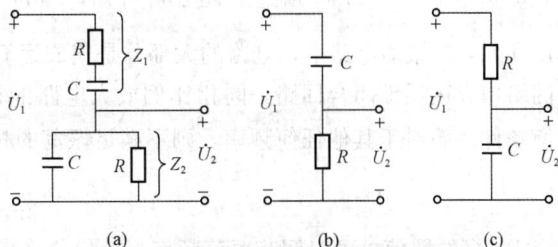

图 6-28　RC 串并联选频网络电路及等效电路图
（a）RC 串并联选频网络；（b）低频等效电路；
（c）高频等效电路

1. RC 串并联选频网络

RC 串并联选频网络电路及等效电路图如图 6-28 所示，其中图 6-28（a）为 RC 串并联选频网络电路，图 6-28（b）为低频等效电路，图 6-28（c）为高频等效电路。

输入信号频率低，选频网络可以看作 RC 高通电路，频率越低，输出电压越小。

输入信号频率高，选频网络可以看作 RC 低通电路，频率越高，输出电压越小。

RC 串并联网络的电压传输系数

$$\dot{F} = \frac{\dot{U}_2}{\dot{U}_1} = \frac{Z_2}{Z_1 + Z_2}$$

其中：$Z_1 = R + \dfrac{1}{\mathrm{j}\omega C}$，$Z_2 = \dfrac{R\dfrac{1}{\mathrm{j}\omega C}}{R + \dfrac{1}{\mathrm{j}\omega C}}$，$\dot{F} = \dfrac{1}{3 + \mathrm{j}\left(\omega RC - \dfrac{1}{\omega RC}\right)}$，令：$\omega_0 = 1/RC$

$$\dot{F} = \frac{1}{3 + \mathrm{j}\left(\dfrac{\omega}{\omega_0} - \dfrac{\omega_0}{\omega}\right)} \begin{cases} \text{幅频特性} \quad F = \dfrac{1}{\sqrt{3^2 + \left(\dfrac{\omega}{\omega_0} - \dfrac{\omega_0}{\omega}\right)}} \\[4mm] \text{相频特性} \quad \varphi_{\mathrm{f}} = -\arctan\left[\dfrac{\dfrac{\omega}{\omega_0} - \dfrac{\omega_0}{\omega}}{3}\right] \end{cases} \tag{6-16}$$

RC 串并联选频网络幅频特性和相频特性如图 6-29 所示。

在 $\omega = \omega_0$ 时，F 达最大值，等于 $1/3$。即输出电压是输入电压的 $1/3$。

在 $\omega = \omega_0$ 时，相位角 $\varphi_{\mathrm{f}} = 0$，即输出电压与输入电压同相位。

因此，RC 串并联网络具有选频作用。

2. RC 桥式振荡器

RC 桥式振荡器电路图如图 6-30 所示。一个电路若要自激振荡必须满足振荡的相位平衡条

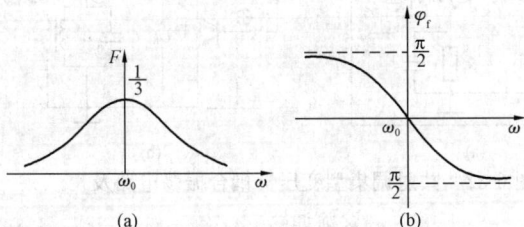

图 6-29　RC 串并联选频网络幅频特性和相频特性

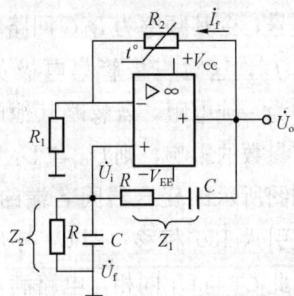

图 6-30　RC 桥式振荡器电路

件，即 $\varphi_a + \varphi_f = \pm 2n\pi$。通过上述分析可知，当 $\omega = \omega_0 = \dfrac{1}{RC}$ 时，串并联网络的 $\varphi_f = 0$。如图 6-30 所示，在振荡电路中，电路的大部分是集成运算放大电路，采用同相输入方式，与 RC 串并联网络构成正反馈闭合回路，同相比例放大电路的相移 $\varphi_a = 0$。因此 $\varphi_a + \varphi_f = 0$，电路满足相位平衡条件。而对于其他任何频率，则不满足振荡的相位平衡条件。电路的振荡频率为

$$f_0 = \frac{1}{2\pi RC} \tag{6-17}$$

改变 R、C 的取值，可以调节振荡频率。除相位平衡条件外，电路还必须满足振幅平衡条件。当 $\omega = \omega_0$，桥式振荡电路选频网络的反馈系数 $|\dot{F}| = \dfrac{1}{3}$。为了使电路起振，必须使 $\dot{A}_u \dot{F}_u > 3 \times \dfrac{1}{3} = 1$，由此可以求得振荡电路的起振条件为放大电路的电压放大倍数 $\dot{A}_u > 3$，通常放大电路的放大倍数都能满足要求。

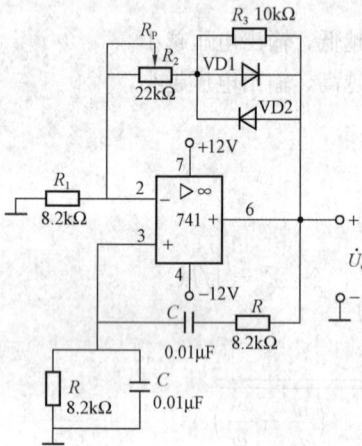

图 6-31　二极管稳幅电路

为了使 RC 桥式振荡电路能够达到实际应用的目的，还需要加上稳幅措施。具有稳幅电路的 RC 桥式振荡电路如图 6-31 所示。稳幅电路由两只二极管 VD1 和 VD2 反向并联，再和 R_3 并联后串联在负反馈回路中，正常工作时两只二极管总有一只处于正向偏置而导通，利用二极管正向伏安特性的非线性完成自动稳幅。其工作原理是，在起振时，由于 U_O 幅值很小，尚不足以使二极管导通，正向二极管近于开路，且反馈电阻大于 $2R_1$；随着振荡幅度的增大，正向二极管导通，其正向电阻逐渐减小，直到反馈电阻等于 $2R_1$，振荡稳定。

四、LC 正弦波振荡电路

1. 变压器反馈式振荡电路

变压器反馈式振荡电路，又称互感耦合振荡电路，它是利用变压器耦合获得适量的正反馈来实现自激振荡的。

图 6-32（a）为共射调集型变压器耦合振荡电路，图（b）是交流通路。图中当不考虑反馈时，由于 L_1、C 组成的并联谐振回路作为三极管的集电极负载，因此，这种放大电路具有选频特性，常称为选频放大电路。L_2 为反馈网络，它通过电感耦合取得反馈信号，并将信号的一部分反馈到输入端，显然，该电路具备振荡电路的组成环节。

（1）相位平衡条件。断开图（a）中的 a 点。设在放大电路的输入端加信号，令其频率为 L_1C 回路的谐振频率 f_0，这时三极管集电极负载可等效为一纯电阻，若忽略其他电容和分布参数的影响，则 U_o 与 U_i 反相；在如图所示的变压器同名端的情况下，又引入 180° 相移，即 U_f 与 U_o 反相，因此 U_f 与 U_i 同相，电路满足振荡的相位平衡条件。

图 6-32　共射调集型变压器耦合振荡电路及
交流通路

（a）共射调集型变压器耦合振荡电路；（b）交流通路

对 f_o 以外的其他频率，L_1C 回路处于失谐状态，不再呈纯电阻性，因而 U_o 与 U_i 不再是反相关系，自然 U_f 与 U_i 也不再是同相关系，也就是说对 f_o 以外的电信号，电路不能满足振荡的相位平衡条件。这样，就保证了振荡电路只能够输出频率为 f_o 的单一频率的正弦波。

（2）振荡频率。在 Q 值足够高（回路的损耗很小）和忽略分布参数影响的条件下，振荡电路的振荡频率就是 L_1C 回路的谐振频率，即

$$f_o \approx \frac{1}{2\pi \sqrt{LC}} \tag{6-18}$$

（3）起振条件。根据自激振荡的振幅条件，对于图 6-32 所示电路，可以证明其起振条件为由 $V_F > V_1$，得

$$\frac{r_{be}rC}{\beta} < M < \beta L$$

式中：M 为绕组 L_1 与 L_2 之间的互感系数；r_{be} 为三极 b、e 的等效电阻；r 为绕组 L_1 的串联损耗电阻。选用 β 大的三极管和增大管子的静态电流，电路容易起振。

（4）电路特点。

1）由上式可知，对三极管 β 值要求并不太高，只要变压器同名端接线正确，则不难起振。即只要同名端，就可满足相位条件。采用变压器耦合，容易满足阻抗匹配要求。

2）C 可以采用可变电容器，因而调节频率很方便。

3）LC 选频网络可放在三极管任意极。

调集电路→放在 c 极；

调基电路→放于 b 极；

调发电路→放在 e 极。

4）由于变压器分布参数的限制，振荡频率不能太高，一般小于几十 MHz，且输出波形不太好。

2. 三点式 LC 振荡电路

（1）三点式振荡器组成原则。三点式振荡器的一般形式（交流通路）如图 6-33 所示。晶体管有三个电极（b、e、c）分别与三个电抗性元件相连接形成三个接点，故称为三点式振荡器。

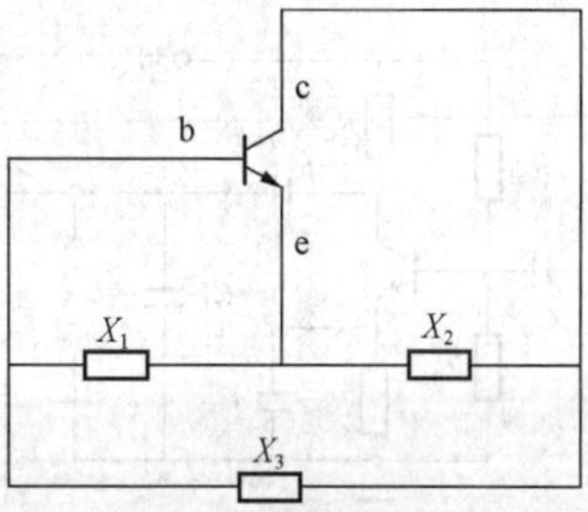

图 6-33 三点式振荡器的一般形式（交流通路）

三点式振荡器要实现振荡，必须满足相位平衡条件与振幅平衡条件。为此电路组成结构必须遵循以下两个原则：

1）与晶体管发射极相联结的电抗 X_1、X_2 性质必须相同，即 be、ce 间电抗性质相同；

2）不与晶体管发射极相联结的另一电抗 X_3 的性质必须与其相反，即 be、ce 与 bc 间电抗性质相反。

遵循以上两个原则才能满足相位平衡条件，适当选择 X_1 与 X_2 的比值就能满足振幅平衡条件。

（2）电感三点式振荡器。电感三点式振荡器也称为哈特莱振荡器。电感三点式振荡器原理电路如图 6-34 所示，与晶体管发射极相连接的电抗性元件 L_1 和 L_2 为感性，不与发射极相连接的另一电抗性元件 C 为容性，满足三点式振荡器的组成原则。因反馈网络是由电感元件完成的，适当选择 L_1 与 L_2 的比值，则可满足振幅条件，故称为电感反馈三点振荡器。

三极管的三个极分别与电感的三个引出点相接，故称为电感三点式振荡器。

1）相位平衡条件。根据瞬时极性法，U_f 与 U_i 同相，电路中引入正反馈，满足振荡的相位平衡条件。

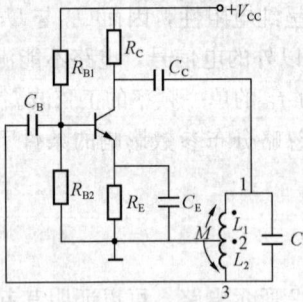

图 6-34 电感三点式振荡器原理电路

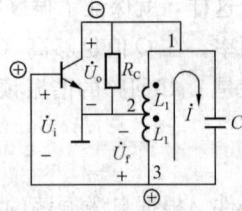

图 6-35 电感三点式振荡器交流通路

2）振荡频率。电感三点式振荡器交流通路如图 6-35 所示，则

$$\omega_0 = \frac{1}{\sqrt{(L_1 + L_2 + 2M)C}}$$

令 $L = L_1 + L_2 + 2M$ 为回路的总电感，则振荡频率为

$$f_o \approx \frac{1}{2\pi\sqrt{(L_1 + L_2 + 2M)C}} = \frac{1}{2\pi\sqrt{LC}} \tag{6-19}$$

3）起振条件。可以推得，该振荡器的起振条件为

$$\frac{r_{be}}{\beta r_{ce}} < \frac{L_2 + M}{L_1 + M} < \beta \tag{6-20}$$

式中：$\frac{L_2 + M}{L_1 + M} = F_u$ 为反馈系数的模。可见，选择 β 大的管子和增大管子的静态电流有利于起振。上式表明，该振荡器的反馈既不能太强，也不能太弱，否则对起振不利，这就要求 L 的抽头位置要合适。

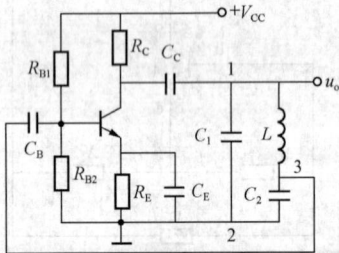

图 6-36 电容三点式振荡器原理电路

4）特点。

优点：易起振，输出电压幅度较大；C 采用可变电容后很容易实现振荡频率在较宽频带内的调节，且调节频率时基本不影响反馈系数。

缺点：高次谐波成分较大，输出波形差；由于 L_1 和 L_2 的分布电容及管子的输出、输入电容分别并联在 L_1 起 L_2 两端，使振荡频率较高时 F_u 减小，甚至不满足振条件。因此这种振荡器多用在振荡频率在几十兆赫以下的电路中。

（3）电容三点式振荡器。电容三点式振荡器也称为考必兹振荡器，电容三点式振荡器原理电路如图 6-36 所示。因反馈网络是由电容元件完成的，适当选择 C_1 与 C_2 的比值，则可满足振幅条件，故称为电容反馈三点振荡器。

电容三点式振荡器交流通路如图 6-37 所示，三极管的三个极分别与 C_1、C_2 的三个引出点相接，故称为电容三点式振荡器。

1）相位平衡条件。根据瞬时极性法，U_f 与 U_i 同相，电路中引入正反馈，满足振荡的相位平衡条件。

2）振荡频率

$$f_0 \approx \frac{1}{2\pi\sqrt{LC}} \tag{6-21}$$

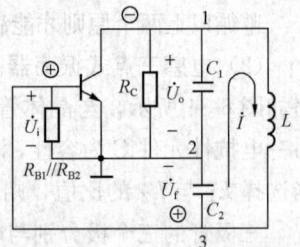

图 6-37 电容三点式振荡器交流通路

式中：$C = C_1 C_2 / (C_1 + C_2)$ 为回路的总电容。考虑到 r_{be} 和 r_{ce} 的影响，实际振荡频率稍高于 $\dfrac{1}{2\pi\sqrt{LC}}$。

3）起振条件。可以推得，该电路的起振条件为

$$\frac{r_{be}}{\beta r_{ce}} < \frac{C_1}{C_2} < \beta \tag{6-22}$$

式中：$\dfrac{C_1}{C_2} = F_u$ 为反馈系数的模。

4）特点。

优点：高次谐波成分小，输出波形好；频率稳定度高；振荡频率高。

缺点：频率不易调。

增大 C_1、C_2 的比值，可增大反馈系数，提高输出幅值，但会使三极管输入阻抗的影响增大，使 Q 值下降，不利于起振，且波形变差，故 C_1、C_2 的比值不宜过大，一般取 $0.1 \sim 0.5$。

3. 石英晶体正弦振荡电路

用石英晶体谐振器（简称石英晶体）取代 LC 振荡器中的 LC 选频网络，可以做成频率极为稳定的石英晶体正弦波振荡器，以满足一些对振荡频率要求极严格的场合，如计算机的时钟信号发生器、标准计时器等。

（1）石英晶体谐振器。石英晶体谐振器是利用石英晶体的压电效应制成的。将二氧化硅（SiO_2）晶体按一定的方位角切割成很薄的晶片，在晶片的两个对应面上涂覆银层，引出管脚并封装，就构成了石英晶体谐振器，其符号如图 6-38 所示。

（2）石英晶体的谐振特性与等效电路。石英晶体是靠压电效应产生谐振的。压电效应，即在石英晶体的极间施加电场，能使晶体产生机械变形；反之，在极间施加机械力，又会在相应的方向形成电场。如果在极板之间加一交变电场，则会在晶体内产生与电场频率相同的机械变形振动；

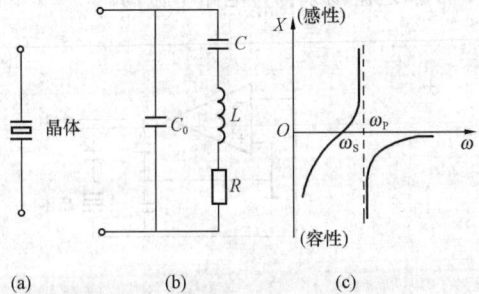

图 6-38　石英晶体的代表符号、等效电路、
电抗—频率响应特性

（a）代表符号 ；（b）等效电路；（c）电抗—频率
响应特性

同样，机械变形振动又会引起石英切片表面产生交变电场。在用石英晶体构成回路时，回路中若有交变电流流过石英晶体，则晶体机械变形的振幅与此电流的频率有关。在一般情况下，这个机械变形的振幅及交变电场振幅都很微小，只有当外加电压频率与晶体的固有频率相等时，机械变形的振幅才能达到最大，回路交变电流也达到最大，这种现象称为压电谐振。

石英晶体的等效电路如图 6-38（b）所示，其中 C_0 为晶体极板间的平板电容，它的大小与晶体的几何尺寸和电极面积有关，一般为几皮法到几十皮法；L 表示晶体机械振动的惯性，一般在几十毫亨到几百毫亨，C 表示晶片的弹性，一般小于 $0.1 \mathrm{pF}$，R 表示晶片振动时的摩擦损耗，其值较小，一般为几欧到几百欧。

从石英晶体的等效电路可知，石英晶体有两个谐振频率。即当 L、C、R 支路发生串联谐振时，它的等效阻抗最小（等于 R），串联谐振频率为

$$f_s = \frac{1}{2\pi\sqrt{LC}}$$

当频率高于 f_s 时，L、C、R 支路呈感性，可与电容 C_0 发生并联谐振，并联谐振频率为

$$f_p \approx \frac{1}{2\pi\sqrt{L\dfrac{CC_0}{C+C_0}}} = f_s\sqrt{1+\frac{C}{C_0}} \tag{6-23}$$

由于 $C \ll C_0$，因此 f_s 和 f_p 非常接近。

（3）石英晶体振荡电路 。石英晶体正弦波振荡电路的形式多种多样，但基本电路只有两类，即并联型和串联型石英晶体正弦波振荡电路，前者石英晶体工作在接近于并联谐振状态，而后者则工作在串联谐振状态。

图 6-39（a）所示为一并联型石英晶体正弦波振荡电路。由图 6-39 可见，这个电路的振荡频率必须在石英晶体 f_s 的 f_p 之间，即只有晶体在电路中起电感作用才能组成电容三点式电路，满足相位平衡条件。考虑到通常 $C_1 \gg C_s,C_2 \gg C_s$，因此，振荡频率主要取决于石英晶体与 C_s 的谐振频率。

图 6-39（b）所示为一串联型石英晶体正弦波振荡电路。该电路是利用石英晶体谐振器来连接反馈回路和放大电路的。当电路的谐振频率与石英晶体的谐振频率 f_s 相等时，石英晶体呈电阻性，而且阻抗最小，放大电路的正反馈最强，相移为零，满足振荡的相位平衡条件，输出正弦波信号。当电路的振荡频率不等于石英晶体的谐振频率 f_s 时，石英晶体阻抗增大，且相移不为零，不满足振荡条件，电路不振荡。

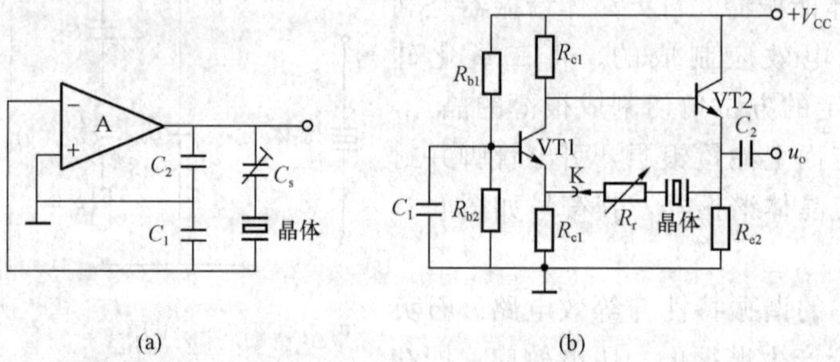

图 6-39 并联和串联型石英晶体正弦波振荡电路
（a）并联型；（b）串联型

【技能实训 2】 *LC* 正弦波振荡器电路的检测

一、实训目的

（1）掌握变压器反馈式 LC 正弦波振荡器的调整和测试方法。

（2）研究电路参数对 LC 振荡器起振条件及输出波形的影响。

二、实训设备与器件

＋12V 直流电源 、双踪示波器 、交流毫伏表 、直流电压表 、频率计、振荡线圈晶体三极管 3DG6×1（9011×1）3DG12×1（9013×1）、电阻器、电容器若干。

三、电路识图

图 6-40 所示为变压器反馈式 LC 正弦波振荡器的实验电路。其中晶体三极管 Tr 组成共射放大电路，变压器 Tr 的一次绕组 L_1（振荡线圈）与电容 C 组成调谐回路，它既作为放大器的负载，又起选频作用；二次绕组 L_2 为反馈线圈；L_3 为输出线圈。

该电路是靠变压器一次、二次绕组同名端的正确连接，来满足自激振荡的相位条件，即满足正反馈条件。在实际调试中，可以通过把振荡线圈 L_1 或反馈线圈 L_2 的首、末端对调，来改变反馈的极性。而振幅条件的满足，一是靠合理选择电路参数，使放大器建立合适的静态工作点；二是改变线圈 L_2 的匝数，或它与 L_1 之间的耦合程度，以得到足够强的反馈量。稳幅作用是利用晶体管的非线性来实现的。由于 LC 并联谐振回路具有良好的选频作用，因此输出电压波形一般失真不大。

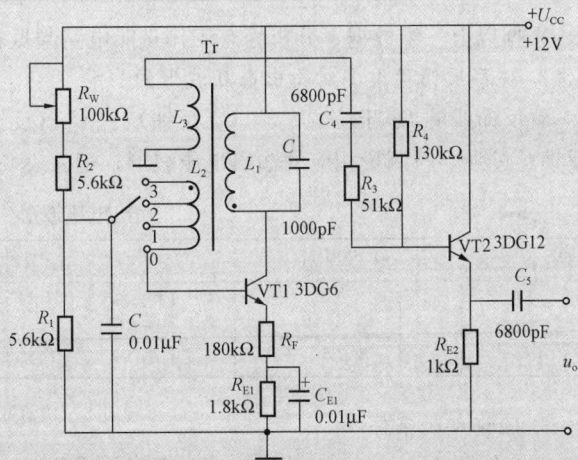

图 6-40 LC 正弦波振荡器实验电路

振荡器的振荡频率由谐振回路的电感和电容决定

$$f_0 = \frac{1}{2\pi\sqrt{LC}}$$

式中：L 为并联谐振回路的等效电感（即考虑其他绕组的影响）。

振荡器的输出端增加一级射极跟随器，用以提高电路的带负载能力。

四、实训内容

按图 6-40 连接实验电路。电位器 R_W 置最大位置，振荡电路的输出端接示波器。

1. 静态工作点的调整

（1）接通 $U_{cc} = +12V$ 电源，调节电位器 R_W，使输出端得到不失真的正弦波形，如不起振，可改变 L_2 的首、末端位置，使之起振。

测量两管的静态工作点及正弦波的有效值 U_o，记入表 6-3。

（2）把 R_W 调小，观察输出波形的变化。测量有关数据，记入表 6-3。

（3）调大 R_W，使振荡波形刚好消失，测量有关数据，记入表 6-3。

表 6-3　　　　　　　　静态工作点的相关测量

		U_B/V	U_E/V	U_C/V	I_C/mA	U_O/V	u_O 波形
R_W 居中	VT1						
	VT2						
R_W 小	VT1						
	VT2						
R_W 大	VT1						
	VT2						

根据以上三组数据，分析静态工作点对电路起振、输出波形幅度和失真的影响。

2. 观察反馈量大小对输出电压波形的影响

置反馈线圈 L_2 于位置 "0"（无反馈）、"1"（反馈量不足）、"2"（反馈量合适）、"3"（反馈量过强）时测量相应的输出电压波形，记入表 6-4。

表 6-4　　　　　　　　　　　　　　　　　输出电压波形

L_2 位置	"0"	"1"	"2"	"3"
u_o 波形	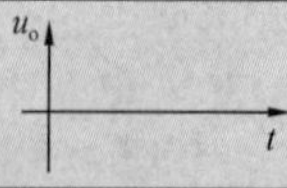	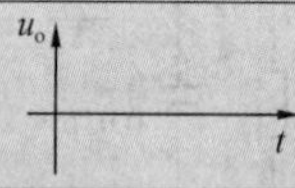	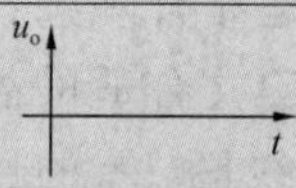	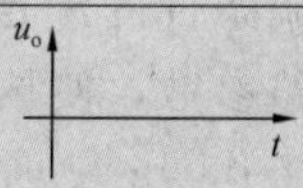

3. 验证相位条件

改变线圈 L_2 的首、末端位置，观察停振现象；

恢复 L_2 的正反馈接法，改变 L_1 的首、末端位置，观察停振现象。

4. 测量振荡频率

调节 R_W 使电路正常起振，同时用示波器和频率计测量以下两种情况下的振荡频率 f_o，记入表 6-5。

谐振回路电容：（1）$C=1000 \text{pf}$。

　　　　　　　（2）$C=100 \text{pF}$。

表 6-5　　　　　　　　　　　　　　　振荡频率的测量

C/pF	1000	100
f/kHz		

5. 观察谐振回路 Q 值对电路工作的影响

谐振回路两端并入 $R=5.1\text{k}\Omega$ 的电阻，观察 R 并入前后振荡波形的变化情况。

五、写实训报告书

六、实训思考

（1）整理实验数据，并分析讨论：

1）LC 正弦波振荡器的相位条件和幅值条件。

2）电路参数对 LC 振荡器起振条件及输出波形的影响。

（2）LC 振荡器是怎样进行稳幅的？在不影响起振的条件下，晶体管的集电极电流是大一些好，还是小一些好？

项目实施

■ 实施目的 ----------------------------------●●●●●●●

掌握空调温度控制器的原理与制作；

了解双限比较器的特点及应用；

能对空调温度控制器电路中的故障现象进行分析判断并加以解决；

能制作空调温度控制器，并能通过调试达到预期目标。

1. 设备与器件准备

设备准备：实训电路板 1 个，直流稳压器 1 台，万用表 MF10 1 块，示波器 1 台，水银温度计一支。

器件准备：电路所需元件名称、规格型号和数量见表 6-6。

表 6-6   小型家用空调温度控制器电路元器件明细表

代号	名称	规格型号	数量	代号	名称	规格型号	数量
R_{P_1}、R_{P_2}	微调电位器	4.7kΩ	2	R_t	负温度系数热敏电阻	1kΩ	1
R_1	电阻	RTX-0.125-3kΩ-Ⅱ	1	IC1	集成电路	LM324	1
R_2、R_4	电阻	RTX-0.125-15kΩ-Ⅱ	2	IC2	集成电路	CD4011	1
R_3、R_5	电阻	RTX-0.125-10kΩ-Ⅱ	2	VT	三极管	2N2222	1
R_6、R_8	电阻	RTX-0.125-1kΩ-Ⅱ	2	VD1	二极管	IN4148	1
R_7	电阻	RTX-0.125-4.7kΩ-Ⅱ	1	VD2、VD3	发光二极管	2EF441 (R, G)	2
KP	电磁继电器	JZC-12F/012-12	1				

2. 电路识图

该电路利用由运算放大器构成的双限比较器，控制室内的最高温度以及空调开启的温度。当空调接通电源时，由 R_2 和 R_3 及 R_{P_1} 微调电位器对直流电源分压后给 IC1 的同相输入端一固定基准电压。由温度调节电路 R_{P_2}、R_5 及 R_4 对电源电压分压的微调电位器 R_{P_2} 调整后输出一个设定温度电压给 IC1-2 的反相输入端，这样就由 IC1-1 组成开机检测电路，由 IC1-2 组成关机检测电路。当室内的温度高于设定的温度时，由于负温度系数热敏电阻 R_t 和 R_3 的分压大于 IC1-1 的同相输入端和 ICI-2 的反相输入端电压，IC1-1 输出低电平，IC1-2 输出高电平。由 IC2 组成的 RS 触发器的输出端输出高电平，使三极管导通，VD2 点亮（R），继电器吸合，其常开触点闭合，接通压缩机电动机电路，压缩机开始制冷。

当压缩机工作一定时间后，室内温度下降，达到设定温度时，温度传感器阻值增大，使 IC1-1 的反相输入端和 IC1-2 的同相输入端电位下降，IC1-1 的输出端为高电平，而 IC1-2 的输出端为低电平，RS 触发器的工作状态翻转，其输出为低电平，从而使三极管截止，VD2（G）点亮，继电器停止工作，常开触点被释放，压缩机停止运转。

若空调器停止制冷一段时间后，室内温度缓慢升高，此时开机检测电路 IC1-1、关机检测电路 IC1-2、RS 触发器又翻转一次，使压缩机重新开始工作。这样周而复始地达到控制室内温度的目的。

3. 小型家用空调温度控制器电路安装与调试

（1）电路的所有元器件、实验板的检测。

（2）电路的安装。电路板装配应遵循"先低后高、先内后外"的原则。将电路所有元器件正确装入印制电路板相应位置上，采用单面焊接方法，无错焊、漏焊和虚焊。元件面相应元器件高度平整、一致。按图 6-41 所示装配图安装、焊接好电路板。

（3）性能检测调试。

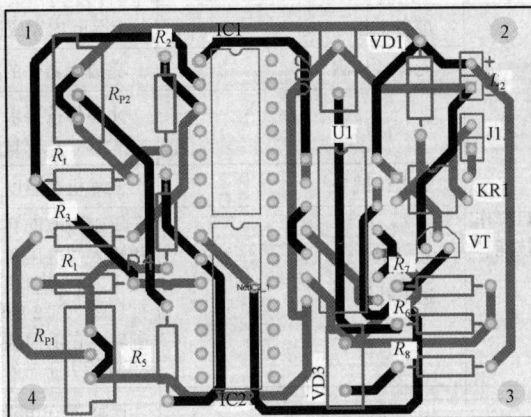

图 6-41 小型家用空调温度控制器装配图

1）根据所选热敏电阻的温度特性 mV/℃（查手册）计算开机、关机、温度对应的电压值。

2）根据室内设定的最高温度，选用温水槽设定上限开机温度（用水银温度计标定），将传感器浸入水中，设定开机时 IC1-1 的同相输入端电压。

3）根据空调关机设定的最低温度，选用冷水槽关机温度（用水银温度计标定），将传感器浸入水中，设定关机时 IC1-2 的反相输入端电压。

4）调整微调电位器 R_{P_1}、R_{P_2}，按上两步骤仔细调好开机、关机基准电压。

5）调整结束后，用指甲漆封牢微调电位器的螺钉。

4. 故障分析与排除

（1）当接通电源时，压缩机不工作，首先检查元器件焊接情况，有没有元器件错焊、虚焊、漏焊情况；如果有，重新焊接，使接触良好。

（2）根据室内设定的最高温度，检测开机时 IC1-1 的同相输入端电压；然后再根据空调关机设定的最低温度，检测 IC1-2 的反相输入端电压，如果都是高电平或都是低电平，调整微调电位器 R_{P_1}、R_{P_2}，调好开机、关机基准电压。

（3）如果以上都没有问题，压缩机还不能启动，检查继电器。当温度降低或升高时，能否听到继电器吸合声，如果没有，进行以下测量。①测触点电阻：用万能表的电阻挡，测量常闭触点与动点电阻，其阻值应为 0；而常开触点与动点的阻值就为无穷大。否则更换继电器。②测线圈电阻：可用万能表 $R\times10\Omega$ 挡测量继电器线圈的阻值，从而判断该线圈是否存在开路现象。

（4）如果以上还没有问题，检查压缩机如果损坏，更换压缩机。

5. 编写项目实施报告

项目实验报告见附录。

项目考核

小型家用空调温度控制器的项目考核要求及评分标准

检测项目		考核要求	分值	学生互评	教师评估
项目知识内容	集成运放的基本知识	掌握集成运放的组成及理想集成运放的条件	10		
	集成运放的线性应用	正确分析集成运放的线性应用电路并计算电路参数	20		
	集成运放的非线性应用——电压比较器	正确分析集成运放的非线性应用电路及电压传输特性，并计算电路参数	10		
项目操作技能	准备工作	10min 内完成所有元器件的清点及调换	10		
	元器件检测	完成元器件的检测	10		
	组装焊接	元器件按要求整形；正确安装元器件；焊点美观、走线合理、布局漂亮	10		
	通电调试	压缩机在温度控制器作用下能否正常工作	10		
	通电检测	当室内温度升高或下降时，检测 IC1-1 同相输入端电压和 IC1-2 反相输入端电压，以及 IC1-1、IC1-2 的输出电平；RS 触发器在 IC1-1、IC1-2 的输出电平的控制下能否正常翻转；在前面检测都正常的情况下，VD2、VD3 能否正常发光，压缩机能否正常工作	10		
	安全文明操作	严格遵守电业安全操作规程，工作台工具、器件摆放整齐	5		

检测项目		考核要求	分值	学生互评	教师评估
基本素质	实践表现	安全操作、遵守实训室管理制度；团队协作意识；语言表达能力；分析问题、解决问题的能力	5		
	项目成绩				

知识拓展

秒信号发生器的制作。

在图 6-42 中使用的钟表专用集成电路为 BH007，其引脚如图 6-43 所示，电路中 I_i 和 I_o 外接石英谐振器，其频率为 32.768kHz，与电容器 C_1、C_2 组成自激多谐振荡器。电容器 C_1 取 47pF，C_2 采用半可调电容器，容量 5～20pF，作为频率微调用，O1 和 O2 为驱动级输出端，它产生脉冲宽度为 7.8ms、相位差为 180°、周期为 2s 的负脉冲信号，经 VD1、VD2 及 R_2 组成的二极管与门后获得秒信号，在电子手表里供步进电动机使用。R 为复位端，高电平有效。M 为测试端，正常工作时，该端产生 64Hz 的脉冲信号，供检测之用。BH007 的电源为 1.5V，当和高电源电压的 CMOS 电路连接时，为了不另加一电源，可直接从 10V 电源上经降压取得 1.5V 电压，图 6-42 所示电路中的 R_1 和 VD2 组成低压稳定电源。

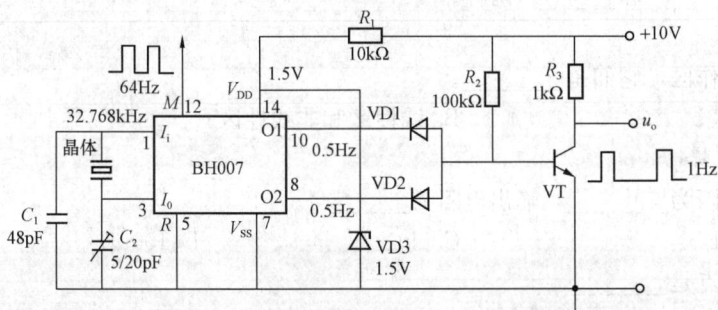

图 6-42 秒信号发生电路

图 6-43 BH007 引脚图

项目小结

（1）集成运放是一种高增益、直接耦合的多级放大器。它通常由输入级、中间放大级、输出级和偏置电路四部分组成。

（2）集成运放各种电路的应用，包括线性应用和非线性应用。其中运放在线性应用电路中最基本的电路是反相比例运放电路和同相比例运放电路。分析这两个电路时主要运用的概念是"虚短"和"虚断"。掌握这两种电路的分析方法，其他电路的分析就能迎刃而解。

（3）电压比较器是运放在非线性应用电路中的一种典型应用。它能够鉴别两个输入电平的状态，其输出只有两种状态：高电平或低电平。该比较器的缺点是抗干扰能力差，为了克服该缺点引入滞回比较器，由于"回差"的存在，提高了抗干扰能力。

（4）反馈式正弦波振荡器是利用选频网络，通过正反馈产生自激振荡的，它的振荡相位平衡条件为 $\varphi_a + \varphi_f = 2n\pi(n = 0,1,2\cdots)$，振幅平衡条件为 $|\dot{A}\dot{F}| = 1$。利用相位条件可确定振荡频率，利用振幅平衡条件可确定振荡幅度。振荡的起振条件为 $\varphi_a + \varphi_f = 2n\pi(n = 0,1,2\cdots)$，$|\dot{A}\dot{F}| > 1$。

（5）*LC* 振荡器有变压器反馈式、电感三点式及电容三点式等电路，其振荡频率近似等于 *LC* 谐振回路的谐振频率。

（6）石英晶体振荡器是采用石英晶体谐振器构成的振荡器。其振荡频率的准确性和稳定性很高。石英晶体振荡器有并联型和串联型。并联型晶体振荡器中，石英晶体的作用相当于一个高 *Q* 电感；串联型晶体振荡器中，石英晶体的作用相当于一个高选择性的短路元件。为了提高晶体振荡器的振荡频率，可采用返音晶体振荡器。

思考与练习

一、填空题

1. 集成运放内部一般包括四个组成部分，它们是 _____、_____、_____ 和 _____。

2. 当由理想集成运放组成的基本运算电路工作时，运放的反相输入端与同相输入端之间的电压关系是 _____，俗称"_____"；而两个输入端之间的电流关系是 _____，俗称"_____"。

3. 电压比较器的功能是比较两个电压的 _____，将比较结果反映在 _____ 端。

4. 正弦波振荡电路的幅值平衡条件是 _____。

5. 石英晶体振荡器可分 _____ 和 _____ 两种。

二、选择题

1. 集成运放一般有两个工作区，它们是 _____。
   A. 正反馈区和负反馈区　　　　　　　B. 线性区和非线性区
   C. 虚短区和虚断区

2. 理想集成运放的输入电阻为 _____，输出电阻为 _____。
   A. ∞　　　　　B. 0　　　　　C. 1kΩ　　　　　D. 100kΩ

3. 理想运放的两个重要特点是 _____。
   A. 虚断和虚地　　B. 虚短和虚地　　C. 虚短和虚断　　D. 同相和反相

4. 集成运放组成的电压跟随器的输出电压 $u_o =$ _____。
   A. u_i　　　　　B. 0　　　　　C. 1　　　　　D. A_{uf}

5. 由集成运放组成的电压比较器，其运放电路必然处于 _____ 状态。
   A. 负反馈　　　B. 自激振荡　　　C. 开环或负反馈　　　D. 开环或正反馈

三、分析计算题

1. 在图 6-44 所示的运放电路中，$R = 10kΩ$，$u_{i1} = 2V$，$u_{i2} = -3V$，试求输出电压 u_o 的值。

2. 如图 6-45 所示电路，试推导 u_o 与 u_{i1}、u_{i2} 之间的关系。

3. 用相位平衡条件分析判断图 6-46 中（a）～（d）所示电路能否产生正弦波振荡？

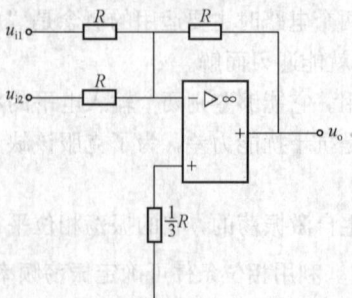

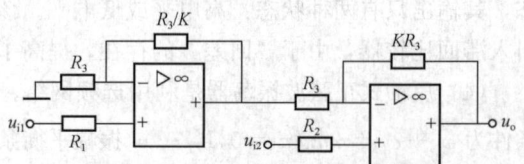

图 6-44　分析计算题 1 图　　　　　　　　　图 6-45　分析计算题 2 图

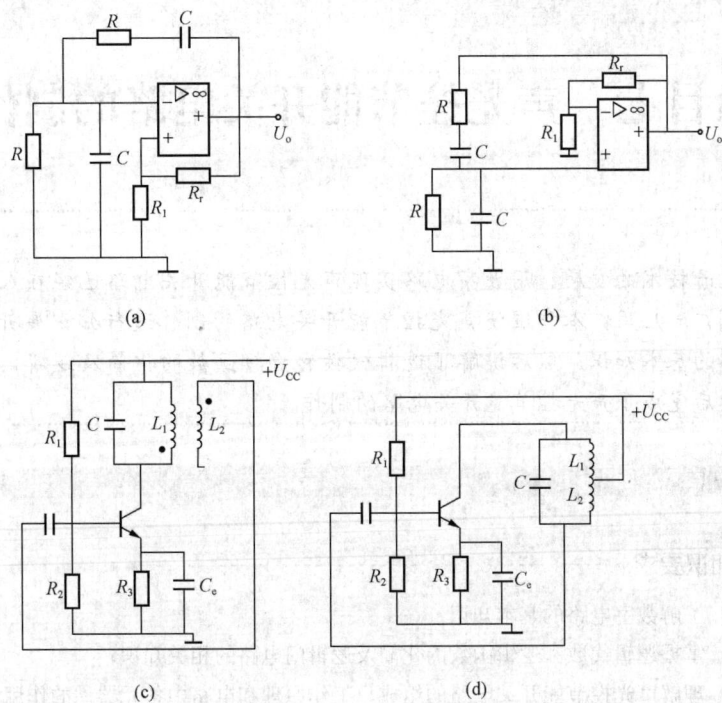

(a)

(b)

(c)

(d)

图 6-46 分析计算题 3 图

项目七　声光控节能开关电路的制作

　　随着电子技术的发展，用数字电路实现声光控节能开关电路已经在人们的日常生活中得到广泛应用，本章围绕声光控节能开关电路的制作进行知识展开。首先介绍数字电路的基本知识；然后讲解了逻辑代数和逻辑函数的化简及逻辑门电路的相关知识；最后完成了声光控节能开关电路的制作。

▓▓ 项目要求

■ 知识要求 --------------------------------------●●●●●●

了解数字电路的基本知识；

掌握逻辑代数和逻辑函数的化简及逻辑门电路的相关知识；

理解声光控节能开关电路的组成、工作原理和电路中各元器件的作用。

■ 技能要求 --------------------------------------●●●●●●

能测试常用 TTL 门电路、COMS 电路的逻辑功能；

能用基本门电路制作声光控节能开关电路，并能正确调试电路；

提高学生的动手能力，培养学生的团结协作精神和创新意识。

⚙ 项目导入

　　声光控节能开关集声控、光控、延时自动控制技术为一体，白天光线较强时，受光控自锁，有声响也不开灯；当傍晚环境光线变暗后，开关自动进入待机状态，遇有说话声、脚步声等声响时，会立即开灯，延时半分钟后自动关灯；能延长灯泡寿命，达到节电的目的。在这里声音和环境光线变暗是两个条件，即为本章中的两个逻辑变量，只有这两个条件均满足，逻辑结果（灯亮）才会实现。

　　声光控节能开关的电路原理图如图 7-1 所示。电路中的主要元器件使用了数字集成电路 CD4011，其内部含有 4 个独立的与非门，使电路结构简单，工作可靠性高。

🎺 工作任务及技能实训

任务1　认识数字电路

一、数字量与模拟量

　　数字量：物理量的变化在时间上和数量上都是离散的。它们数值的大小和每次的增减变化都是某一个最小数量单位的整数倍，而小于这个最小数量单位的数值没有任何物理意义。

　　例如：统计通过某一个桥梁的汽车数量，得到的就是一个数字量，最小数量单位的"1"代

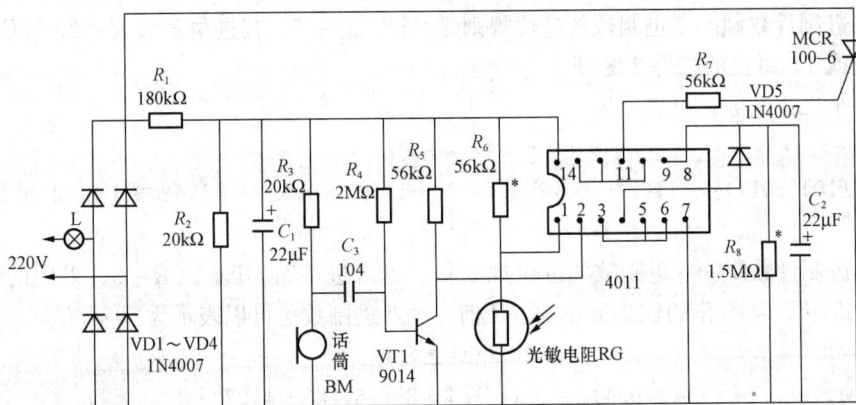

图 7-1　声光控节能开关的原理电路图

表"一辆"汽车，小于 1 的数值已经没有任何物理意义。

数字信号：表示数字量的信号。如矩形脉冲。

数字电路：工作在数字信号下的电子电路。

模拟量：物理量的变化在时间上和数值上都是连续的。

例如：热电偶工作时输出的电压或电流信号就是一种模拟信号，因为被测的温度不可能发生突然跳跃，所以测得的电压或电流无论在时间上还是在数量上都是连续的。

模拟信号：表示模拟量的信号，如正弦信号。

模拟电路：工作在模拟信号下的电子电路。

这个信号在连续变化过程中的任何一个取值都有具体的物理意义，即表示一个相应的温度。数字信号和模拟信号的波形图如图 7-2 所示。

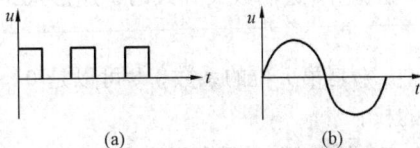

二、数字信号的一些特点

数字信号通常都是以数码形式给出的。不同的数码不仅可以用来表示数量的不同大小，而且可以用来表示不同的事物或事物的不同状态。

图 7-2　数字信号和模拟信号波形图
(a) 数字信号波形图；(b) 模拟信号波形图

三、数制与码制

1. 数制

数制是表示数的方法和规则。人们使用最多的是进位计数制，数的符号在不同位置上时所代表的数值不同。

在数字电路中经常使用的计数进制有十进制、二进制、八进制和十六进制。

(1) 十进制计数制。十进制是日常生活中最常使用的进位计数制。在十进制数中，每一位有 0～9 十个数码，所以计数的基数是 10。超过 9 的数必须用多位数表示，其中低位和相邻高位之间的进位关系是"逢十进一"。

任意十进制数 D 的展开式

$$D = \sum k_i 10^i$$

式中，k_i 是第 i 位的系数，可以是 0～9 中的任何一个。

例如：将十进制数 12.56 展开为

$$12.56 = 1 \times 10^1 + 2 \times 10^0 + 5 \times 10^{-1} + 6 \times 10^{-2}$$

（2）二进制计数制。二进制数的进位规则是"逢二进一"，其进位基数 $R=2$，每位数码的取值只能是 0 或 1，每位的权是 2 的幂。

任何一个二进制数，可表示为

$$D = \sum k_i 2^i$$

例如：$(1011.011)_2 = 1\times2^3+0\times2^2+1\times2^1+1\times2^0+0\times2^{-1}+1\times2^{-2}+1\times2^{-3}$
$$= (11.375)_{10}$$

（3）八进制计数制。八进制数的进位规则是"逢八进一"，其基数 $R=8$，采用的数码是 0、1、2、3、4、5、6、7，每位的权是 8 的幂。任何一个八进制数也可以表示为

$$D = \sum k_i 8^i$$

例如：$(376.4)_8 = 3\times8^2+7\times8^1+6\times8^0+4\times8^{-1}$
$$=3\times64+7\times8+6+0.5 = (254.5)_{10}$$

（4）十六进制计数制。十六进制数的特点如下。

1）采用的 16 个数码为 0、1、2、…、9、A、B、C、D、E、F。符号 A~F 分别代表十进制数的 10~15。

2）进位规则是"逢十六进一"，基数 $R=16$，每位的权是 16 的幂。

任何一个十六进制数，可以表示为

$$D = \sum k_i 16^i$$

例如：$(3AB\cdot11)_{16} = 3\times16^2+10\times16^1+11\times16^0+1\times16^{-1}+1\times16^{-2} = (939.0664)_{10}$

任意 N 进制数展开式的普遍形式：

$$D = \sum k_i N^i$$

式中，k_i 是第 i 位的系数；k_i 可以是 $0 \sim N-1$ 中的任何一个；N 称为计数的基数；N^i 称为第 i 位的权。

不同进制数对照表见表 7-1。

表 7-1　　　　　不同进制数的对照表

十进制	二进制	八进制	十六进制
00	0000	00	0
01	0001	01	1
02	0010	02	2
03	0011	03	3
04	0100	04	4
05	0101	05	5
06	0110	06	6
07	0111	07	7
08	1000	10	8
09	1001	11	9
10	1010	12	A
11	1011	13	B
12	1100	14	C
13	1101	15	D
14	1110	16	E
15	1111	17	F

2. 数制间的转换

（1）二—十转换。二进制数转换成十进制数时，只要将二进制数按权展开，然后将各项数值按十进制数相加，便可得到等值的十进制数。例如：

$$(10110.11)_2 = 1 \times 2^4 + 1 \times 2^2 + 1 \times 2^1 + 1 \times 2^{-1} + 1 \times 2^{-2} = (22.75)_{10}$$

同理，若将任意进制数转换为十进制数，只需将数 $(N)_R$ 写成按权展开的多项式表示式，并按十进制规则进行运算，便可求得相应的十进制数 $(N)_{10}$。

（2）十—二转换。

1）整数转换——除 2 取余法。

例如：将 $(57)_{10}$ 转换为二进制数：

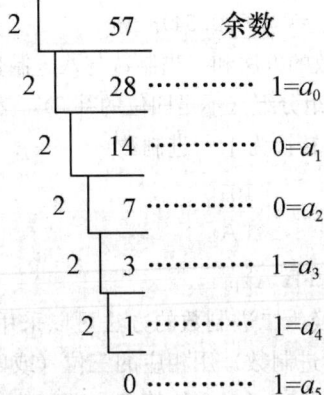

		余数
2	57	
2	28	$1 = a_0$
2	14	$0 = a_1$
2	7	$0 = a_2$
2	3	$1 = a_3$
2	1	$1 = a_4$
	0	$1 = a_5$

$(57)_{10} = (111001)_2$

2）小数转换——乘 2 取整法。

例如：将 $(0.724)_{10}$ 转换成二进制小数。

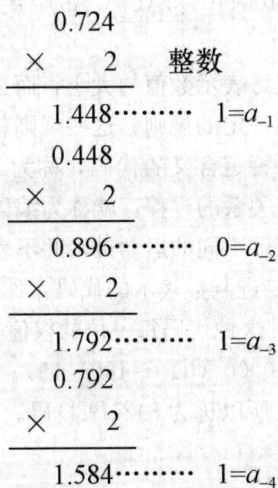

		整数
	0.724	
×	2	
	1.448	$1 = a_{-1}$
	0.448	
×	2	
	0.896	$0 = a_{-2}$
×	2	
	1.792	$1 = a_{-3}$
	0.792	
×	2	
	1.584	$1 = a_{-4}$

$$(0.724)_{10} = (0.1011)_2$$

可见，小数部分乘 2 取整的过程，不一定能使最后乘积为 0，因此转换值存在误差。通常在二进制小数的精度已达到预定的要求时，运算便可结束。

将一个带有整数和小数的十进制数转换成二进制数时，必须将整数部分和小数部分分别按除 2 取余法和乘 2 取整法进行转换，然后再将两者的转换结果合并起来即可。

同理，若将十进制数转换成任意 R 进制数 $(N)_R$，则整数部分转换采用除 R 取余法；小数部分转换采用乘 R 取整法。

（3）二进制数与八进制数、十六进制数之间的相互转换：

1）八进制数和十六进制数的基数分别为 $8 = 2^3$，$16 = 2^4$，所以三位二进制数恰好相当一位八进制数，四位二进制数相当一位十六进制数，它们之间的相互转换是很方便的。

2）二进制数转换成八进制数的方法是从小数点开始，分别向左、向右将二进制数按每三位一组分组（不足三位的补 0），然后写出每一组等值的八进制数。

例如，求 $(01101111010.1011)^2$ 的等值八进制数：

二进制 <u>001</u>   <u>101</u>   <u>111</u>   <u>010</u>   .   <u>101</u>   <u>100</u>

八进制   1   5   7   2   .   5   4

所以 $(011101111010.101100)_2 = (1572.54)_8$

3）二进制数转换成十六进制数的方法和二进制数与八进制数的转换相似，从小数点开始分别向左、向右将二进制数按每四位一组分组（不足四位的补 0），然后写出每一组等值的十六进制数。

例如，将 (1101101011.101) 转换为十六进制数：

二进制   <u>0011</u>   <u>0110</u>   <u>1011</u>   .   <u>1010</u>

十六进制   3   6   B   .   A

所以 $(1101101011.101)_2 = (36B.A)_{16}$

4）八进制数、十六进制数转换为二进制数的方法可以采用与前面相反的步骤，即只要按原来顺序将每一位八进制数（或十六进制数）用相应的三位（或四位）二进制数代替即可。

例如，分别求出 $(375.46)_8$、$(678.A5)_{16}$ 的等值二进制数：

二进制   011 111 101 . 100 110

二进制   0110 0111 1000.1010 0101

所以 $(375.46)_8 = (011111101.100110)_2$，$(678.A5)_{16} = (011001111000.10100101)_2$

3. 码制

在数字系统中，二进制数码不仅可表示数值的大小，而且常用于表示特定的信息。为了便于记忆和查找，在编制代码时总要遵循一定的规则，这些规则就称为码制。将若干个二进制数码 0 和 1 按一定的规则排列起来表示某种特定含义的代码，称为二进制代码。建立这种代码与图形、文字、符号或特定对象之间一一对应关系的过程，就称为编码。例如，在开运动会时，每个运动员都有一个号码，这个号码只用于表示不同的运动员，并不表示数值的大小。

将十进制数的 0～9 十个数字用二进制数表示的代码，称为二－十进制码，又称 BCD 码。常用的二－十进制代码为 8421BCD 码，这种代码每一位的权值是固定不变的，为恒权码。它取了 4 位自然二进制数的前 10 种组合，即 0000（0）～1001（9），从高位到低位的权值分别是 8，4，2，1，去掉后 6 种组合 1010～1111，所以称为 8421BCD 码。十进制数与几种常用 BCD 码的对应关系见表 7-2。

表 7-2   十进制数与几种常用的 BCD 码的对应关系

十进制数	8421 码	5211 码	2421 码	余 3 码	余 3 循环码
0	0000	0000	0000	0011	0010
1	0001	0001	0001	0100	0110
2	0010	0100	0010	0101	0111
3	0011	0101	0011	0110	0101
4	0100	0111	0100	0111	0100
5	0101	1000	1011	1000	1100
6	0110	1001	1100	1001	1101
7	0111	1100	1101	1010	1111
8	1000	1101	1110	1011	1110
9	1001	1111	1111	1100	1010

任务2 逻辑代数的基础知识

逻辑代数是一种描述客观事物逻辑关系的数学方法，是英国数学家乔治·布尔（George Boole）于1849年首先提出的，因此又称为布尔代数。逻辑代数是研究数字电路的数学工具，是分析和设计逻辑电路的理论基础。逻辑代数研究的内容是逻辑函数与逻辑变量之间的关系。

一、逻辑变量和逻辑函数

逻辑变量是逻辑代数中的变量。通常用大写字母表示。将逻辑变量作为输入，它们之间用各种逻辑运算符连接起来所形成的比较复杂的逻辑代数的运算结果作为输出，就称为逻辑函数，写作

$$Y = F(A,B,C,\cdots)$$

逻辑变量的取值只有两个：0和1。这里的0和1不表示数量的大小，只表示两种对立逻辑状态。例如，用1和0表示电路的忙和闲、电灯的亮和灭、事件的真和假、事物的是和非、信号的高和低、开关的开和关等。

正逻辑和负逻辑：脉冲信号的高、低电平可以用"1"和"0"来表示。同时规定，如果高电平用"1"来表示，低电平用"0"来表示，则称这种表示方法为正逻辑；反之，高电平用"0"来表示，低电平用"1"来表示，则称这种表示方法为负逻辑。一般无特别声明，均采用正逻辑。

二、逻辑函数的运算

逻辑函数的运算包括基本逻辑运算和复合逻辑运算两类。

1. 基本逻辑运算

在逻辑代数中只有三种基本运算：与运算、或运算、非运算。这三种基本运算反映了逻辑电路中最基本的逻辑关系，其他复杂的逻辑关系都可以通过这三种基本运算来实现。

（1）逻辑与（乘）运算及与门电路。若决定某一事件的所有条件都成立，这件事就发生，否则这件事就不发生，这样的逻辑关系称为逻辑与。逻辑与运算的符号可以用 & 和·表示，常用符号为"·"，此符号也可省略。

如图7-3（a）中电灯亮的条件是开关A和B都闭合。若用 $A=1$、$B=1$ 表示开关闭合，$A=0$、$B=0$ 表示开关断开；$Y=1$ 表示电灯亮，$Y=0$ 表示电灯灭；可以列出输入变量A、B的各种取值的组合和输出变量Y的一一对应关系。这样的表叫做真值表如图7-3（b）所示。

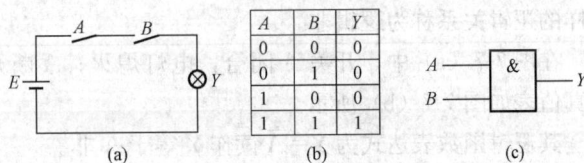

图7-3 与逻辑运算
(a) 电路图；(b) 真值表；(c) 逻辑符号

从真值表中可以看出，输出变量Y与输入变量A、B是对应的函数关系，故称Y是A、B的逻辑函数。表中只要输入变量中有一个为0，输出逻辑函数就为0；只有当全部输入变量均为1时，输出函数才为1。当逻辑关系用表达式来表示时，称为逻辑函数表达式。

逻辑与的表达式为 $Y=A\cdot B=AB$，读作Y等于A与B。

如果串联开关的数量为n个，与逻辑的表达式可以推广到多输入变量的一般形式

$$Y = A\cdot B\cdot C\cdot D\cdots =ABCD\cdots$$

实现与逻辑运算的电路叫做与门，如图7-4所示。它是一个由二极管构成的与门电路，与门电路符号如图7-3（c）所示。设输入的高电平为+3V（用1表示），低电平为0V（用0表示）、

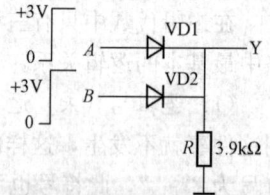

图 7-4 与门

忽略二极管正向导通电压。当输入 A、B 中有一个为低电平 0 时，则相应的二极管导通，输出也为低电平 0；如果输入均为高电平 1，则输出才是高电平 1。二极管 VD1 和 VD2 的状态列于图 7-3（b）中。

（2）逻辑或（加）运算及或门。若决定某一事件的条件中有一个或一个以上成立，这件事就发生，否则就不发生，这样的逻辑关系称为逻辑或。逻辑或运算的符号可以用"+"表示。

在图 7-5（a）中只要开关 A 或 B 闭合，电灯 Y 就会亮。或逻辑的真值表如图 7-5（b）所示。

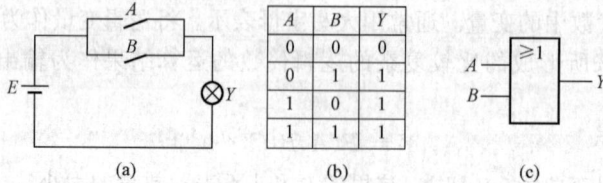

图 7-5 或逻辑运算

（a）电路图；（b）真值表；（c）逻辑符号

由真值表可知，只要 $A=1$ 或 $B=1$，就有 $Y=1$。

逻辑或的逻辑关系表达式为 $Y=A+B$，读作 Y 等于 A 或 B（或 A 加 B）。

当输入变量为 n 个时，逻辑或表达式可推广到多输入变量的一般形式

$$Y=A+B+C+\cdots$$

实现逻辑或运算的电路称为或门，如图 7-6 所示是一个由二极管组成的或门电路。或门电路符号如图 7-5（c）所示。

若输入端 A 或 B 中有一个为高电平 1 时，则相应的二极管就会导通，输出 Y 为高电平 1；只有输入 A 和 B 都为低电平 0 时，输出才为低电平 0。二极管 VD1 和 VD2 的状态列于图 7-5（b）的真值表中。

（3）非逻辑运算及非门。发生某事件的条件是该事件成立的反，即该条件成立时，事件不发生；只有条件不成立时，事件反而发生，这样的逻辑关系称为逻辑非。

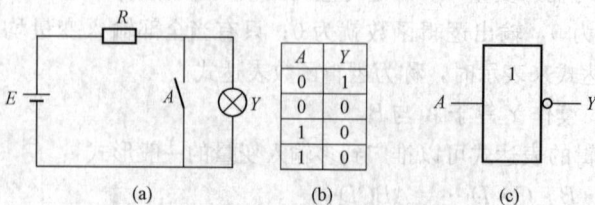

图 7-6 或门

在图 7-7（a）中，开关 A 闭合，电灯熄灭；A 断开，电灯 Y 亮。其真值表如图 7-7（b）所示。

其逻辑函数表达式为 $Y=\overline{A}$ 读作 Y 等于 A 非。

实现逻辑非运算的电路称为非门。图 7-8 所示的三极管电路是一个非门电路，电路符号如图

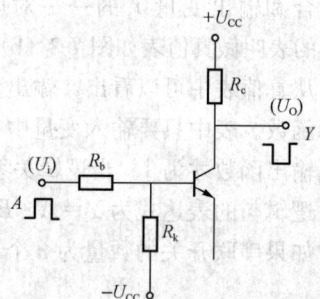

图 7-7 非逻辑运算

（a）电路图；（b）真值表；（c）逻辑符号

图 7-8 非门

7-7（c）所示。当输入 A 为高电平时，三极管 VT 饱和，输出 Y 为低电平 0；输入 A 为低电平时，晶体管 VT 截止，输出 Y 为高电平 1。三极管 VT 状态列于图 7-7 真值表（b）中。

2. 复合逻辑运算

把基本门（与门、或门、非门）组合起来使用可以构成组合逻辑门电路，得到复合逻辑运算。常见的复合逻辑运算有与非逻辑运算、或非逻辑运算、与或非逻辑运算、异或逻辑运算和同或逻辑运算等。

（1）与非逻辑运算。将与门、非门组合起来使用可以构成与非门。与非逻辑函数的表达式为

$$Y = \overline{A \cdot B} = \overline{AB}$$

与非运算是先"与"，后"非"。与非逻辑的真值表和逻辑符号如图 7-9 中（a）、（b）所示。由真值表分析可以知道与非门的逻辑功能为：输入全为 1 时，输出为 0；否则输出为 1。即"全 1 出 0，有 0 出 1"。

A	B	Y
0	0	1
0	1	1
1	0	1
1	1	0

(a)

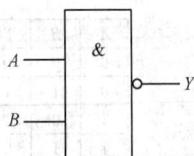

(b)

图 7-9　与非逻辑的真值表和逻辑符号

(a) 真值表；(b) 逻辑符号

（2）或非逻辑运算。将或门、非门组合起来使用可以构成或非门。或非逻辑函数的表达式为

$$Y = \overline{A + B}$$

或非运算是先"或"，后"非"。或非逻辑的真值表和逻辑符号如图 7-10 中（a）、（b）所示。由真值表分析可以知道，或非门的逻辑功能为：输入全为 0 时，输出为 1；否则输出为 0，即"全 0 出 1，有 1 出 0"。

A	B	Y
0	0	1
0	1	0
1	0	0
1	1	0

(a)　　　　　(b)

图 7-10　或非逻辑的真值表和逻辑符号

(a) 真值表；(b) 逻辑符号

（3）与或非逻辑运算。将与门、或门和非门组合起来使用可以构成与或非门。与或非逻辑函数的表达式为

$$Y = \overline{AB + CD}$$

与或非运算是先"与"再"或"，最后"非"。与或非逻辑的真值表和逻辑符号如图 7-11 中（a）、（b）所示。

A	B	C	D	Y	A	B	C	D	Y
0	0	0	0	1	1	0	0	0	1
0	0	0	1	1	1	0	0	1	1
0	0	1	0	1	1	0	1	0	1
0	0	1	1	0	1	0	1	1	1
0	1	0	0	1	1	1	0	0	0
0	1	0	1	1	1	1	0	1	0
0	1	1	0	1	1	1	1	0	0
0	1	1	1	0	1	1	1	1	0

(a)

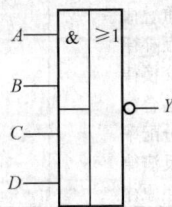

(b)

图 7-11　与或非逻辑的真值表和逻辑符号

(a) 真值表；(b) 逻辑符号

（4）异或逻辑运算。当两个变量取值相同时，逻辑函数值为 0；当两个变量取值不同时，逻辑函数值为 1。

异或的逻辑表达式为

$$Y = \overline{A}B + A\overline{B} = A \oplus B$$

式中符号"$\oplus$"读成"异或"。其真值表和逻辑符号如图 7-12 中（a）、（b）所示。

（5）同或逻辑运算。当两个变量取值相同时，逻辑函数值为 1；当两个变量取值不同时，逻辑函数值为 0。

同或的逻辑表达式为

$$Y = \overline{A}B + AB = \overline{A \oplus B} = A \odot B$$

式中符号"$\odot$"读成"同或"。其真值表和逻辑符号如图 7-13 中（a）、（b）所示。

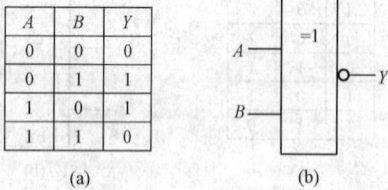

A	B	Y
0	0	0
0	1	1
1	0	1
1	1	0

A	B	Y
0	0	0
0	1	1
1	0	1
1	1	0

(a)   (b)   (a)   (b)

图 7-12 异或逻辑的真值表和逻辑符号   图 7-13 同或逻辑的真值表和逻辑符号

(a) 真值表；(b) 逻辑符号   (a) 真值表；(b) 逻辑符号

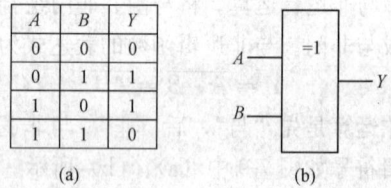

通过图 7-12 和图 7-13 可以看出，异或和同或互为非运算。

三、逻辑代数的基本定律和规则

1. 逻辑代数的基本定律

在逻辑代数中，有如下一些基本定律（见表 7-3），这些定律对今后的逻辑运算及逻辑函数的化简均有非常重要的作用。表 7-3 中 1，2 为常量与变量间的运算规律，称为 0—1 律；3 为同一变量的运算规律，称为重叠律；4 为变量与反变量的运算规律，称为互补律；5 为交换律；6 为结合律；7 为分配律；8 是著名的摩根定理，也称反演律；9 表示一个变量两次求反运算后还原为其本身，故称还原律或非非律。

上述这些定律的正确性可用真值表的方法加以证明，若将变量的所有取值代入等式两边，两边的结果相等，则等式成立。

表 7-3   逻辑代数基本定律

序号	定律	公式	
1	0-1 律	$0 \cdot A = 0$	$1 + A = 1$
2		$1 \cdot A = A$	$0 + A = A$
3	重叠律	$A \cdot A = A$	$A + A = A$
4	互补律	$A \cdot \overline{A} = 0$	$A + \overline{A} = 1$
5	交换律	$A \cdot B = B \cdot A$	$A + B = B + A$
6	结合律	$A \cdot (B \cdot C) = (A \cdot B) \cdot C$	$A + (B + C) = (A + B) + C$
7	分配率	$A \cdot (B + C) = A \cdot B + A \cdot C$	$A + B \cdot C = (A + B)(A + C)$
8	反演律	$\overline{AB} = \overline{A} + \overline{B}$	$\overline{A + B} = \overline{A} \cdot \overline{B}$
9	还原律	$\overline{\overline{A}} = A$	

2. 逻辑代数常用公式

在逻辑代数中，有以下几个常用公式

$$A + AB = A \tag{7-1}$$

$$A + \overline{A}B = A + B \tag{7-2}$$

$$AB + A\overline{B} = A \tag{7-3}$$

$$A(A + B) = A \tag{7-4}$$

$$AB + \overline{A}C + BC = AB + \overline{A}C \tag{7-5}$$

这里仅对公式（7-5）加以证明，其余公式读者可用基本定律或真值表自行证明。

证明：
$$AB + \overline{A}C + BC = AB + \overline{A}C + BC(A + \overline{A})$$
$$= AB + \overline{A}C + ABC + \overline{A}BC$$
$$= AB(1 + C) + \overline{A}C(1 + B)$$
$$= AB \cdot 1 + \overline{A}C \cdot 1$$
$$= AB + \overline{A}C$$

3. 逻辑代数中的基本规则

（1）代入规则。将等式两边的同一个逻辑变量均以一个逻辑函数取代之，则等式仍然成立，这一规则称为代入规则。

利用代入规则，可将前面所讲过的基本定律和常用公式推广，掌握这些推广的形式，对逻辑函数化简非常有用。

例如，应用代入规则将摩根定理推广，有如下结论：$\overline{A + B} = \overline{A} \cdot \overline{B}$，若以（$B + C$）代替原来 B 的位置，则有 $\overline{A + (B + C)} = \overline{A} \cdot \overline{B + C} = \overline{A} \cdot \overline{B} \cdot \overline{C}$

（2）反演规则。对于任意一个逻辑函数式 Y，若将其中所有的"·"换成"+"，"+"换成"·"，0 换成 1，1 换成 0，原变量换成反变量，反变量换成原变量，得到的函数式就是 $\overline{Y}$，这就是反演规则。利用反演规则可非常方便地求反函数 $\overline{Y}$。

例如：$Y = (A + \overline{B}C)(\overline{A} + D)$，则
$$\overline{Y} = \overline{A} \cdot (B + \overline{C}) + A \cdot \overline{D}$$
$$= \overline{A}B + \overline{A}\overline{C} + A\overline{D}$$

在使用反演规则求反函数式时应注意以下两点：

1）必须遵循"先括号，然后乘，最后加"的运算原则。

2）不属于单个变量上的非号应保留不变。

（3）对偶规则。对于任意一个逻辑函数式 Y，若将其中的"·"换成"+"，"+"换成"·"，0 换成 1，1 换成 0，所得到的一个新的逻辑函数式，就是函数 Y 的对偶式，记为 Y'，这就是对偶规则。

例如：$Y = A\overline{B} + A(C + 0)$，则
$$Y' = (A + \overline{B})(A + C \cdot 1)$$

可以证明，若两个逻辑函数相等，则其对应的对偶式也相等。利用这一结果，可先证明某一等式两边函数的对偶式相等，再得出两函数相等，这样可简化证明过程。

四、逻辑函数的表示方法及相互转换

1. 逻辑函数的表示方法

前面已经讲过，任何一个因果事件均可用逻辑自变量与逻辑因变量之间的关系式——逻辑函数来进行描述，但在实际使用中，逻辑函数的表示方法有多种，一般可用逻辑真值表、逻辑函数式、逻辑图、卡诺图及波形图等来表示。本节介绍前三种表示方法及相互转换，卡诺图和波形图表示法将在后续章节中做介绍。

（1）逻辑真值表。将逻辑自变量所有取值和与其相对应的逻辑因变量的结果列成表格即得到真值表，真值表可将事件的因果关系非常直观地表示出来。

（2）逻辑函数式。将逻辑自变量和逻辑因变量的关系用与、或、非等运算的组合形式表示出来，即为逻辑函数式。逻辑函数式对事件的因果关系的表示非常简捷，也便于利用公式法对其进行化简。

（3）逻辑图。将逻辑函数式中的与、或、非等逻辑关系用对应的图形符号表示，即为逻辑图。逻辑图便于将事件的因果关系连成逻辑电路，因为最终的逻辑功能均依靠电路来实现。

2. 各种表示方法间的相互转换

（1）从真值表到逻辑函数式。

【例 7-1】 已知一奇偶判断电路的真值表见表 7-4，试写出它的逻辑函数式。

表 7-4　　　　　　　　　　　　　　　　［例 7-1］的真值表

A	B	C	Y
0	0	0	0
0	0	1	0
0	1	0	0
0	1	1	1
1	0	0	0
1	0	1	1
1	1	0	1
1	1	1	0

解析　由真值表到逻辑函数，方法如下：

1）找出真值表中使 $Y=1$ 的那些输入变量的组合。

2）每组输入变量取值的组合对应一个乘积项，取 1 的写成原变量，取 0 的写成反变量。

3）将这些乘积项相加，得到的即为逻辑函数式。

解　从真值表的变化规律可知，当变量 A，B，C 中有两个同时为 1 时，输出 Y 为 1，否则 Y 为 0，而：

$A=0$，$B=1$，$C=1$ 时，有 $\overline{A}BC=1$；

$A=1$，$B=0$，$C=1$ 时，有 $A\overline{B}C=1$；

$A=1$，$B=1$，$C=0$ 时，有 $AB\overline{C}=1$，

故 Y 的逻辑函数式为上述三个乘积项之和，即 $Y=\overline{A}BC+A\overline{B}C+AB\overline{C}$。

（2）由逻辑函数式列出真值表。

将输入变量的所有取值组合代入逻辑函数式中，求出函数值，列成表格，即可得到真值表。

【例 7-2】 已知 $Y=A\overline{B}+B\overline{C}$，求其对应的真值表。

表 7-5　　　　　　　　　　　　　　　　［例 7-2］的真值表

A	B	C	Y
0	0	0	0
0	0	1	0
0	1	0	1
0	1	1	0
1	0	0	1
1	0	1	1
1	1	0	1
1	1	1	0

解析　由逻辑函数式列出真值表，只要将 A，B，C 的八种取值组合逐一代入函数式，得出

函数值，列成表格，即可得到其对应真值表。

解　列出函数 $Y=A\overline{B}+B\overline{C}$ 的真值表（见表 7-5）。

（3）由逻辑函数式画出逻辑图。

用图形符号逐一代替函数式的运算符号，即可得到逻辑图。

【例 7-3】　已知 $Y=A\overline{B}+B\overline{C}$，试画出逻辑图。

解析　逻辑图就是用逻辑符号表示基本单元电路以及由这些基本单元电路组成的、具有对应于某一个逻辑函数功能的电路图。一般都是根据函数表达式画逻辑图的，只要把表达式中各个逻辑运算用相应门电路的逻辑符号代替，就可以画出和函数表达式相对应的逻辑图。

解　函数式 Y 的逻辑图如图 7-14 所示。

（4）由逻辑图写出逻辑函数式。

从输入端到输出端逐级写出每个图形符号对应的逻辑式，即可得到对应的逻辑函数式。

【例 7-4】　已知某一函数的逻辑图如图 7-15 所示，写出对应的逻辑函数式。

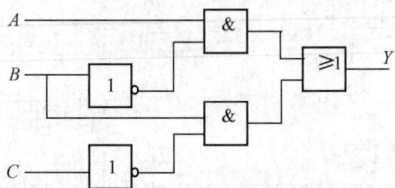

图 7-14　[例 7-3] 的逻辑图　　　图 7-15　[例 7-4] 的逻辑图

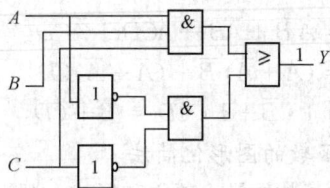

解析　根据函数的逻辑图，可以从它的输出、输入变量间的逻辑关系得出和逻辑图相对应的函数表达式。只要对逻辑图从输入到输出，逐个写出输出端的表达式，那么逻辑图最后一级输出的逻辑关系式即为此逻辑图所对应的函数表达式。

解　图 7-15 对应的逻辑函数式为 $Y=ABC+\overline{AC}$。

五、逻辑函数的化简方法

在分析逻辑问题时，我们会发现，同一个逻辑函数虽然它所实现的逻辑功能相同，但其表达形式却多样，例如

$$Y=AB+BC\quad（与或式）$$
$$=\overline{\overline{AB}\ \overline{BC}}\quad（与非 — 与非式）$$
$$=\overline{\overline{A}+\overline{B}+\overline{B}+\overline{C}}\quad（或非 — 或式）$$

但人们总希望逻辑函数的表达形式最简单。当逻辑函数的形式最简单时，实现其逻辑功能的电路元件最少，不仅成本低，而且性能更可靠。

由于逻辑函数多以与或式出现，故下面将以与或式为例，分析其最简式的化简方法。最简与或式，是指函数式的乘积项最少，且每个乘积项中的因子数也最少。

1. 逻辑函数的公式化简法

所谓代数化简法，即指采用前面所讲的基本定律及常用公式对函数进行化简。现将常用的化简法列于表 7-6。

表 7-6　　　　　　　　　　　　　常用代数化简法

名称	所用公式	方法说明
并项法	$AB+A\overline{B}=A$	将两项合并为一项，且消去一个因子

续表

名称	所用公式	方法说明
吸收法	$A+AB=A$	将多余的乘积项 AB 吸收掉
消因子法	$A+\overline{A}B=A+B$	消去乘积项中多余的因子
消项法	$AB+\overline{A}C+BC=AB+\overline{A}C$ $AB+\overline{A}C+BCD=AB+\overline{A}C$	消去多余项
配项法	$A=A+A$ $1=A+\overline{A}$	重复写入某项，再与其他项配合进行化简 一项拆成两项，再与其他项配合进行化简

【例 7-5】 $Y=A\overline{B}+\overline{A}B+ACD+\overline{A}CD$

解析 在对逻辑函数进行化简时，并没有固定的方法，有时要灵活、综合甚至重复地使用某些公式，才能将函数化成最简的形式，能否尽快将其化为最简形式，取决于对公式的熟练程度及应用技巧。

解
$$Y=A\overline{B}+\overline{A}B+ACD+\overline{A}CD$$
$$=(A+\overline{A})\overline{B}+(A+\overline{A})CD$$
$$=1\cdot\overline{B}+1\cdot CD=\overline{B}+CD$$

2. 逻辑函数的图形化简法

（1）逻辑函数的最小项之和形式。逻辑变量之间只进行逻辑与运算的表达式称为与项。与项之间只进行逻辑或运算的表达式称为与或表达式。例如，AC，$\overline{A}BC$ 是与项，$AC+\overline{A}BC$ 是与或表达式。

最小项是一种与项。设有 n 个逻辑变量，由它们组成的具有 n 个变量的与项中，每个变量以原变量或反变量的形式出现一次而且仅出现一次，则称这个与项为最小项。对于 n 个变量来说，可以有 2^n 个最小项。

例如，对于两个变量 A，B 的函数来说，就有四个最小项，分别为 $\overline{A}\overline{B}$，$\overline{A}B$，$A\overline{B}$，AB。

为了叙述及书写方便，通常用 m_i 表示最小项。下角标 i 的值是这样确定的：当变量按一定顺序排列好后，在对应的最小项中，若出现原变量则表示为 1；若出现反变量则表示为 0，这些 0，1 按顺序组成一个二进制数，此二进制数所对应的十进制数就是 m_i 的下角标 i。

例如：当 $n=2$ 时，$\overline{A}\overline{B}(00)=m_0$，$\overline{A}B(01)=m_1$，$A\overline{B}(10)=m_2$，$AB(11)=m_3$。

为了分析最小项的性质，将两变量所有最小项的真值表列出，见表 7-7。由表 7-7 可看出最小项的性质如下。

表 7-7 变量最小项

A	B	m_0	m_1	m_2	m_3
0	0	1	0	0	0
0	1	0	1	0	0
1	0	0	0	1	0
1	1	0	0	0	1

1）使每一个最小项等于 1 的自变量的取值是唯一的。例如：当 $AB=00$ 时，只有 $m_0=1$，其余各最小项均为 0；当 $AB=11$ 时，只有 $m_3=1$，而其余各最小项均为 0。

2）两个不同的最小项之积为 0，即
$$m_i\cdot m_j=0\quad(i\neq j)$$

3）n 个变量的所有最小项之逻辑和恒等于 1，即 $\sum\limits_{i=0}^{2^n-1} m_i = 1$。

任何一个逻辑函数都可以用最小项之和的形式表示，而且这种表示是唯一的。求最小项的方法有如下两种。

1）将逻辑函数先用真值表表示，再根据真值表写出该逻辑函数的最小项之和。

【例 7-6】 设 $Y = \overline{A}\,\overline{B}\,\overline{C} + BC + A\overline{C}$，将 Y 表示成最小项之和的形式。

解析 将函数式变为最小项之和的形式，只需根据逻辑函数的表达式列出真值表，该逻辑函数是将 $Y=1$ 的输入变量最小项相或就是该逻辑函数的最小项表达式。

解 列出真值表（见表 7-8）。

表 7-8 Y 的真值表

A	B	C	$\overline{A}\,\overline{B}\,\overline{C}$	BC	$A\overline{C}$	Y
0	0	0	1	0	0	1
0	0	1	0	0	0	0
0	1	0	0	0	0	0
0	1	1	0	1	0	1
1	0	0	0	0	1	1
1	0	1	0	0	0	0
1	1	0	0	0	1	1
1	1	1	0	1	0	1

从真值表可得
$$Y = \overline{A}\,\overline{B}\,\overline{C} + \overline{A}BC + A\overline{B}\,\overline{C} + AB\overline{C} + ABC$$
$$= m_0 + m_3 + m_4 + m_6 + m_6$$
$$= \Sigma(0,3,4,6,7)$$

2）将逻辑函数反复利用摩根定律和配项，将其表示成最小项之和的形式。

【例 7-7】 已知 $Y = \overline{(AB + \overline{A}\,\overline{B} + C)\ \overline{AB}}$，将 Y 表示成最小项之和的形式。

解析 对于形如例 7-7 中的函数式，要写出真值表很不方便，而利用摩根定律和配项，将其表示成最小项之和的形式比较方便。

解 $Y = \overline{(AB + \overline{A}\,\overline{B} + C)\ \overline{AB}}$

$Y = \overline{(AB + \overline{A}\,\overline{B} + C)} + AB$

$= \overline{AB} \cdot \overline{\overline{AB}} \cdot \overline{C} + AB = (\overline{A}+\overline{B})(A+B)C + AB$

$= (A\overline{B} + \overline{A}B)C + AB(C+\overline{C}) = A\overline{B}C + \overline{A}BC + ABC + AB\overline{C}$

$= m_5 + m_3 + m_7 + m_6 = \Sigma m(3,5,6,7)$

由以上讨论可知，全部由最小项相加而构成的与或表达式，称为最小项表达式，这是与或表达式的标准形式，又称为标准与或式。

（2）逻辑函数的卡诺图化简法。通过真值表和逻辑函数的讨论可知，对于任何一个逻辑函数的功能描述，都可做出它的真值表，根据真值表可以写出该函数的最小项之和的形式。但是，直接把真值表作为运算工具十分不便，将真值表按特定规律进行排列，将其变换成方格图的形式，称为卡诺图。利用卡诺图可以方便地对逻辑函数进行化简，通常称为图形法或卡诺图法。

卡诺图实质上是把真值表按格雷码的编码规律排列出来的方格图。卡诺图中，小方格的个数与真值表的行数相同；真值表中，各行的行号也就是卡诺图中相应小方格的编号。

下面分别介绍 1～4 变量的卡诺图：

1) 1 变量卡诺图

1 变量卡诺图如图 7-16(a) 所示。由于变量数 $n=1$，所以它有 $2^1=2$ 个小方格，对应 m_0 和 m_1 两个最小项。图中 0 表示 A 的反变量，1 表示 A 的原变量。

2) 2 变量卡诺图

2 变量卡诺图如图 7-16(b) 所示。由于变量数 $n=2$，所以它有 $2^2=4$ 个小方格，对应 4 个最小项。小方格按相邻原则排列，每个小方格有两个相邻格，如 m_0 和 m_1、m_2 相邻。

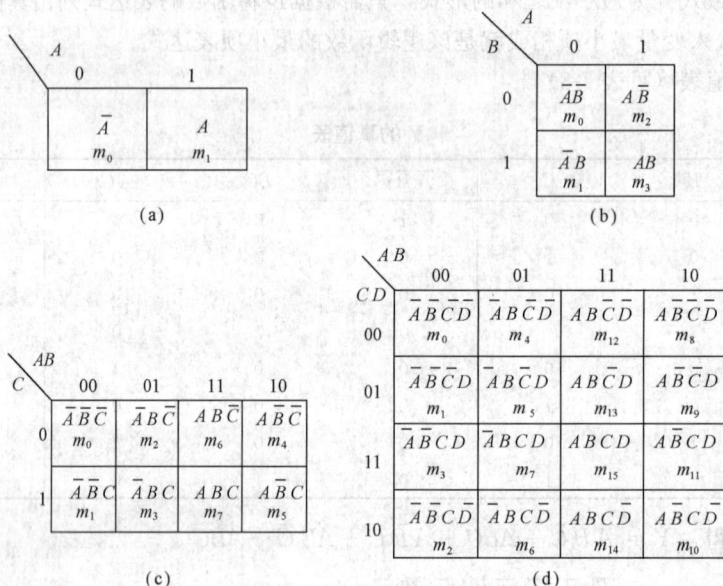

图 7-16 1～4 变量的卡诺图

(a) 1 变量卡诺图；(b) 2 变量卡诺图；(c) 3 变量卡诺图；(d) 4 变量卡诺图

3) 3 变量卡诺图

3 变量卡诺图如图 7-16(c) 所示。由于变量数 $n=3$，所以它有 $2^3=8$ 个小方格，对应 8 个最小项。每个小方格有 3 个相邻格，如 m_0 和 m_1、m_2、m_4 相邻，m_2 和 m_0、m_3、m_6 相邻。

4) 4 变量卡诺图

4 变量卡诺图如图 7-16(d) 所示。由于变量数 $n=4$，所以它有 $2^4=16$ 个小方格，对应 16 个最小项。每个小方格有 4 个相邻格，如 m_5 和 m_1、m_4、m_7、m_{13} 相邻。

5 变量及以上的卡诺图将变得十分复杂，相邻关系难于寻找，所以卡诺图一般多用于 4 变量以内。

由于任意一个 n 变量的逻辑函数都可以表示成最小项之和的形式，而 n 变量的卡诺图包含了 n 个变量的所有最小项。所以我们只要先根据函数中的变量数画出对应的卡诺图，然后将函数中所有的最小项在卡诺图中找到对应的小方格，在格中填上 "1" 作为标记，其余小方格填 "0"。填有 "1" 的所有小方格合成的区域就是该函数的卡诺图。

【例 7-8】 已知 $Y = AB\overline{C}+\overline{A}BD+AC$，试将此函数填在卡诺图上。

解析 已知逻辑函数，填卡诺图时应首先利用前面学过的方法将函数 Y 表示成最小项之和的形式。本例中由于 Y 是 4 变量逻辑函数，所以画出 4 变量的卡诺图，然后将函数 Y 的表达式中所有最小项填在卡诺图对应的小方格中，对应最小项处填 "1"，其余格填 "0"。

解 （1）先将函数 Y 的表达式变为最小项形式

$$Y = AB\overline{C} + \overline{A}BD + AC$$
$$= AB\overline{C}(D + \overline{D}) + \overline{A}BD(C + \overline{C}) + AC(B + \overline{B})(D + \overline{D})$$
$$= \overline{A}B\overline{C}D + \overline{A}BCD + A\overline{B}C\overline{D} + A\overline{B}C\overline{D} + AB\overline{C}\overline{D} + AB\overline{C}D + ABC\overline{D} + ABCD$$
$$= \sum m(5, 7, 10, 11, 12, 13, 14, 15)$$

（2）填入卡诺图，如图 7-17 所示。

若已知一个逻辑函数的真值表，也可直接填出该函数的卡诺图。只要把真值表中输出为 1 的那些最小项填上"1"，输出为 0 的那些最小项填上"0"（也可不填）即可。

下面以 4 变量卡诺图为例来说明用卡诺图化简逻辑函数的方法。

【例 7-9】 化简 $Y = \overline{A}\,\overline{B}\,\overline{C}\,\overline{D} + \overline{A}C\overline{D} + \overline{A}BC + \overline{A}BD + ABC + AC\overline{D} + A\overline{B}\,\overline{C}D$。

AB\CD	00	01	11	10
00	0	0	1	0
01	0	1	1	0
11	0	1	1	1
10	0	0	1	1

图 7-17　［例 7-8］的卡诺图

解析 用卡诺图化简逻辑函数的步骤如下。

（1）画出该逻辑函数的卡诺图。

（2）画合并圈。将相邻的"1"格按 2^n 圈为一组，直到所有的"1"格全部被覆盖为止。

（3）将每个合并圈所表示的与项逻辑加。

解 第一步：将 Y 正确地填入 4 变量的卡诺图内，如图 7-18（a）所示。

第二步：画合并圈，圈住所有"1"格。

具体过程如图 7-18（b）所示。为便于检查，可以将每个合并圈化简结果标在卡诺图上。

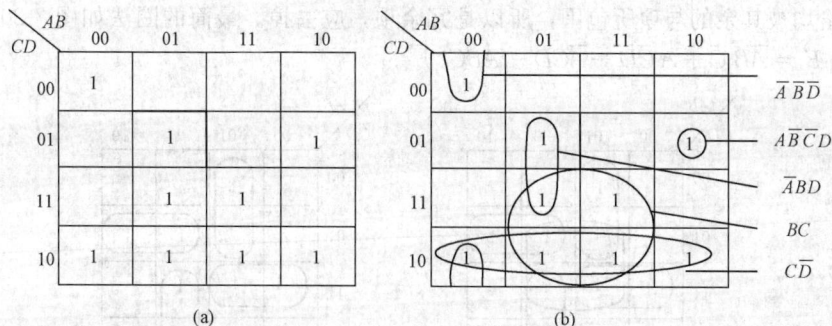

图 7-18　［例 7-9］的卡诺图

第三步：组成化简后的函数。

每一个合并圈对应一个与项，然后再将各与项"或"起来得到化简后的函数

$$Y = BC + C\overline{D} + \overline{A}\,\overline{B}\,\overline{D} + \overline{A}BD + A\overline{B}\,\overline{C}D$$

为使简化后的逻辑函数式最简，在画圈时应注意下列几点：

（1）合并圈按 2^n 越大越好。

（2）合并圈个数越少越好。

（3）由于 $A = A + A$，所以同一个"1"格可以圈多次。

（4）每个合并圈中要有新的未被圈过的"1"格。如果某一合并圈中所有"1"格均被别的圈所包围，由此圈所表示的与项是多余的，即为冗余项。

【例7-10】 化简 $Y = \sum m(2,3,5,7,8,10,12,13)$。

解 Y 的卡诺图及化简过程如图7-19所示。该函数有两种圈法，按图7-19(a)所示的圈法得出

$$Y = A\overline{C}\,\overline{D} + B\overline{C}\,\overline{D} + \overline{A}CD + BC\overline{D}$$

按图7-19(b)所示的圈法得出

$$Y = A\overline{B}\,\overline{D} + AB\overline{C} + \overline{A}BD + \overline{A}\,\overline{B}C$$

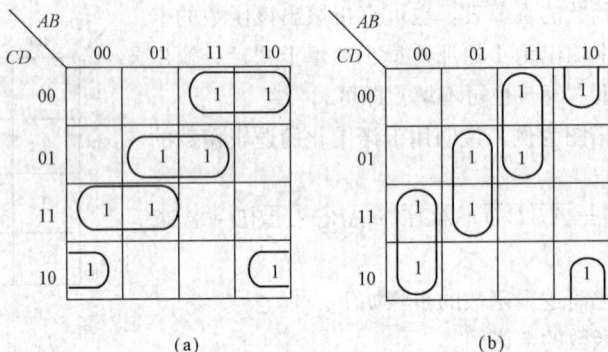

图7-19 ［例7-10］的卡诺图

比较两个合并法得出的结果，可知它们均由4个3变量的与项组成，且均为最简的结果。由本例可知，同一逻辑函数，可能有两种以上的最简化结果。

【例7-11】 化简 $F = \sum m(3,5,7,9,13,14,15)$。

解 化简过程如图7-20(a)所示。从图中可看出合并圈最大（即结果为 BD）的一个圈中所有的"1"格均被其余的与项所包围，所以是冗余项，应去掉。最简的圈法如图7-20(b)所示，最简结果为 $F = \overline{A}B\overline{C} + A\overline{C}D + \overline{A}CD + ABC$

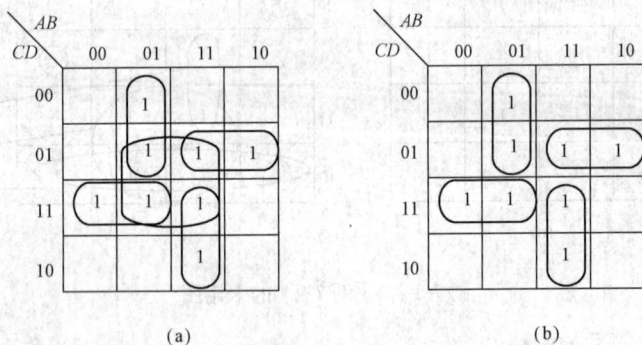

图7-20 ［例7-11］的卡诺图

【技能实训1】 常用集成门电路逻辑功能测试及其应用

一、实验目的

(1) 掌握集成门电路的逻辑功能、逻辑符号和逻辑表达式；

(2) 了解逻辑电平开关和逻辑电平显示的工作原理；

（3）学会验证集成门电路的逻辑功能；

（4）掌握集成门电路逻辑功能的转换；

（5）学会连接简单的组合逻辑电路。

二、实验原理

1. 功能测试

（1）TTL 集成门电路的工作电压：5V。

（2）TTL 集成门引脚识别方法：将集成块正面对准使用者，以凹口左边或小标点"·"为起始脚 1，逆时针方向向前数 1，2，3，…，n 脚。

（3）TTL 集成门电路引脚识别示意图及各个引脚的功能如图 7-21 所示（74LS00、74LS04、74LS08、74LS32）。

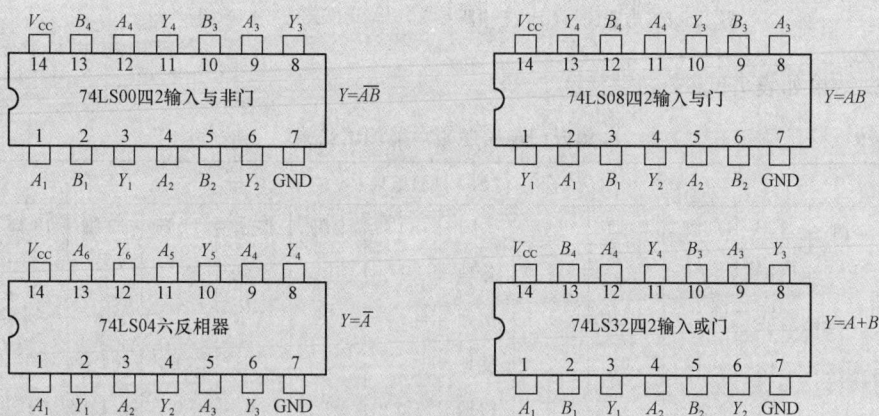

图 7-21　TTL 集成门电路引脚示意图

TTL 集成门电路外引脚分别对应逻辑符号图中的输入（如图 7-21 所示 A、B）、输出端（如图 7-21 所示 Y）。

2. 功能应用

（1）常用复合门电路逻辑符号如图 7-22 所示，其逻辑表达式：与门 $Q=\overline{\overline{A \cdot B}}$；或门 $Q=A+B$；与非门 $Q=\overline{A \cdot B}$，$Q=\overline{A \cdot B \cdot C \cdot D}$；反相器 $Q=\overline{A}$。

（2）简单组合逻辑电路的连接注意事项如下。

1）电源和地一般为集成块的两端，如 14 脚集成电路，则 7 脚为电源地（GND），14 脚为电源正（V_{cc}），其余引脚为输入和输出。

2）注意 8～13 脚中输入、输出所对应的引脚。

三、实验仪器设备及器件

（1）数字电路试验箱。

（2）集成块：74LS00、74LS04、74LS08、74LS32。

四、实验内容与步骤

1. 功能测试

集成门电路逻辑功能测试电路连线图如图 7-23 所示。测试结果见表 7-9。

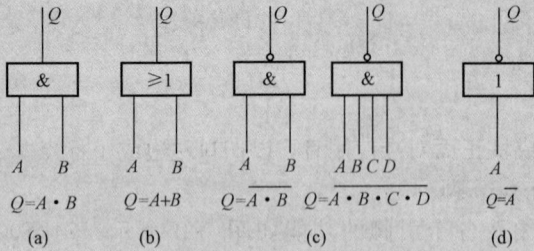

图 7-22　常用复合门电路逻辑符号

（a）与门；（b）或门；（c）与非门；（d）反相器

图 7-23　集成门电路逻辑功能测试连线图

测试结果如表 7-9。

表 7-9　　　　　　　　集成门电路逻辑功能测试结果

74LS00 试验结果													
1 脚	2 脚	3 脚	4 脚	5 脚	6 脚	7 脚	8 脚	9 脚	10 脚	11 脚	12 脚	13 脚	14 脚
0	0	1	0	0	1	接地	1	0	0	1	0	0	5V
0	1	1	0	1	1	接地	1	0	1	1	0	1	5V
1	0	1	1	0	1	接地	1	1	0	1	1	0	5V
1	1	0	1	1	0	接地	0	1	1	0	1	1	5V

74LS04 试验结果													
1 脚	2 脚	3 脚	4 脚	5 脚	6 脚	7 脚	8 脚	9 脚	10 脚	11 脚	12 脚	13 脚	14 脚
0	1	0	1	0	1	接地	1	0	1	0	1	0	5V
1	0	1	0	1	0	接地	0	1	0	1	0	1	5V

74LS08 试验结果													
1 脚	2 脚	3 脚	4 脚	5 脚	6 脚	7 脚	8 脚	9 脚	10 脚	11 脚	12 脚	13 脚	14 脚
0	0	0	0	0	0	接地	0	0	0	0	0	0	5V
1	0	0	1	0	0	接地	0	1	0	0	1	0	5V
0	1	0	0	1	0	接地	1	0	0	1	0	1	5V
1	1	1	1	1	1	接地	1	1	1	1	1	1	5V

74LS32 试验结果													
1 脚	2 脚	3 脚	4 脚	5 脚	6 脚	7 脚	8 脚	9 脚	10 脚	11 脚	12 脚	13 脚	14 脚
0	0	0	0	0	0	接地	0	0	0	0	0	0	5V
1	0	1	1	0	1	接地	1	1	0	1	1	0	5V
0	1	1	0	1	1	接地	1	0	1	1	0	1	5V
1	1	1	1	1	1	接地	1	1	1	1	1	1	5V

2. 功能应用

（1）用与非门实现非门电路图如图 7-24 所示。

输入		输出	逻辑表达
电源	0	1	$Y=\overline{A}$
电源	1	0	

图 7-24 用与非门实现非门电路图

（2）用 74LS00 和 74LS08 实现逻辑函数表达式：$Y=\overline{ABC}$。

其电路图如图 7-25 所示。

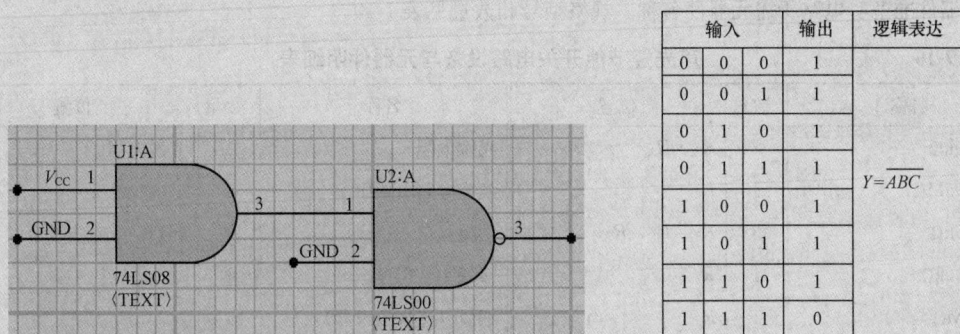

输入			输出	逻辑表达
0	0	0	1	
0	0	1	1	
0	1	0	1	
0	1	1	1	$Y=\overline{ABC}$
1	0	0	1	
1	0	1	1	
1	1	0	1	
1	1	1	0	

图 7-25 用 74LS00 和 74LS08 实现 $Y=\overline{ABC}$电路图

（3）用与非门和与非门实现或门电路图如图 7-26 所示。

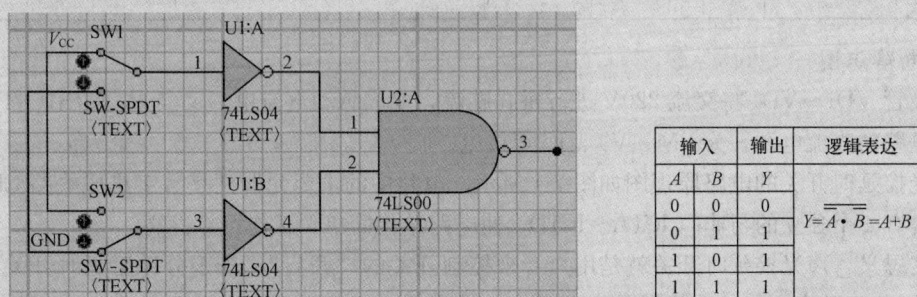

输入		输出	逻辑表达
A	B	Y	
0	0	0	$Y=\overline{\overline{A}\cdot\overline{B}}=A+B$
0	1	1	
1	0	1	
1	1	1	

图 7-26 用与非门和与非门实现或门电路图

五、实训注意事项

（1）必须掌握对芯片引脚的识别方法。

（2）要记住基本芯片的功能：与门－74LS08、非门－74LS04、或门－74LS32、与非门－74LS00、或非门－74LS00。

（3）要注意芯片中的输入引脚和输出引脚，避免在实验过程中接反。

在实验中我们对空闲引脚如何处理?

七、写实训报告书

项目实施

实施目的 --- •••••••

掌握声光控节能开关电路组成及工作原理;

能对声光控节能开关电路中的故障进行分析判断并加以解决;

能对整机电路安装调试,达到预期目标。

1. 设备与元器件准备

设备准备:数字电路实验台。

元器件准备:电路所需元器件名称、规格型号和数量见表7-10。

表 7-10   声光控节能开关电路设备与元器件明细表

名称	数量	位置	名称	数量	位置
电阻 20kΩ	2	R_2、R_3	光敏电阻	1	光敏电阻
电阻 1.5MΩ	1	R_8	集成电路 IC4011	1	
电阻 56kΩ	3	R_5、R_6、R_7	话筒	1	4011
电阻 180kΩ	1	R_1	MCR100-6	1	
电阻 2MΩ	1	R_4	细线(连接扬声器)	1	
电容 22μF	2	C_1、C_2	电路板	2	
电容 104pF	1	C_3	电路图	1	
二极管 IN4007	5	VD1~VD5	φ2.5mm×5mm 自攻螺钉	1	
三极管 9014	1	VT1			

2. 电路识图

二极管 VD1~VD4 将交流 220V 进行桥式整流,变成脉动直流电,又经 R_1 降压,VD6 滤波后即为电路的直流电源,为 BM、VT、IC 等供电。

声光控延时开关的电路原理图如图 7-1 所示。电路中的主要元器件是数字集成电路 CD4011,其内部含有 4 个独立的与非门 IC1A~IC1D,使电路结构简单,工作可靠性高。

顾名思义,声光控延时开关就是用声音来控制开关的"开启",若干分钟后延时开关"自动关闭"。因此,整个电路的功能就是将声音信号处理后,变为电子开关的开动作。声音信号(脚步声、掌声等)由驻极体话筒 MIC 接收并转换成电信号,经 C_3 耦合到 VT 基极进行电压放大,放大的信号送到与非门(IC1A)的 2 脚,R_4 偏置电阻,C_1 是电源滤波电容。

为了使声光控开关在白天开关断开,即灯不亮,由光电二极管等元件组成光控电路,R_G 和 R_6 组成串联分压电路,夜晚环境无光时,光电二极管的压降很大,R_6 两端的电压高,即为高电平,推动后续电路工作。充电时间常数 $\tau = R_8 \cdot C_2$,改变 R_8 或 C_2 的值,可改变延时时间,满足不同目的。ICIC 和 ICID 构成两级整形电路,将方波信号进行整形。当 C_2 充电到一定电平时,信号经与非门 ICIC、ICID 后输出为高电平,使单向晶闸管导通,电子开关闭合;C_2 充满电后只

向 R_8 放电，当放电到一定电平时，经与非门 IC1C、ICID 输出为低电平，使单向晶闸管截止，电子开关断开，完成一次完整的电子开关由开到关的过程。

3. 声光控节能开关电路安装与调试

（1）如图 7-27 装配图所示，焊接时注意焊接无极性的阻容元器件，电阻采用卧装，电容采用直立装，紧贴电路板，焊接有极性的元件，如焊接电解电容、话筒、整流二极管、三极管、单向晶闸管等元件时千万不要装反，否则电路不能正常工作甚至烧毁元器件。

（2）调试前，先将焊好的电路板对照印制电路图认真核对一遍，不要有错焊、漏焊、短路、元器件相碰等现象发生。通电后，人体不允许触摸电路板的任何一部分，防止触电，务必注意安全。如用万用表检测时，只将万用表两表笔接触电路板相应处即可。

（3）通电后测得 C_1 两端的直流电压输出正常，方可进行其他部分的调试。

（4）调试声控放大部分：接上 C_3、R_4（R_{P1}）调到中间位置，通电后先用一器具轻轻敲击驻极体话筒，灯泡应发光，然后延时自灭。接着击掌，灯泡应亮 1 次，延时自灭。再拉开距离调试，细心调节 R_4、R_7（R_{P2}）直到满意为止。调节上述两电位器，灵敏度最高时，其控制距离可达 8m，为了保险起见，灵敏度调在 5mm 位置最合理。

（5）调节光控部分：接上 MG45，使受光面收到光照，接通电源，测量变压器输出电压 U_1 应接近零，这时不管如何击掌或敲击驻极体话筒，LAMP 不发光为正常。然后挡住光线，使光敏电阻不受光照，击掌一下，灯泡即亮，延时后自灭，表示光控部分正常。适当选择 R_4，可改变光控灵敏度。

（6）调节 R_6 的大小，可以改变光敏电阻对光亮度的反应；延时的长短由 R_8、C_2 决定，可以改变 R_8、C_2 的值以改变延时时间。

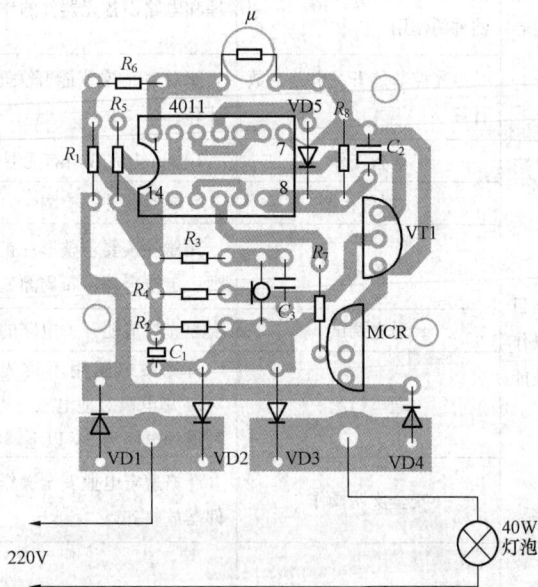

图 7-27 声光控节能开关装配图

4. 故障分析与排除

（1）元器件安装后，通电 220V 电压检查，不正常情况下：检查元器件是否安装正确。

（2）在这种不明确情况下，可以不通交流电，加入 8V 直流电压到 VD4 阳极，检查三极管工作电压。

（3）检查电子开关是否正常。将万用表电压挡测晶闸管（MCR100-6）阴阳极电压，当短接 VT1 的 e、c 极时，晶闸管（MCR100-6）阳极电压下降为零，说明电子开关电路正常。

（4）检测 BM 话筒两端电压 2～3V，说明 BM 话筒连接正确。再检查 RG 光敏电阻两端电压值，光照时电压较低，不受光时电压较高，说明光控电路工作正常；

（5）整体测试。将光敏电阻用不透光的物体遮挡住，测量 VT1 集电极对地电压，当在话筒边发出声音时，测得的电压为 5V 以上，没有声音后又变为 0。

5. 项目鉴定

由企业专家结合电子产品生产工艺标准对学生作品进行鉴定。

6. 编写项目实施报告

项目实施报告见附录 A。

项目考核

声光控节能开关电路制作的项目考核要求及评分标准

	检测项目	考核要求	分值	学生互评	教师评估
项目知识内容	CC4011 集成电路的结构及特性	掌握 CC4011 集成电路的结构及特性	10		
	声光控节能开关的电路组成、工作原理和电路中各元器件的作用	正确分析声光控节能开关的电路组成、工作原理和电路中各元器件的作用	20		
	声光控节能开关电路参数计算	能对声光控节能开关电路相关参数进行正确计算	10		
项目操作技能	准备工作	10min 内完成所有元器件的清点及调换	10		
	元器件检测	完成元器件的检测	10		
	组装焊接	元器件按要求整形；正确安装元器件；焊点美观、走线合理、布局漂亮	10		
	通电调试	声光控节能开关电路的功能实现	10		
	通电检测	将光敏电阻用不透光的物体遮挡住，测量 VT1 集电极对地电压，当在话筒边发出声音时，测得的电压为 5V 以上，没有声音后又变为 0	10		
	安全文明操作	严格遵守电业安全操作规程，工作台工具、器件摆放整齐	5		
基本素质	实践表现	安全操作、遵守实训室管理制度；团队协作意识；语言表达能力；分析问题解决问题能力	5		
	项目成绩				

知识拓展

常用基本门电路集成电路引脚图

一、TTL 数字集成电路引脚图

TTL 数字集成电路引脚图如图 7-28 所示。

二、CMOS 集成电路引脚图

CMOS 集成电路引脚图如图 7-29 所示。

三、使用 TTL 集成电路与 CMOS 集成电路的注意事项

CMOS 门电路具有功耗低、抗干扰能力强、电源电压范围宽、逻辑摆幅大等优点，因而在大规模集成电路中有更广泛的应用，已成为数字集成电路的发展方向。

V_{CC}　B_4　A_4　Y_4　B_3　A_3　Y_3

74LS00四2输入与非门　$Y=\overline{AB}$

A_1　B_1　Y_1　A_2　B_2　Y_2　GND

V_{CC}　Y_4　B_4　A_4　Y_3　B_3　A_3

74LS02四2输入或非门　$Y=\overline{A+B}$

Y_1　A_1　B_1　Y_2　A_2　B_2　GND

V_{CC}　A_6　Y_6　A_5　Y_5　A_4　Y_4

74LS04六反相器　$Y=\overline{A}$

A_1　Y_1　A_2　Y_2　A_3　Y_3　GND

V_{CC}　B_4　A_4　Y_4　B_3　A_3　Y_3

74LS08四2输入与门　$Y=\overline{AB}$

A_1　B_1　Y_1　A_2　B_2　Y_2　GND

V_{CC}　C_1　Y_1　C_3　B_3　A_3　Y_3

74LS10三3输入与非门　$Y=\overline{ABC}$

A_1　B_1　A_2　B_2　C_2　Y_2　GND

V_{CC}　D_2　C_2　N_c　B_2　A_2　Y_2

74LS20双四输入与非门　$Y=\overline{ABCD}$

A_1　B_1　N_c　C_1　D_1　Y_1　GND

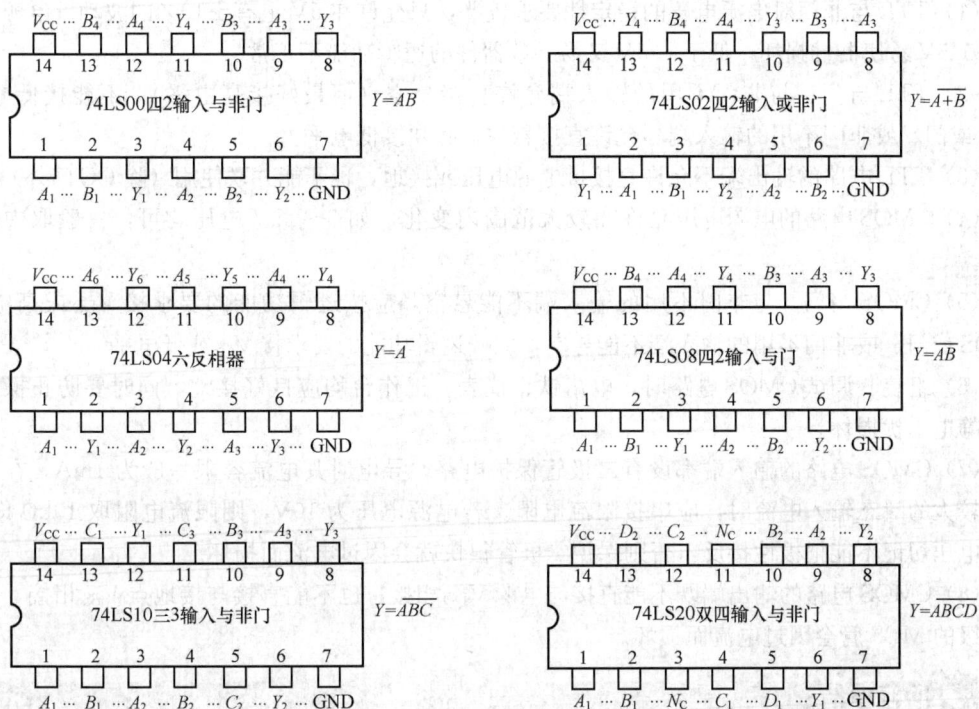

图 7-28　TTL 数字集成电路引脚图

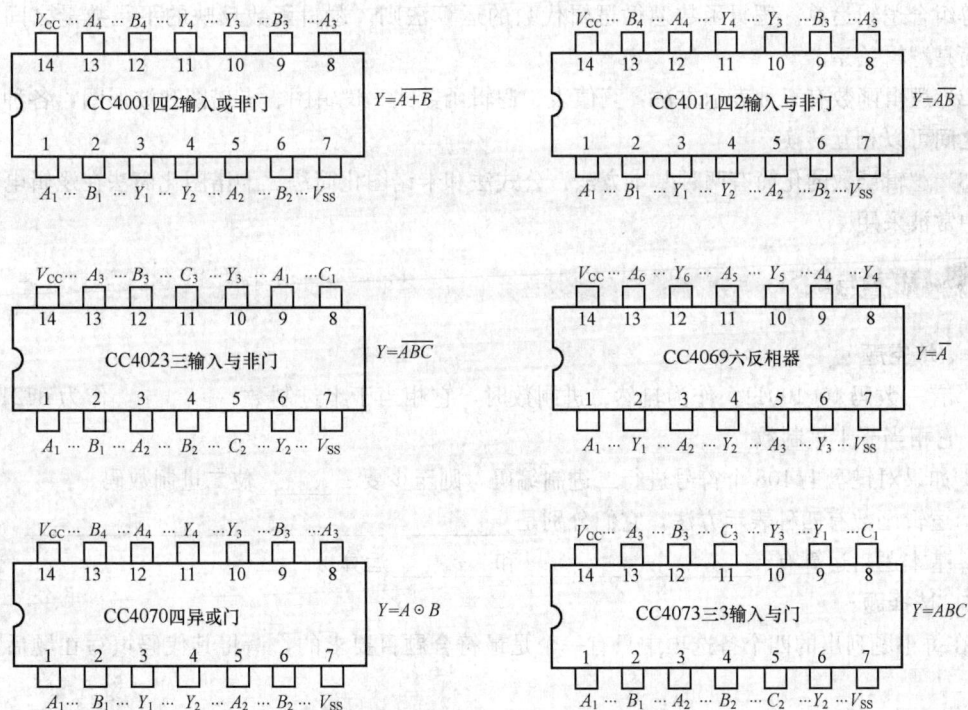

V_{CC}　A_4　B_4　Y_4　Y_3　B_3　A_3

CC4001四2输入或非门　$Y=\overline{A+B}$

A_1　B_1　Y_1　Y_2　A_2　B_2　V_{SS}

V_{CC}　B_4　A_4　Y_4　Y_3　B_3　A_3

CC4011四2输入与非门　$Y=\overline{AB}$

A_1　B_1　Y_1　Y_2　A_2　B_2　V_{SS}

V_{CC}　A_3　B_3　C_3　Y_3　A_1　C_1

CC4023三输入与非门　$Y=\overline{ABC}$

A_1　B_1　A_2　B_2　C_2　Y_2　V_{SS}

V_{CC}　A_6　Y_6　A_5　Y_5　A_4　Y_4

CC4069六反相器　$Y=\overline{A}$

A_1　Y_1　A_2　Y_2　A_3　Y_3　V_{SS}

V_{CC}　B_4　A_4　Y_4　Y_3　B_3　A_3

CC4070四异或门　$Y=A\odot B$

A_1　B_1　Y_1　Y_2　A_2　B_2　V_{SS}

V_{CC}　A_3　B_3　C_3　Y_3　A_1　C_1

CC4073三3输入与门　$Y=ABC$

A_1　B_1　A_2　B_2　C_2　Y_2　V_{SS}

图 7-29　CMOS集成电路引脚图

TTL 电路和 CMOS 电路在使用时有很多不同之处，必须严格遵守。

（1）TTL与非门对电源电压的稳定性要求较严，只允许在5V上有±10％的波动。电源电压超过5.5V易使器件损坏；低于4.5V又易导致器件的逻辑功能不正常。

（2）TTL与门、与非门不用的输入端允许直接悬空（但最好接高电平），不能接低电平。TTL或门、或非门不用的输入端不允许直接悬空，必须接低电平。

（3）TTL电路的输出端不允许直接接电源电压或接地，也不能并联使用（除OC门外）。

（4）CMOS电路的电源电压允许在较大范围内变化，如3～18V电压均可，一般取中间值为宜。

（5）CMOS与门、与非门不用的输入端不能悬空，应按逻辑功能的要求接V_{DD}或高电平。CMOS或门、或非门不用的输入端不能悬空，应按逻辑功能的要求接V_{SS}或低电平。

（6）组装、调试CMOS电路时，电烙铁、仪表、工作台均应良好接地，同时要防止操作人员的静电干扰损坏。

（7）CMOS电路的输入端都设有二极管保护电路，导电时其电流容限一般为1mA，在可能出现较大的瞬态输入电流时，应串接限流电阻。若电源电压为10V，则限流电阻取10kΩ即可。电源电压切记不能把极性接反，否则保护二极管很快就会因电流而损坏。

（8）CMOS电路的输出端既不能直接与电源V_{DD}相接，也不能直接与接地点V_{SS}相接，否则输出级的MOS管会因过电流而损坏。

📓 项目小结

（1）基本逻辑关系有三种：与逻辑、或逻辑、非逻辑。由基本逻辑运算可实现与非、或非、异或等组合逻辑运算。逻辑函数遵循逻辑代数的运算法则。逻辑函数反映的不是数量之间的关系，而是逻辑关系。

（2）逻辑函数有五种表示方法：真值表、逻辑函数式、逻辑图、卡诺图和波形图，各种表示方法之间可以相互转换。

（3）逻辑函数的化简有两种基本方法：公式法和卡诺图化简法。卡诺图化简法在逻辑电路的设计中常被采用。

🎓 思考与练习

一、填空题

1. 有一数码10010011，作为自然二进制数时，它相当于十进制数_____，作为8421BCD码时，它相当于十进制数_____。

2. 如果对键盘上108个符号进行二进制编码，则至少要_____位二进制数码。

3. 逻辑函数有四种表示方法，它们分别是_____、_____、_____和_____。

4. 基本逻辑运算有：_____、_____和_____运算。

二、选择题

（在每小题列出的四个备选项中只有一个是最符合题目要求的，请将其代码填写在题后的括号内）

1. 函数$F(A,B,C) = AB + BC + AC$的最小项表达式为（　　）。

    A. $F(A,B,C) = \sum m(0,2,4)$　　　　B. $(A,B,C) = \sum m(3,5,6,7)$

    C. $F(A,B,C) = \sum m(0,2,3,4)$　　　D. $F(A,B,C) = \sum m(2,4,6,7)$

2. 一只四输入端或非门，使其输出为 1 的输入变量取值组合有(　　)种。

    A. 15　　　　　　　B. 8　　　　　　　C. 7　　　　　　　D. 1

3. 函数 $F=AB+BC$，使 $F=1$ 的输入 ABC 组合为(　　)。

    A. $ABC=000$　　　B. $ABC=010$　　　C. $ABC=101$　　　D. $ABC=110$

4. 已知某电路的真值表如下，该电路的逻辑表达式为(　　)。

    A. $Y=C$　　　　B. $Y=ABC$　　　　C. $Y=AB+C$　　　D. $Y=B\overline{C}+C$

A	B	C	Y	A	B	C	Y
0	0	0	0	1	0	0	0
0	0	1	1	1	0	1	1
0	1	0	0	1	1	0	1
0	1	1	1	1	1	1	1

三、函数化简题

1. 化简等式：

$$Y = A\overline{B}C + AB\overline{C} + ABC$$

$$Y = \overline{A}\,\overline{B} + AC + \overline{B}C$$

$$Y = C\overline{D}(A \oplus B) + \overline{A}B\overline{C} + \overline{A}\,\overline{C}D，给定约束条件为 AB+CD=0$$

2. 用卡诺图化简函数为最简单的与或式（画图）。

$$Y = \sum m(0,2,8,10)$$

项目八　八路抢答器的制作

抢答器作为一种辅助工具，广泛应用于各种竞赛场合。图 9-1 所示就是一种八路抢答器的电路原理图。该电路涉及编解码的一些基本知识。编码就是将人们的实际操作（具有不同特定含义的信息如数字、文字、符号等）用二进制的电信号来表示的过程，能够实现编码功能的电路称为编码器；译码是编码的逆过程，能够把不同编码的特定含义再"翻译"过来，借助显示电路即可把经编码后的二进制数字信号所代表的特定信息显示出来。

项目要求

知识要求

熟悉编码器的功能和工作原理；
熟悉译码器的功能和工作原理；
熟悉 LED 数码管的功能与应用；
熟悉数据选择器的功能和工作原理。

技能要求

学会数字集成电路资料查阅、识别、测试与选取方法；
能识别与选取显示译码器、数码显示器；
会用基本的集成组合逻辑电路芯片来设计简单功能的电路；
能制作八路抢答器，并能通过调试达到预期目标；
能对八路抢答器电路中的故障现象进行分析判断并加以解决。

项目导入

八路抢答器电路原理图如图 8-1 所示。8 名选手各对应一个抢答按钮；主持人设置一个控制

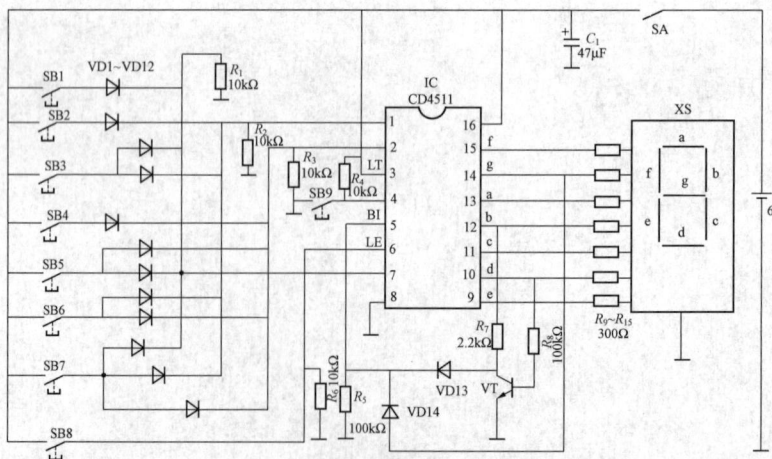

图 8-1　八路抢答器电路原理图

按钮，用来控制系统清零；抢答开始后，若有选手按动抢答按钮，该选手编号立即锁存，并在编号显示器上显示该编号，同时扬声器给出音响提示，封锁输入编码电路，禁止其他选手抢答；优先抢答选手的编号一直保持到主持人将系统清零为止。该电路由以下几个基本单元电路组成，其框图如图8-2所示。

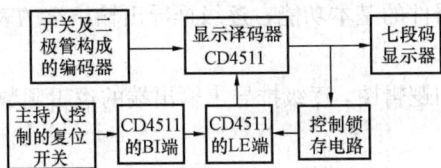

图 8-2 八路抢答器的组成框图

工作任务及技能实训

任务 1 组 合 逻 辑 电 路

一、组合逻辑电路概述

数字电路按逻辑功能可分为两大类，即组合逻辑电路和时序逻辑电路。本章介绍组合逻辑电路，简称组合电路。

1. 组合逻辑电路的功能特点

组合逻辑电路指电路在任意时刻的输出只取决于该时刻的输入，与电路原来的状态无关。组合逻辑电路可以有一个或多个输入，也可以有一个或多个输出。图8-3所示为一个多输入、多输出的组合电路框图。

电路有 i 路输入端，j 路输出端，其中 $A_1, A_2, \cdots, A_i$ 是输入信号（变量），$L_1, L_2, \cdots, L_j$ 是输出信号（逻辑函数），输入输出的关系可以表示为

图 8-3 组合逻辑电路框图

$$L_1 = f_1(A_1, A_2, \cdots, A_i)$$
$$L_2 = f_2(A_1, A_2, \cdots, A_i)$$
$$\cdots\cdots$$
$$L_i = f_i(A_1, A_2, \cdots, A_i)$$

2. 组合逻辑电路的结构特点

组合逻辑电路中不包含有记忆功能的元器件，全部由与门、或门、与非门、或非门等逻辑门组合而成。电路中不存在输出到输入的反馈通路，因此输出状态不影响输入状态。

二、小规模集成门电路构成的组合电路的分析与设计

1. 组合逻辑电路的一般分析方法

逻辑电路的分析，就是找出给定逻辑电路输出和输入之间的逻辑关系，并指出电路的逻辑功能。分析过程一般按下列步骤进行：

（1）根据给定的逻辑电路，从输入端开始，逐级推导出输出端的逻辑函数表达式并根据公式法或卡诺图法化简或转换逻辑函数表达式。

（2）根据输出函数表达式列出真值表。

(3) 根据真值表对电路进行分析，概括出电路的逻辑功能。

【例 8-1】 分析图 8-4 所示组合逻辑电路的逻辑功能。

解析 图 8-4 所示是由四个与非门组成的二级组合逻辑电路。组合电路中的级数是指从某一输入信号变化到输出也发生变化所经历的逻辑门的最大数目。通常将输入级作为第一级，顺序推之。从输入端开始，根据元器件的基本功能，逐级推导出输出端的表达式，按照逻辑电路分析的步骤依次进行分析。

解 第一步：根据给出的逻辑图，逐级推导出输出端的逻辑函数表达式，为了书写方便，借助中间变量 P_1、P_2、P_3

$$P_1 = \overline{AB}, \ P_2 = \overline{BC}, \ P_3 = \overline{AC}$$

$$F = \overline{P_1 \cdot P_2 \cdot P_3} = \overline{\overline{AB} \cdot \overline{BC} \cdot \overline{AC}} = AB + BC + AC$$

第二步：列真值表，见表 8-1。

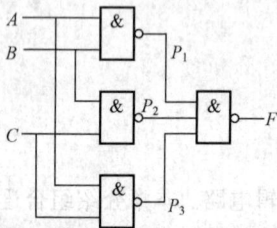

图 8-4 ［例 8-1］的逻辑电路

表 8-1　　　　　　　　　　［例 8-1］的真值表

A	B	C	F
0	0	0	0
0	0	1	0
0	1	0	0
0	1	1	1
1	0	0	0
1	0	1	1
1	1	0	1
1	1	1	1

第三步：确定电路功能。

由真值表可以看出，在三个输入变量中，只要有两个或两个以上的输入变量为 1，则输出函数 F 为 1，否则为 0，它表示了一种"少数服从多数"的逻辑关系。因此可以将该电路概括为：三变量多数表决器。

【例 8-2】 组合逻辑电路如图 8-5 所示，分析该逻辑电路的逻辑功能。

解析 图 8-5 所示是由与非门、与门、或门组成的三级组合逻辑电路。从输入端开始，根据元器件的基本功能，逐级推导出输出端的表达式，按照逻辑电路分析的步骤依次进行分析。

解 第一步：由逻辑图逐级写出逻辑表达式。为了书写方便，借助中间变量 P，并进行化简

$$P = \overline{ABC}$$

$$L = AP + BP + CP = A\overline{ABC} + B\overline{ABC} + C\overline{ABC}$$

$$L = \overline{ABC}(A + B + C) = \overline{\overline{ABC} + \overline{A+B+C}} = \overline{\overline{ABC} + \overline{A}\,\overline{B}\,\overline{C}}$$

第二步：由表达式列出真值表（见表 8-2）。

表 8-2　　　　　［例 8-2］的真值表

A	B	C	L
0	0	0	0
0	0	1	1
0	1	0	1
0	1	1	1
1	0	0	1
1	0	1	1
1	1	0	1
1	1	1	0

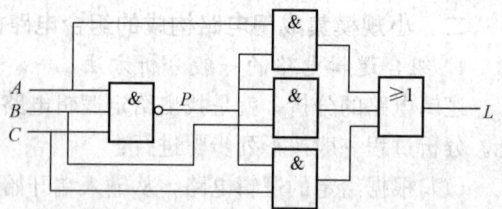

图 8-5 ［例 8-2］的逻辑电路

第三步：确定电路功能。

当 A、B、C 三个变量不一致时，电路输出为"1"，所以这个电路称为"不一致电路"。用文字描述逻辑电路的功能对初学者来说有一定的困难，然而通过多练习，多接触逻辑学问题，也不难掌握。

2. 组合逻辑电路的一般设计方法

组合逻辑电路的设计是根据给定的逻辑要求的文字描述或者对逻辑功能的逻辑函数的描述，在特定的条件下，找出用最少的逻辑门实现给定逻辑功能的设计方案，并画出逻辑电路图。根据所用元器件不同，可以采用小规模集成门电路来实现，也可以采用中规模集成器件或可编程逻辑器件实现。本节只讨论采用小规模集成门电路构成组合逻辑电路的设计方法。

组合逻辑电路的设计方法和步骤如下。

(1) 分析设计要求，进行逻辑抽象。分析给定实际逻辑问题的因果关系，根据给定的要求确定输入变量和输出变量，并对它们进行逻辑赋值，即确定"0"和"1"代表的含义。

(2) 根据给定的逻辑要求建立真值表（实际上是用真值表描述逻辑功能要求）。

(3) 根据真值表写出逻辑表达式并化简和转换。

(4) 根据逻辑表达式画出逻辑电路图。

(1)、(2) 两步是组合逻辑电路设计中最关键的两步，如果这两步错了，设计出来的电路就不能满足设计要求。这一点特别重要，应该引起足够的重视。

【例 8-3】 某产品有 A、B、C、D 四种指标，其中 A 为主指标。当包含 A 在内的三项指标合格时，产品属合格品，否则为废品。设计产品质量检验器，要求用与非门实现。

解析 根据组合逻辑电路的设计方法和步骤，第一步先对设计要求进行分析，得出逻辑关系，确定输入、输出变量，并进行逻辑赋值；第二步根据给定的逻辑要求列出真值表；第三步根据真值表写出逻辑表达式并进行化简和转换；第四步根据最后得出的表达式画出逻辑电路图，如图 8-6 所示。

解 第一步：用 Y 表示产品。A、B、C、D 为 1 表示合格，为 0 表示不合格。

第二步：根据逻辑要求列真值表，见表 8-3。

表 8-3 例 8-3 的真值表

A	B	C	D	Y
0	0	0	0	0
0	0	0	1	0
0	0	1	0	0
0	0	1	1	0
0	1	0	0	0
0	1	0	1	0
0	1	1	0	0
0	1	1	1	0
1	0	0	0	0
1	0	0	1	0
1	0	1	0	0
1	0	1	1	1
1	1	0	0	0
1	1	0	1	1
1	1	1	0	1
1	1	1	1	1

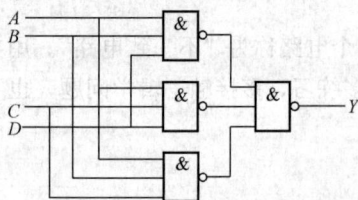

图 8-6 ［例 8-3］的逻辑电路

第三步：得出表达式

$$Y = A\overline{B}CD + AB\overline{C}D + ABC\overline{D} + ABCD$$

化简表达式，有

$$Y = ABD + ACD + ABC$$

化成与非形式

$$Y = \overline{\overline{ABD} \cdot \overline{ACD} \cdot \overline{ABC}}$$

第四步：画出逻辑电路图，如图 8-6 所示。

【例 8-4】 旅客列车分特快、直快和普快，并依此为优先通行次序。某站在同一时间只能有一趟列车从车站开出，即只能给出一个开车信号，试画出满足上述要求的逻辑电路。

解析 根据组合逻辑电路的设计方法和步骤，第一步先分析题意，得出逻辑关系，确定输入、输出变量，并进行逻辑赋值；第二步根据给定的逻辑要求列出真值表；第三步根据真值表写出逻辑表达式并进行化简和转换；第四步根据最后得出的表达式画出逻辑电路图。

解 第一步：设 A、B、C 分别代表特快、直快、普快三种旅客快车，三种车的开车信号分别为 Y_A、Y_B、Y_C。

第二步：列真值表（见表 8-4）。

表 8-4 ［例 8-4］的真值表

A	B	C	Y_A	Y_B	Y_C
0	0	0	0	0	0
0	0	1	0	0	1
0	1	0	0	1	0
0	1	1	0	1	0
1	0	0	1	0	0
1	0	1	1	0	0
1	1	0	1	0	0
1	1	1	1	0	0

第三步：得出表达式并化简

$$Y_A = A\overline{BC} + A\overline{B}C + AB\overline{C} + ABC = A = \overline{\overline{A}}$$

$$Y_B = \overline{A}B\overline{C} + \overline{A}BC = \overline{A}B = \overline{\overline{\overline{A}B}}$$

$$Y_C = \overline{A}\,\overline{B}C = \overline{\overline{\overline{A}\,\overline{B}C}}$$

第四步：画出逻辑电路图，如图 8-7 所示。

说明：组合逻辑电路的设计常可看作组合逻辑电路的分析的逆过程。

常用的组合逻辑电路有编码器、译码器、数据选择器、运算器、比较器等，它们在各类数字系统中经常被大量采用。为了使用方便，目前已将这些电路的设计标准化，并由厂家制成中、小规模单片集成电路产品。下面主要介绍编码器和译码器。

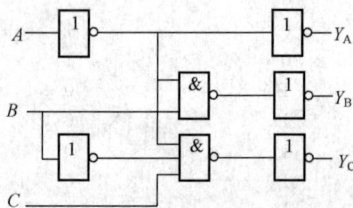

图 8-7 ［例 8-4］的逻辑电路图

任务 2 编 码 器

编码就是将特定含义的输入信号（文字、数字、符号等）转化成二进制代码的过程。实现编码操作的数字电路称为编码器。按照编码方式的不同，编码器可分为普通编码器和优先编码器。按照输出代码种类的不同，可分为二进制编码器和非二进制编码器。

一、二进制编码器

用 n 位二进制代码对 $N = 2^n$ 个信号进行编码的电路，叫做二进制编码器。

这种编码器有一个特点：任何时刻只允许输入一个有效信号，不允许同时出现两个或两个以上的有效信号，即输入是一组有约束（即相互排斥）的变量。常用的有 4-2 线、8-3 线、16-4 线编码器。图 8-8 所示为三位（8-3 线）二进制编码器。

输入是 8 个需要编码的信号，分别用 I_0，I_1，$\cdots$，I_7 表示；输出是 3 位二进制编码，分别用 Y_2，Y_1，Y_0 表示。其中，I_0，I_1，$\cdots$，I_7 是一组互相排斥的变量，表 8-5 为其简化编码真值表。

表 8-5　　　　三位二进制编码器的真值表

输入	输出		
	Y_2	Y_1	Y_0
I_0	0	0	0
I_1	0	0	1
I_2	0	1	0
I_3	0	1	1
I_4	1	0	0
I_5	1	0	1
I_6	1	1	0
I_7	1	1	1

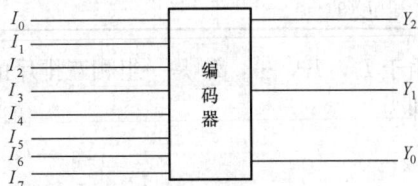

图 8-8　三位二进制编码器的逻辑电路

由真值表可得逻辑式为

$$Y_2 = I_4 + I_5 + I_6 + I_7$$
$$Y_1 = I_2 + I_3 + I_6 + I_7$$
$$Y_0 = I_1 + I_3 + I_5 + I_7$$

把逻辑式进行转化，用与非门实现，输入采用非变量形式，图 8-9 所示为其逻辑电路图

$$Y_2 = I_4 + I_5 + I_6 + I_7 = \overline{\overline{I_4} \cdot \overline{I_5} \cdot \overline{I_6} \cdot \overline{I_7}}$$
$$Y_1 = I_2 + I_3 + I_6 + I_7 = \overline{\overline{I_2} \cdot \overline{I_3} \cdot \overline{I_6} \cdot \overline{I_7}}$$
$$Y_0 = I_1 + I_3 + I_5 + I_7 = \overline{\overline{I_1} \cdot \overline{I_3} \cdot \overline{I_5} \cdot \overline{I_7}}$$

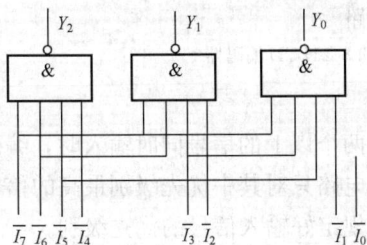

图 8-9　三位二进制编码器的
逻辑电路

二、二—十进制编码器

在日常生活中，人们通常使用十进制数来进行处理计算。二—十进制编码器是指用四位二进制代码表示十进制数 0~9 的编码电路，也称 10-4 线编码器。最常见的是 8421BCD 码编码器。8421BCD 编码器的作用是将人们习惯使用的十进制数变换成 8421BCD 码的电路（十进制数 X 与

四位二进制数的关系是 $X = 2^3 Y_3 + 2^2 Y_2 + 2^1 Y_1 + 2^0 Y_0$，对应权值分别为 8421）。因为输入 10 个数码，要求对应有 10 种输出状态，而 3 位二进制代码只有 8 种状态，所以输出需用 4 位（$2^n >$ 10，取 $n = 4$）二进制代码。设输入的 10 个数码分别用 I_0，I_1，$\cdots$，I_9 表示，输出的 8421BCD 码分别采用 Y_3，Y_2，Y_1，Y_0 表示，则真值表见表 8-6。

表 8-6   二—十进制 BCD 编码器的真值表

输　入	输　出			
	Y_3	Y_2	Y_1	Y_0
$I_0(0)$	0	0	0	0
$I_1(1)$	0	0	0	1
$I_2(2)$	0	0	1	0
$I_3(3)$	0	0	1	1
$I_4(4)$	0	1	0	0
$I_5(5)$	0	1	0	1
$I_6(6)$	0	1	1	0
$I_7(7)$	0	1	1	1
$I_8(8)$	1	0	0	0
$I_9(9)$	1	0	0	1

由于 I_0，I_1，$\cdots$，I_9 是一组相互排斥的变量，故可由真值表直接写出输出函数的逻辑表达式，即为

$$Y_3 = I_8 + I_9$$
$$Y_2 = I_4 + I_5 + I_6 + I_7$$
$$Y_1 = I_2 + I_3 + I_6 + I_7$$
$$Y_0 = I_1 + I_3 + I_5 + I_7 + I_9$$

十进制码转换 8421BCD 编码器逻辑图如图 8-10 所示。其中 I_0 是隐含的。

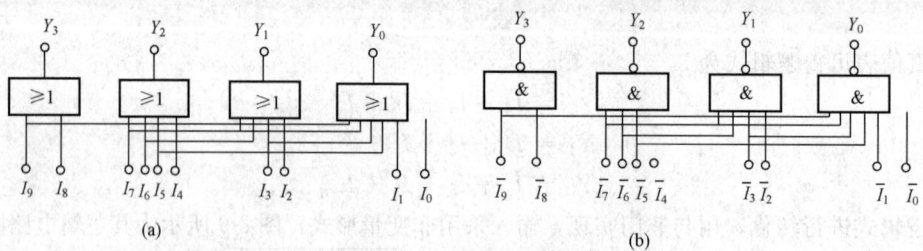

图 8-10   8421BCD 编码器逻辑电路
(a)由或门组成的 8421BCD 编码器；(b)由与门组成的 8421BCD 编码器

三、优先编码器

一般编码器在工作时仅允许有一个输入信号，如果两个或两个以上的信号同时输入时，编码器输出就会出错。优先编码器是当多个输入端同时有信号时，电路只对其中优先级别最高的信号进行编码，不理睬级别低的信号。在编码时，根据轻重缓急，规定好输入信号的优先级别。

【例 8-5】 电话室有三种电话，按由高到低优先级排序依次是火警电话、急救电话、工作电话，要求电话编码依次为 00、01、10。试设计电话编码控制电路。

解析 根据题意知，同一时间电话室只能处理一部电话，假如用 A、B、C 分别代表火警、急救、工作三种电话，当优先级别高的电话响时，低级别的电话则不起作用，按照逻辑电路分析的步骤依次进行分析。

解 第一步：设电话铃响用 1 表示，铃没响用 0 表示。信号不起作用以×表示；用 Y_1、Y_2 表示输出编码。

第二步：列真值表，见表 8-7。

第三步：由真值表得出逻辑表达式

$$Y_1 = \overline{A}\,\overline{B}\,C, \quad Y_2 = \overline{A}B$$

第四步：画优先编码器逻辑电路图，如图 8-11 所示。

表 8-7　　　[例 8-5] 的真值表

A	B	C	Y_1	Y_2
1	×	×	0	0
0	1	×	0	1
0	0	1	1	0

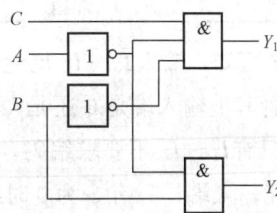

图 8-11　[例 8-5] 的优先编码器逻辑电路图

常用的二进制集成编码器 74LS148 就是一个 8-3 线优先编码器，此编码器为了便于级联扩展，还增加了使能控制端和扩展输出端。74LS148 的符号图和引脚图如图 8-12 所示。图中 $\overline{I}_0 \sim \overline{I}_7$ 为输入信号端，$\overline{S}$ 是使能输入端，$\overline{Y}_0 \sim \overline{Y}_2$ 是三个输出端，$\overline{Y}_{EX}$ 和 $\overline{Y}_S$ 是用于编码器扩展功能的输出端。

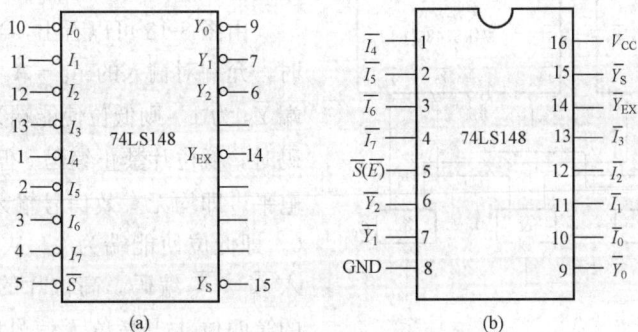

图 8-12　74LS148 优先编码器

(a) 符号图；(b) 引脚图

74LS148 的真值表见表 8-8。

表 8-8　　　　　　　　　　优先编码器 74LS148 的真值表

输入使能端	输入								输出			扩展	使能输出
$\overline{S}$	$\overline{I}_7$	$\overline{I}_6$	$\overline{I}_5$	$\overline{I}_4$	$\overline{I}_3$	$\overline{I}_2$	$\overline{I}_1$	$\overline{I}_0$	$\overline{Y}_2$	$\overline{Y}_1$	$\overline{Y}_0$	$\overline{Y}_{EX}$	$\overline{Y}_S$
1	×	×	×	×	×	×	×	×	1	1	1	1	1
0	1	1	1	1	1	1	1	1	1	1	1	1	0
0	0	×	×	×	×	×	×	×	0	0	0	0	1

输入使能端	输入								输出			扩展	使能输出
$\bar{S}$	$\bar{I}_7$	$\bar{I}_6$	$\bar{I}_5$	$\bar{I}_4$	$\bar{I}_3$	$\bar{I}_2$	$\bar{I}_1$	$\bar{I}_0$	$\bar{Y}_2$	$\bar{Y}_1$	$\bar{Y}_0$	$\bar{Y}_{EX}$	$\bar{Y}_S$
0	1	0	×	×	×	×	×	×	0	0	1	0	1
0	1	1	0	×	×	×	×	×	0	1	0	0	1
0	1	1	1	0	×	×	×	×	0	1	1	0	1
0	1	1	1	1	0	×	×	×	1	0	0	0	1
0	1	1	1	1	1	0	×	×	1	0	1	0	1
0	1	1	1	1	1	1	0	×	1	1	0	0	1
0	1	1	1	1	1	1	1	0	1	1	1	0	1

由表 8-8 可知，输入 $\bar{I}_0 \sim \bar{I}_7$ 低电平有效，$\bar{I}_7$ 为最高优先级，$\bar{I}_0$ 为最低优先级。即只要 $\bar{I}_7$ 为低电平，不管其他输入端是 0 还是 1，输出只对 $\bar{I}_7$ 编码，且对应的输出为反码有效，即为 000，输入信号中只有 $\bar{I}_1 \sim \bar{I}_7$ 不要求编码，且 $\bar{I}_0$ 要求编码时，才对 $\bar{I}_0$ 进行编码。

$\bar{S}$ 为使能输入端，只有 $\bar{S}$ 为 0 时编码器工作，$\bar{S}$ 为 1 时编码器不工作；$\bar{Y}_S$ 为选通输出端，当 $\bar{S}$ 为 0，允许编码时，如果 $\bar{I}_0 \sim \bar{I}_7$ 端有信号输入，$\bar{Y}_S$ 为 1，若 $\bar{I}_0 \sim \bar{I}_7$ 端无信号输入，则 $\bar{Y}_S$ 为 0；$\bar{Y}_{FX}$ 为扩展输出端，当 $\bar{S}$ 为 0，允许编码时，只要有信号输入，Y_{EX} 就输出低电平，否则为高电平。

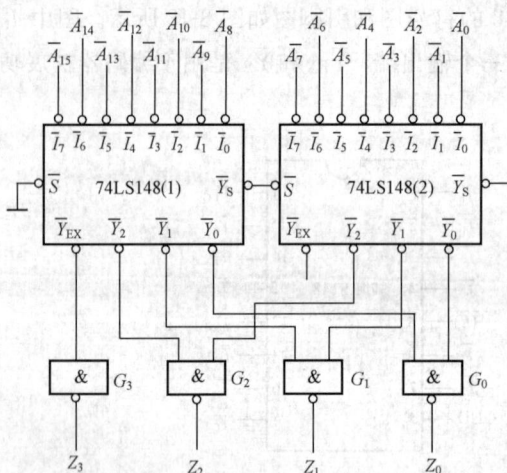

图 8-13　用 74LS148 扩展的 16 线-4 线优先编码器

当编码对象的状态比较多时，则可用基本芯片的多级连接进行编码位数的扩展。例如，可用两片 74LS148 扩展成一个 16 线-4 线优先编码器，如图 8-13 所示。

由图 8-13 可以看出，当高位片使能端为 0 时，允许对输入的 $\bar{A}_8 - \bar{A}_{15}$ 编码，且高位扩展端 $\bar{Y}_S$ 为 1，则低位使能端为 1，因此高位片编码时，低位片禁止编码。但若 $\bar{A}_8 - \bar{A}_{15}$ 都为高电平，即均无有效信号输入时，则高位 $\bar{Y}_S$ 为 0，即低位使能端为 0，从而允许低位片对输入 $\bar{A}_0 - \bar{A}_7$ 编码。高位片的 $\bar{Y}_{EX}$ 作为编码输出的第四位，当高位无信号时，输出 $\bar{Y}_{EX}$ 为 1；相反，当高位信号输入时，则编码第四位输出 $\bar{Y}_{EX}$ 为 0，这样恰好可以用 $\bar{Y}_{EX}$ 作编码器四位二进制代码的最高位。

任务 3　译　码　器

把代码状态的特定含义翻译出来的过程称为译码，实现译码操作的电路称为译码器。译码是编码的逆过程。

译码器的使用场合颇为广泛，如数字仪表中的各种显示译码器、计算机中的地址译码器、指令译码器，通信设备中由译码器构成的分配器，以及各种代码转换的译码器等。现主要介绍二进制译码器、二—十进制译码器和数字显示译码器，它们是三种最典型、使用最广泛的译码电路。

一、二进制译码器

把二进制代码的各种状态，按照原意翻译成对应输出信号的电路，叫做二进制译码器。

1. 3 位二进制译码器

图 8-14 所示为 3 位二进制译码器的示意框图。输入时，3 位二进制代码 A_2、A_1、A_0，输出是其状态译码 $Y_0 \sim Y_7$。

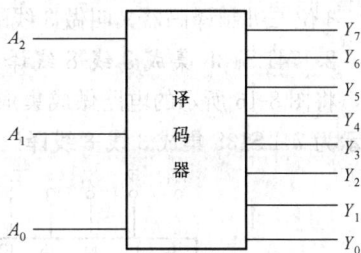

表 8-9 所示为 3 位二进制译码器的真值表。

图 8-14　3 位二进制译码器

表 8-9　3 位二进制译码器的真值表

输　入			输　出							
A_2	A_1	A_0	Y_0	Y_1	Y_2	Y_3	Y_4	Y_5	Y_6	Y_7
0	0	0	1	0	0	0	0	0	0	0
0	0	1	0	1	0	0	0	0	0	0
0	1	0	0	0	1	0	0	0	0	0
0	1	1	0	0	0	1	0	0	0	0
1	0	0	0	0	0	0	1	0	0	0
1	0	1	0	0	0	0	0	1	0	0
1	1	0	0	0	0	0	0	0	1	0
1	1	1	0	0	0	0	0	0	0	1

写出各输出函数表达式：由表 8-9 可以直接得出

$$Y_0 = \overline{A_2}\,\overline{A_1}\,\overline{A_0}$$

$$Y_1 = \overline{A_2}\,\overline{A_1}\,A_0$$

$$Y_2 = \overline{A_2}\,A_1\,\overline{A_0}$$

$$Y_3 = \overline{A_2}\,A_1\,A_0$$

$$Y_4 = A_2\,\overline{A_1}\,\overline{A_0}$$

$$Y_5 = A_2\,\overline{A_1}\,A_0$$

$$Y_6 = A_2\,A_1\,\overline{A_0}$$

$$Y_7 = A_2\,A_1\,A_0$$

根据上述逻辑表达式画出逻辑电路图，如图 8-15 所示。

如果把图 8-15 所示电路中的与门换成与非门，同时把输出信号写成反变量，那么所得到的就是由与非门构成的输出反变量（低电平有效）的 3 位二进制译码器，如图 8-16 所示。

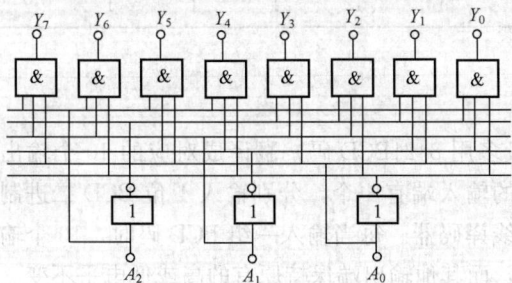

图 8-15　3 位二进制译码器的与门逻辑电路　　图 8-16　3 位二进制译码器的与非门逻辑电路

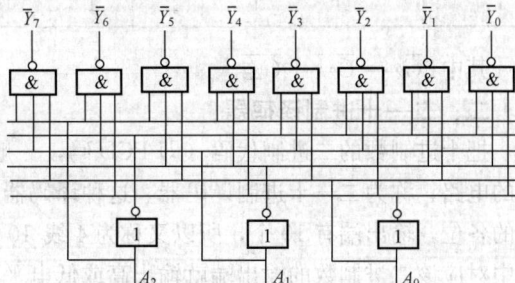

3 位二进制译码器又叫做 3 线-8 线译码器，因为它有 3 根输入代码线，8 根输出信号线。

2. 74LS138 集成 3 线-8 线译码器

将图 8-16 所示的电路做成集成电路的形式，就得到集成 3 线-8 线译码器 74LS138。图 8-17 所示为 74LS138 集成 3 线-8 线译码器的引脚排列图和逻辑功能示意图。

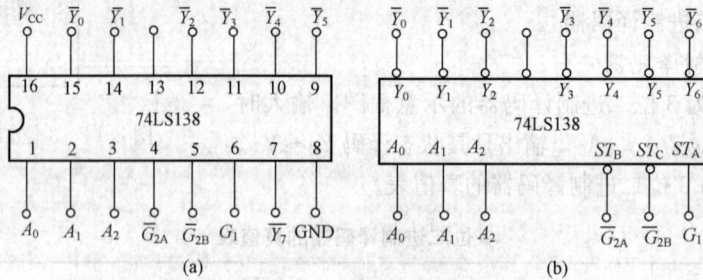

图 8-17　74LS138 集成 3 线-8 线译码器
(a) 引脚图；(b) 符号图

A_2、A_1、A_0 为二进制译码输入端，$\overline{Y}_0 - \overline{Y}_7$ 为译码输出端（低电平有效），G_1、$\overline{G}_{2A}$、$\overline{G}_{2B}$ 为使能输入端。当 $G_1 = 1$，$\overline{G}_{2A} = \overline{G}_{2B} = 0$ 时，译码器处于工作状态；否则，译码器处于禁止状态。其真值表见表 8-10。

表 8-10　　　　　　　　　　　3 位二进制译码器的真值表

| 输　入 | | | | | 输　出 | | | | | | | |
| 使　能 | | 选　择 | | | | | | | | | | |
G_1	$\overline{G}_2$	A_2	A_1	A_0	$\overline{Y}_0$	$\overline{Y}_1$	$\overline{Y}_2$	$\overline{Y}_3$	$\overline{Y}_4$	$\overline{Y}_5$	$\overline{Y}_6$	$\overline{Y}_7$
×	1	×	×	×	1	1	1	1	1	1	1	1
0	×	×	×	×	1	1	1	1	1	1	1	1
1	0	0	0	0	0	1	1	1	1	1	1	1
1	0	0	0	1	1	0	1	1	1	1	1	1
1	0	0	1	0	1	1	0	1	1	1	1	1
1	0	0	1	1	1	1	1	0	1	1	1	1
1	0	1	0	0	1	1	1	1	0	1	1	1
1	0	1	0	1	1	1	1	1	1	0	1	1
1	0	1	1	0	1	1	1	1	1	1	0	1
1	0	1	1	1	1	1	1	1	1	1	1	0

其中：$\overline{G}_2 = \overline{G}_{2A} + \overline{G}_{2B}$。

二、二—十进制译码器

把十进制数的二进制代码（即 BCD 码，一般多用 8421BCD 码）翻译成对应的 10 个输出信号的电路，称为二—十进制译码器。这种译码器的输入端有 4 个，分别输入 4 位 BCD 二进制代码的各位，输出端有 10 个，所以又称为 4 线-10 线译码器。每当输入一组 BCD 码时，10 个输出端中对应该二进制数的输出端就输出高或低电平，而其他输出端保持原有的高或低电平不变。表 8-11 为 8421BCD 码 4 线-10 线译码器的逻辑真值表。

表 8-11   8421BCD 码 4 线-10 线译码器的逻辑真值表

A_3	A_2	A_1	A_0	Y_0	Y_1	Y_2	Y_3	Y_4	Y_5	Y_6	Y_7	Y_8	Y_9
0	0	0	0	1	0	0	0	0	0	0	0	0	0
0	0	0	1	0	1	0	0	0	0	0	0	0	0
0	0	1	0	0	0	1	0	0	0	0	0	0	0
0	0	1	1	0	0	0	1	0	0	0	0	0	0
0	1	0	0	0	0	0	0	1	0	0	0	0	0
0	1	0	1	0	0	0	0	0	1	0	0	0	0
0	1	1	0	0	0	0	0	0	0	1	0	0	0
0	1	1	1	0	0	0	0	0	0	0	1	0	0
1	0	0	0	0	0	0	0	0	0	0	0	1	0
1	0	0	1	0	0	0	0	0	0	0	0	0	1
1	0	1	0	×	×	×	×	×	×	×	×	×	×
1	0	1	1	×	×	×	×	×	×	×	×	×	×
1	1	0	0	×	×	×	×	×	×	×	×	×	×
1	1	0	1	×	×	×	×	×	×	×	×	×	×
1	1	1	0	×	×	×	×	×	×	×	×	×	×

由表 8-11 所示真值表，可以得出

$$Y_0 = \overline{A_3}\,\overline{A_2}\,\overline{A_1}\,\overline{A_0}$$
$$Y_1 = \overline{A_3}\,\overline{A_2}\,\overline{A_1}\,A_0$$
$$Y_2 = \overline{A_3}\,\overline{A_2}\,A_1\,\overline{A_0}$$
$$Y_3 = \overline{A_3}\,\overline{A_2}\,A_1\,A_0$$
$$Y_4 = \overline{A_3}\,A_2\,\overline{A_1}\,\overline{A_0}$$
$$Y_5 = \overline{A_3}\,A_2\,\overline{A_1}\,A_0$$
$$Y_6 = \overline{A_3}\,A_2\,A_1\,\overline{A_0}$$
$$Y_7 = \overline{A_3}\,A_2\,A_1\,A_0$$
$$Y_8 = A_3\,\overline{A_2}\,\overline{A_1}\,\overline{A_0}$$
$$Y_9 = A_3\,\overline{A_2}\,\overline{A_1}\,A_0$$

根据上述逻辑表达式画出逻辑电路图，如图 8-18 所示。当输入出现 1010-1111 无效码时，电路输出恒为 0，不会出现乱码干扰。

常用的 4 线-10 线集成译码器为 74LS42。图 8-19 为其引脚排列图和逻辑功能示意图。

另外，74LS43、74LS44、CC4028 等也可以实现 4 线-10 线译码的功能。

三、数字显示译码器

在数字电路中，常常需要将数字、字母、符号的二进制编码翻译并直观地显示出来，供

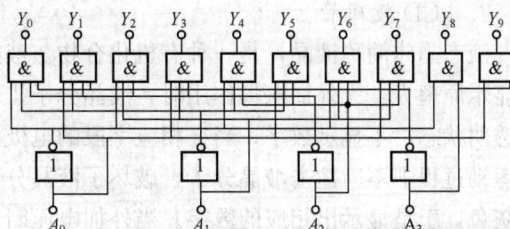

图 8-18 8421BCD 码 4 线-10 线译码器的逻辑电路

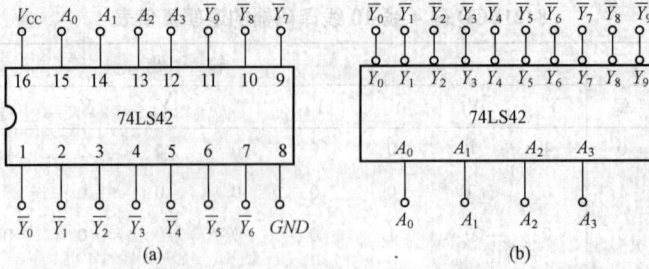

图 8-19 4 线-10 线集成译码器 74LS42

(a) 引脚图; (b) 符号图

人们读取或监视系统的工作情况。能够实现显示数字、字母、符号的器件称为数字显示器。能把数字、字母、符号的二进制编码翻译成数字显示器所能识别的信号的译码器称为数字显示译码器。

由于显示器件和显示方式的不同，其译码电路也不同。显示器件按照发光物质的不同，可分为半导体发光二极管（LED 数码管）、液晶显示器（LCD 数码管）和荧光数码管等。目前应用最广泛的是 LED 数码管和 LCD 数码管。

1. LED 数码管

LED 数码管就是将七个发光二极管（加小数点为八个）按一定的方式排列起来，如图 8-20 所示。七段 a、b、c、d、e、f、g（小数点 DP）各对应一个发光二极管，利用不同发光段的组合，显示不同的阿拉伯数字。按内部连接方式不同，七段数字显示器分为共阴极和共阳极两种，如图 8-21 所示。

半导体显示器的优点是工作电压较低（1.5～3V）、体积小、使用寿命长、亮度高、响应速度快、工作可靠性高。缺点是工作电流大，每个字段的工作电流约为 10mA 左右。

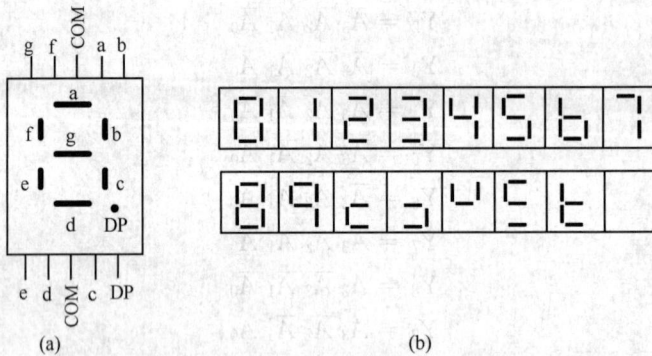

图 8-20 七段数字显示器及发光段组合图

2. LCD 数码管

液态晶体简称液晶，是一种有机化合物。液晶显示器是一种被动显示器件，本身不发光。它的显示原理为：无外加电场作用时，液晶分子排列整齐，入射的光线绝大部分被反射回来，液晶呈透明状态，不显示数字；当在相应字段的电极上加电压时，液晶中的导电正离子作定向运动，在运动过程中不断撞击液晶分子，破坏了液晶分子的整齐排列，液晶对入射光产生散射而变成了暗灰色，于是显示出相应的数字。当外加电压断开后，液晶分子又将恢复到整齐排列状态，字形随之消失。

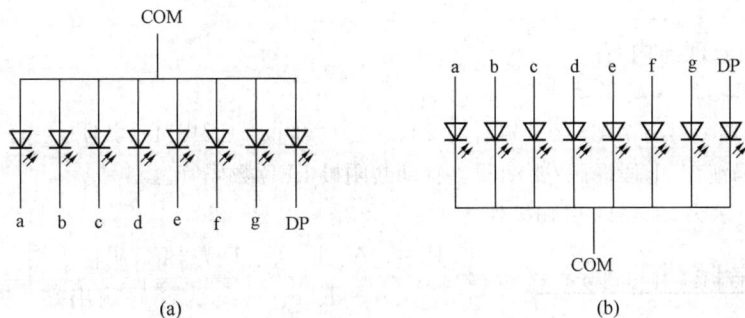

(a)　　　　　　　　　　　　　(b)

图 8-21　半导体数字显示器的内部接法

（a）共阳极接法；（b）共阴极接法

LCD 数码管的主要优点为工作电压低，功耗极小，但存在显示不清晰、响应速度慢的缺点。

3. 集成七段显示译码器 74LS48

七段显示译码器 74LS48 是一种与共阴极数字显示器配合使用的集成译码器，图 8-22 所示为 74LS48 的引脚图。它的功能是将输入的 4 位二进制代码转换成显示器所需要的七个段信号 a～g。

在 74LS48 中设置了一些辅助端。这些辅助端的功能如下：

试灯输入端$\overline{LT}$：低电平有效。当$\overline{LT}=0$时，数码管的七段应全亮，与输入的译码信号无关。本输入端用于测试数码管的好坏。

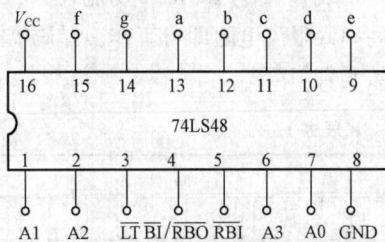

图 8-22　74LS48 的引脚图

动态灭零输入端$\overline{RBI}$：低电平有效。当$\overline{LT}=1$、$\overline{RBI}=0$，且译码输入全为 0 时，该位输出不显示，即 0 被熄灭；当译码输入不全为 0 时，该位正常显示。本输入端用于消隐无效的 0。例如，数据 0034.50 可显示为 34.5。

灭灯输入/动态灭零输出端$\overline{BI}/\overline{RBO}$：这是一个特殊的端钮，有时用作输入，有时用作输出。当$\overline{BI}/\overline{RBO}$作为输入使用，且$\overline{BI}/\overline{RBO}=0$时，数码管七段全灭，与译码输入无关。当$\overline{BI}/\overline{RBO}$作为输出使用时，受控于$\overline{LT}$和$\overline{RBI}$：当$\overline{LT}=1$且$\overline{RBI}=0$时，$\overline{BIT}/\overline{RBO}=0$；其他情况下$\overline{BIT}/\overline{RBO}=1$。本端钮主要用于显示多位数字时，多个译码器之间的连接。

【技能实训 1】　译 码 器 及 其 应 用

一、实训目的

（1）掌握中规模集成译码器的逻辑功能和使用方法。

（2）熟悉数码管的使用。

二、实训设备与器件

（1）+5V 直流电源。　　　（2）双踪示波器。

（3）连续脉冲源。　　　　（4）逻辑电平开关。

（5）逻辑电平显示器。　　（6）拨码开关组。

（7）译码显示器。　　　　（8）74LS138×2　　CC4511。

三、实训原理与内容

1. BCD 码七段译码驱动器原理

此类译码器型号有 74LS47（共阳）、74LS48（共阴）、CC4511（共阴）等，本实验采用 CC4511BCD 码锁存/七段译码/驱动器。驱动共阴极 LED 数码管。

图 8-23 所示为 CC4511 引脚排列。

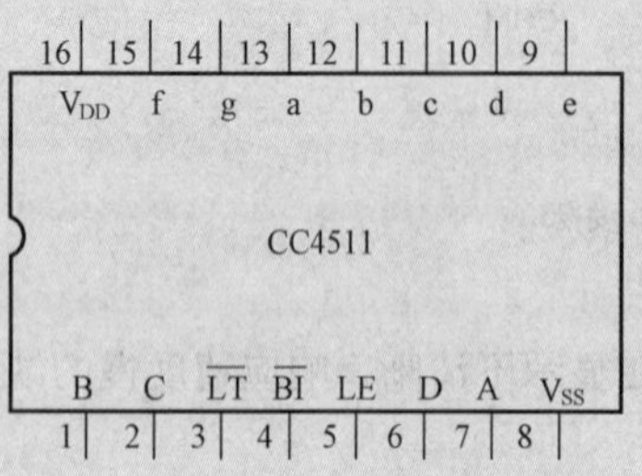

图 8-23　CC4511 引脚排列

其中，A、B、C、D 为 BCD 码输入端

a、b、c、d、e、f、g 为译码输出端，输出 "1" 有效，用来驱动共阴极 LED 数码管。

$\overline{LT}$ 为测试输入端，$\overline{LT}$ = "0" 时，译码输出全为 "1"；$\overline{BI}$ 为消隐输入端，$\overline{BI}$ = "0" 时，译码输出全为 "0"

LE 为锁定端，LE = "1" 时，译码器处于锁定（保持）状态，译码输出保持在 LE = 0 时的数值，LE = 0 为正常译码。

表 8-12 为 CC4511 功能表。CC4511 内接有上拉电阻，故只需在输出端与数码管笔段之间串入限流电阻即可工作。译码器还有拒伪码功能，当输入码超过 1001 时，输出全为 "0"，数码管熄灭。

表 8-12　　　　　　　　　　　　　　　CC4511 功能表

____输____入____							____输____出____							显示字形
LE	$\overline{BI}$	$\overline{LT}$	D	C	B	A	a	b	c	d	e	f	g	
×	×	0	×	×	×	×	1	1	1	1	1	1	1	8
×	0	1	×	×	×	×	0	0	0	0	0	0	0	消隐
0	1	1	0	0	0	0	1	1	1	1	1	1	0	0
0	1	1	0	0	0	1	0	1	1	0	0	0	0	1
0	1	1	0	0	1	0	1	1	0	1	1	0	1	2
0	1	1	0	0	1	1	1	1	1	1	0	0	1	3
0	1	1	0	1	0	0	0	1	1	0	0	1	1	4
0	1	1	0	1	0	1	1	0	1	1	0	1	1	5
0	1	1	0	1	1	0	0	0	1	1	1	1	1	6
0	1	1	0	1	1	1	1	1	1	0	0	0	0	7
0	1	1	1	0	0	0	1	1	1	1	1	1	1	8
0	1	1	1	0	0	1	1	1	1	0	0	1	1	9
0	1	1	1	0	1	0	0	0	0	0	0	0	0	消隐
0	1	1	1	0	1	1	0	0	0	0	0	0	0	消隐
0	1	1	1	1	0	0	0	0	0	0	0	0	0	消隐
0	1	1	1	1	0	1	0	0	0	0	0	0	0	消隐
0	1	1	1	1	1	0	0	0	0	0	0	0	0	消隐
0	1	1	1	1	1	1	0	0	0	0	0	0	0	消隐
1	1	1	×	×	×	×	锁存							锁存

在本数字电路实验装置上已完成了译码器 CC4511 和数码管 BS202 之间的连接。实验时，只要接通 +5V 电源和将十进制数的 BCD 码接至译码器的相应输入端 A、B、C、D 即可显示 0～9 的数字。四位数码管可接受四组 BCD 码输入。CC4511 与 LED 数码管的连接如图 8-24 所示。

2. 实训内容

（1）74LS138 译码器逻辑功能测试。

将译码器使能端 S_1、$\overline{S}_2$、$\overline{S}_3$ 及地址端 A_2、A_1、A_0 分别接至逻辑电平开关输出口，八个输出端 $\overline{Y}_7 \cdots \overline{Y}_0$ 依次连接在逻辑电平显示器的八个输入口上，拨动逻辑电平开关，逐项测试 74LS138 的逻辑功能。

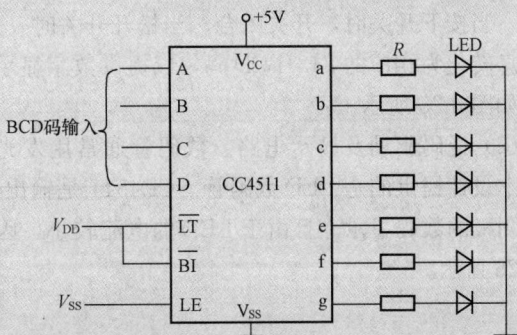

（2）用两片 74LS138 组合成一个 4 线-16 线译码器，并进行实验。

图 8-24 CC4511 驱动一位 LED 数码管

四、实训要求

（1）复习有关译码器的原理。

（2）根据实验任务，画出所需的实验线路及记录表格。

五、实训报告

（1）画出实验线路，把观察到的波形画在坐标纸上，并标上对应的地址码。

（2）对实验结果进行分析、讨论。

项目实施

实施目的

能正确安装八路抢答器电路；

能正确使用各种器件；

能对八路抢答器电路中的故障现象进行分析判断并加以解决；

能设计和制作八路抢答器电路，并能通过调试达到预期目标。

1. 设备与器件准备

设备准备：数字电路实验箱 1 台，万用表 1 块，示波器 1 台。

元器件准备：电路所需元器件名称、规格型号和数量见表 8-13。

表 8-13　　　　　　　　　八路抢答器电路元器件明细表

代号	名称	规格型号	数量	代号	名称	规格型号	数量
VD1～VD14	二极管	IN4148	14	VT1	三极管	9014	1
R_1～R_4、R_6	电阻	10kΩ	5	IC	集成电路	CD4511	1
R_5、R_8	电阻	100kΩ	2	SA	开关		1
R_7	电阻	2.2kΩ	1	SB1～SB9	开关		9
R_9～R_{15}	电阻	300Ω	1	XS	共阴数码管		1
C1	电容	47μF/16V	1	C1、C5	电源	6V	1

2. 电路图识读

八路抢答器电路原理图参见图 8-1。它由开关数组电路、编码器、具有锁存功能的 7 段显示译码器、数码显示器组成。

(1) 开关及编码电路。该电路由多路开关组成，每一竞赛者与一组开关相对应。开关应为常开型，当按下开关时，开关闭合；当松开开关时，开关自动弹出断开。编码器的作用是将某一开关信息转化为相应的 8421BCD 码，以提供数字显示电路所需要的编码输入。开关及编码电路原理图如图 8-25 所示。

(2) 译码驱动及显示电路。数码管通常用发光二极管（LED）数码管和液晶（LCD）数码管。本设计提供的是 LED 数码管。CD4511 是输出高电平有效的显示译码器，因而 LED 显示应选共阴极的数码显示。且由于 LED 的电流较小，因此在数码显示器前必须加限流电阻，电路如图 8-26 所示。

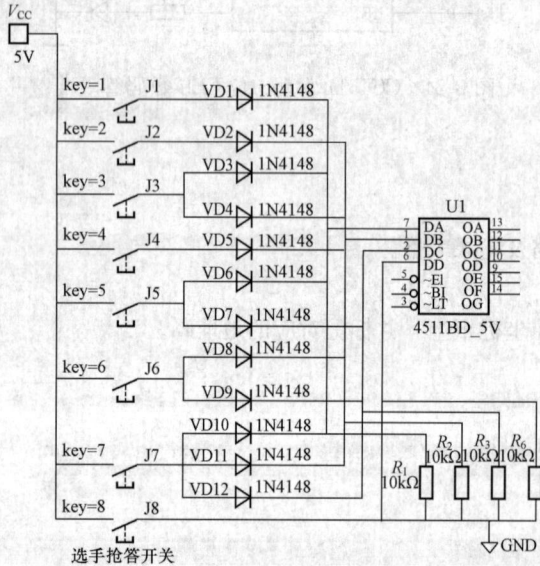

图 8-25　开关及编码电路原理图　　　　图 8-26　译码驱动及显示电路原理图

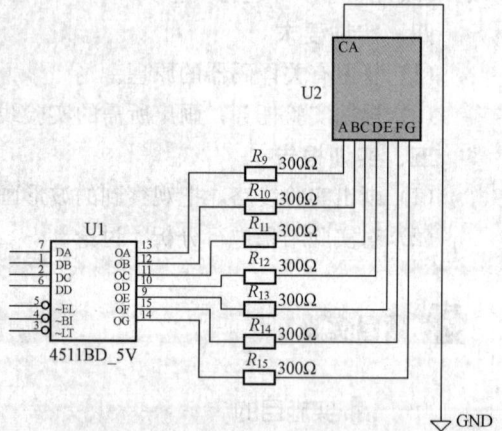

(3) 锁存控制电路。译码驱动电路将编码器输出的 8421BCD 码转换为数码管需要的逻辑状态，并且为保证数码管正常工作提供足够的工作电流。同时它带有锁存功能，当接受的一个编码后，将会自动锁存该编码。如图 8-27 所示，由 VT、VD13、VD14 及电阻器 R_7、R_8 组成。当抢答器按钮开关都没有按下时，则 BCD 码输入端都有接地的电阻，所以 BCD 码输入端为 "0000"，输出端 d 为高电平，输出端 g 为低电平。通过对 0～9 这 10 个数的分析，我们可以看出只有在数字 "0" 时，d 端为高电平，同时 g 端为低电平。此时通过锁存控制电路使 CD4511 第 5 脚上的电压为低电平。这种状态下的 CD4511 没有锁存，允许 BCD 码输入。当 SB1～SB8 中的任意一个开关按下时，输出端 d 为低电平，或输出端 g 为高电平。这两种状态必有一个存在，或都存在。这时 CD4511 的第 5 脚为高电平。

(4) 解锁电路。当触发锁存电路被锁存后，若要进行下一轮的重新抢答，则只需要按下复位开关 SB9，清除锁存器内的数值，使数字显示熄灭，然后恢复为 "0" 状态，CD4511 的第 5 脚为低电平。为了进行下一轮工作，这时 SB1～SB8 均应在开路状态，不能闭合，如图 8-28 所示。

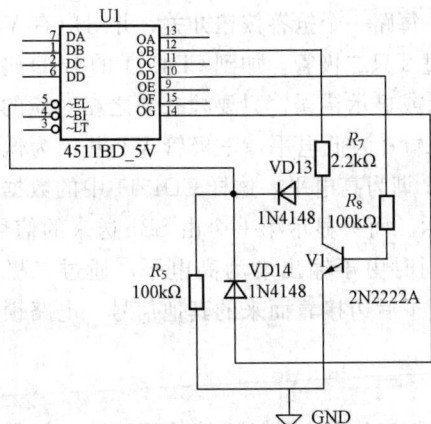

图 8-27 锁存控制电路

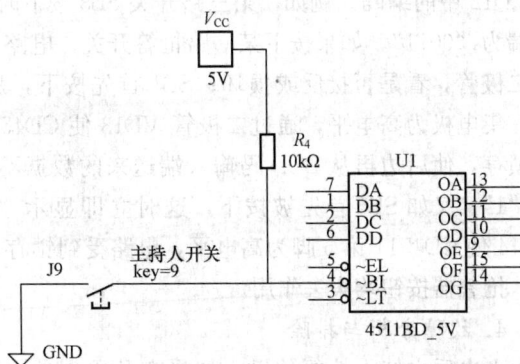

图 8-28　解锁电路

3. 八路抢答器电路的安装与调试

（1）电路元器件的检测。

（2）电路的安装。电路板装配应遵循"先低后高、先内后外"的原则。先安装电阻 $R_1 \sim R_{15}$ 及二极管 VD1～VD14，再安装集成电路 CD4511，后安装三极管 VT1、电解电容及开关，最后接电源线。

（3）电路安装工艺要求。按图 8-29 所示的 PCB 图安装、焊接电路板。

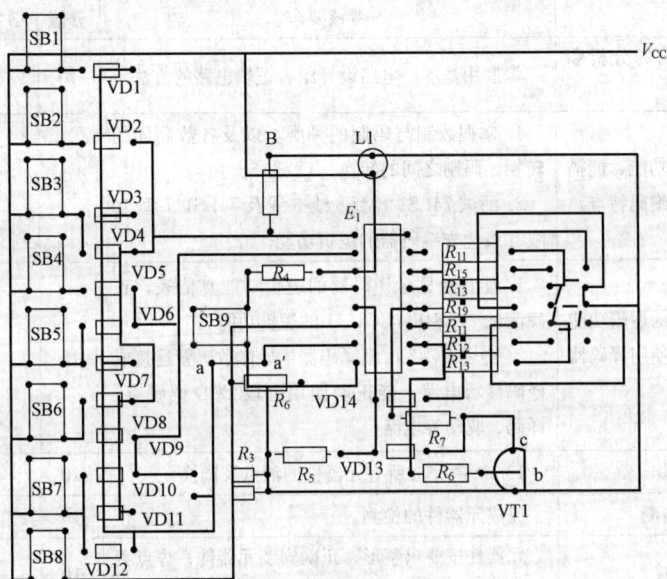

图 8-29　八路抢答器的 PCB 图

1）将所有元器件正确装入印制电路板相应位置上后，采用单面焊接方法，无错焊、漏焊和虚焊。

2）元器件（零部件）距印制电路板高度 H 为 0～1mm。

3）元器件（零部件）引线保留长度 h 为 0.5～1.5mm。

4）元器件面相应元器件高度平整、一致。

（4）电路的测试与调整。方法如下：接通 6V 电源，每路一个抢答按钮开关，并对应有 VD1～VD12 中的编码。例如，第三路开关 SB3 按下时，通过 2 只二极管，加到 CD4511 的 BCD 码输入端为 "0011"。如果按下某一路抢答开关，电路不显示或显示错误，只要检查与之相对应的那组二极管，看是否接反或损坏；SB1 首先按下，那输出端 d 为低电平，三极管 VT 基极为低电平，集电极为高电平，通过二极管 VD13 使 CD4511 第 5 脚为高电平，这样 CD4511 中的数据受到锁存，使后边再从 BCD 码输入端送来的数据不再显示。而只显示第一个由 SB1 送来的信号，即 "1"。又如 SB5 首先被按下，这时立即显示 "5"，同时由于输出端为高电平，通过二极管 VD14 使 CD4511 第 5 脚为高电平，电路受到锁存，封锁了后边接着而来的其他信号。电路锁存后，抢答器按钮均失去作用。

4．故障分析与排除

上电后主持人按复位键，如果有乱码现象，检查 CD4511 芯片引脚连接是否正确；如无错误，将 CD4511 拔下，给插槽上对应芯片的 a～f 脚人工送 6V 电源，以驱动数码管各段单独显示，发现只有一个段电压输入，却有三段同时亮的现象要检查焊接质量。

5．编写项目实施报告

项目实施报告见附录。

▲▲▲ 项目考核

八路抢答器电路的项目考核要求及评分标准

检测项目		考核要求	分值	学生互评	教师评估
项目知识内容	组合逻辑电路的分析和设计	掌握用基本门电路设计组合逻辑电路的方法	10		
	掌握编码器的功能，能描述优先编码器的编码特点	1. 掌握数制与码制的种类，以及各数制间的转换、码制之间的转换 2. 测试 74LS148 型 8 线-3 线及 74LS147 型 10 线-4 线优先编码器的逻辑功能	15		
	能看懂译码器的逻辑功能真值表，能正确使用译码器电路	1. 能看懂显示译码器的逻辑功能真值表，正确测试 74LS48、CC4511 的逻辑功能 2. 会用 CC4511 型译码器半导体数码管连接成译码显示电路。能正确使用七段 BCD 码锁存、译码、驱动等电路	15		
项目操作技能	准备工作	10min 内完成所有元器件的清点及调换	10		
	元器件检测	完成元器件的检测	10		
	组装焊接	元器件按要求整形；正确安装元器件；焊点美观、走线合理、布局漂亮	10		
	通电调试	能实现抢答锁存功能	10		
	通电检测	1. 测试开关及编码电路与译码驱动及显示电路 2. 故障分析与排除方法	10		
	安全文明操作	严格遵守电业安全操作规程，工作台工具、器件摆放整齐	5		

	检测项目	考核要求	分值	学生互评	教师评估
基本素质	实践表现	安全操作、遵守实训室管理制度；团队协作意识；语言表达能力；分析问题、解决问题的能力	5		
	项目成绩				

知识拓展

数 据 选 择 器

在多路数据传送过程中，能够根据需要将其中任意一路挑选出来的电路，叫做数据选择器。数据选择器又称多路选择器（Multiplexer，简称 MUX），如图 8-30（a）所示，它有 n 位地址输入，2^n 位数据输入，1 位输出。每次在地址输入的控制下，从多路输入数据中选择一路输出，其功能类似于一个单刀多掷开关，也称为多路选择器、多路开关，如图 8-30（b）所示。常见的数据选择器根据输入端的个数可分为四选一、八选一、十六选一等。

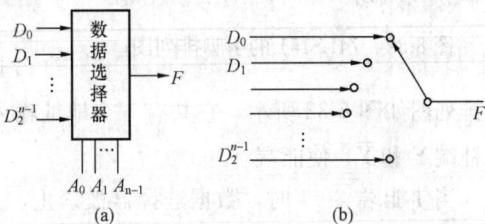

图 8-30 数据选择器及其功能等效图

(a) 数据选择器；(b) 多路开关

1. 四选一数据选择器

图 8-31 所示为四选一数据选择器的逻辑电路图和逻辑符号，其真值表见表 8-14。

其中 $D_0 \sim D_3$ 是数据输入端，也称为数据通道；A_1、A_0 是地址输入端，或称选择输入端；Y 是输出端；E 是使能端，低电平有效。当 $E=1$ 时，输出 $Y=0$，即无效；当 $E=0$ 时，在地址输入 A_1、A_0 的控制下，从 $D_0 \sim D_3$ 中选择一路输出。

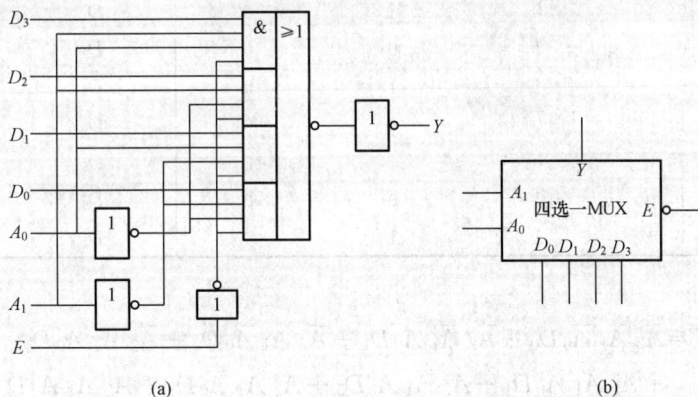

图 8-31 四选一数据选择器

(a) 逻辑电路图；(b) 逻辑符号

表 8-14   四选一数据选择器的逻辑真值表

E	A_1	A_2	Y
0	0	0	D_0

E	A_1	A_2	Y
0	0	1	D_1
0	1	0	D_2
0	1	1	D_3
1	×	×	0

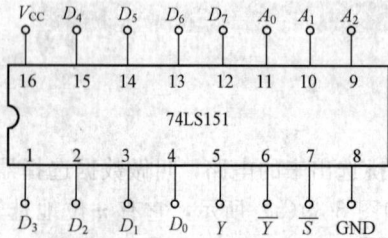

图 8-32 74LS151 的引脚排列图

当 $E=0$ 时，四选一 MUX 的逻辑功能还可以用以下表达式表示：

$$Y = \overline{A_1}\,\overline{A_0}D_0 + \overline{A_1}A_0 D_1 + A_1\,\overline{A_0}D_2 + A_1 A_0 D_3 = \sum_{i=0}^{3} m_i D_i$$

式中，m_i 是地址变量 A_1、A_0 所对应的最小项，称为地址最小项。

2. 集成数据选择器

74LS151 是一种典型的集成八选一数据选择器，其引脚排列图如图 8-32 所示，它共有三个地址输入端 $A_2 A_1 A_0$，一共可选择 $D_0 \sim D_7$ 8 个数据，具有互补端 Y 和 $\overline{Y}$、使能端 $\overline{S}$。

当使能端 $\overline{S}=1$ 时，数据选择器被禁止，无论地址码是什么，Y 总是等于 0；$\overline{S}=0$ 时，数据选择器工作。表 8-15 为 74LS151 的真值表。

表 8-15 74LS151 的真值表

输 入					输 出	
D	A_2	A_1	A_0	$\overline{S}$	Y	$\overline{Y}$
×	×	×	×	1	0	1
D_0	0	0	0	0	D_0	$\overline{D_0}$
D_1	0	0	1	0	D_1	$\overline{D_1}$
D_2	0	1	0	0	D_2	$\overline{D_2}$
D_3	0	1	1	0	D_3	$\overline{D_3}$
D_4	1	0	0	0	D_4	$\overline{D_4}$
D_5	1	0	1	0	D_5	$\overline{D_5}$
D_6	1	1	0	0	D_6	$\overline{D_6}$
D_7	1	1	1	0	D_7	$\overline{D_7}$

表达式为

$$Y = \overline{A_2}\,\overline{A_1}\,\overline{A_0}D_0 + \overline{A_2}\,\overline{A_1}\,A_0 D_1 + \overline{A_2}\,A_1\,\overline{A_0}D_2 + \overline{A_2}\,A_1\,A_0 D_3$$
$$+ A_2\,\overline{A_1}\,\overline{A_0}D_4 + A_2\,\overline{A_1}\,A_0 D_5 + A_2\,A_1\,\overline{A_0}D_6 + A_2\,A_1\,A_0 D_7$$

项目小结

（1）组合逻辑电路的特点是：任何时刻的输出仅取决于该时刻的输入，而与电路原来的状态无关；它由若干逻辑门组成。

（2）组合逻辑电路的分析方法。

1）根据给定的逻辑电路，从输入端开始，逐级推导出输出端的逻辑函数表达式，并根据公式法或卡诺图法化简或转换逻辑函数表达式。

2）根据输出函数表达式列出真值表。

3）根据真值表对电路进行分析，概括出电路的逻辑功能。

（3）组合逻辑电路的设计方法。

1）分析设计要求，进行逻辑抽象。分析给定实际逻辑问题的因果关系，根据给定的要求确定输入变量和输出变量，并对它们进行逻辑赋值，即确定"0"和"1"所代表的含义。

2）根据给定的逻辑要求建立真值表（实际上是用真值表描述逻辑功能要求）。

3）根据真值表写出逻辑表达式并化简和转换。

4）根据逻辑表达式画出逻辑电路图。

（4）组合逻辑电路常用的集成电路有编码器、译码器、数据选择器、加法器、数值比较器等，这些中规模集成器件可以比较方便地设计组合逻辑电路。

编码就是将特定含义的输入信号（文字、数字、符号等）转化成二进制代码的过程。实现编码操作的数字电路称为编码器。

优先编码器是当多个输入端同时有信号时，电路只对其中优先级别最高的信号进行编码，不理睬级别低的信号。

把代码状态的特定含义翻译出来的过程称为译码，实现译码操作的电路称为译码器。译码是编码的逆过程。

能把数字、字母、符号的二进制编码翻译成数字显示器所能识别的信号的译码器称为数字显示译码器。

思考与练习

一、填空题

1. 组合逻辑电路的逻辑功能特点是，任意时刻的＿＿＿＿状态仅取决于该时刻＿＿＿＿的状态，而与信号作用前电路的＿＿＿＿无关。

2. 数字电路按照逻辑功能通常可分为两类：＿＿＿＿、＿＿＿＿。

3. 小规模组合逻辑电路通常由＿＿＿＿组合而成。

4. 编码电路和译码电路中，＿＿＿＿电路的输出是二进制代码。

5. 若所设计的编码器是将 31 个一般信号转换成二进制代码，则输出应是一组＿＿＿＿位的二进制代码。

6. 优先编码器只对优先级别＿＿＿＿的输入信号编码，而对＿＿＿＿的输入信号不予理睬。

二、选择题

1. 组合电路设计的结果一般是要得到（　　）。

    A. 逻辑电路图　　　　　　　　B. 电路的逻辑功能

    C. 电路的真值表　　　　　　　D. 逻辑函数式

2. 在下列逻辑电路中，不是组合逻辑电路的是（　　）。

    A. 译码器　　　　　　　　　　B. 编码器

    C. 全加器　　　　　　　　　　D. 寄存器

3. 七段显示译码器是指（　　）的电路。

    A. 将二进制代码转换成 0～9 个数字　　B. 将 BCD 码转换成七段显示字形信号

C. 将 0~9 个数转换成 BCD 码   D. 将七段显示字形信号转换成 BCD 码

4. 用 74LS138 译码器实现多输出逻辑函数，需要增加若干个(　　)。

  A. 非门   B. 与非门   C. 或门   D. 或非门

5. 当编码器 74LS147 的输入端 I_1、I_5、I_6、I_7 为低电平，其余输入端为高电平时，输出信号为(　　)。

  A. 1110   B. 1010   C. 1001   D. 1000

6. 二—十进制编码器指的是(　　)。

  A. 将二—十进制代码转换成"0~9"十个数字的电路

  B. BCD 代码转换电路

  C. 将"0~9"十个数字转换成二进制代码的电路

  D. 8 线-3 线二进制编码电路

7. 4 线-10 线二—十进制译码器每次译码时只有(　　)个输出信号为高电平。

  A. 1   B. 4   C. 10   D. 16

三、分析计算题

1. 分析图 8-33 所示电路的逻辑功能。

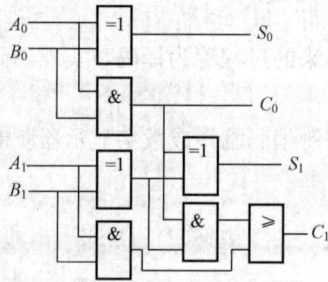

图 8-33　分析计算题 1 图

2. 请用 3 线-8 线译码器和少量门器件实现逻辑函数
$F(C,B,A) = \sum m(0,3,6,7)$。

项目九　定时器电路的制作

　　定时器在生活中的应用非常广泛，在当今注重工作效率的社会环境中，定时器能给我们的工作、生活以及娱乐带来很大的方便。充分利用定时器，能有效地加强我们的工作效率。本项目定时器可以完成30s和60s的定时功能。

项目要求

知识要求

了解触发器的概念、类型、电路组成、工作原理及其应用；
掌握各种触发器的逻辑功能描述方法和动作特点；
掌握时序逻辑电路的特点和表示方法；
掌握常用集成计数器和寄存器的电路结构和工作原理；
能制作和调试定时器电路。

技能要求

能用数字试验箱或仿真软件验证各类触发器的逻辑功能；
能用常见的集成计数器设计出任意进制计数器；
能制作和调试定时器电路并进行简单故障的排除。

项目导入

　　在生活和工作中，定时器的应用非常广泛。本项目利用所学知识完成一个简单的定时器电路，可以定时30s和60s，由数码管显示，555定时器构成多谐振荡器来产生秒信号，为计数器提供时钟脉冲信号，电路图如图9-1所示。

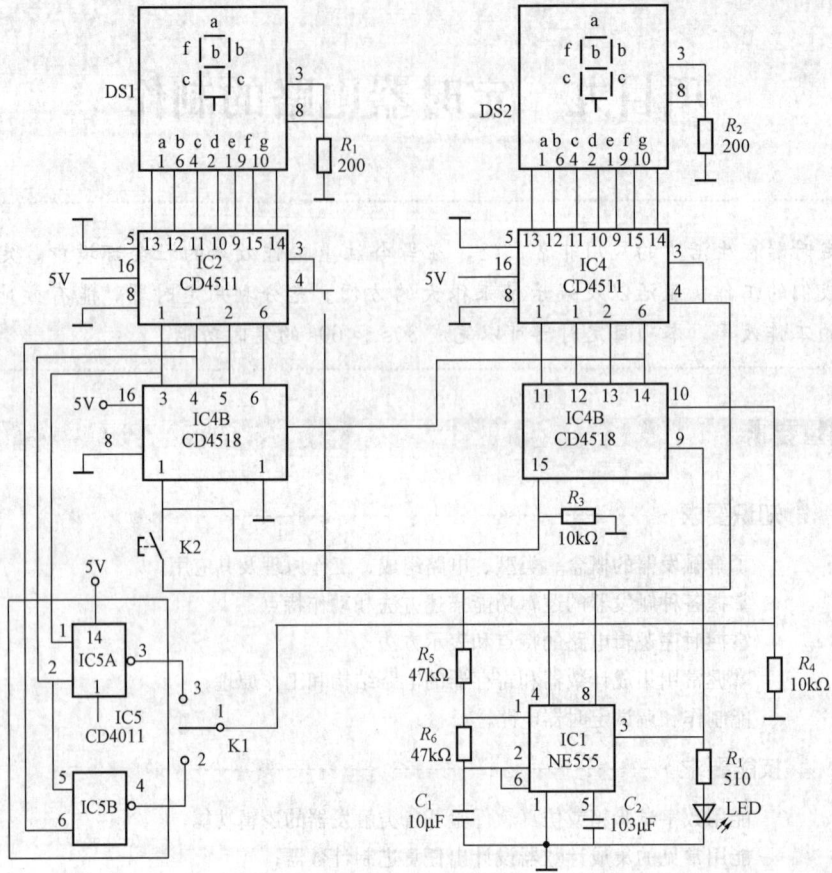

图 9-1 定时器电路图

任务 1 各 种 触 发 器

一、触发器概述

在数字电路中，不但需要对信号进行算术运算，有时候还需要保存信号和运算结果，这就需要使用具有记忆功能的逻辑器件，常用的逻辑器件之一就是触发器。

我们把能够存储一位二进制代码的基本单元电路叫作触发器，它是具有"记忆"功能的存储电路，是时序逻辑电路的基本单元。

触发器应具备以下几个基本特点：

（1）具有两个能够自行保持的稳定状态——0 态和 1 态，分别用来表示逻辑状态的 0 和 1，或二进制数的 0 和 1。

（2）在输入信号的作用下，触发器的两个稳定状态可相互转换（称为状态的翻转）。

（3）在输入信号消失以后，能将获得的新状态保存下来。

触发器的分类方式有很多种，按电路结构可分为基本 RS 触发器、同步触发器、主从触发器、边沿触发器等。不同电路结构的触发器有不同的动作特点，按逻辑功能可分为 RS 触发器、

JK 触发器、D 触发器、T 触发器和 T' 触发器等几种类型。

本书按逻辑功能分类方式来介绍常见触发器的组成、功能及特点。

二、RS 触发器

RS 触发器根据电路结构不同，可分为基本 RS 触发器、同步 RS 触发器、主从 RS 触发器。

1. 基本 RS 触发器

（1）电路组成。基本 RS 触发器是一种最简单的触发器，是构成各种触发器的基础。它由两个与非门（或者或非门）的输入和输出交叉连接而成，如图 9-2（a）所示。

基本 RS 触发器有两个输出端，一个称为 Q 端，另一个称为 $\overline{Q}$ 端。在正常情况下，这两个输出端总是逻辑互补的，即一个为 0 状态时，另一个为 1 状态。通常规定 $Q=0$，$\overline{Q}=1$ 为触发器的 0 状态，$Q=1$，$\overline{Q}=0$ 为触发器的 1 状态。

基本 RS 触发器有两个输入端 $\overline{R}$ 和 $\overline{S}$（又称触发信号端），$\overline{R}$ 和 $\overline{S}$ 符号上面的"—"号，表示这两个输入端为低电平有效。其中 $\overline{R}$ 端为复位端，当 $\overline{R}$ 端有效时，触发器被置成 0 状态，所以 $\overline{R}$ 端也称为置 0 端；$\overline{S}$ 端为置位端，当 $\overline{S}$ 端有效时，触发器被置成 1 状态，所以 $\overline{S}$ 端也称为置 1 端。

基本 RS 触发器的逻辑符号如图 9-2（b）所示，在输入端加"o"符号表示 $\overline{R}$ 和 $\overline{S}$ 是低电平有效。当输入信号变化时，会影响到电路的输出端 Q 和 $\overline{Q}$。

（2）工作原理。当输入信号 $\overline{R}$ 和 $\overline{S}$ 为不同的状态组合时，触发器的输出端会出现不同的状态。我们规定触发信号作用前的输出状态为触发器的原状态（现态），用 Q^n 表示；触发信号作用后的输出状态为触发器的新状态（次态），用 Q^{n+1} 表示。请注意，现态和次态是相对于某一次状态转换而言的，不是固定不变的。

1）当 $\overline{R}=\overline{S}=1$ 时，假设触发器现态为 0 状态，即 $Q^n=0$，$\overline{Q}^n=1$。从图 9-2（a）中可以看出，G2 的两个输入端均为 1，则有 $Q^{n+1}=0$；$Q^{n+1}=0$ 反馈到 G1 的输入端，使得 $\overline{Q^{n+1}}=1$，触发器保持 0 状态不变，即次态也为 0 状态。同理若触发器现态为 1 状态，次态也为 1 状态。

2）当 $\overline{R}=1$，$\overline{S}=0$ 时，无论触发器现态为 0 状态还是 1 状态，从图 9-2（a）中可以看出，G1 的一个输入端为 0，由与非门的逻辑功能可知其输出为 1，即 $Q^{n+1}=1$；$Q^{n+1}=1$ 反馈到 G2 的输入端，使得 $\overline{Q^{n+1}}=0$，即次态为 1 状态。

3）当 $\overline{R}=0$，$\overline{S}=1$ 时，无论触发器现态为 0 状态还是 1 状态，从图 9-2（a）中可以看出，G2 的一个输入端为 0，由与非门的逻辑功能可知其输出为 1，即 $\overline{Q^{n+1}}=1$；$\overline{Q^{n+1}}=1$ 反馈到 G1 的输入端，使得 $Q^{n+1}=0$，即次态为 0 状态。

4）当 $\overline{R}=\overline{S}=0$ 时，无论触发器现态为 0 状态还是 1 状态，从图 9-2（a）中可以看出，G2 和 G1 都有一个输入端为 0，由与非门的逻辑功能可知其输出为 1，即有 $\overline{Q^{n+1}}=1$，$Q^{n+1}=1$。此状态不是正常的 0 状态，也不是正常的 1 状态，称为不定态，用 1^* 表示。请注意，之所以称为不定态，是因为当 $\overline{R}$ 端和 $\overline{S}$ 端同时由 0 变成 1 时，由于 A、B 两个与非门的平均传输延时不一定完全相同，导致触发器的输出状态不稳定，即不能确定次态是 1 态还是 0 态。

（3）逻辑功能描述。触发器的功能描述一般有特性表、特性方程和状态转换图三种方式。特性表是通过输入、输出的不同状态组合来描述触发器的逻辑功能的表格，也称为功能表。特性表类似于真值表，不同之处是把现态 Q^n 当作输入变量，把次态 Q^{n+1} 当作输出变量。由以上工作原理的分析，便可得到基本 RS 触发器的特性表，见表 9-1。

为了更直观地描述触发器的特性，可将表 9-1 简化为表 9-2

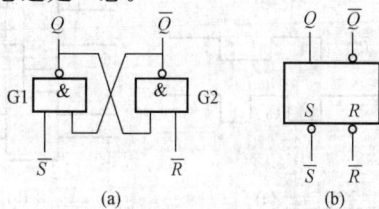

图 9-2　用与非门组成的基本 RS 触发器
(a) 逻辑电路；(b) 逻辑符号

的形式。

特性方程是表征触发器的输入、输出的函数关系式。在表 9-1 中，$\overline{R}$、$\overline{S}$、Q^n 是输入变量，Q^{n+1} 是输出变量，即表 9-1 就是一个三变量的真值表。利用前面讲过的卡诺图化简方法，便可得到 Q^{n+1} 关于 $\overline{R}$、$\overline{S}$、Q^n 的最简与或式，即基本 RS 触发器的特性方程

$$\begin{cases} Q^{n+1} = \overline{S} + \overline{R}Q^n \\ \overline{R} + \overline{S} = 1 \text{（约束条件）} \end{cases} \tag{9-1}$$

表 9-1　基本 RS 触发器的特性表

$\overline{R}$	$\overline{S}$	Q^n	Q^{n+1}
0	0	0	1*
0	0	1	1*
0	1	0	0
0	1	1	0
1	0	0	1
1	0	1	1
1	1	0	0
1	1	1	1

表 9-2　基本 RS 触发器的简化特性表

$\overline{R}$	$\overline{S}$	Q^{n+1}	
0	0	1*	不定
0	1	0	置 0
1	0	1	置 1
1	1	Q^n	保持

状态转换图是真值表的图形化，二者在本质上是一致的，只是表现形式不同而已。基本 RS 触发器的状态转换图如图 9-4 所示。

图中两个圆圈，其中有 0 和 1 代表了基本 RS 触发器的两个稳态，状态的转换方向用箭头表示，状态转换的条件标明在箭头的旁边。

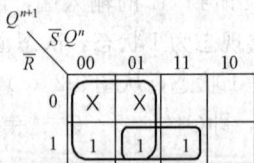

图 9-3　基本 RS 触发器的卡诺图　　图 9-4　基本 RS 触发器的状态转换

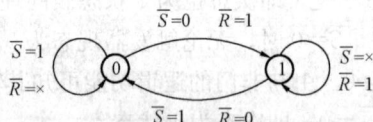

（4）工作波形分析。根据特性表可以画出触发器的工作波形图，即其时序图。时序图表明了触发器在工作时，输入、输出信号随时间变化的时序波形图。

【例 9-1】 画出基本 RS 触发器在给定输入信号 $\overline{R}$ 和 $\overline{S}$ 的作用下，Q 端和 $\overline{Q}$ 端的波形。其输入波形如图 9-5（a）所示。

解　第一步：根据 $\overline{R}$ 和 $\overline{S}$ 的波形变化情况，将其分成 6 段，如图 9-5（b）所示。

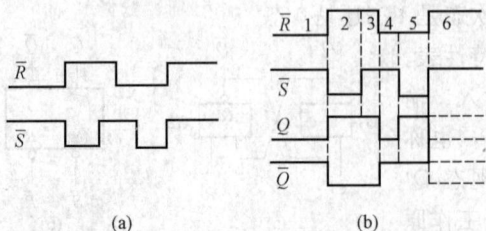

第二步：起始段 $\overline{R}\,\overline{S}=01$，根据状态方程（或特性表、状态转换图）可得，$Q=0$；第 2 段部分 $\overline{R}\,\overline{S}=10$，$Q=1$（置 1）；第 3 段部分 $\overline{R}\,\overline{S}=11$，$Q=1$（保持）；依此类推，即可得 Q 端的波形。第三步：根据 Q 端的波形，即可画出 $\overline{Q}$ 的波形，如图 9-5（b）所示。

（a）　　　　　（b）

图 9-5　［例 9-1］的输入、输出波形
（a）输入波形图；（b）输出波形图

注意：第 5 段出现了 $\overline{R}\,\overline{S}=00$（禁止状态），此时 $Q=1$，$\overline{Q}=1$，若下一时刻 $\overline{R}\,\overline{S}=11$，就出现

不定状态，如图 9-5（b）中的第 6 段所示。

2. 同步 RS 触发器

在一个由多个触发器构成的电路系统中，各触发器的翻转时间难以控制，为此我们加一统一的控制信号，实现在一个时钟脉冲信号（Clock Pulse）的控制下翻转的触发器，没有 CP 就不翻转，CP 来到后才翻转，翻转后的状态则由触发器翻转前的数据输入端决定，我们把这种触发器称为时钟触发器或同步触发器。

（1）电路组成。最简单的同步 RS 触发器如图 9-6 所示。在基本 RS 触发器的基础上，增加了两个由时钟脉冲 CP 控制的与非门 G3 和 G4。输入端 R 和 S 高电平有效。

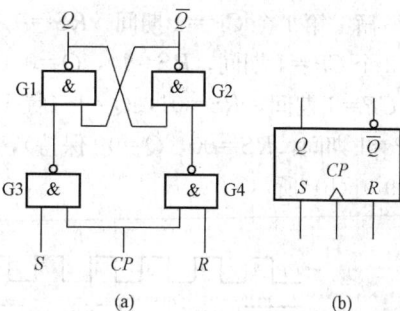

（2）工作原理。

图 9-6　同步 RS 触发器
（a）逻辑电路；（b）逻辑符号

1）当 $CP=0$ 时，G3 门和 G4 门被封锁，G3 门和 G4 门输出均为 1，不会改变基本 RS 触发器的状态，即触发器不翻转。

2）当 $CP=1$ 时，G3 门和 G4 门被打开，此时的同步 RS 触发器相当于一个基本 RS 触发器，则输出取决于输入信号及初态。

（3）逻辑功能描述。同步 RS 触发器的特性见表 9-3，简化的特性表见表 9-4。

表 9-3　同步 RS 触发器的特性表

R	S	Q^n	Q^{n+1}
0	0	0	0
0	0	1	1
0	1	0	1
0	1	1	1
1	0	0	0
1	0	1	0
1	1	0	1^*
1	1	1	1^*

表 9-4　同步 RS 触发器的简化特性表

R	S	Q^{n+1}	
0	0	Q^n	保持
0	1	1	置1
1	0	0	置0
1	1	1^*	不定

利用卡诺图化简方法（见图 9-7），便可得到同步 RS 触发器的特性方程

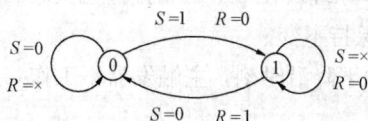

$$\begin{cases} Q^{n+1}=\overline{S}+\overline{R}Q^n & (CP=1\ 有效) \\ RS=0 & (约束条件) \end{cases} \tag{9-2}$$

同步 RS 时钟触发器的状态转换图如图 9-8 所示。

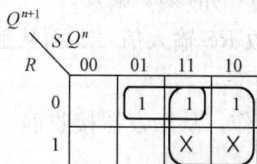

图 9-7　同步 RS 触发器的卡诺图　　图 9-8　同步 RS 触发器的状态转换图

（4）工作波形分析。同步 RS 时钟触发器的动作特点是在 $CP=1$ 期间，输入信号 R、S 才可

以影响触发器的输出状态。

【例 9-2】 同步 RS 触发器的输入波形如图 9-9（a）所示。设初始 $Q=0$，请画出 Q 和 $\overline{Q}$ 端的波形。

解 第 1 个 $CP=1$ 期间，$RS=01$，根据状态方程（或特性表、状态转换图）可得，$Q=1$；第 2 个 $CP=1$ 期间，$RS=10$，$Q=0$（置 0）；第 3 个 $CP=1$ 期间，$RS=10$，$Q=0$（置 0）；第 4 个 $CP=1$ 期间，$RS=01$，$Q=1$（置 1）；第 5 个 $CP=1$ 期间，$RS=10$，$Q=0$（置 0）；第 6 个 $CP=1$ 期间，$RS=00$，$Q=0$（保持），即为 Q 的波形。根据 Q 端的波形，即可画出 $\overline{Q}$ 的波形，如图 9-9（b）所示。

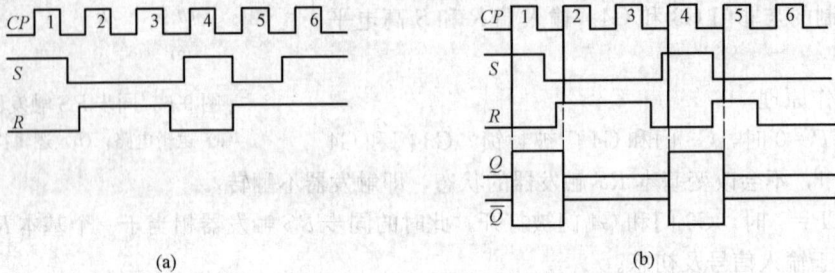

(a)   (b)

图 9-9 ［例 9-2］的输入、输出波形

(a) 输入波形图；(b) 输出波形图

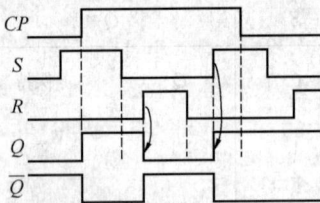

图 9-10 空翻波形

（5）空翻现象。如图 9-10 所示，在 CP 高电平期间，由于输入信号 R、S 出现了多种组合，导致触发器的输出状态 Q 发生多次变化，像这样在一个有效时钟期间，触发器多次翻转的现象称为空翻。空翻现象的出现使得外部干扰信号很容易进入触发器电路内部，导致触发器出现错误输出状态，总之空翻现象的存在降低了触发器电路的抗干扰能力。

3. 主从 RS 触发器

为了消除同步触发器的空翻现象，希望每来一个控制信号，触发器的状态最多翻转一次，从而设计出主从触发器。

（1）电路组成。主从 RS 触发器的逻辑电路如图 9-11（a）所示，由两个结构相同的同步 RS 触发器组成，分别称为主触发器（G5～G8）和从触发器（G1～G4）。主触发器和从触发器分别由两个相位相反的时钟信号 CP 和 CP' 控制。图 9-11（b）是其逻辑符号，其中时钟 CP 下面有一个 "o"，它代表触发器在 CP 的下降沿（即 CP 由 1 变为 0 的时刻）触发。

（2）工作原理。在 $CP=1$ 期间，主触发器工作，接收 RS 输入信号，而从触发器不工作，输出 Q 的状态保持不变。

在 CP 的下降沿时刻，主触发器不工作，从触发器工作，从触发器接收前一时刻主触发器的状态。

若触发器的现态是 0 态，输入信号 $R=0$、$S=1$，则其具体工作过程如下：$CP=1$ 期间，主触发器工作，由于输入 $R=0$、$S=1$，其输出被置成 1 态，即 $Q'=1$，$\overline{Q}'=0$；在 CP 的下降沿时刻，主触发器不工作，保持其输出状态并传递给从触发器的输入端，即 $R'=0$、$S'=1$，此时从触发器工作接收其输入信号（也就是主触发器的输出状态）R'、S'，由于 $R'=0$、$S'=1$，所以从触发器被置成 1 态，即 $Q=1$，$\overline{Q}=0$。

（3）逻辑功能描述。主从 RS 触发器的特性表、卡诺图、状态转换图均与同步 RS 触发器相同，这里不再赘述。主从 RS 触发器的特性方程如下，和同步 RS 触发器相比，只是触发的时刻不同而已

$$\begin{cases} Q^{n+1}=\overline{S}+\overline{R}Q^n & (CP\downarrow有效) \\ RS=0 & (约束条件) \end{cases} \tag{9-3}$$

（4）工作波形分析。主从触发器的翻转动作总体上分为两步：第一步，在 $CP=1$ 期间，主触发器接收输入信号 R、S；第二步，在 CP 下降沿时刻，从触发器接收主触发器的输出状态。

请注意：在 CP 高电平期间，主触发器的状态可以多次翻转，但 CP 下降沿时刻从触发器只能接收主触发器最后的状态。

【例 9-3】 主从 RS 触发器输入信号的波形如图 9-12 (a) 所示。已知初始 $Q=0$，试画出 Q 端波形。

解 根据题意，起始时刻 $Q=0$，第 1 个 $CP=1$ 期间，$RS=10$，根据状态方程（或特性表、状态转换图）可得，$Q=0$，所以第 1 个下降沿时刻 Q 仍为 0；第 2 个 $CP=1$ 期间，$RS=01$，$Q=1$（置 1），第 2 个下降沿时刻 Q 变为 1；依此类推，即可画出 Q 的波形，如图 9-12 (b) 所示。

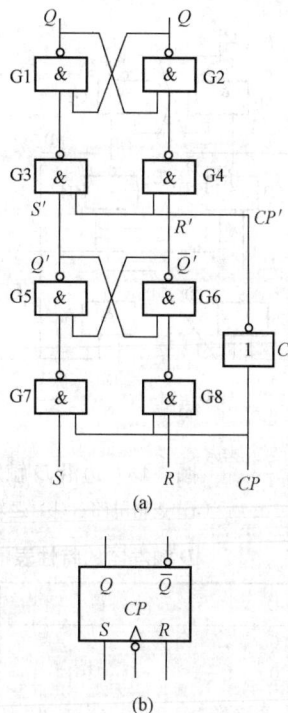

图 9-11 主从 RS 触发器
(a) 逻辑电路；(b) 逻辑符号

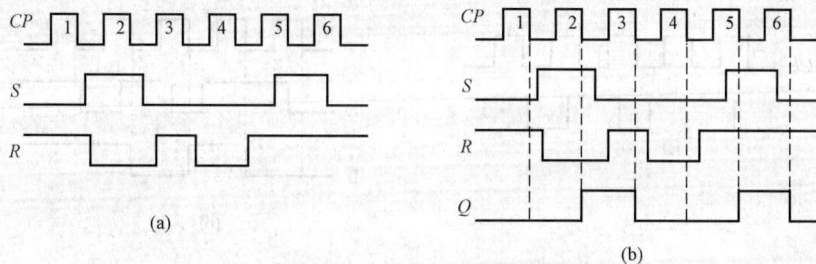

图 9-12 ［例 9-3］的波形图
（a）输入波形图；（b）输出波形图

三、D 触发器

边沿触发器只能在时钟 CP 上升沿（或下降沿）时刻接收输入信号，其状态只能在 CP 上升沿（或下降沿）时刻发生翻转。而在 $CP=1$ 或 $CP=0$ 期间，输入端的任何变化都不能影响输出。下面介绍常用的边沿 D 触发器。

（1）电路组成。边沿 D 触发器的逻辑电路如图 9-13 (a) 所示。从电路的结构可以看出，它是在基本 RS 触发器的基础之上增加了四个逻辑门而构成的，G4 门的输出是基本 RS 触发器的置"0"通道，G3 门的输出是基本 RS 触发器的置"1"通道。G3 门和 G4 门可以在控制时钟控制

241

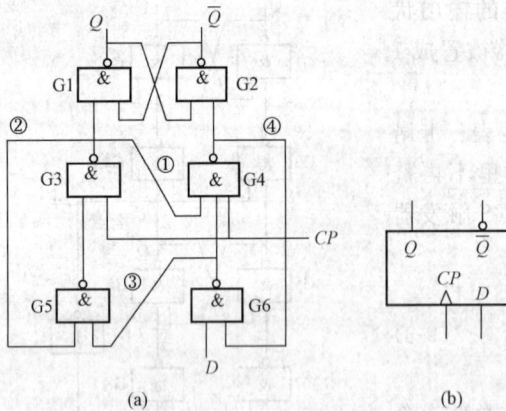

图 9-13 边沿 D 触发器

(a) 逻辑电路；(b) 逻辑符号

下，决定数据输入 D 是否能传输到基本 RS 触发器的输入端。G6 门将数据输入 D 以反变量形式送到 G4 门的输入端，再经过 G5 门将数据 D 以原变量形式送到 G3 门的输入端。使数据输入 D 等待时钟 CP 到来后，通过 G4 门和 G3 门，以实现置 "0" 或置 "1"。图 9-13 (b) 所示为边沿 D 触发器的逻辑符号，"∧" 表示边沿触发，CP 端有小圆圈的表示下降沿触发有效，无小圆圈的表示上升沿触发有效。

（2）逻辑功能描述。边沿 D 触发器只有置 0 和置 1 两个功能。特性表和简化特性表见表 9-5 和表 9-6 所示。

表 9-5 　　　D 触发器的特性表

D	Q^n	Q^{n+1}
0	0	0
0	1	0
1	0	1
1	1	1

表 9-6 　　　D 触发器的简化特性表

D	Q^{n+1}	
0	0	置 0
1	1	置 1

根据特性表得边沿 D 触发器的特性方程为

$$Q^{n+1}=D（CP 上升沿有效）\tag{9-4}$$

（3）工作波形分析。在 $CP=0$、下降沿、$CP=1$ 期间，输入信号都不起作用，只有在 CP 上升沿时刻，触发器才会按其特性方程改变状态。边沿 D 触发器通过缩短输入信号的作用时间，避免了空翻现象。

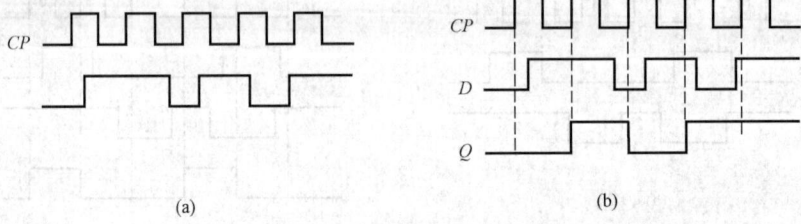

图 9-14 ［例 9-4］的波形图

(a) 输入波形图；(b) 输出波形图

【例 9-4】 边沿 D 触发器的输入波形如图 9-14 (a) 所示。试画出 Q 端波形。

解 根据边沿 D 触发器的动作特点，在第 1 个 CP 上升沿时刻，D 为低电平，因此 Q 保持低电平；在第 2 个 CP 上升沿时刻，D 为高电平，因此 Q 也变为高电平……，依此类推可以画出 Q 端的波形如图 9-14 (b) 所示。

（4）常用集成边沿 D 触发器。如图 9-15 (a) 为集成边沿 D 触发器 74LS74 的引脚图，(b) 图所示为 CMOS 集成边沿 D 触发器 CC4013 的引脚排列图。

74LS74 内部包含两个带有清零端 $\overline{R}_D$ 和预置端 $\overline{S}_D$ 的触发器，它们都是 CP 上升沿触发的边沿 D 触发器，异步输入端 $\overline{R}_D$ 和 $\overline{S}_D$ 为低电平有效。

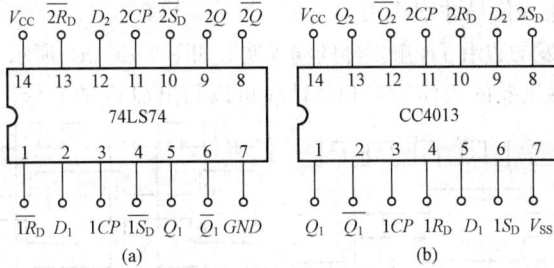

图 9-15 集成边沿 D 触发器 74LS74 和 CC4013 的引脚排列图

(a) 74LS74 引脚排列；(b) CC4013 引脚排列

CC4013 内部包含两个带有清零端 R_D 和预置端 S_D 的触发器，它们都是上升沿触发的边沿 D 触发器，值得注意的是，CC4013 的异步输入端 R_D 和 S_D 为高电平有效。

四、JK 触发器

(1) 电路组成。这种边沿触发器是利用门电路的传输延迟时间实现边沿触发的，逻辑电路结构如图 9-16（a）所示。这个电路包含一个由与或非门 G1 和 G2 组成的基本 RS 触发器和两个输入控制 G3 和 G4。而且，门 G3 和 G4 的传输时间大于基本 RS 触发器的翻转时间。图 9-16（b）为边沿触发器的逻辑符号。

(2) 逻辑功能描述。边沿 JK 触发器的特性见表 9-7，简化的特性见表 9-8。

利用卡诺图化简方法（图 9-17），可得到边沿 JK 触发器的特性方程

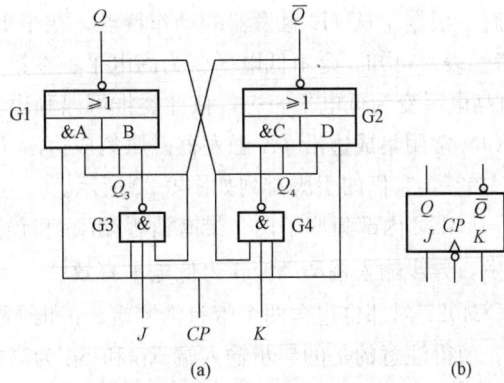

图 9-16 边沿 JK 触发器

(a) 逻辑电路；(b) 逻辑符号

$$Q^{n+1} = J\overline{Q^n} + \overline{K}Q^n \quad (CP\downarrow 有效) \tag{9-5}$$

表 9-7	边沿 JK 触发器的特性表		
J	K	Q^n	Q^{n+1}
0	0	1	1
0	1	0	0
0	1	1	0
1	0	0	1
1	0	1	1
1	1	0	1
1	1	1	0

表 9-8	边沿 JK 触发器的简化特性表	
J	K	Q^{n+1}
0	0	Q^n 保中持
0	1	0 置0
1	0	1 置1
1	1	$\overline{Q^n}$ 翻转

边沿 JK 触发器的状态转换图如图 9-18 所示。

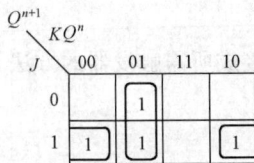

图 9-17 边沿 JK 触发器的卡诺图

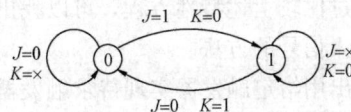

图 9-18 边沿 JK 触发器的状态转换图

(3) 工作波形分析。在 CP 下降沿时刻，输入信号 J、K 可以直接影响触发器的输出状态。

请注意，只有这一时刻输入信号才起作用。

【例 9-5】 下降沿触发的边沿 JK 触发器的输入波形如图 9-19（a）所示。试画出输出 Q 的波形。

解 根据边沿 JK 触发器的动作特点和特性表可以画出 Q 端的波形，如图 9-19（b）所示。

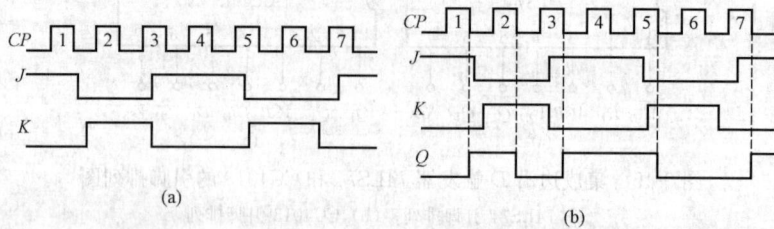

图 9-19　[例 9-5] 的波形图
(a) 输入波形图；(b) 输出波形图

解 根据主从 JK 触发器的动作特点，在第 1 个 CP 下降沿时刻，$J=1$、$K=0$，由公式 9-5（或特性表）可知，Q 由低电平变为高电平；在第 2 个 CP 下降沿时刻，$J=0$、$K=1$，可知 Q 置 0，由高电平变为低电平……，依此类推可以画出 Q 端的波形，如图 9-19（b）所示。

（4）常用集成边沿 JK 触发器。属集成边沿 JK 触发器电路的有 74LS112，属 CMOS 电路的有 CC4027，它们的引脚排列如图 9-20 所示。

74LS112 内部集成了两个带有清零端 $\overline{R}_D$ 和预置端 $\overline{S}_D$ 的边沿 JK 触发器，它们都是 CP 下降沿触发，异步输入端 $\overline{R}_D$ 和 $\overline{S}_D$ 为低电平有效。

CC4027 内部也包含两个带有清零端 $\overline{R}_D$ 和预置端 $\overline{S}_D$ 的边沿 JK 触发器，它们都是 CP 上升沿触发，值得注意的是的异步输入端 R_D 和 S_D 为高电平有效。

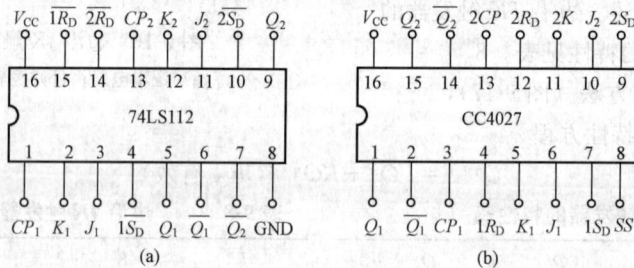

图 9-20　集成边沿 JK 触发器 74LS112 和 CC4027 的引脚排列图
(a) 74LS112 引脚排列；(b) CC4027 引脚排列

五、触发器的相互转换

常用的触发器按逻辑功能分有五种：RS 触发器、JK 触发器、D 触发器、T 触发器和 T' 触发器。在实际使用中，当手边只有某种触发器而需要实现另外一种触发器功能时，可以通过功能转换实现，其转换方法如下所述。

（1）首先写出待求触发器和给定触发器的特性方程。

（2）通过比较上述特性方程，可以找出把给定触发器接成所需触发器的方法，也就是找出所求触发器输入信号的方法。

（3）画出用给定触发器实现待求触发器的电路。

1.JK 触发器转换成 D 触发器

已知 JK 触发器特性方程为　$Q^{n+1}=J\overline{Q^n}+\overline{K}Q^n$

待求 D 触发器特性方程为　$Q^{n+1}=D$

变换 D 触发器的特性方程，使之形式与 JK 触发器的特性方程一致：

$$Q^{n+1}=D=D\ (\overline{Q^n}+Q^n)=D\overline{Q^n}+DQ^n$$

与 JK 触发器的特性方程比较可得：$\begin{cases} J=D \\ K=\overline{D} \end{cases}$

画出逻辑电路图，如图 9-21 所示。

2. D 触发器转换成 JK 触发器

已知 D 触发器的特性方程为 $Q^{n+1}=D$

待求 JK 触发器特性方程为 $Q^{n+1}=J\overline{Q^n}+\overline{K}Q^n$

与 D 触发器的特性方程比较，得：$D=J\overline{Q^n}+\overline{K}Q^n$

画出电路图，如图 9-22 所示。

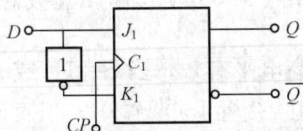

图 9-21 JK 触发器转换成 D 触发器   图 9-22 D 触发器转换成 JK 触发器

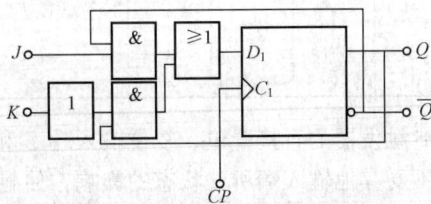

【技能实训 1】 触发器及其应用

一、实验目的

（1）掌握基本 RS、JK、D 触发器的逻辑功能；

（2）掌握集成触发器的逻辑功能及使用方法；

（3）熟悉触发器之间相互转换的方法。

二、实验原理

（1）74LS112 和 74LS74 芯片的逻辑功能和芯片引脚排列图见前面介绍。

（2）CMOS 触发器。

1）CMOS 边沿型 D 触发器。CC4013 是由 CMOS 传输门构成的边沿型 D 触发器。它是上升沿触发的双 D 触发器，表 9-9 为其功能表，图 9-23 为其引脚排列。

表 9-9   CC4013 的功能表

输 入				输 出
S	R	CP	D	Q^{n+1}
1	0	$\times$	$\times$	1
0	1	$\times$	$\times$	0
1	1	$\times$	$\times$	ϕ
0	0	$\uparrow$	1	1
0	0	$\uparrow$	0	0
0	0	$\downarrow$	$\times$	Q^n

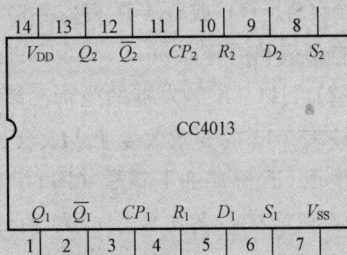

图 9-23   双上升沿 D 触发器引脚排列

2）CMOS 边沿型 JK 触发器。CC4027 是由 CMOS 传输门构成的边沿型 JK 触发器，它是上升沿触发的双 JK 触发器，表 9-10 为其功能表，图 9-24 为引脚排列。

表 9-10　　　　CC4027 的功能表

输　　入					输　出
S	R	CP	J	K	Q^{n+1}
1	0	$\times$	$\times$	$\times$	1
0	1	$\times$	$\times$	$\times$	0
1	1	$\times$	$\times$	$\times$	ϕ
0	0	$\uparrow$	0	0	Q^n
0	0	$\uparrow$	1	0	1
0	0	$\uparrow$	0	1	0
0	0	$\uparrow$	1	1	$\overline{Q^n}$
0	0	$\downarrow$	$\times$	$\times$	Q^n

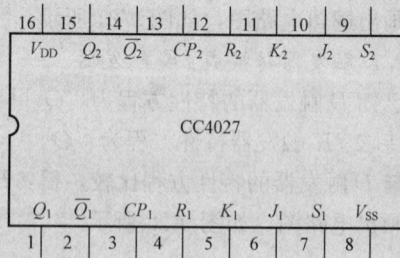

图 9-24　双上升沿 JK 触发器引脚排列

CMOS 触发器的直接置位、复位输入端 S 和 R 是高电平有效，当 $S=1$（或 $R=1$）时，触发器将不受其他输入端所处状态的影响，使触发器直接接置 1（或置 0）。但直接置位、复位输入端 S 和 R 必须遵守 $RS=0$ 的约束条件。CMOS 触发器在按逻辑功能工作时，S 和 R 必须均置 0。

三、实验设备与器件

＋5V 直流电源、双踪示波器、连续脉冲源、单次脉冲源、逻辑电平开关、逻辑电平显示器、74LS112（或 CC4027）、74LS00（或 CC4011）、74LS74（或 CC4013）。

四、实验内容

1. 测试基本 RS 触发器的逻辑功能

用两个与非门组成基本 RS 触发器，输入端 $\overline{R}$、$\overline{S}$ 接逻辑开关的输出插口，输出端 Q、$\overline{Q}$ 接逻辑电平显示输入插口，按表 9-11 要求测试，并记录。

表 9-11　　基本 RS 触发器的实测数据表

$\overline{R}$	$\overline{S}$	Q	$\overline{Q}$
1	$1\rightarrow0$		
	$0\rightarrow1$		
$1\rightarrow0$	1		
$0\rightarrow1$			
0	0		

2. 测试双 JK 触发器 74LS112 的逻辑功能

（1）测试 $\overline{R}_D$、$\overline{S}_D$ 的复位、置位功能。

任取一只 JK 触发器，$\overline{R}_D$、$\overline{S}_D$、J、K 端接逻辑开关输出插口，CP 端接单次脉冲源，Q、$\overline{Q}$ 端接至逻辑电平显示输入插口。要求改变 $\overline{R}_D$、$\overline{S}_D$（J、K、CP 处于任意状态），并在 $\overline{R}_D=0$（$\overline{S}_D=1$）或 $\overline{S}_D=0$（$\overline{R}_D=1$）作用期间任意改变 J、K 及 CP 的状态，观察 Q、$\overline{Q}$ 状态。自拟表格并记录。

（2）测试 JK 触发器的逻辑功能。

按表 9-12 的要求改变 J、K、CP 端状态，观察 Q、$\overline{Q}$ 状态变化，观察触发器状态更新是否发生在 CP 脉冲的下降沿（即 CP 由 1→0），并记录。

3. 测试双 D 触发器 74LS74 的逻辑功能

（1）测试 $\overline{R}_D$、$\overline{S}_D$ 的复位、置位功能。测试方法同以上实验内容，自拟表格记录。

（2）测试 D 触发器的逻辑功能。按表 9-13 要求进行测试，并观察触发器状态更新是否发生在 CP 脉冲的上升沿（即由 0→1），并记录。

表 9-12		JK 触发器的实测数据表		
J	K	CP	Q^{n+1}	
			$Q^n=0$	$Q^n=1$
0	0	$0 \to 1$		
		$1 \to 0$		
0	1	$0 \to 1$		
		$1 \to 0$		
1	0	$0 \to 1$		
		$1 \to 0$		
1	1	$0 \to 1$		
		$1 \to 0$		

表 9-13		D 触发器的实测数据表	
D	CP	Q^{n+1}	
		$Q^n=0$	$Q^n=1$
0	$0 \to 1$		
	$1 \to 0$		
1	$0 \to 1$		
	$1 \to 0$		

五、实验预习要求

(1) 复习有关触发器内容。

(2) 列出各触发器功能测试表格。

六、实验报告

(1) 列表整理各类触发器的逻辑功能。

(2) 体会触发器的应用。

(3) 利用普通的机械开关组成的数据开关所产生的信号是否可作为触发器的时钟脉冲信号？为什么？是否可以用作触发器的其他输入端的信号？又是为什么？

任务2　计　数　器

一、时序逻辑电路概述

时序逻辑电路和前面所讲的组合逻辑电路是两大类数字电路。与组合逻辑电路相比，时序逻辑电路有自己的特点和分析、设计方法及一些集成的逻辑器件。

在数字逻辑电路中，任何时刻电路的稳定输出，不仅与该时刻的输入有关，还与电路原来的状态有关的逻辑电路称为时序逻辑电路。

从时序逻辑电路的特点可知，时序逻辑电路应该有记忆功能，即必须能够将电路的状态存储起来，所以时序逻辑电路一般由组合逻辑电路和存储电路组成，如图 9-25 所示。

电路工作过程：外部输入信号 ($X_1 \sim X_i$) 输入到组合电路产生一组输出信号 ($Y_1 \sim Y_i$)，同时产生

图 9-25　时序逻辑电路的结构框图

一组输出信号作为触发器存储电路的输入信号 ($Z_1 \sim Z_k$) 输入到存储电路，用来保存电路原状态，触发器存储电路输出一组信号 ($Q_1 \sim Q_m$) 反馈到组合电路作为一组输入，与输入信号共同作用。

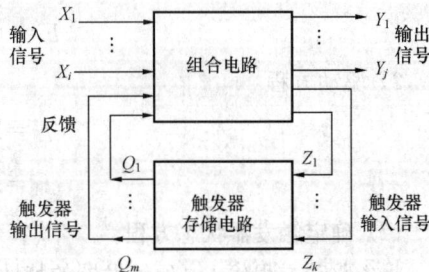

时序逻辑电路有多种分类方法。按是否有统一时钟控制，可分为同步时序逻辑电路和异步时序逻辑电路。在同步时序逻辑电路中，所有触发器的状态更新都在同一时钟控制下同时进行，即

电路中有一个统一的时钟脉冲，每来一个时钟脉冲，电路的状态只改变一次。异步时序逻辑电路中，各个触发器的时钟脉冲不同，电路状态改变时，电路中要更新的触发器的翻转有先有后，是异步进行的。

二、时序逻辑电路的分析方法

时序逻辑电路的种类繁多，功能各异，但其分析方法基本相同。分析某个给定时序电路，就是要得出该时序电路的工作过程和具体功能，即找出电路的触发器状态和输出状态在输入变量和时钟信号作用下的变化规律。具体地说，给定的是时序逻辑电路，待求的是状态转换表、状态转换图、时序图。

分析时序逻辑电路的一般步骤如下。

（1）由逻辑图写出下列各逻辑方程式。

1）各触发器的时钟方程。

2）时序电路的输出方程。

3）各触发器的驱动方程。

（2）将驱动方程代入相应触发器的特性方程，求得时序逻辑电路的状态方程。

（3）根据状态方程和输出方程，列出该时序电路的状态表，画出状态图或时序图。

（4）根据电路的状态表或状态图，说明给定时序逻辑电路的逻辑功能。

1. 同步时序逻辑电路的分析方法

由于同步时序电路中所有触发器都由同一时钟驱动，因此分析同步时序电路时可以不考虑其时钟方程，直接进行分析。

【例 9-6】 某逻辑电路如图 9-26 所示，分析其逻辑功能。

解 该电路为同步时序逻辑电路，时钟方程可以不写。

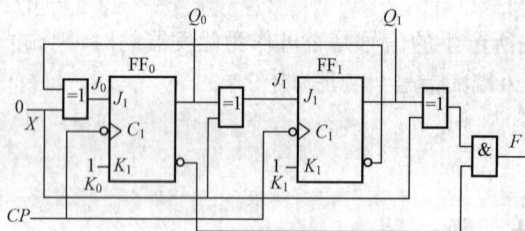

图 9-26 ［例 9-6］的逻辑电路图

（1）写出电路的输出方程和驱动方程。

1）输出方程

$$F = (X \oplus Q_1^n) \overline{Q_0^n} = Q_1^n \overline{Q_0^n}$$

2）驱动方程

$$J_0 = X \oplus \overline{Q_1^n} = \overline{Q_1^n} \quad K_0 = 1$$

$$J_1 = X \oplus Q_0^n = Q_0^n \quad K_1 = 1$$

（2）确定触发器状态方程。

将各驱动方程代入 JK 触发器的特性方程，得各触发器的次态方程为

$$Q_0^{n+1} = J_0 \overline{Q_0^n} + \overline{K_0} Q_0^n = (X \oplus \overline{Q_1^n}) \overline{Q_0^n} = \overline{Q_1^n} \overline{Q_0^n}$$

$$Q_1^{n+1} = J_1 \overline{Q_1^n} + \overline{K_1} Q_1^n = (X \oplus Q_0^n) \overline{Q_1^n} = Q_0^n \overline{Q_1^n}$$

（3）确定状态转换表及状态转换图。

1）状态转换表。将任何一组输入变量及电路初态的取值代入状态方程和输出方程，即可算出电路的次态和初态下的输出值；以得到的次态作为新的初态，和这时的输入变量取值一起再代入状态方程和输出方程进行计算，又得到一组新的次态和输出值。如此继续下去，把全部的计算

248

结果列成真值表的形式，即得状态转换表。

根据状态转换表的定义，可得此例题的状态转换表见表 9-14。

表 9-14 　　　　　　　　　　　　　**状态转换表**

输　入	初　态		次　态		输　出
X	Q_1^n	Q_0^n	Q_1^{n+1}	Q_0^{n+1}	F
0	0	0	0	1	0
0	0	1	1	0	0
0	1	0	0	0	1

2）状态转换图。状态转换图可以根据状态转换表得到，也就是把电路的状态转换以图形表示出来，如图 9-27 所示。在状态转换图中，以圆圈表示电路的各个状态，以箭头表示状态转换的方向，同时在箭头旁注明状态转换前的输入变量取值和输出值。通常将输入变量取值写在斜线左侧，将输出值写在斜线右侧。

（4）时序图。时序图是指电路在时钟序列作用下，电路状态、输出状态随时间变化的波形图。时序图也可以根据状态转换表得到。图 9-28 所示为［例 9-6］的时序图。

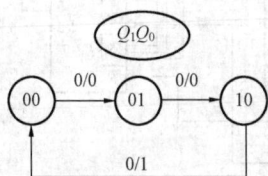

图 9-27　$X=0$ 时的状态转换图　　　　　　图 9-28　时序图

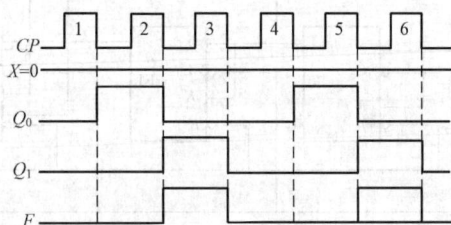

2. 异步时序逻辑电路的分析方法

在异步时序逻辑电路中，由于没有公共的时钟脉冲，分析各触发器状态转换时，除考虑驱动信号的情况外，还必须考虑该触发器的 CP 时钟的情况，即触发器只有在加到其 CP 端的时钟有效时，才可能状态改变，否则状态不变。因此，分析异步时序逻辑电路必须考虑时钟的变化，即必须写出时钟方程。在此就不举例说明了。

三、计数器

人们在日常生活、工作、学习、生产及科研中，都会遇到计数问题。在数字系统中，常需要对时钟脉冲的个数进行计数，以实现测量、运算和控制等功能。具有计数功能的电路，称为计数器。计数器是数字系统中应用场合最多的时序电路，它不仅具有计数功能，还可以用于定时、分频、产生序列脉冲等。

1. 计数器的分类

（1）按计数进制分。二进制计数器：按二进制数规律进行计数的电路称作二进制计数器。十进制计数器：按十进制数规律进行计数的电路称作十进制计数器。N 进制计数器：二进制和十进制计数器以外的其他进制计数器统称为 N 进制计数器，如六十进制计数器、七进制计数器等。计数器能够记忆输入脉冲的数目，也就是有效循环中的状态的个数，称为计数器的计数长度，也叫计数器的模。

（2）按计数增减分。加法计数器：随着计数脉冲的输入作递增计数的电路。

减法计数器：随着计数脉冲的输入作递减计数的电路。

加/减计数器：在加/减控制信号作用下，既可以进行递增计数，也可以进行递减计数的电路，又称可逆计数器。

（3）按计数器中触发器翻转是否同步分。同步计数器：各个时钟触发器的时钟信号都是输入计数脉冲，使应翻转的触发器同时翻转的计数器，称作同步计数器。异步计数器：计数脉冲只加到部分触发器的时钟输入端上，而其他触发器的触发信号则由电路内部提供，应翻转的触发器状态更新有先有后的计数器，称作异步计数器。

（4）按计数器中使用的开关元件分，分为 TTL 计数器和 CMOS 计数器。

2. 同步计数器

同步计数器中，时钟脉冲同时触发计数器中所有的触发器，各触发器的翻转与时钟脉冲同步，所以其工作速度较快，效率也高。图 9-29 所示为由 JK 触发器组成的 4 位同步二进制加法计数器的逻辑图，由下降沿触发。下面分析它的工作原理。

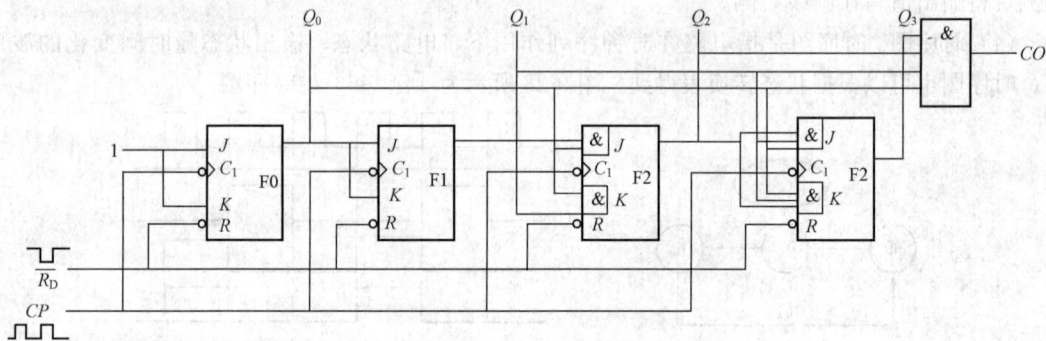

图 9-29　4 位同步二进制加法计数器的逻辑图

由图 9-29 可知，组成该计数器的是 4 个下降沿触发的 JK 触发器。由于各个触发器的时钟脉冲信号都连接在 CP 上，所以这是一个同步计数器。

（1）写出有关方程式。

1）输出方程　　　　　　　　　　　　$CO = Q_3^n Q_2^n Q_1^n Q_0^n$

2）驱动方程　　　　　　　　　　　　$J_0 = K_0 = 1$

$$J_1 = K_1 = Q_0^n$$

$$J_2 = K_2 = Q_1^n Q_0^n$$

$$J_3 = K_3 = Q_2^n Q_1^n Q_0^n$$

3）状态方程：将驱动方程代入 JK 触发器的特性方程 $Q^{n+1} = J\overline{Q^n} + \overline{K}Q^n$ 中，得到计数器的状态方程为

$$Q_0^{n+1} = \overline{Q_0^n}$$

$$Q_1^{n+1} = Q_0^n \overline{Q_1^n} + \overline{Q_0^n} Q_1^n$$

$$Q_2^{n+1} = Q_1^n Q_0^n \overline{Q_2^n} + \overline{Q_1^n Q_0^n} Q_2^n$$

$$Q_3^{n+1} = Q_2^n Q_1^n Q_0^n \overline{Q_3^n} + \overline{Q_2^n Q_1^n Q_0^n} Q_3^n$$

（2）列出状态转换表。设计数器的现态 $Q_3^n Q_2^n Q_1^n Q_0^n = 0000$，代入到输出方程和状态方程中进

行计算得 $CO=0$，$Q_3^{n+1}Q_2^{n+1}Q_1^{n+1}Q_0^{n+1}=0001$，这说明在输入的第一个计数脉冲 CP 的作用下，电路状态由 0000 翻转到 0001，然后再将 0001 作为现态代入式中进行计算，依此类推，可得表 9-15 所示的状态转换表。

表 9-15　　　　　　　　　　4 位同步二进制加法计数器状态转换表

CP 脉冲	Q_3^n	Q_2^n	Q_1^n	Q_0^n	Q_3^{n+1}	Q_2^{n+1}	Q_1^{n+1}	Q_0^{n+1}	输出 CO
0	0	0	0	0	0	0	0	1	0
1	0	0	0	1	0	0	1	0	0
2	0	0	1	0	0	0	1	1	0
3	0	0	1	1	0	1	0	0	0
4	0	1	0	0	0	1	0	1	0
5	0	1	0	1	0	1	1	0	0
6	0	1	1	0	0	1	1	1	0
7	0	1	1	1	1	0	0	0	0
8	1	0	0	0	1	0	0	1	0
9	1	0	0	1	1	0	1	0	0
10	1	0	1	0	1	0	1	1	0
11	1	0	1	1	1	1	0	0	0
12	1	1	0	0	1	1	0	1	0
13	1	1	0	1	1	1	1	0	0
14	1	1	1	0	1	1	1	1	0
15	1	1	1	1	0	0	0	0	1

（3）逻辑功能分析。由状态转换表可看出，图 9-29 所示电路在输入第 16 个计数脉冲 CP 后返回到初始的 0000 状态，同时进位输出端 CO 输出一个进位信号，因此该电路为 16 进制计数器。

3. 异步计数器

异步计数器的计数脉冲没有加到所有触发器的 CP 端，而只作用于某些触发器的 CP 端。当计数脉冲到来时，各触发器的翻转时刻不同。所以在分析异步计数器时，要注意各触发器翻转所对应的有效时钟条件。

异步二进制计数器是计数器最基本、最简单的电路，它一般由接成计数型的触发器连接而成，计数脉冲加到最低位触发器的 CP 端，低位触发器的输出作为相邻高位触发器的时钟脉冲。在此就不再举例叙述了。

4. 集成计数器

随着集成电路技术的发展，目前制造商已生产出各种不同功能的通用集成器件，并且为增强集成计数器的适应能力，一般中规模计数器设有更多的附加功能，使用也更方便。下面介绍几种常用的集成计数器芯片。

（1）集成计数器 74LS161。如图 9-30 所示为集成 4 位同步二进制计数器 74LS161 的引脚排列图。74LS161 的功能表见表 9-16。

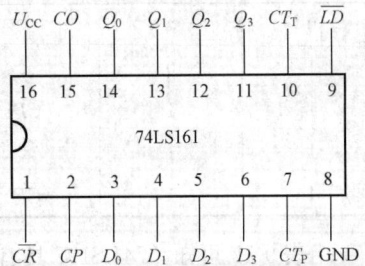

图 9-30　74LS161 的引脚排列图

表 9-16　　　　　　　　　　　　　　　　74LS161 的功能表

清零	置数	使	能	时钟	输　　出
R_D	LD	CT_T	CT_P	CP	$Q_3^{n+1} Q_2^{n+1} Q_1^{n+1} Q_0^{n+1}$
0	×	×	×	×	0 0 0 0（异步清零）
1	0	×	×	↑	$D_3 D_2 D_1 D_0$（同步置数）
1	1	1	1	↑	计数
1	1	0	×	×	保持
1	1	×	0	×	保持

由表 9-16 可以看出，74LS161 集成 4 位同步二进制加法计数器具有下列功能：

1）异步清零。当 $\overline{CR}=0$ 时，不管其他输入信号为何状态，计数器清零。

2）同步并行置数。当 $\overline{CR}=1$、$\overline{LD}=0$ 时，在 CP 上升沿到达时，不管其他输入信号为何状态，并行输入数据 $D_0 \sim D_3$ 进入计数器，使 $Q_3^{n+1} Q_2^{n+1} Q_1^{n+1} Q_0^{n+1} = D_3 D_2 D_1 D_0$，即完成了并行置数功能。如果没有 CP 上升沿到达，即使 $\overline{LD}=0$，也不能使预置数据进入计数器。

3）同步二进制加法计数。当 $\overline{CR}=\overline{LD}=1$，时，若 $CT_T=CT_P=1$，计数器对 CP 信号按照自然二进制码循环计数。当计数状态达到 1111 时，$CO=1$，产生进位信号。

4）保持。当 $\overline{CR}=\overline{LD}=1$ 时，若 $CT_T \cdot CT_P=0$，则计数器将保持原来状态不变。进位输出信号有两种情况：若 $CT_T=0$，不管 CT_P 状态如何，则进位输出 $CO=0$；若 $CT_T=1$，$CT_P=0$，则进位输出也保持不变，$CO=Q_3^n Q_2^n Q_1^n Q_0^n$。

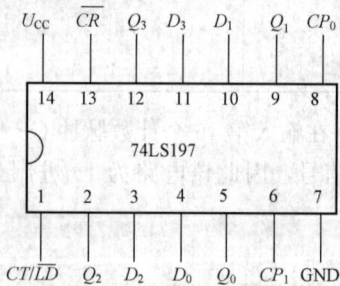

图 9-31　74LS197 的引脚排列图

集成 4 位同步二进制计数器 74LS163 的引脚排列和 74LS161 的完全相同，除了清零方式不同之外，两者的逻辑功能及计数工作原理完全相同。74LS163 采用的是同步清零方式，即 $\overline{CR}=0$ 时，只有当 CP 上升沿到来时刻计数器才会清零。

（2）集成计数器 74LS197。如图 9-31 所示是集成 4 位异步二进制加法计数器 74LS197 的引脚排列图，表 9-17 是 74LS197 的功能表，其中，$\overline{CR}$ 是异步清零端；$CT/\overline{LD}$ 是计数和置数控制端；CP_0 是触发器 F_0 的时钟输入端；CP_1 是 F_1 的时钟输入端；$D_0 \sim D_3$ 是并行数据输入端；$Q_0 \sim Q_3$ 是计数器状态输出端。

表 9-17　　　　　　　　　　　　　　　　74LS197 的功能表

输　　入				输　　出
$\overline{CR}$	$CT/\overline{LD}$	CP_0	CP_1	$Q_3^{n+1} Q_2^{n+1} Q_1^{n+1} Q_0^{n+1}$
0	×	×	×	0 0 0 0（异步清零）
1	0	×	×	$D_3 D_2 D_1 D_0$（异步置数）
1	1	CP	×	二进制加法计数
1	1	×	CP	八进制加法计数
1	1	CP	Q_0	十六进制加法计数器

由表 9-17 可知，74LS197 具有下列功能：

1）清零功能。当 $\overline{CR}=0$ 时，计数器异步清零。

2）置数功能。当 $\overline{CR}=1$、$CT/\overline{LD}=0$ 时，计数器异步置数。

3）4 位异步二进制加法计数器功能。当 $\overline{CR}=1$、$CT/\overline{LD}=1$ 时，计数器异步加法计数有 3 种情况。

a）若将输入时钟脉冲 CP 加在 CP_0 端、把 Q_0 与 CP_1 连接起来，则构成 4 位二进制即十六进制异步加法计数器。

b）若将 CP 加在 CP_1 端，则计数器中触发器 F_1、F_2、F_3 构成 3 位二进制即八进制计数器，F_0 不工作。

c）若将 CP 加在 CP_0 端，CP_1 接 0 或 1，则只有触发器 F_0 工作，F_1、F_2、F_3 不工作，形成 1 位二进制即二进制计数器。因此，也把 74LS197 称为二—八—十六进制计数器。

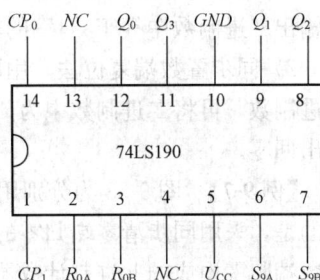

图 9-32 74LS90 的引脚排列图

（3）集成计数器 74LS90。74LS90 是一种典型的集成异步计数器，其引脚排列如图 9-32 所示，功能表见表 9-18。

表 9-18　　　　　　　　　　　74LS90 的功能表

R_{0A}	R_{0B}	S_{9A}	S_{9B}	CP_0	CP_1	$Q_3^{n+1}Q_2^{n+1}Q_1^{n+1}Q_0^{n+1}$
1	1	0	×	×	×	0000（异步清零）
1	1	×	0	×	×	0000（异步清零）
×	×	1	1	×	×	1001（置9）
×	0	×	0	↓	0	二进制计数
×	×	×	0	×	↓	五进制计数
0	×	×	0	↓	Q_0	8421 码十进制计数
0	×	0	×	Q_1	↓	5421 码十进制计数

由表 9-18 可知，74LS90 具有下列功能：

1）异步清零。当 $S_9=S_{9A}\cdot S_{9B}=0$ 时，若 $R_0=R_{0A}\cdot R_{0B}=1$，则计数器清零，与输入时钟脉冲 CP 无关，因此 74LS90 是异步清零。

2）异步置 9。$S_9=S_{9A}\cdot S_{9B}=1$ 时，计数器置 9，即输出 1001 状态，与 CP 无关，因而是异步置 9。

3）异步计数。当 $S_9=S_{9A}\cdot S_{9B}=0$，且 $S_0=S_{0A}\cdot S_{0B}=0$ 时，计数器进行异步计数。有 4 种情况：

a）若将 CP 加在 CP_0 端，而 CP_1 接低电平 0，则计数器中只有触发器 F_0 工作，F_1、F_2、F_3 不工作，电路构成 1 位二进制计数器。

b）如果只将 CP 加在 CP_1 端，CP_0 接 0，则计数器中 F_0 不工作，F_1、F_2、F_3 工作，这时电路成为五进制计数器。

c）若将时钟脉冲 CP 加在 CP_0 端，且把 Q_0 与 CP_1 连接起来，则电路将对时钟脉冲 CP 按照 8421 码进行异步加法计数。

d）如果将 CP 加在 CP_1 端，且把 Q_3 与 CP_0 连接起来，虽然电路仍然是十进制异步计数器，但计数规律不再是 8421 码，而是 5421 码。

（4）集成计数器的应用。尽管集成计数器产品种类很多，但也不可能做到任意进制的计数器都有其相应的产品。实际应用中，用一片或几片集成计数器经过适当连接，就可以构成任意进制的计数器。

1）同步清零法。同步清零法是利用芯片的复位端和与非门，将所要构成的进制数 $N-1$ 对应的输出二进制数中等于"1"的输出端，通过与非门反馈到集成芯片的复位端 $\overline{CR}$，使输出回零。

2）同步置数端复位法。用同步置数端复位法构成 N 进制计数器时，首先确定 $N-1$ 对应的二进制数，再将二进制数中为"1"的输出端通过与非门与 $\overline{LD}$ 端连接，数据输入端接低电平，使输出回零。

【例 9-7】 图 9-33 为分别用同步清零端和同步置数端归零的七进制计数器的连线图。需要说明的是，采用同步清零端归零的七进制计数器的连线图，其中 $D_0 \sim D_3$ 可随意处理，而采用同步置数端归零构成的七进制计数器，其中的 $D_0 \sim D_3$ 不能随意处理，必须都接 0。

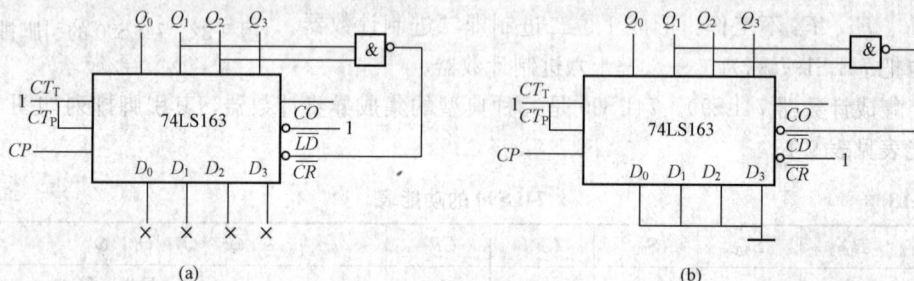

(a)　　　　　　　　　　(b)

图 9-33　同步清零法

（a）用同步清零端归零；（b）用同步置数端归零

3）用异步归零法构成 N 进制计数器。采用异步归零法构成 N 进制计数器，需要将所要构成的进制数 N 对应的输出二进制数中等于"1"的输出端，通过与非门反馈到集成芯片的复位端，使输出回零。

【例 9-8】 用 74LS161 构成九进制计数器。

解 设计数器从 0000 状态开始计数。确定十进制数 N 对应的二进制数

$$(9)_{10} = (1001)_2$$

反馈归零函数：$\overline{CR} = \overline{Q_3 Q_0}$

连线图如图 9-34 所示，状态图如图 9-35 所示。

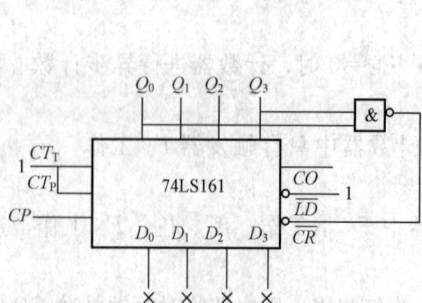

图 9-34　用异步清零端归零　　　　图 9-35　九进制计数器状态图

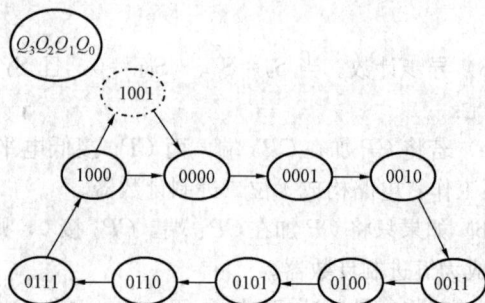

4）级联法。一片 74LS161 可构成从二进制到十六进制之间任意进制的计数器；利用两片 74LS161，可以构成从二进制到二百五十六进制之间任意进制的计数器，依此类推。当计数器需要采用两块或更多的同步集成计数器芯片时，可采用级联方法：将低位芯片的进位输出端 CO 端和高位芯片的计数控制端 CT_T 及 CT_P 直接连接，外部计数脉冲同时从每片芯片的 CP 端输入，

完成对应电路。

【例9-9】 用两片74LS161构成60进制计数器，如图9-36所示。

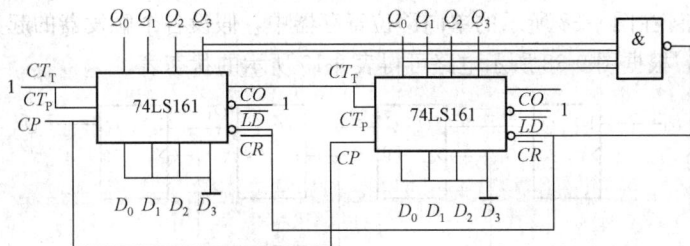

图9-36 用异步清零端归零构成的60进制计数器

任务3 寄 存 器

在数字系统中，常常需要将一些数码暂时存放起来，这种暂时存放数码的逻辑部件称为寄存器。寄存器的基本功能是存储或传输用二进制数码表示的数据或信息，即完成代码的寄存。因为一个触发器能存储1位二进制数据，所以要寄存 N 位二进制数就需要 N 个触发器。除此之外，寄存器还应具有由门电路组成的控制电路，以保证信号的接收和清除。

按照功能的不同，可将寄存器分为基本寄存器和移位寄存器两大类。基本寄存器又称数码寄存器，其数据只能并行送入，需要时也只能并行输出。移位寄存器中的数据可以在移位脉冲作用下依次逐位右移或者左移，其数据既可以并行输入、并行输出，也可以串行输入、串行输出，还可以并行输入、串行输出，串行输入、并行输出，十分灵活，用途也很广泛。

寄存器有单拍工作方式和双拍工作方式。单拍工作方式就是时钟脉冲触发沿一到达就存入新数据。双拍工作方式则是先将寄存器置0，然后再存入新数据。现在大多采用单拍工作方式。

一、基本寄存器

图9-37所示电路是用 D 触发器直接构成的单拍工作方式的4位数码寄存器，各触发器的 CP 输入端连在一起，作为寄存器的接收控制信号端，$D_0 \sim D_3$ 是数码输入端，$Q_0 \sim Q_3$ 是输出端。

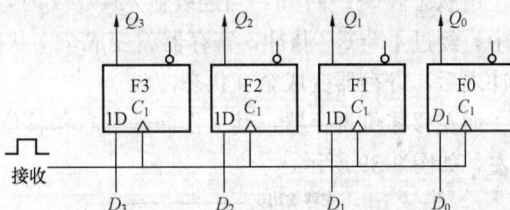

图9-37 单拍工作方式的数码寄存器

当接收脉冲 CP 上升沿到来时，触发器更新状态，$Q_3 Q_2 Q_1 Q_0 = D_3 D_2 D_1 D_0$，即把输入数码接收进寄存器，并保存起来。由于这种电路寄存数据时不需要清除原来的数据，只要 CP 上升沿一到达，新的数据就会存入，所以称为单拍工作方式的数据寄存器。常用的四 D 型触发器74LS175、六 D 型触发器74LS174、八 D 型触发器74LS374等触发器均可组成集成数码寄存器。

二、移位寄存器

移位寄存器除了具有存储数码的功能外，还具有移位功能。移位功能，就是寄存器中所存数据，可以在移位脉冲作用下逐位左移或右移。在数字电路系统中，由于运算的需要，常常要求寄存器中输入的数码能实现移位功能。移位寄存器分为单向移位寄存器和双向移位寄存器两大类。

1.单向移位寄存器

(1) 电路组成。如图9-38所示是用边沿 D 触发器构成的单向移位寄存器。从电路结构看，它有两个基本特征：一是由相同存储单元组成，存储单元个数就是移位寄存器的位数；二是各个存储单元共用一个时钟信号——移位操作命令，电路工作是同步的，属于同步时序电路。

（2）工作原理。在图 9-38 所示的单向移位寄存器中，假设各个触发器的起始状态均为 0，即 $Q_0^n Q_1^n Q_2^n Q_3^n = 0000$，根据图 9-38 所示电路可得表 9-19 所示的状态表。

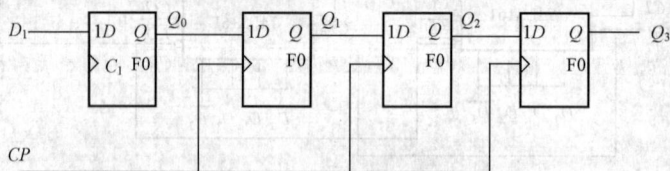

图 9-38　4 位右移移位寄存器

表 9-19　　　　　　　　　　　　　　　**4 位右移移位寄存器的状态表**

输　入		现　　态				次　　态				说　明
D_1	CP	Q_0^n	Q_1^n	Q_2^n	Q_3^n	Q_0^{n+1}	Q_1^{n+1}	Q_2^{n+1}	Q_3^{n+1}	
1	↑	0	0	0	0	1	0	0	0	
1	↑	1	0	0	0	1	1	0	0	连续输入 4 个 1
1	↑	1	1	0	0	1	1	1	0	
1	↑	1	1	1	0	1	1	1	1	
0	↑	1	1	1	1	0	1	1	1	
0	↑	0	1	1	1	0	0	1	1	连续输入 4 个 0
0	↑	0	0	1	1	0	0	0	1	
0	↑	0	0	0	1	0	0	0	0	

由状态表 9-19 可知，当连续输入 4 个 1 时，D_1 经 F_0 在 CP 上升沿操作下，依次被移入寄存器中，经过 4 个 CP 脉冲，寄存器就变成全 1 状态。即 4 个 1 右移输入完毕。再连续输入 0，4 个脉冲之后，寄存器变成全 0 状态。

而左移移位寄存器，其工作原理与右移移位寄存器并无本质区别，只是移位方向变成为由右至左，如图 9-39 所示。

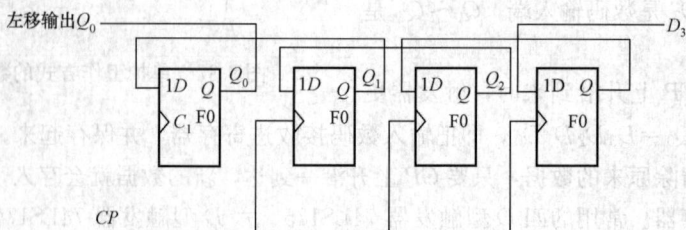

图 9-39　4 位左移移位寄存器

综上所述，单向移位寄存器具有以下几个特点：

1）单向移位寄存器中的数码，在 CP 脉冲操作下，可以依次右移或者左移。

2）n 位单向移位寄存器可以寄存 n 位二进制代码。N 个 CP 脉冲即可完成串行输入工作，此后，可从 $Q_0 \sim Q_{n-1}$ 端获得并行的 n 位二进制数码，再用 n 个 CP 脉冲可实现串行输出操作。

3）若串行输入端状态为 0，则 n 个 CP 脉冲后，寄存器便被清零。

2. 双向移位寄存器

把左移移位寄存器和右移移位寄存器组合起来，加上移位方向控制信号，便可方便地构成双向移位寄存器。

74LS194 为 4 位双向移位寄存器。74LS194 的引脚图如图 9-40 所示。其中 $\overline{CR}$ 是清零端；M_1、M_0 为工作状态控制端，D_{SR} 和 D_{SL} 分别为右移和左移串行数据输入端；$D_0 \sim D_3$ 是并行数据输入端；$Q_0 \sim Q_3$ 是并行数据输出端；CP 是移位时钟脉冲。

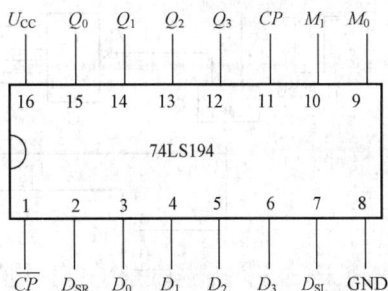

图 9-40 74LS194 的引脚排列图

表 9-20 74LS194 的功能表

$\overline{CR}$	M_1	M_0	D_{SR}	D_{SL}	CP	Q_0^{n+1}	Q_1^{n+1}	Q_2^{n+1}	Q_3^{n+1}	说　明
0	×	×	×	×	×	0	0	0	0	异步清零
1	×	×	×	×	0	Q_0^n	Q_1^n	Q_2^n	Q_3^n	保持
1	1	1	×	×	↑	D_0	D_1	D_2	D_3	并行输入
1	0	1	1	×	↑	1	Q_0^n	Q_1^n	Q_2^n	右移输入 1
1	0	1	0	×	↑	0	Q_0^n	Q_1^n	Q_2^n	右移输入 0
1	1	0	×	1	↑	Q_1^n	Q_2^n	Q_3^n	1	左移输入 1
1	1	0	×	0	↑	Q_1^n	Q_2^n	Q_3^n	0	左移输入 0
1	0	0	×	×	×	Q_0^n	Q_1^n	Q_2^n	Q_3^n	保持

由表 9-20 可知，74LS194 具有下列功能。

1）异步清零。当清除端 $\overline{CR}=0$ 时，双向移位寄存器异步清零。

2）保持。当 $\overline{CR}=1$ 时，$CP=0$ 或 $M_0=M_1=0$，双向移位寄存器原数据保持不变。

3）并行送数。当 $\overline{CR}=1$、$M_0=M_1=1$ 时，在 CP 时钟上升沿作用下，并行数据 $D_0 \sim D_3$ 被送到相应的输出端 $Q_0^n \sim Q_3^n$，此时左移和右移串行输入数据 D_{SL} 和 D_{SR} 被禁止。

4）右移串行送数。当 $\overline{CR}=1$、$M_1=0$、$M_0=1$ 时，在 CP 上升沿作用下进行右移操作，数据由 D_{SR} 送入。

5）左移串行送数。当 $\overline{CR}=1$、$M_1=1$、$M_0=0$ 时，在 CP 上升沿作用下进行右移操作，数据由 D_{SL} 送入。

3. 移位寄存器在远距离通信中的应用

在我国，一般是通过电话线或专用单线路来实现计算机网络远距离通信的，但这中间一个十分突出的问题是必须实现将并行数据转换成串行数据。计算机内部数据传送都是采用并行方式，为了降低远距离通信线路的价格，往往采用单线路串行传送方式。发送方需将并行数据转换成串行数据，才能通过传输线送到接收方，接收方接到串行数据后要将其转换成并行数据供计算机快速处理。

串行数据转换成并行数据，或将并行数据转换成串行数据的工作是应用移位寄存器来完成的。

图 9-41 所示是 7 位并行变串行的数码变换器，构成数码变换器的主要器件是 74LS194，由于有 7 位数据，要用两片 74LS194 组成移位寄存器。变换器的功能是把 7 位数据 $D_0 D_1 D_2 D_3 D_4 D_5 D_6$ 并行输入移位寄存器后，串行逐拍地由 Q_3 端输出。

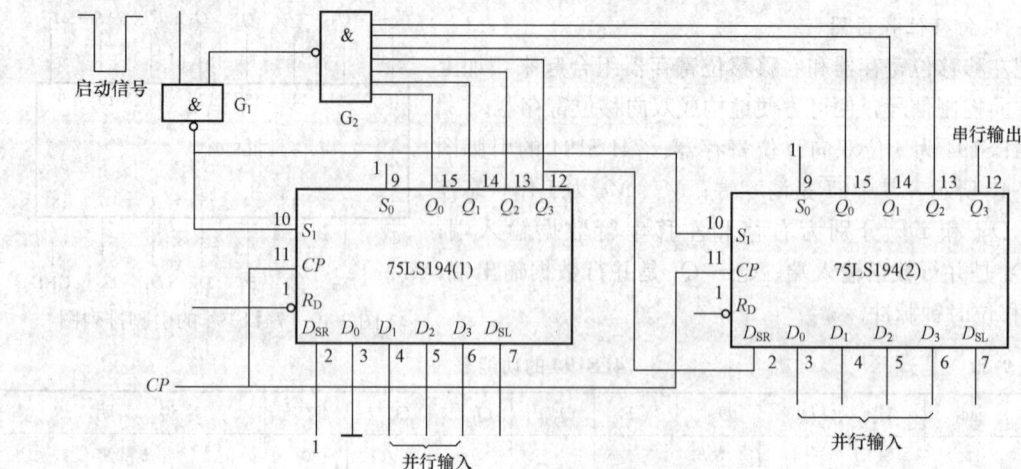

图 9-41　7 位并行变串行的数码变换器

　　启动时，在 G_1 门输入端加入启动负脉冲，使两个寄存器处于并行输入状态（$M_1 = M_0 = 1$），在 CP 脉冲作用下将数据并行输入寄存器。启动信号撤除之后，由于寄存器（1）的 $D_0 = 0$，所以寄存器（1）的输出 $Q_0 = 0$，所以与非门 G_2 的输出变为 1。因而 $M_0 M_1 = 01$，寄存器自动转换成右移工作方式。在以后的工作中，因为 G_2 门的输入端总有一个为 0，所以 $M_0 M_1 = 01$ 的状态不变。因此，所存数据在移位脉冲 CP 的作用下逐位右移，并由 Q_3 端依次输出。直到第七拍到达时，G_2 门全部输入均等于 1，使门 G_1 输出为 0，$M_0 M_1$ 变为 11，寄存器又自动转变成并行输入工作方式，并行输入新数据，开始下一个移位循环过程。

【技能实训 2】　计 数 器 及 其 应 用

一、实验目的

（1）学习用集成触发器构成计数器的方法。

（2）掌握中规模集成计数器的使用及功能测试方法。

（3）运用集成计数器构成 1/N 分频器。

二、实验原理

1. 用 D 触发器构成异步二进制加法计数器

图 9-42 所示是用四只 D 触发器构成的 4 位二进制异步加法计数器，它的连接特点是将每只 D 触发器接成 T' 触发器，再由低位触发器的 $\overline{Q}$ 端和高一位的 CP 端相连接。

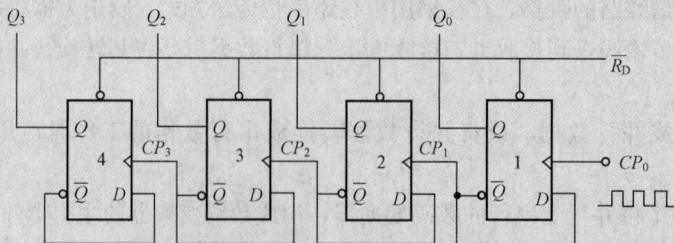

图 9-42　4 位二进制异步加法计数器

若将图 9-42 稍加改动，即将低位触发器的 Q 端与高一位的 CP 端相连接，即构成一个 4 位二进制减法计数器。

2. 计数器的级联使用

一个十进制计数器只能表示 $0 \sim 9$ 十个数，为了扩大计数器范围，常将多个十进制计数器级联使用。

同步计数器往往设有进位（或借位）输出端，故可选用其进位（或借位）输出信号驱动下一级计数器。

图 9-43 所示是由 CC40192 利用进位输出 $\overline{CO}$ 控制高一位的 CP_U 端构成的加数级联图。

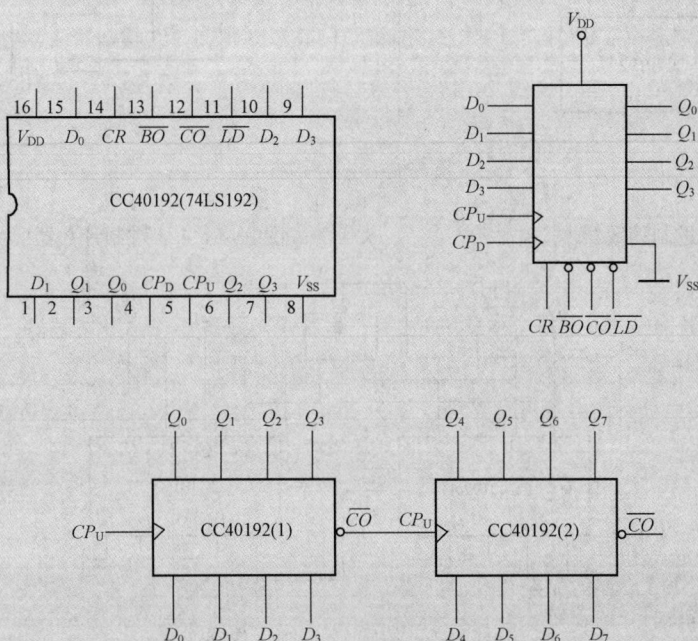

图 9-43 CC40192 级联电路

3. 实现任意进制计数

(1) 用复位法获得任意进制计数器。

假定已有 N 进制计数器，而需要得到一个 M 进制计数器时，只要 $M<N$，用复位法使计数器计数到 M 时置 "0"，即获得 M 进制计数器。如图 9-44 所示为一个由 CC40192 十进制计数器接成的六进制计数器。

(2) 利用预置功能获 M 进制计数器

图 9-45 所示为用三个 CC40192 组成的 421 进制计数器。

外加的由与非门构成的锁存器可以克服器件计数速度的离散性，保证在反馈置 "0" 信号作用下计数器可靠置 "0"。

图 9-46 所示是一个特殊 12 进制的计数器电路方案。在数字钟里，对时位的计数序列是 1，2，$\cdots 11$，12，1，$\cdots$ 是 12 进制的，且无 0 数。如图 9-46 所示，当计数到 13 时，通过与非门产生一个复位信号，使 CC40192 (2) 〔时十位〕直接置成 0000，而 CC40192 (1) 即时的个位直接置成 0001，从而实现了 $1 \sim 12$ 计数。

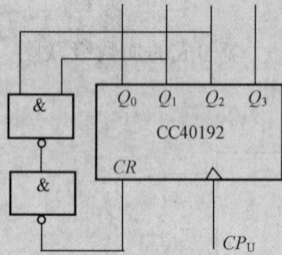

图 9-44 六进制计数器

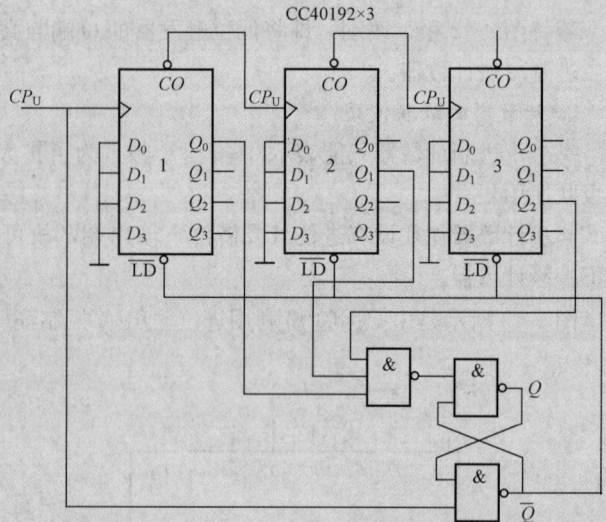

图 9-45 421 进制计数器

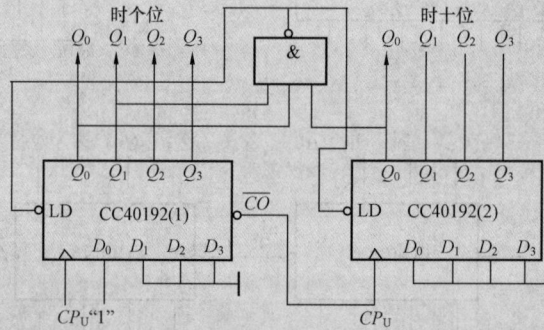

图 9-46 特殊 12 进制计数器

三、实验设备与器件

＋5V 直流电源、双踪示波器、连续脉冲源、单次脉冲源、逻辑电平开关、逻辑电平显示器、译码显示器、CC4013×2（74LS74）、CC40192×3（74LS192）、CC4011（74LS00）、CC4012（74LS20）。

四、实验内容

（1）用 CC4013 或 74LS74VD 触发器构成 4 位二进制异步加法计数器。

1）按图 9-42 接线，$\overline{R}_D$ 接至逻辑开关输出插口，将低位 CP_0 端接单次脉冲源，输出端 Q_3、Q_2、Q_1、Q_0 接逻辑电平显示输入插口，各 $\overline{S}_D$ 接高电平"1"。

2）清零后，逐个送入单次脉冲，观察并列表记录 $Q_0 \sim Q_3$ 状态。

3）将单次脉冲改为 1Hz 的连续脉冲，观察 $Q_0 \sim Q_3$ 的状态。

4）将 1Hz 的连续脉冲改为 1kHz，用双踪示波器观察 CP、Q_3、Q_2、Q_1、Q_0 端波形，并描绘。

5）将图 9-42 所示电路中的低位触发器的 Q 端与高一位的 CP 端相连接，构成减法计数器，按实验内容 2）、3）、4）进行实验，观察并列表记录 $Q_0 \sim Q_3$ 的状态。

（2）测试 CC40192 或 74LS192 同步十进制可逆计数器的逻辑功能。

计数脉冲由单次脉冲源提供，清除端 CR、置数端 $\overline{LD}$、数据输入端 D_3、D_2、D_1、D_0 分别接逻辑开关，输出端 Q_3、Q_2、Q_1、Q_0 接实验设备的一个译码显示输入相应插口 A、B、C、D；$\overline{CO}$ 和 $\overline{BO}$ 接逻辑电平显示插口。按表 9-1 逐项测试并判断该集成块的功能是否正常。

1）清除。

令 $CR=1$，其他输入为任意态，这时 $Q_3Q_2Q_1Q_0=0000$，译码数字显示为 0。清除功能完成后，置 $CR=0$。

2）置数。

$CR=0$，CP_U、CP_D 任意，数据输入端输入任意一组二进制数，令 $\overline{LD}=0$，观察计数译码显示输出，预置功能是否完成，此后置 $\overline{LD}=1$。

3）加计数。

$CR=0$，$\overline{LD}=CP_D=1$，CP_U 接单次脉冲源。清零后送入 10 个单次脉冲，观察译码数字显示是否按 8421 码十进制状态转换表进行；输出状态变化是否发生在 CP_U 的上升沿。

4）减计数。

$CR=0$，$\overline{LD}=CP_U=1$，CP_D 接单次脉冲源。参照 3）进行实验。

（3）如图 9-46 所示，用两片 CC40192 组成两位十进制加法计数器，输入 1Hz 连续计数脉冲，进行由 00 到 99 累加计数，并记录。

（4）将两位十进制加法计数器改为两位十进制减法计数器，实现由 99 到 00 递减计数，并记录。

（5）按图 9-44 所示电路进行实验，并记录。

（6）按图 9-45 或图 9-46 进行实验，并记录。

（7）设计一个数字钟移位 60 进制计数器并进行实验。

五、实验预习要求

（1）复习有关计数器部分内容。

（2）绘出各实验内容的详细线路图。

（3）拟出各实验内容所需的测试记录表格。

（4）查手册，给出并熟悉实验所用各集成块的引脚排列图。

六、实验报告

（1）画出实验线路图，记录、整理实验现象及实验所得的有关波形，对实验结果进行分析。

（2）总结使用集成计数器的体会。

项目实施

实施目的

能正确检测所用芯片的逻辑功能；

能正确安装、调试定时器电路；

能对定时器电路的故障现象进行分析判断并加以解决。

1. 设备与器件准备

设备准备：数字电路实验箱 1 台、稳压电源、频率计、万用表 1 台、示波器 1 台、常用焊接工具等。

器件准备：电路所需元器件名称、规格型号和数量见表 9-21。

表 9-21　　　　　　　　　　　　　定时器电路元器件明细表

标号	名称	规格型号	标号	名称	规格型号
R_1、R_2	电阻	200Ω（2 只）	IC1	NE555	1
R_3、R_4	电阻	10kΩ（2 只）	IC5	CD4011	1
R_5、R_6	电阻	47kΩ	IC4	CD4518	2
R_7	电阻	510Ω	IC2、IC3	CD4511	2
C_2	电容	103pF		8PIC 座	1
C_1	电解电容	10μF		14PIC 座	1
LED	LED	红		16PIC 座	4
DS1、DS2	数码管	0.56 共阴数码管 2 个		PCB 电路板	1
K2	轻触开关	6×6×7（1 个）		图纸	1
	排 3 杜邦针	1		排 2 杜邦针	2
	杜邦针短路帽	1			

2. 电路识图

（1）秒信号产生电路。555 定时器构成多谐振荡器，555 定时器和 R_5、R_6、C_1 可使定时器输出频率为 1Hz 的矩形波，通过输出端连接到 CD4518 十进制计数器的 9 脚，作为 IC4B 计数器的时钟脉冲信号。当一个时钟信号来到时，IC4B 加一个数，相当于加 1s。输出端 3 脚接一个 LED 灯，作为秒信号的指示灯。

（2）计数器电路。计数器电路由 CD4518 十进制计数器完成，CD4518 内含两个功能完全相同的同步十进制加法计数器，每一个计数器均有两个时钟输入端 CP 和 EN，两个计数器分别作为定时器的计数电路秒时钟的十位和个位。IC4B 作为个位，IC4A 作为十位，由于个位的 $Q3$ 端连接十位的 EN 端，当个位计满 10 个脉冲的同时，$Q3$ 由 1001 变到 0000，十位的 EN 由 0 变到 1，相当于一个时钟下降沿，计数器加 1，完成十位的计数功能。

（3）译码显示单元。数码管 DS1 和 DS2 为共阴极数码管，采用 CD4511 七段译码器驱动。将输入的二进制编码译成适用于七段数码管显示的代码，输出高电平有效。

（4）数据保持。CD4011 是一个两输入的与非门芯片，IC5A 接 IC4A 的 Q_0 和 Q_1 输出端，IC5B 接 IC4A 的 Q_2 和 Q_1 输出端，当开关 K1 拨到 3 端口时，且 IC4A 计数到 0011（对应十进制数 3）时，通过与非门输出低电平，由于和 IC4B 的 10 脚相连，则个位计数器的 EN 为低电平，计数器为保持功能，此时，定时器计时 30s。若 K1 拨到 2 端口时，则当 IC4A 计数到 0110（对应十进制数 6）时，定时器计时 60s。

（5）清零。CD4518 两个计数器的 CR 端连在一起，并接地，按键 K2 不按下时，正常计数，CD4518 的 CR 端为低电平，当 K2 按下时，CD4518 CR 端为高电平，这时，计数器输出为 0000，同时数码管也显示 0，计时重新开始。

3. 定时器电路的安装与调试

（1）电路的元器件检测。其中对译码器、计数器、数码管及 555 定时器，可以在数字试验箱上逐个测试其逻辑功能，对不符合要求的芯片要及时更换。

（2）电路的安装与焊接。电路板装配应遵循"先低后高、先内后外"的原则。将电路所有元器件正确装入印制电路板相应位置上，采用单面焊接方法，无错焊、漏焊和虚焊。元器件面相应元器件高度平整、一致。注意，集成芯片的方向不能接错。按图 9-47 所示装配图安装、焊接好电路板。

（3）电路调试。

1）时钟脉冲的测试。将 555 定时器的输出端接至示波器，观察是否有矩形脉冲信号输出。若有矩形脉冲信号输出，再用频率计测量其频率，使输出

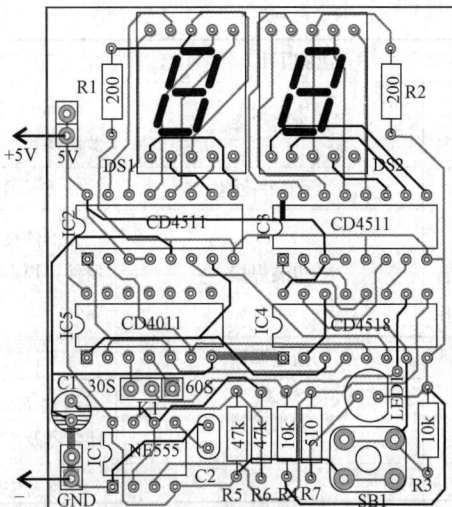

图 9-47　定时器的电路装配图

矩形波频率为 1Hz。若没有波形输出，要检查 555 定时器的接线是否良好，接线是否有误。

2）计数、译码、显示单元的测试。首先检查译码器、数码管工作是否正常，使译码器 $LT=0$，检查数码管是否显示 8，若是，则译码器和数码管工作正常，否则要检测数码管与译码器的连线是否良好。将计数器 U_1、U_2 的输出端接至数字试验箱的逻辑电平显示插口，CP 接单次脉冲，观察输出端的状态是否按正确规律变化，否则要检查计数器的接线是否正确。

3）清零功能测试。在数码管有数码显示状态下，按下按键 K2，观察数码管显示的数字是否为零，否则要检查计数器的清零端、按键的接线是否正确并良好。

4）定时器电路的整体测试。各单元电路测试正常后，进行定时器电路的总体测试，先将开关 K1 接至 3 端，打开电源，观察数码管的计数是否正常，是否计时 30s 停止，但数码管仍显示计数的值，然后按下按键 K2，将计数器清零，数码管均显示 0；再将开关接至 2 端，计数器开始计数，观察数码管显示的计数情况是否正常，是否计时 60s 后停止，但数码管仍显示计数的值，然后再按下按键 K2，将计数器清零。

4. 项目鉴定

由企业专家结合电子产品生产工艺标准对学生作品进行鉴定。

5. 编写项目实施报告

项目实施报告见附录。

项目考核

定时器电路的项目考核要求及评分标准

	检测项目	考核要求	分值	学生互评	教师评估
项目知识内容	计数器的逻辑功能	熟悉计数器的逻辑功能	10		
	时钟发生器的设计	用 555 定时器构成多谐振荡器，输出脉冲信号	10		
	译码显示器的设计	译码器的正确使用及工作原理	10		
	电路清零及数据保持的设计	熟悉电路的功能及清零、数据保持的设置	10		

	检测项目	考核要求	分值	学生互评	教师评估
项目操作技能	准备工作	10min 内完成所有元器件的清点及调换	10		
	元器件检测	完成元器件的检测	10		
	组装焊接	元器件按要求整形；正确安装元器件；焊点美观、走线合理、布局漂亮	10		
	通电调试	电子秒表能正确计时	10		
	通电检测	调整 RS 触发器、555 定时器、计数器及清零功能的调试	10		
	安全文明操作	严格遵守电业安全操作规程，工作台工具、器件摆放整齐	5		
基本素质	实践表现	安全操作、遵守实训室管理制度；团队协作意识；语言表达能力；分析问题、解决问题的能力	5		
	项目成绩				

知识拓展

编 码 电 子 锁 电 路

编码电子锁电路工作时，当顺序依次按一组编码（即密码，几位十进制数）对应的按键(S1~S9) 时，锁便自动打开。若按键顺序错误，锁就打不开，当按下 S0 键时，扬声器发出乐声。

在图 9-48 中，四个触发器的复位端连在一起，受反相器 G1 控制，并通过电容 C_1 接地，接

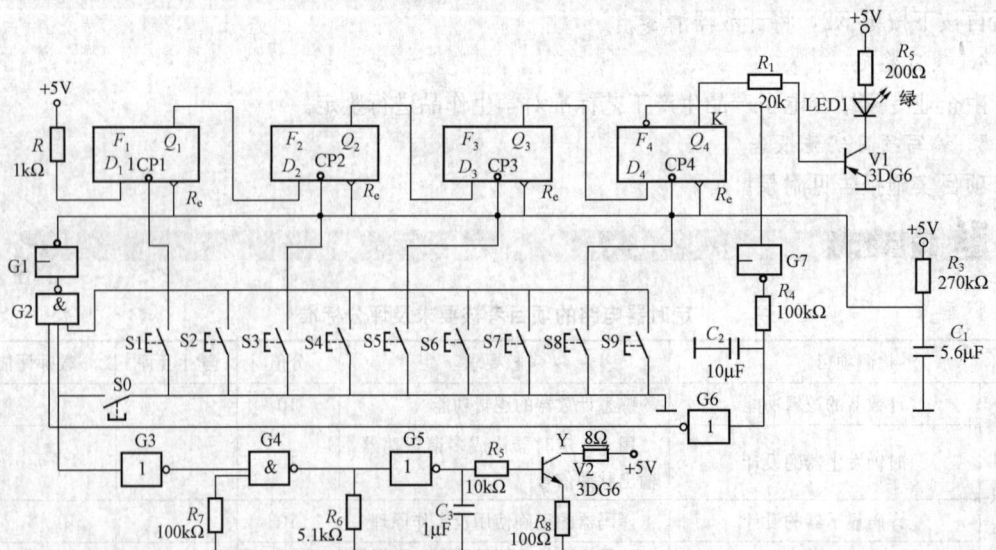

图 9-48 编码电子锁电路

通电源瞬间，$\overline{R}_D$ 端为低电平，将四个触发器置零，电子锁处于关的状态。在本设计中，设电子锁的密码为 1358，电路中最左边的触发器 D 信号与电源相接，始终为高电平，D_2、D_3、D_4 依次和前个触发器的输出端相连，四个触发器的时钟脉冲分别通过按钮接地，当 S1、S3、S5、S8 没有被按下时，四个 D 触发器输出状态保持不变，按下 S1 时 CP_1 变为低电平，松开时 CP_1 变为高电平，相当于一个上升沿，使触发器 Q_1 输出高电平，依次按下 S3、S5、S8 按键，最后使 Q_4 为高电平，使晶体管 VT1 导通，绿灯亮，锁打开。当按照编码顺序依次按下按钮时，$\overline{Q_4}$ 为低电平，延时 1s 后，G6 的输出变为低电平，从而使 G1 的输出为低电平，四个触发器复位 0 状态。当按下 S0 时，锁打不开，同时扬声器发出声响，因此四位密码中不能出现"0"。

📒 项目小结

（1）触发器是数字系统中极为重要的基本逻辑单元。按逻辑功能可分为 RS 触发器、JK 触发器、D 触发器、T 触发器和 T' 触发器几种，其逻辑功能可用特性表、特征方程、状态转换图和波形图来描述。

（2）在使用触发器时，必须注意电路的功能及其触发方式。触发器有高电平 $CP=1$、低电平 $CP=0$、上升沿 $CP\uparrow$、下降沿 $CP\downarrow$ 四种触发方式。

（3）分析时序逻辑电路的 5 个步骤为：分析电路结构，写出相关方程式（时钟方程、输出方程、驱动方程和状态方程），计算状态转换表，画出状态图和时序图，检查电路能否自启动。对于异步时序逻辑电路，在计算时，要根据各个触发器的时钟方程来确定触发器的时钟脉冲信号是否有效。如果时钟脉冲信号有效，则按照状态方程计算触发器的次态。如果时钟脉冲信号无效，则触发器的状态保持不变。

（4）中规模集成计数器功能完善，使用方便灵活。功能表是其正确使用的依据。用中规模集成计数器可方便地构成 N 进制（任意进制）计数器。主要方法有两种：使用同步清零和异步清零的方法可以很方便地实现 N 进制计数器。用同步清零功能获得 N 进制计数器时，应根据 $N-1$ 对应的二进制代码写清零信号。用异步清零功能获得 N 进制计数器时，应根据 N 对应的二进制代码写清零信号。当需要扩大计数器的容量时，可用多片集成计数器进行级联。

（5）寄存器是用来暂存数据的逻辑部件。根据存入或取出数据的方式不同，可分为基本寄存器和移位寄存器。基本寄存器的数据只能并行输入、并行输出。移位寄存器中的数据可以在移位脉冲作用下逐位右移或左移，数据可以并行输入、并行输出，串行输入、串行输出，并行输入、串行输出，串行输入、并行输出。

🎓 思考与练习

一、填空题

1. 触发器有_____个稳态，存储 8 位二进制信息要_____个触发器。

2. 一个基本 RS 触发器在正常工作时，不允许输入 $R=S=1$ 的信号，因此它的约束条件是_____。

3. 输出状态不仅取决于该时刻的输入状态，还与电路原先状态有关的逻辑电路，称为_____；输出状态仅取决于该时刻输入状态的逻辑电路，称为_____。

4. 分析异步计数器时，应特别注意各触发器的时钟条件是否_____。

5. 寄存器按照功能不同可分为_____寄存器和_____寄存器。

二、选择题

1. 在下列触发器中，有约束条件的是_____。

   A. 主从 JK　　　　B. 主从 D　　　　C. 同步 RS　　　　D. 边沿 D

2. 为实现将 JK 触发器转换为 D 触发器，应使_____。

   A. $J=D$，$K=\overline{D}$　　B. $K=D$，$J=\overline{D}$　　C. $J=K=D$　　　　D. $J=K=\overline{D}$

3. 同步计数器和异步计数器比较，同步计数器的显著特点是_____。

   A. 工作速度高　　　B. 触发器利用率高　C. 电路简单　　　　D. 不受时钟 CP 控制

4. N 个触发器可以构成最大计数长度为_____的计数器。

   A. N　　　　　　　B. $2N$　　　　　　C. N^2　　　　　　D. 2^N

5. 下列逻辑电路中为时序逻辑电路的是_____。

   A. 数码寄存器　　　B. 数据选择器　　　C. 变量译码器　　　D. 加法器

三、计算题

1. 边沿 D 触发器的输入波形如图 9-49 所示。设初始 $Q=0$，试画出 Q 端波形。

2. 主从 JK 触发器的输入波形如图 9-50 所示。设初始 $Q=0$，画出 Q 端的波形。

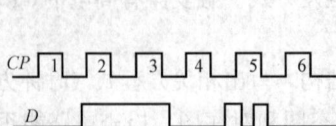

图 9-49　计算题 1 图

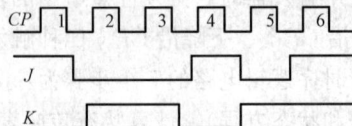

图 9-50　计算题 2 图

3. 分析图 9-51 所示同步计数器电路的逻辑功能。

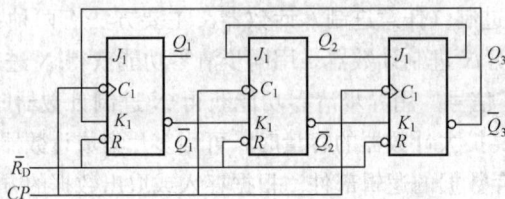

图 9-51　计算题 3 图

4. 试分析图 9-52 所示电路为几进制计数器。

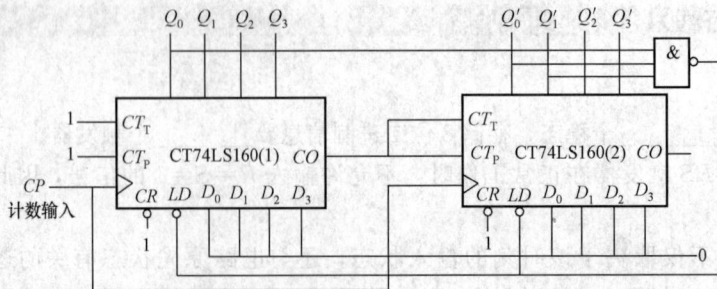

图 9-52　计算题 4 图

5. 试分析图 9-53 所示的计数器电路，说明是几进制，画出计数器状态转换图。

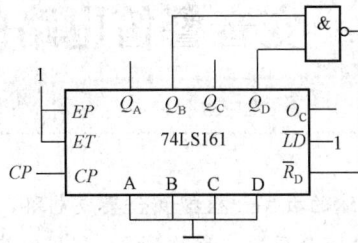

图 9-53 计算题 5 图

项目十 变音警笛电路的制作

　　555 定时器是一种多用途的数字—模拟混合集成电路，可产生精确的时间延迟和振荡，内部有 3 个 5kΩ 的电阻分压器，故称 555。利用它能极方便地构成施密特触发器、单稳态触发器和多谐振荡器。由于使用灵活、方便，所以 555 定时器在波形的产生与交换、测量与控制、家用电器、电子玩具等许多领域中都得到了广泛应用。

　　本章围绕变音警笛电路的制作进行知识展开。首先介绍 555 电路的组成结构和工作原理，555 芯片引脚图及 555 电路功能表；然后介绍 555 电路的典型应用，最后完成变音警笛电路的制作。

📇 项目要求

■ 知识要求 ----------------------------- ● ● ● ● ● ●

了解 555 电路的组成结构和工作原理；

掌握 555 芯片引脚图及 555 电路功能表；

掌握 555 电路的典型应用；

理解变音警笛电路的组成、工作原理和电路中各元器件的作用。

■ 技能要求 ----------------------------- ● ● ● ● ● ●

能测试 555 芯片的逻辑功能；

能用 555 设计变音警笛电路，并能正确调试电路；

提高学生的动手能力，培养学生团结协作精神和创新意识。

🧠 项目导入

变音警笛电路是一个由 555 时基集成电路组成的多谐振荡器，如图 10-1 所示，受总复位端 4

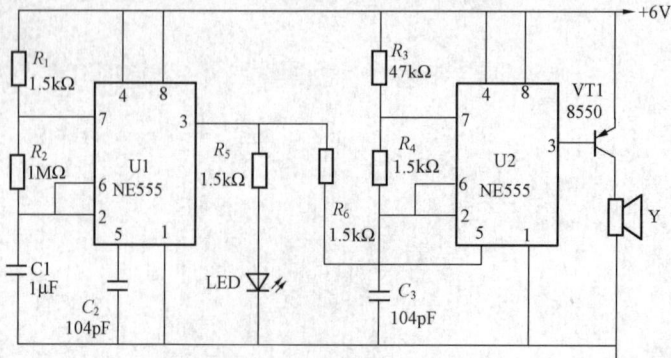

图 10-1 变音警笛电路

脚的控制而工作。平时由于 U1 的 3 脚输出低电平，振荡器不工作，当 U1 输出高电平时，振荡器开始工作，发出报警声。多谐振荡器的振荡频率由 R_2 与 C_1 的数值决定，本电路约为 4.8kHz。调整 R_4 及 C_3 的数值，可得到所需要的报警声调。

工作任务及技能实训

任务 1　555 定时器内部结构及工作原理

1.555 定时器内部电路组成

由图 10-2 可以看出，555 定时器电路可分成电阻分压器、电压比较器、基本 RS 触发器、晶体开关放电管和缓冲器等部分。

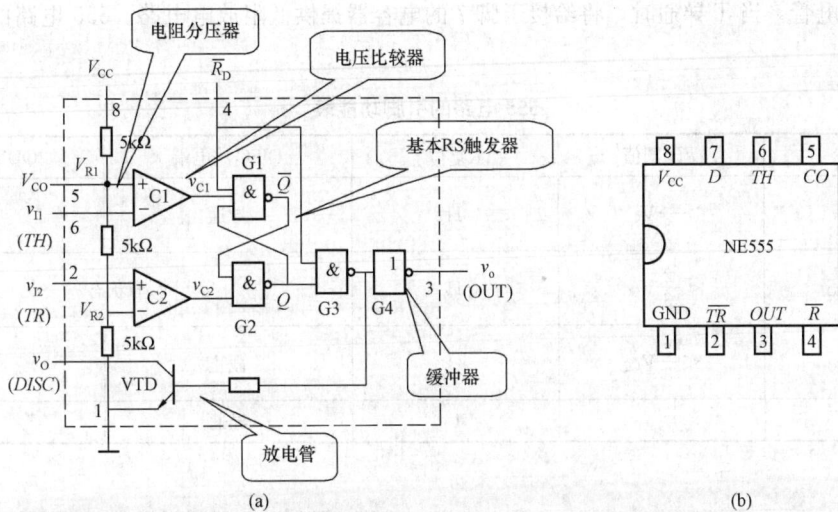

图 10-2　555 定时器内部电路及集成芯片引脚图
(a) 内部电路；(b) 引脚图

（1）分压器：有三个阻值为 5kΩ 的电阻串联起来构成分压器，为比较器提供两个参考电压。比较器 C1 的同向输入端 $U_+ = (2/3)V_{CC}$，比较器 C2 的反向输入端 $U_- = (1/3)V_{CC}$。CO 端为外加电压控制端。通过该端的外加电压 V_{CO} 可改变 C1、C2 的参考电压。工作中不适用 CO 端时，一般 CO 端都通过一个 $0.01\mu F$ 的电容接地，以防旁路高频干扰。

（2）比较器：555 有两个完全相同的高精度电压比较器 C1 和 C2。当 $U_+ > U_-$ 时，比较器输出高电平（$\nu_O = V_{CC}$）；当 $U_+ < U_-$ 时，比较器输出低电平（$\nu_O = 0$）。比较器的输入端基本上不向外电路索取电流，其输入电阻可视为无穷大。

（3）基本 RS 触发器：由两个与非门 G1、G2 组成基本 RS 触发器。两个比较器的输出信号 ν_{C1} 和 ν_{C2} 决定触发器的输出端状态。$R = 0$ 时，RS 触发器维持原状态不变。

（4）晶体管开关：由 T_D 管构成。当基极为低电平时，T_D 管截止；当基极为高电平时，T_D 管饱和导通，起到开关的作用。

（5）输出缓冲器。由非门 G4 组成，用于增大对负载的驱动能力和隔离负载对 555 集成电路的影响。

2.555 定时器工作原理

555 定时器含有两个电压比较器，一个基本 RS 触发器，一个放电开关 T，比较器的参考电

压由三只 $5\mathrm{k}\Omega$ 的电阻器构成分压，它们分别使高电平比较器 C1 同相比较端和低电平比较器 C2 的反相输入端的参考电平为 $\frac{2}{3}V_{\mathrm{CC}}$ 和 $\frac{1}{3}V_{\mathrm{CC}}$。C1 和 C2 的输出端控制 RS 触发器状态和放电管开关状态。当输入信号输入并超过 $\frac{2}{3}V_{\mathrm{CC}}$ 时，触发器复位，555 的输出端 3 脚输出低电平，同时放电，开关管导通；当输入信号自 2 脚输入并低于 $\frac{1}{3}V_{\mathrm{CC}}$ 时，触发器置位，555 的 3 脚输出高电平，同时放电，开关管截止。

$\overline{R}_{\mathrm{D}}$ 是复位端，当其为 0 时，555 输出低电平。平时该端开路或接 V_{CC}。

V_{CO} 是控制电压端（5 脚），平时输出 $\frac{2}{3}V_{\mathrm{CC}}$ 作为比较器 C1 的参考电平，当 5 脚外接一个输入电压，即改变了比较器的参考电平，从而实现对输出的另一种控制。在不接外加电压时，通常接一个 $0.01\mu\mathrm{F}$ 的电容器到地，起滤波作用，以消除外来的干扰，从而确保参考电平的稳定。

T 为放电管，当 T 导通时，将给接于脚 7 的电容器提供低阻放电电路。555 电路的引脚功能见表 10-1。

表 10-1   **555 电路的引脚功能表**

$\overline{TR}$ 触发	TH 阈值	$\overline{R}$ 复位	DISC 放电端	OUT 输出
$>\frac{1}{3}V_{\mathrm{CC}}$	$>\frac{2}{3}V_{\mathrm{CC}}$	H	导通	L
$>\frac{1}{3}V_{\mathrm{CC}}$	$<\frac{2}{3}V_{\mathrm{CC}}$	H	原状态	
$<\frac{1}{3}V_{\mathrm{CC}}$	$<\frac{2}{3}V_{\mathrm{CC}}$	H	截止	H
$\times$	$\times$	L	导通	L

任务 2   555 定时器的应用电路

一、555 定时器单稳态触发器

如图 10-3 所示为由 555 定时器和外接定时元件 R、C 构成的单稳态触发器。VD 为钳位二极管，稳态时 555 电路输入端处于电源电平，内部放电开关管 T 导通，输出端 V_{O} 输出低电平，当有一个外部负脉冲触发信号加到 V_{i} 端时，并使 2 端电位瞬时低于 $\frac{1}{3}V_{\mathrm{CC}}$，低电平比较器动作，单稳态电路即开始一个稳态过程，电容 C 开始充电，V_{C} 按指数规律增长。当 V_{C} 充电到 $\frac{2}{3}V_{\mathrm{CC}}$ 时，高电平比较器动作，比较器 C_1 翻转，输出 V_{O} 从高电平返回低电平，放电开关管 T 重新导通，电容 C 上的电荷很快经放电开关管放电，暂态结束，恢复稳定，为下个触发脉冲的来到做好准备。波形图如图 10-4 所示。

暂稳态的持续时间 T_{w}（即为延时时间）决定于外接元件 R、C 的大小

$$T_{\mathrm{w}}=1.1RC \tag{10-1}$$

通过改变 R、C 的大小，可使延时时间在几个微秒和几十分钟之间变化。当这种单稳态电路作为计时器时，可直接驱动小型继电器，并可采用复位端接地的方法来终止暂态，重新计时。此外，需用一个续流二极管与继电器线圈并接，以防继电器线圈反电动势损坏内部功率管。

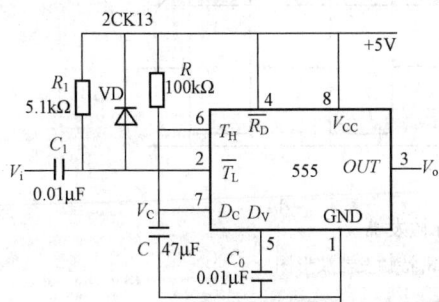

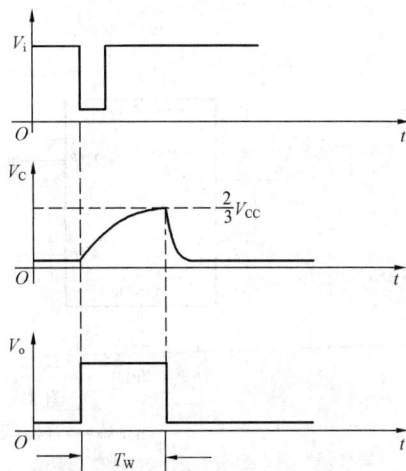

图 10-3　555 构成单稳态触发器　　　　图 10-4　单稳态触发器波形图

二、555 定时器构成多谐振荡器

如图 10-5（a）所示，由 555 定时器和外接元件 R_1、R_2、C 构成多谐振荡器，脚 2 与脚 6 直接相连。电路没有稳态，仅存在两个暂稳态，电路亦不需要外接触发信号，利用电源通过 R_1、R_2 向 C 充电，以及 C 通过 R_2 向放电端 D_C 放电，使电路产生振荡。电容 C 在 $\frac{2}{3}V_{CC}$ 和 $\frac{1}{3}V_{CC}$ 之间充电和放电，从而在输出端得到一系列的矩形波，对应的波形如图 10-5（b）所示。

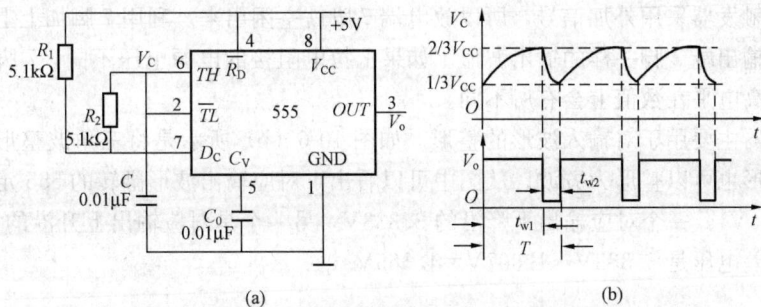

(a)　　　　　　　　　　(b)

图 10-5　555 构成多谐振荡器

（a）电路图；（b）波形图

$$输出信号的时间周期\qquad t_{w1}=0.7（R_1+R_2）C$$

$$t_{w2}=0.7R_2C$$

$$T=t_{w1}+t_{w2}=0.7（R_1+2R_2）C \qquad (10\text{-}2)$$

式中：t_{w1} 为 V_C 由 $\frac{1}{3}V_{CC}$ 上升到 $\frac{2}{3}V_{CC}$ 所需的时间；t_{w2} 为电容 C 放电所需的时间。

555 电路要求 R_1 与 R_2 均应不小于 1kΩ，但两者之和应不大于 3.3MΩ。

外部元件的稳定性决定了多谐振荡器的稳定性，555 定时器配以少量的元器件即可获得较高精度的振荡频率和较强的功率输出能力。因此，这种形式的多谐振荡器应用很广。

三、555 定时器构成施密特触发器

如图 10-6（a）所示，施密特触发器的工作原理和多谐振荡器基本一致，只不过多谐振荡器是靠电容的充放电去控制电路状态的翻转，而施密特触发器是靠外加电压信号去控制电路状态的

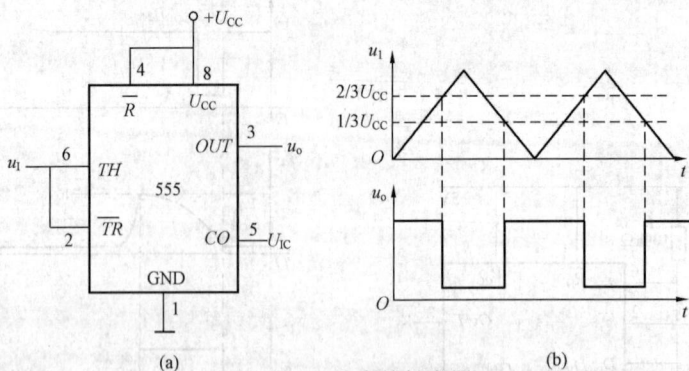

图 10-6 施密特触发器

(a) 施密特触发器；(b) 施密特触发器波形图

翻转。施密特触发器具有回差特性：上升过程和下降过程有不同的转换电平 U_+ 和 U_-，如果在 U_{IC} 加上控制电压，则可以改变电路的 U_+ 和 U_-。在施密特触发器中，外加信号的高电平必须大于 $\frac{2}{3}V_{CC}$，低电平必须小于 $\frac{1}{3}V_{CC}$，即 $U_+ > \frac{2}{3}V_{CC}$，$U_- < \frac{1}{2}V_{CC}$，否则电路不能翻转。

由此可得到电路的回差电压为

$$\Delta U = U_+ - U_- = \frac{1}{3}V_{CC} \tag{10-3}$$

如果参考电压有外接控制电压 U_{IC} 提供，则 $U_{T+} = U_{IC}$，$U_T = U_{IC}/2$，$\Delta U = U_{IC}/2$。通过改变 U_{IC} 的值可以调节回差电压的大小。

由于施密特触发器采用外加信号，所以放电端 7 脚就空闲出来。利用 7 脚加上上拉电阻，就可以获得一个与输出端 3 脚一样的输出波形。如果上拉电阻接的电源电压不同，7 脚输出的高电平与 3 脚输出的高电平在数值上会有所不同。

施密特触发器主要用于对输入波形的整形。如图 10-6（b）所示是将三角波整形为方波，其他形状的输入波形也可以整形为方波。从图中可以看出，对应输出波形翻转的 555 定时器的两个阈值（电源电压 5V）：一个对应输出下降沿的 3.333V，另一个是对应输出上升沿的 1.667V，施密特触发器的回差电压是 3.333V−1.667V=1.666V。

【技能实训 1】 555 时基电路及其应用

一、实验目的

（1）熟悉 555 型集成时基电路结构、工作原理及其特点。

（2）掌握 555 型集成时基电路的基本应用。

二、实验原理

1.555 构成单稳态触发器

如图 10-7（a）所示为由 555 定时器和外接定时元件 R、C 构成的单稳态触发器。触发电路由 C_1、R_1、VD 构成，其中 VD 为钳位二极管，稳态时 555 电路输入端处于电源电平，内部放电开关管 T 导通，输出端 F 输出低电平，当有一个外部负脉冲触发信号经 C1 加到 2 端，并使 2 端电位瞬时低于 $\frac{1}{3}V_{CC}$，低电平比较器动作，单稳态电路即开始一个暂态过程，

电容 C 开始充电，V_C 按指数规律增长。当 V_C 充电到 $\frac{1}{3}V_{CC}$ 时，高电平比较器动作，比较器 C1 翻转，输出 V_o 从高电平返回低电平，放电开关管 T 重新导通，电容 C 上的电荷很快经放电开关管放电，暂态结束，恢复稳态，为下个触发脉冲的来到做好准备。波形图如图 10-7（b）所示。暂稳态的持续时间 t_w（即为延时时间）决定于外接元件 R、C 值的大小

$$t_w = 1.1RC$$

通过改变 R、C 的大小，可使延时时间在几个微秒到几十分钟之间变化。当这种单稳态电路作为计时器时，可直接驱动小型继电器，并可以使用复位端（4 脚）接地的方法来中止暂态，重新计时。此外，尚须用一个续流二极管与继电器线圈并接，以防继电器线圈反电势损坏内部功率管。

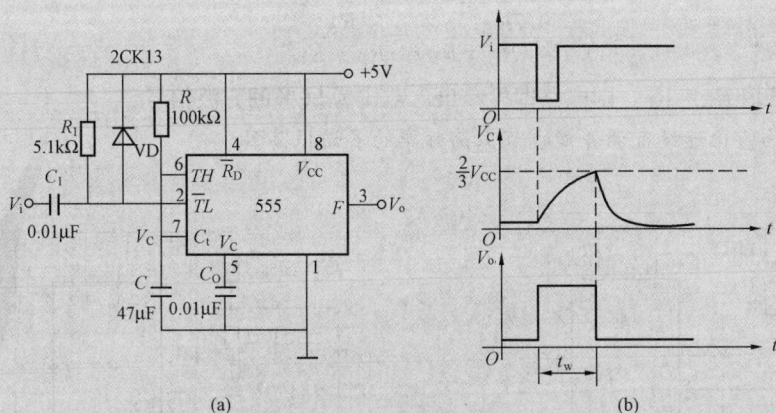

图 10-7　单稳态触发器
（a）电路图；（b）波形图

2. 构成多谐振荡器

如图 10-8（a）所示，由 555 定时器和外接元件 R_1、R_2、C 构成多谐振荡器，脚 2 与脚 6 直接相连。电路没有稳态，仅存在两个暂稳态，电路也不需要外加触发信号，利用电源通过 R_1、R_2 向 C 充电，以及 C 通过 R_2 向放电端 C_t 放电，使电路产生振荡。电容 C 在 $\frac{1}{3}V_{CC}$

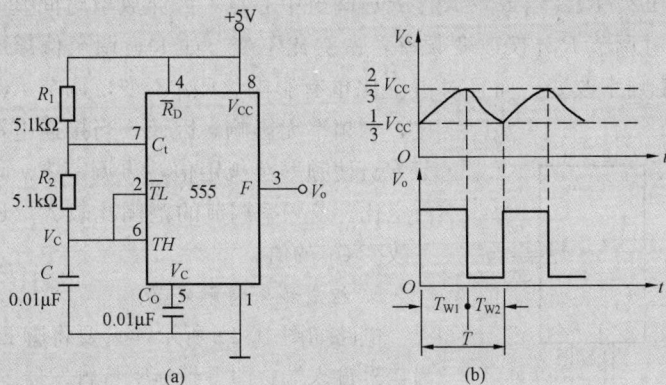

图 10-8　多谐振荡器
（a）电路图；（b）波形图

和 $\frac{2}{3}V_{CC}$ 之间充电和放电，其波形如图 10-8（b）所示。输出信号的时间周期是

$$T = t_{w1} + t_{w2}, \quad t_{w1} = 0.7(R_1 + R_2)C, \quad t_{w2} = 0.7R_2C$$

555 电路要求 R_1 与 R_2 均应大于或等于 $1k\Omega$，但 $R_1 + R_2$ 应小于或等于 $3.3M\Omega$。

外部元件的稳定性决定了多谐振荡器的稳定性，555 定时器配以少量的元件即可获得较高精度的振荡频率和较强的功率输出能力。因此这种形式的多谐振荡器应用很广。

3. 组成占空比可调的多谐振荡器

电路如图 10-9 所示，它比图 10-8 所示电路增加了一个电位器和两个导引二极管。VD1、VD2 用来决定电容充、放电电流流经电阻的途径（充电时 VD1 导通，VD2 截止；放电时 VD2 导通，VD1 截止）。

占空比　$P = \dfrac{t_{w1}}{t_{w1} + t_{w2}} \approx \dfrac{0.7 R_A C}{0.7 C (R_A + R_B)} = \dfrac{R_A}{R_A + R_B}$

可见，若取 $R_A = R_B$，则电路即可输出占空比为 50% 的方波信号。

4. 组成占空比连续可调并能调节振荡频率的多谐振荡器

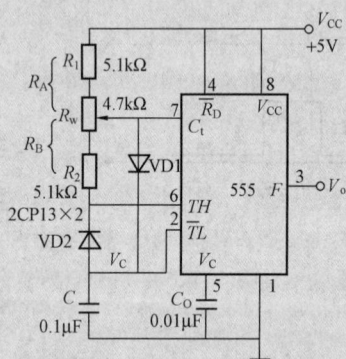

图 10-9　占空比可调的多谐振荡器

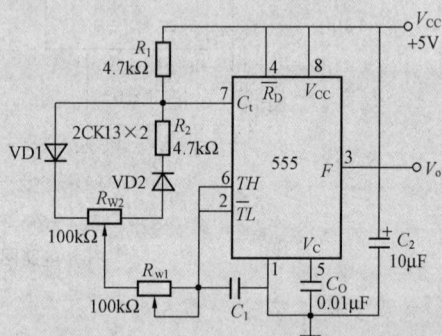

图 10-10　占空比与频率均可调的多谐振荡器

电路如图 10-10 所示。对 C_1 充电时，充电电流通过 R_1、VD1、R_{w2} 和 R_{w1}；放电时通过 R_{w1}、R_{w2}、VD2、R_2。当 $R_1 = R_2$、R_{w2} 调至中心点，因充放电时间基本相等，其占空比约为 50%，此时调节 R_{w1} 仅改变频率，占空比不变。如 R_{w2} 调至偏离中心点，再调节 R_{w1}，则不仅振荡频率改变，而且对占空比也有影响。R_{w1} 不变，调节 R_{w2}，仅改变占空比，对频率无影响。因此，当接通电源后，应首先调节 R_{w1} 使频率至规定值，再调节 R_{w2}，以获得需要的占空比。若频率调节的范围比较大，还可以用波段开关改变 C_1 的值。

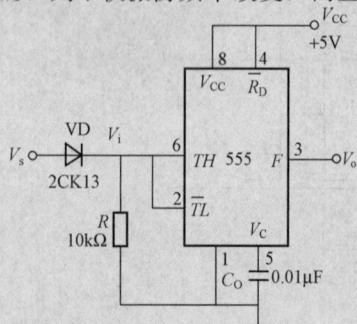

5. 组成施密特触发器

电路如图 10-11 所示，只要将脚 2、6 连在一起作为信号输入端，即得到施密特触发器。图 10-12 所示为 u_s、u_i 和 u_o 的波形图。

设被整形变换的电压为正弦波 u_s，其正半波通过二

图 10-11　施密特触发器

极管 VD 同时加到 555 定时器的 2 脚和 6 脚，得 u_i 为半波整流波形。当 u_i 上升到 $\frac{2}{3}V_{CC}$ 时，u_o 从高电平翻转为低电平；当 u_i 下降到 $\frac{1}{3}V_{CC}$ 时，u_o 又从低电平翻转为高电平。电路的电压传输特性曲线如图 10-13 所示。

回差电压 $\Delta V = \frac{2}{3}V_{CC} - \frac{1}{3}V_{CC} = \frac{1}{3}V_{CC}$

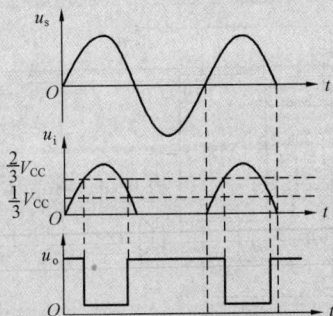

图 10-12 波形变换图 图 10-13 电压传输特性

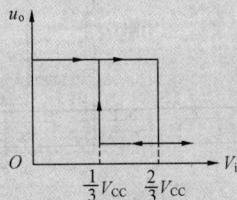

三、实验设备与器件

（1）+5V 直流电源。

（2）双踪示波器。

（3）连续脉冲源。

（4）单次脉冲源。

（5）音频信号源。

（6）数字频率计。

（7）逻辑电平显示器。

（8）555×2 2CK13×2。

电位器、电阻、电容若干

四、实验内容

1. 单稳态触发器

（1）按图 10-7 连线，取 $R = 100\text{k}\Omega$，$C = 47\mu\text{F}$，输入信号 u_i 由单次脉冲源提供，用双踪示波器观测 u_i、u_c，u_o 波形。测定幅度与暂稳时间。

（2）将 R 改为 $1\text{k}\Omega$，C 改为 $0.1\mu\text{F}$，输入端加 1kHz 的连续脉冲，观测波形 u_i、u_c、u_o、测定幅度及暂稳时间。

2. 多谐振荡器

（1）按图 10-8 接线，用双踪示波器观测 u_c 与 u_o 的波形，测定频率。

（2）按图 10-9 接线，组成占空比为 50% 的方波信号发生器。观测 u_c、u_o 波形，测定波形参数。

（3）按图 10-10 接线，通过调节 R_{W1} 和 R_{W2} 来观测输出波形。

3. 施密特触发器

按图 10-11 接线，输入信号由音频信号源提供，预先调好 u_S 的频率为 1kHz，接通电源，逐渐加大 u_S 的幅度，观测输出波形，测绘电压传输特性，算出回差电压 ΔU。

4. 模拟声响电路

按图 10-14 接线，组成两个多谐振荡器，调节定时元件，使 I 输出较低频率，II 输出较高频率，连好线，接通电源，试听音响效果。调换外接阻容元件，再试听音响效果。

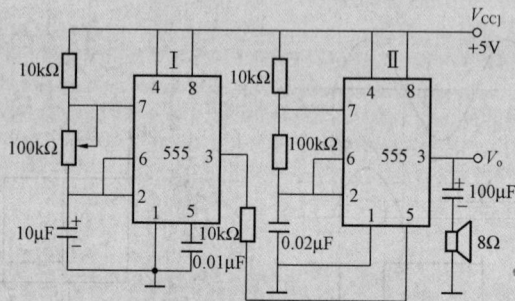

图 10-14 模拟声响电路

五、实训注意事项

(1) 注意检查各连线是否正确，尤其是电源线。

(2) 要使波形稳定地显示，要选择正确的触发源；调节触发电平旋钮，使触发电平在波形幅度范围内。

六、实训思考

(1) 在实验中 555 定时器 5 脚所接的电容起什么作用？

(2) 如何用示波器测定施密特触发器的电压传输特性曲线？

七、写实训报告书

▣▣▣▣ 项目实施

■ 实施目的 --- ● ● ● ● ● ● ●

掌握声光控节能开关电路组成及工作原理；

能对声光控节能开关电路中的故障进行分析判断并加以解决；

能对整机电路安装调试，达到预期目标。

1. 设备与器件准备

设备准备：数字电路实验台 1 套。

器件准备：电路所需元器件名称、规格型号和数量见表 10-2。

2. 电路识图

如图 10-1 所示为变音警笛电路的原理图。图中 U1、U2 都接成自激多谐振荡的工作方式。其中，U1 输出的方波信号通过 R_5 去控制 U2 的 5 脚电平。当 U1 输出高电平时，由 U2 组成的多谐振荡电路输出频率较低的一种音频；当 U1 输出低电平时，由 U2 组成的多谐振荡电路输出

表 10-2　　　　　　　　　　变音警笛电路设备与元器件明细表

名称	数量	位置	名称	数量	位置
电阻 1.5kΩ	4	R_1、R_4、R_5、R_6	集成电路 NE555	2	U1、U2
电阻 1MΩ	1	R_2	扬声器	1	
电阻 47kΩ	1	R_3	四节 5 号电池盒	1	
电容 1μF	1	C_1	细线（连接扬声器）	2	
电容 104pF	2	C_2、C_3	电路板	1	
发光二极管	1	LED	电路图	1	
三极管 8550	1	Q1			

频率较高的另一种音频。因此 U2 的振荡频率被 U1 的输出电压调制为两种音频频率，使扬声器发出"嘀、嘟、嘀、嘟……"的与救护车鸣笛声相似的变音警笛声。改变 R_2、C_1 的值，可改变滴、嘟声的间隔时间；改变 R_4、C_3 的值，可改变滴、嘟声的音调。

3．变音警笛电路安装与调试

（1）参考图 10-1 设计、制作 PCB 板图（元器件装配图），如图 10-15 所示。

（2）按照 PCB 板图（元件装配图）上元器件的排布，先焊接两块 555 时基电路的 IC 插座，再安装其他元器件，一般安装顺序是：IC 插座（或多脚元器件）→小体积元器件→大体积元器件→电路板外元器件或连线。

（3）接通电源时，最好把电源负极先接好，然后在电源正极和电路板正电源接点之间串入一个几百毫安至几安的直流电流表。先瞬时点通一下电源，如果电路仍存在我们未查出的短路故障，电流表会瞬时显示很大的电流，此时应进一步仔细检查并消除短路故障。只有电路总电流小于一百毫安（一般是 10～50 mA）才算正常。

（4）如果电路正常，一般会听到扬声器发出变音警笛声，若警笛声不逼真，可进行后述第（6）步的调试；若扬声器无声，先进行下一步的调试。

（5）先确诊扬声器是否正常，最简捷的方法是用 1～2V 的直流电直接瞬时点通扬声器，正常的扬声器应有响声。若扬声器正常，则是其他的电路问题，应进一步检查。

（6）当扬声器有变调的警笛声声响但是不逼真，就要进行以下的调试：改变 R_2、C_1 的值，可改变警笛声的"渐变"时间；改变 R_4、C_3 的值，可改变"渐变"警笛声的声调，调试到变音警笛声逼真为止。

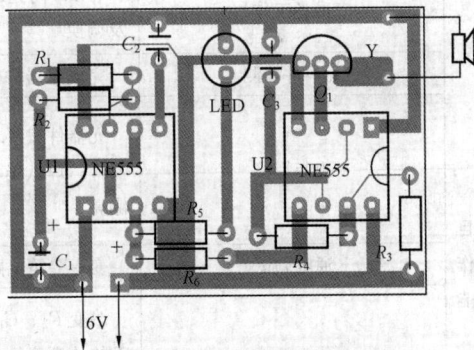

图 10-15　变音警笛装配图

4．故障分析与排除

（1）首先检查 U1、U2 及其外围电路组成的自激多谐振荡电路，某个元器件损坏都可能导致扬声器无声，最常见的是 555 时基电路损坏。最简易的判断方法是：当用导线把 2、6 脚接低电平（地）时，输出端 3 脚应为高电平；把 2、6 脚接高电平（+5V）时，输出端 3 脚应为低电平。这说明 555 时基电路功能基本正常。但是如果 555 时基电路芯片内（7 脚）的放电管损坏，电路也不能振荡。再就是 C_4 或 C_3 损坏。当然可以对元器件测试判断之，但更简捷的方法是采用

"替换法"，即从工作正常的电路板上拔下相同参数的元器件替换之；或把可能有问题的元件插到工作正常的电路板上测试。排查故障直到扬声器有声响为止。

（2）若扬声器声响是单一频率的音频（不变调），这是由于 U1 及其外围电路组成的自激多谐振荡电路的信号未能送到 U2 的控制端（5 脚）所至。U1 电路不能振荡的检查方法与 U2 电路不能振荡的检查方法相同，当然不能忽略级间耦合的元器件（R_5、R_6）故障。最简捷的方法仍是采用"替换法"。排查故障直到喇叭有变调的声响为止。

5．项目鉴定

由企业专家结合电子产品生产工艺标准对学生作品进行鉴定。

6．编写项目实施报告

项目实施报告见附录。

项目考核

变音警笛电路制作的项目考核要求及评分标准

	检测项目	考核要求	分值	学生互评	教师评估
项目知识内容	555 定时器的结构及特性	掌握 555 定时器的结构及特性	10		
	变音警笛的电路组成、工作原理和电路中各元器件的作用	正确分析变音警笛的电路组成、工作原理和电路中各元器件的作用	20		
	变音警笛电路参数计算	能对变音警笛电路相关参数进行正确计算	10		
项目操作技能	准备工作	10min 内完成所有元器件的清点及调换	10		
	元器件检测	完成元器件的检测	10		
	组装焊接	元器件按要求整形；正确安装元器件；焊点美观、走线合理、布局漂亮	10		
	通电调试	变音警笛电路的功能实现	10		
	通电检测	改变 R_2、C_1 的值，可改变警笛声的"渐变"时间；改变 R_4、C_3 的值，可改变"渐变"警笛声的声调，调试到变音警笛声逼真为止	10		
	安全文明操作	严格遵守电业安全操作规程，工作台工具、器件摆放整齐	5		
基本素质	实践表现	安全操作、遵守实训室管理制度；团队协作意识；语言表达能力；分析问题、解决问题的能力	5		
项目成绩					

●●● 知识拓展

555 应 用 电 路

一、555 触摸定时开关

集成电路 IC 是一片 555 定时电路，这里接成单稳态电路。平时由于触摸片 P 端无感应电压，电容 C_1 通过 555 第 7 脚放电完毕，第 3 脚输出为低电平，继电器 KS 释放，电灯不亮，如图 10-16 所示。

当需要开灯时，用手触碰一下金属片 P，人体感应的杂波信号电压由 C_2 加至 555 的触发端，使 555 的输出由低电平变成高电平，继电器 KS 吸合，电灯亮。同时，555 第 7 脚内部截止，电源便通过 R_1 给 C_1 充电，这就是定时的开始。

当电容 C_1 上电压上升至电源电压的 2/3 时，555 第 7 脚导通使 C_1 放电，第 3 脚输出由高电平变回低电平，继电器释放，电灯熄灭，定时结束。

定时长短由 R_1、C_1 决定：$T_1 = 1.1 R_1 \cdot C_1$。按图中所标数值，定时时间约为 4min。VD1 可选用 1N4148 或 1N4001。

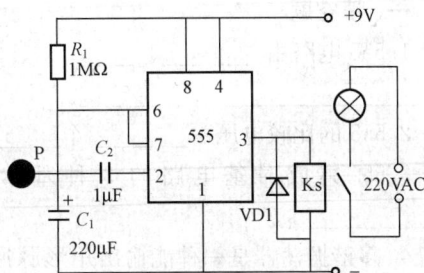

图 10-16　555 触摸定时开关电路

图 10-17　555 制作的 D 类放大器电路

二、用 555 制作的 D 类放大器

D 类放大器具有体积小、效率高的特点。这里介绍一个用 555 电路制作的简易 D 类放大器。它是由 555 电路构成的一个可控的多谐振荡器，音频信号输入到控制端得到调宽脉冲信号（见图 10-17），基本能满足一般的听音要求。

由 IC555 和 R_1、R_2、C_1 等组成 100kHz 可控多谐振荡器，占空比为 50%，控制端 5 脚输入音频信号，3 脚便得到脉宽与输入信号幅值成正比的脉冲信号，经 L、C_3 接调、滤波后推动扬声器。

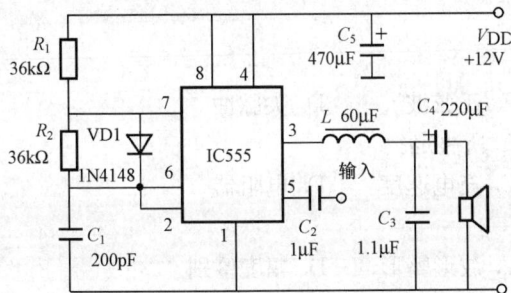

✎ 项目小结

NE555 和 LM555 系列是一种使用极为广泛的通用集成电路。由于内部电压标准使用了三个 5kΩ 电阻，故取名 555 电路。555 含有两个电压比较器，一个基本 RS 触发器，一个放电开关管 T_D，比较器的参考电压由三只 5kΩ 的电阻器构成的分压器提供。它们分别使高电平比较器 C_1 的反相输入端和低电平比较器 C_2 的同相输入端的参考电平为 $\frac{2}{3} V_{CC}$ 和 $\frac{1}{3} V_{CC}$。C_1 与 C_2 的输出端控制 RS 触发器状态和放电管开关状态。

555 定时器可构成单稳态触发器：单稳态包括一个稳态和一个暂态，由于只有一个稳态，称为单稳态。

555 构成的多谐振荡器是一种自激振荡电路，不需要外加输入信号，就可以自动产生矩形脉冲。多谐振荡器又称无稳态电路：无稳态电路包括两个暂稳态，而没有一个稳态，称为无稳态。

555 组成施密特触发器（也称双稳态电路）：双稳态包括两个稳态，两个稳态之间触发后可相互转换，称为双稳态。

施密特触发器和单稳态触发器是常用的两种整形电路，可以把其他形状的信号变换成连续矩形脉冲信号，为数字系统提供标准的脉冲信号。

555 定时器还可以接成各种灵活多变的应用电路。

思考与练习

一、填空题

1. 555 电路由 _____、_____、_____、_____和_____ 5 个部分组成，其功能是_____。

2. 555 的比较电压由_____个_____ kΩ 的电阻分压提供，555 因此得名。

3. 555 集成时基电路的 3 种基本应用电路分别为_____、_____和_____。

4. 多谐振荡器是一种能输出矩形脉冲信号的_____器，电路的输出不停地在_____和_____间翻转，没有_____状态，所以又称为_____。

5. 单稳态触发器的暂稳态持续时间 t_W 取决于电路中的_____，及 t_W=_____；多谐振荡器的周期 T=_____。

二、选择题

1. 多谐振荡器是一种自激振荡器，能产生（　　）。
   A. 矩形脉冲波　　　B. 三角波　　　　C. 正弦波　　　D. 尖脉冲

2. 单稳态触发器的暂稳态维持时间由（　　）所决定。
   A. 外加信号　　　　B. 电容器　　　　C. 充电速度　　D. 电阻器

3. 施密特触发器一般不适于（　　）电路。
   A. 延时　　　　　　B. 波形变换　　　C. 波形整形　　D. 幅度鉴别

三、分析计算题

1. 在 555 定时器构成的施密特触发器电路中，试求：

(1) 当 V_{CC}=12V，且无外接控制电压时，U_+、U_- 及 ΔU 的值；

(2) 当 V_{CC}=9V，且外接控制电压 V_{IC}=5V 时，U_+、U_- 及 ΔU 的值。

2. 在 555 定时器构成的多谐振荡电路中，若 R_1=R_2=5.1kΩ，C=0.01μF，V_{CC}=12V，计算电路的振荡频率及占空比。

附　录
项目实施报告书

班级：_____ 姓名：_____ 得分：_____

项目名称：
实施目的：
器材及设备：
实施步骤：
故障分析及调试记录：

注意事项：	
项目实训体会：	
教师评语：	